U0142329

第三版

微積分

黃中彥 著

五南圖書出版公司 印行

- 由淺入深，簡明扼要
- 口語敘述，精簡易讀
- 例題詳解，習題演練
- 題型多元，一題多解

序言

　　本書係根據《普通微積分》為藍本重新改寫，基本上，它針對《普通微積分》之誤植處加以修正，並增加了許多精細具啟發性之例題與習題，同時對部分章節做更深入之討論。因此，本書具有下列特點：

- 精簡：本書涵蓋了微積分之重要部分；對一些理論部分僅做精要敘述，定理以證明過程中對讀者有啟發者才列入證明，作者寧可以較多的例題來說明定理之內涵。
- 一題多解：有許多例題進行一題多解，這對活絡讀者思路有極大作用。
- 簡易證明練習：數學證明之練習對讀者在觀念澄清、定理深入應用理解深具功效。
- 習題與例題是本書核心部分，我們在選題上力求提升讀者數學能力為著眼。

　　根據經驗，本書之使用者可奠定良好之數學基礎，對未來研習工程數學、機率統計學等需要較多數學工具者尤具幫助。學習數學必須常做練習，因此，作者推薦黃學亮先生之《微積分演習指引》（或《微積分解題手冊》均為五南出版），若能配合使用成果益彰。

　　作者利用公餘時間寫作本書，囿於寫作時間與作者自身學力，謬誤處在所難免，仍希望海內外先進及讀者諸君不吝賜正，至為感激。

黃中彥　謹識

目　錄

第 **1** 章

函數

1.1 實數系

1.1.1. 實數系概要

本課程所討論的都僅限於實數（Real Numbers），因此在課程一開始我們就先對實數系作一簡單的分類。

首先從我們最熟悉的是整數（Integer）開始，像－3，－2，－1，0，1，2，3…等都是整數，其中 0，1，2，3…是非負整數（Non-negative Integer），非負整數中之 1，2，3…稱為正整數（Positive Integer; Z^+），正整數集以 Z^+ 表示。而…－3，－2，－1 稱為負整數（Negative Integer）。通常，整數所成之集合用 Z 表示。

再往上走就是有理數（Rational Numbers），有理數是一種可用 p/q，p, q 為整數來表達之數，但 $q \neq 0$，否則 p/q 沒有意義。有理數所成之集合通常可用 Q 表示，像 2/3、－31/256 等都是有理數，當然所有的整數也都是有理數。循環小數是另一個重要的有理數分支。相對於有理數，像 $\sqrt{3}$、$\sqrt{3}-\sqrt{2}$、π ……等這類數因為無法用 p/q（p, q 為整數，$q \neq 0$）表示，稱為無理數（Irrational Numbers）。

實數系之最高層次為實數，所有的有理數、無理數都是實數，實數集合以 R 表示。

例 1. 試證 $\sqrt{2}$ 為無理數。

解 利用反證法，設 $\sqrt{2}$ 為有理數，則 $\sqrt{2} = \dfrac{p}{q}$，p, q 互質

$2 = \dfrac{p^2}{q^2}$，$p^2 = 2q^2$，現要證明 p^2 為偶數 $\Rightarrow p$ 為偶數：

由反證法，設 p 為奇數則 $p = 2k + 1$，k 為整數，則 $p^2 = 4k^2 + 4k + 1 = 2(2k^2 + 2k) + 1$ 為奇數，與 p^2 為偶數矛盾，$\therefore p^2$ 為偶數時 p 亦為偶數。

令 $p = 2m$ 代入 $p^2 = 2q^2$ 得 $4m^2 = 2q^2$

$\therefore q^2 = 2m^2 \Rightarrow q^2$ 為偶數 $\therefore q$ 為偶數，結果 p, q 均為偶數，因 p, q 至少都有公因數 2，此與 p, q 互質之假設矛盾。

$\therefore \sqrt{2}$ 為無理數

定理 A 方程式 $a_n x^n + a_{n-1} x^{n-1} + \cdots + a_1 x + a_0 = 0$，$a_0, a_1, \cdots, a_n$ 均為整數，且 $a_0 \neq 0$ 及 $a_n \neq 0$，若 $r = \dfrac{p}{q}$（p、q 互質）為其有理根，則 q 整除 a_n，p 整除 a_0。

證明

設 $r = \dfrac{p}{q}$（p, q 為互質之整數）為 $a_n x^n + a_{n-1} x^{n-1} + \cdots + a_1 x + a_0 = 0$ 之根，則

$$a_n (\frac{p}{q})^n + a_{n-1} (\frac{p}{q})^{n-1} + \cdots + a_1 (\frac{p}{q}) + a_0 = 0$$

即

$$a_n p^n + a_{n-1} p^{n-1} q + \cdots + a_1 p q^{n-1} + a_0 q^n = 0 \tag{1}$$

$$a_n p^{n-1} + a_{n-1} p^{n-2} q + \cdots + a_1 q^{n-1} = -\frac{a_0 q^n}{p} \tag{2}$$

$a_1, a_2 \cdots a_n$，p, q 均為整數，故(2)之左式必為整數

$\because \dfrac{a_0 q^n}{p}$ 為整數，p, q 互質，p 不能整除 q^n，故 p 必能整除 a_0

同理可推知：q 必能整除 a_n　　　　　　　　　■

應用定理 A 推論某數是否為有理數時，必須先構建一個以整數為係數之方程式。

例 2. 用定理 A 證：(1)$\sqrt{2}$ 為無理數　(2)$1 + \sqrt{2}$ 為無理數。

解 (1)$x = \sqrt{2}$，二邊平方得 $x^2 - 2 = 0$，2 之因數有 $1, 2$　故可能
之有理根為 ± 1，± 2，但 ± 1，± 2 均不滿足 $x^2 - 2 = 0$
從而 $\sqrt{2}$ 為無理數

(2)$x = 1 + \sqrt{2}$，$x - 1 = \sqrt{2}$　兩邊平方　$x^2 - 2x + 1 = 2$
$\therefore x^2 - 2x - 1 = 0$，可能之有理根為 ± 1，但 ± 1 不能滿足
$x^2 - 2x - 1 = 0$
從而 $1 + \sqrt{2}$ 為無理數

實數性質

實數系有許多基本性質，想必讀者都很熟悉，例如：

交換律：$a + b = b + a$　$ab = ba$

結合律：$(a + b) + c = a + (b + c)$　　　$abc = (ab)c = a(bc)$

分配律：$a(b + c) = ab + ac$

單位元素：存在二個相異數：$0, 1$ 滿足 $x + 0 = 0 + x = x$ 與
$x \cdot 1 = 1 \cdot x = x$

反元素：對每一個實數 x 均有加法反元素 $-x$，使得 $x + (-x)$
$= (-x) + x = 0$，且對每一個異於 0 之實數 x 均有乘
法反元素 x^{-1}，使得 $x \cdot x^{-1} = x^{-1} \cdot x = 1$

定義 對任一實數 x，定義

(1)$x^1 = x$, $x^2 = x \cdot x$, $\cdots$, $x^n = \underbrace{x \cdot x \cdots\cdots x}_{n \text{ 個}}$, $x \neq 0$ 時規定 $x^0 = 1$

(2)$x^0 = 1$, $x^{-1} = \dfrac{1}{x}$, $x^{-2} = \dfrac{1}{x^2}$, $\cdots$, $x^{-n} = \dfrac{1}{x^n}$

指數法則：

(a)$x^n \cdot x^m = x^{n+m}$　　(b)$(x^n)^m = x^{nm}$

(c)$(ax)^n = a^n \cdot x^n$　　(d)$\left(\dfrac{x}{a}\right)^n = \dfrac{x^n}{a^n}$　　$a \neq 0$

(e)$\dfrac{x^n}{x^m} = x^{n-m}$　　$x \neq 0$

(f)$x^{1/q} = \sqrt[q]{x}$　　$\therefore x^{p/q} = (x^{1/q})^p = (\sqrt[q]{x})^p$ 或 $x^{p/q} = (x^p)^{1/q} = \sqrt[q]{x^p}$

1.1.2　不等式

帶有 <，≤，>，≥ 等符號之數學命題即為不等式。首先我們對如何求得一個不等式之解集合作一複習。

不等式常用下列區間符號來表示：

$[a,b]: a \leq x \leq b$　　　$(a,b]: a < x \leq b$

$[a,b): a \leq x < b$　　　$(a,b): a < x < b$

例 1.　解(1)$x(x^2 - x - 2) \geq 0$　　　(2)$\dfrac{x(x^2 - x - 2)}{x - 3} \leq 0$

解　(1)$x(x^2 - x - 2) = x(x - 2)(x + 1) \geq 0$

　　　　∴ 解為 $0 \geq x \geq -1$ 或 $x \geq 2$，

　　　　　即 $[-1, 0] \cup [2, \infty)$

　　(2)$\dfrac{x(x^2 - x - 2)}{x - 3} \leq 0$ 相當於 $x(x^2 - x - 2)(x - 3) \leq 0$

　　　　即 $x(x - 2)(x + 1)(x - 3) \leq 0$

　　　　其解為 $3 \geq x \geq 2$ 或 $0 \geq x \geq -1$

　　　　但 $x = 3$ 不能滿足 $\dfrac{x(x^2 - x - 2)}{x - 3} = \dfrac{x(x - 2)(x + 1)}{x - 3} \leq 0$

　　　　$\therefore \dfrac{x(x^2 - x - 2)}{x - 3} \leq 0$ 之解為

　　　　　$3 > x \geq 2$ 或 $0 \geq x \geq -1$，即 $[2, 3) \cup [-1, 0]$

例 2. 求(1) $\dfrac{1}{x}<3$ (2) $\dfrac{2}{x-1}>5$

解 (1)許多讀者在解 $\dfrac{1}{x}<3$ 時，誤將 x 乘 $\dfrac{1}{x}<3$ 之二邊而得到

$$1<3x$$

$$\therefore x>\frac{1}{3}，其實這是錯的，因為 x 可能是負的，正確解法$$

應為：$\dfrac{1}{x}<3$

$$\therefore \frac{1}{x}-3=\frac{1-3x}{x}<0$$

$$x(1-3x)<0，x(3x-1)>0$$

$$\therefore x>\frac{1}{3} 或 x<0 即(\frac{1}{3},\infty)\cup(-\infty,0)$$

(2) $\dfrac{2}{x-1}>5$ $\therefore \dfrac{2}{x-1}-5=\dfrac{2-5(x-1)}{x-1}=\dfrac{7-5x}{x-1}>0$

又 $(7-5x)(x-1)=-(5x-7)(x-1)>0$

$$\Rightarrow (x-1)(5x-7)<0$$

得 $1<x<\dfrac{7}{5}$，即 $(1,\dfrac{7}{5})$

1.1.3 絕對值

定義 若 x 為實數，則 x 之絕對值記做 $|x|$，定義為

$$|x|=\begin{cases} x，x\geq 0 \\ -x，x<0 \end{cases}$$

例如：$|-3|=3$，$|3|=3$，$|1+\sqrt{3}|=1+\sqrt{3}$

$$|1-\sqrt{5}|=-(1-\sqrt{5})=\sqrt{5}-1$$

習慣上，規定 $\sqrt{x^2}=|x|$

絕對值之性質

定理 B　a, x 均為實數，則：

(1) $|x-a| = |a-x|$　　(2) $|ax| = |a||x|$

(3) $-|x| \le x \le |x|$　　(4) $\left|\dfrac{x}{a}\right| = \dfrac{|x|}{|a|}$，但 $a \ne 0$

(5) $|x^n| = |x|^n$

　　上式之(3)是個簡單而重要之結果，許多絕對值問題都用得到它。

　　基本上，若 $a \ge 0$ 則：

$$\begin{cases} |x| < a \Leftrightarrow -a < x < a & |x| \le a \Leftrightarrow -a \le x \le a \\ |x| > a \Leftrightarrow x > a \text{ 或 } x < -a & |x| \ge a \Leftrightarrow x \ge a \text{ 或 } x \le -a \end{cases}$$

例 3.　求滿足(1) $|x-1| \le 2$　　(2) $|x-1| > 1$

　　　　　(3) $|x-1| \le -2$　(4) $|x-1| = 2$ 之解

解　(1) $|x-1| \le 2 \Leftrightarrow -2 \le x-1 \le 2$　$\therefore -1 \le x \le 3$，
　　即 $[-1, 3]$

　　(2) $|x-1| > 1 \Leftrightarrow x-1 > 1$ 或 $x-1 < -1$，即 $x > 2$ 或 $x < 0$，
　　即 $(2, \infty) \cup (-\infty, 0)$

　　(3) $\because |x-1| \ge 0$　$\therefore |x-1| \le -2$ 為不可能
　　即不存在一個實數滿足 $|x-1| \le -2$

　　(4) $|x-1| = 2$　$\therefore x-1 = \pm 2$
　　得 $x-1 = 2$ 或 $x-1 = -2$ 即 $x = 3$ 或 -1

例 4.　解 $|x-2| > 2|x-3|$

解 $|x-2|>2|x-3| \Leftrightarrow |x-2|>|2x-6|$

$\qquad\qquad\qquad \Leftrightarrow (x-2)^2>(2x-6)^2$

$\qquad\qquad\qquad \Leftrightarrow x^2-4x+4>4x^2-24x+36$

$\qquad\qquad\qquad \Leftrightarrow 3x^2-20x+32<0$

$\qquad\qquad\qquad \Leftrightarrow (x-4)(3x-8)<0$

$\therefore \dfrac{8}{3}<x<4$，即 $(\dfrac{8}{3},4)$

定理 C （三角不等式）a,b 為實數，則

$\qquad |a+b| \le |a|+|b|$

證明

$\qquad |a| \ge a \ge -|a|$ ， $|b| \ge b \ge -|b|$

$\qquad \therefore |a|+|b| \ge a+b \ge -(|a|+|b|)$

$\qquad$ 即 $|a|+|b| \ge |a+b|$ ■

$\qquad$（利用 $|x| \le a \Leftrightarrow -a \le x \le a$ ，$a \ge 0$ 之結果）

例 5. 利用三角不等式證明

$\qquad$ (1) $|a-b| \le |a|+|b|$

$\qquad$ (2) $|a-b| \ge |a|-|b|$

解 (1) $|a-b|=|a+(-b)|$

$\qquad\quad \le |a|+|-b|=|a|+|b|$

$\qquad$ (2) $|a|=|(a-b)+b| \le |a-b|+|b|$

$\qquad\quad \therefore |a-b| \ge |a|-|b|$

例 **6.** 若 $|x-a|<\dfrac{1}{3}$，$|y-a|<\dfrac{1}{3}$，試證 $|x-y|<\dfrac{2}{3}$。

解　$|x-y|=|(x-a)+(a-y)|\le|x-a|+|y-a|$
$<\dfrac{1}{3}+\dfrac{1}{3}=\dfrac{2}{3}$

例 **7.** 若 x,y 為實數，試證 $|x|<|y|\Leftrightarrow x^2<y^2$。

解　「$\Rightarrow$」即　$|x|<|y|\Rightarrow x^2>y^2$：

$|x|<|y|\Rightarrow|x||x|<|x||y|<|y||y|$
$\Rightarrow|x|^2<|y|^2$
$\Rightarrow x^2<y^2$

「$\Leftarrow$」即　$x^2<y^2\Rightarrow|x|<|y|$：

$x^2<y^2\Rightarrow|x|^2<|y|^2$
$\Rightarrow|x|^2-|y|^2<0$
$\Rightarrow(|x|+|y|)(|x|-|y|)<0$
$\Rightarrow|x|-|y|<0$
$\Rightarrow|x|<|y|$

★例 **8.** 若 $|x-2|<\dfrac{1}{100}$，試證 $|x^2-4|<\dfrac{1}{10}$。

解　$|x-2|<\dfrac{1}{100}$　$\therefore|x^2-4|=|x-2||x+2|<$
$\dfrac{|x+2|}{100}$

又 $-\dfrac{1}{100}<x-2<\dfrac{1}{100}\Rightarrow4-\dfrac{1}{100}<x+2<\dfrac{1}{100}+4$

即 $|x+2|<4+\dfrac{1}{100}<5$

$\therefore|x^2-4|<\dfrac{|x+2|}{100}<\dfrac{5}{100}=\dfrac{1}{20}<\dfrac{1}{10}$

 **習題 1-1**

1.下列敘述何者成立？（成立記 T，不成立記 F）

(1)若 x, y 均為無理數，則 $x + y$ 必為無理數

(2)若 x, y 均為無理數，則 $x \cdot y$ 必為無理數

(3)若 x, y 均為實數，則 $x = y$ 必有 $|x| = |y|$

(4)若 x, y 均為實數且 $\dfrac{x}{y} \geq 1$（$y \neq 0$），則有 $x \geq y$

(5)x 為實數，若 $x < 0$，則 $\sqrt{x^2} = -x$

(6)x 為實數，若 $|x| < \varepsilon$，ε 為任意小之正數，則 $x = 0$

(7)x, y 為實數，若 $|x| < |y|$，則 $x^2 < y^2$

(8)x, y 為實數，若 $x < y$，則 $x^3 < y^3$

2.求下列不等式之解：

(1) $\dfrac{x + 5}{2x - 1} \leq 0$ (3) $(x + 2)(x + 1)^2(x - 5) < 0$

(2) $x^3 - x^2 - 12x > 0$ (4) $\dfrac{1}{x} > 3$

3.求下列不等式之解：

(1) $|x + 1| < 5$ (2) $\left| \dfrac{x}{3} - 2 \right| \leq 2$

(3) $|x - 3| - 2|x - 4| < 0$ (4) $|x^2 - 2| \leq 2$

4.a, b, c 為三實數，試證 $|a + b + c| \leq |a| + |b| + |c|$。

5.試證(1) $1 + \sqrt{3}$ ★(2) $1 + \sqrt{2} + \sqrt{3}$ 為無理數。

★6.a, b 為實數，試證 $||a| - |b|| < |a - b|$。

7.$b \geq a \geq 0$，試證(1) $a \leq \dfrac{a + b}{2} \leq b$ (2) $a \leq \sqrt{ab} \leq b$。

★8.若 $|x - 2| < \dfrac{1}{5}$，$|y - 3| < \dfrac{1}{10}$，試證 $|xy - 6| < \dfrac{41}{50}$。

（提示：$|xy - 6| = |y(x - 2) + 2(y - 3)|$）

解

1. (1), (2), (4) 為 F 外，其餘為 T

2. (1) $-5 \leq x < \dfrac{1}{2}$　(2) $x > 4$ 或 $0 > x > -3$　(3) $-2 < x < 5$

　(4) $0 < x < \dfrac{1}{3}$

3. (1) $-6 < x < 4$　(2) $0 \leq x \leq 12$　(3) $x < \dfrac{11}{3}$ 或 $x > 5$

　(4) $-2 \leq x \leq 2$

1.2　函數

1.2.1　函數定義

函數是一種規則（Rule），透過這個規則，使得集合 A 之每一個元素在集合 B 中均恰有一個元素與之對應（Correspond），這種對應規則便是函數。

函數 $y = f(x)$ 之 x 稱為自變數（Independent Variable），y 為因變數（Dependent Variable）。自變數 x 所成的集合稱為定義域（Domain），其對應值所成之集合為值域（Range 或 Co-domain）。

例 **1.**　問下列哪個對應是函數，何故？

(1) 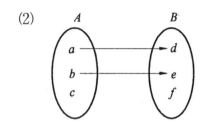　(2)

(3)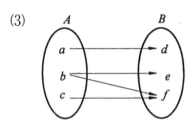

解 (1)A 中每一元素在 B 中均恰有一元素 d 與之對應，故此對應為函數。

(2)A 中之元素 c 在 B 中沒有元素與之對應，故此對應不為函數。

(3)A 中之元素 b 在 B 中有 2 個元素 e 與 f 與之對應，故此對應不為函數。

例2. $f(x) = \begin{cases} x^2 + 1 & , x \leq 1 \\ 2x - 3 & , x > 1 \end{cases}$，求(1) $f(-2)$，(2) $f(4)$，(3) $f(0)$，(4) $f(1)$ ？

解 (1) $f(-2) = (-2)^2 + 1 = 4 + 1 = 5$

(2) $f(4) = 2 \times 4 - 3 = 5$

(3) $f(0) = (0)^2 + 1 = 0 + 1 = 1$

(4) $f(1) = (1)^2 + 1 = 1 + 1 = 2$

例 3 中有因代數上之理由而必須對定義域加以限制的情形。

例3. 求下列各函數之定義域？

(1) $f_1(x) = x^2 - 3x + 1$　　(2) $f_2(x) = \sqrt{x-2}$

(3) $f_3(x) = \dfrac{1}{\sqrt{x-2}}$　　　　(4) $f_4(x) = \log(1-x)$

(5) $f_5(x) = \dfrac{1}{x^2+x-2}$

解 (1) $f_1(x) = x^2 - 3x + 1$ 之定義域為所有實數

（因對任一個實數 x 而言，$f_1(x) = x^2 - 3x + 1$ 均有意義）

(2) $f_2(x) = \sqrt{x-2}$ 之定義域為 $x - 2 \geq 0$ 即 $x \geq 2$，$[2, \infty)$

(3) $f_3(x) = \dfrac{1}{\sqrt{x-2}}$ 之定義域為 $x > 2$，$(2, \infty)$

（$\because x = 2$ 時分母為 0，造成 $f_3(x)$ 無意義）

(4) $f_4(x) = \log(1-x)$ 之定義域為 $1 - x > 0$ 即 $x < 1$，$(-\infty, 1)$

(5) $f_5(x) = \dfrac{1}{x^2+x-2} = \dfrac{1}{(x+2)(x-1)}$ 之定義域為除了 $-2, 1$ 外之所有實數 x，$R - \{-2, 1\}$

（$\because x = 1, -2$ 時 $f_5(x)$ 之分母為 0，造成 $f_5(x)$ 無意義）

例 4. 下列三個函數是否相等？

(1) $f_1(x) = x^3$，　$2 \leq x \leq 7$　　(2) $f_2(y) = y^3$，　$2 \leq y \leq 7$

(3) $f_3(z) = z^3$，　$2 \leq z \leq 7$

解 三個函數都是相等的，這些變數都是**啞變數**（Dummy Variable），二個函數若有相同之函數式而且有相同之定義域，則這二個函數相等。

若例4之 $f_4(t) = t^3$，$2 \leq t \leq 8$，則 f_4 之函數式雖與 f_1，f_2，f_3 相同，但定義域不同，因而 f_4 不等於 f_1。

自然定義域

若能使函數式有意義之一切實數所成之集合，這種集合稱為

該函數之自然定義域（Natural Domain），例如 $y = \log(x + 1)$ 之自然定義域為 $x > -1$，$y = \dfrac{1}{x + 1}$ 之自然定義域為 $x \in R$ 但 $x \neq -1$ 等，因此除非在有約定之情況下，函數可用 $y = f(x)$ 表達而不必寫出定義域。

1.2.2 合成函數

合成函數（Composite of Functions）是指一個變數之函數值作為另一個函數之定義域元素，下圖便是一個合成函數的圖示：

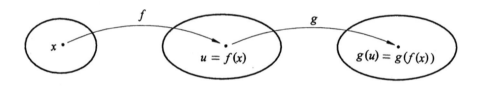

上圖之 $g(f(x))$ 常寫成 $(g \circ f)(x)$，同理，$f(g(x))$ 也常寫成 $(f \circ g)(x)$

定義 設 f, g 為二個函數；其中 $f : x \to f(x)$，$x \in A$；
$g : x \to g(x)$，$x \in B$，則定義：
$f(g(x))$ 之定義域為 $\{x \mid g(x) \in A \text{ 且 } x \in B\}$
$g(f(x))$ 之定義域為 $\{x \mid f(x) \in B \text{ 且 } x \in A\}$

合成函數之定義域看似複雜，其實是很直覺的，以 $f(g(x))$ 為例，在計算 $f(g(x))$ 時首先 $f(x)$ 必須有意義，故 $g(x)$ 必須在 f 之定義域 A 內，其次 $g(x)$ 要有意義，則 x 必須在 g 之定義域 B 內，因此 $f(g(x))$ 之定義域為 $\{x \mid g(x) \in A \text{ 且 } x \in B\}$，其餘之

情況同理可推。

　　我們可以說合成函數是函數的函數，下面是有關合成函數的幾個計算例。

例 **5.** 若 $f(x)=2x+1$，$g(x)=x^2$，求：

(1) $f(f(x))$，(2) $f(g(x))$，(3) $g(f(x))$，(4) $g(g(x))$

解 (1) $f(f(x))=2f(x)+1=2(2x+1)+1=4x+3$

(2) $f(g(x))=2g(x)+1=2x^2+1$

(3) $g(f(x))=(f(x))^2=(2x+1)^2$

(4) $g(g(x))=(g(x))^2=(x^2)^2=x^4$

例 **6.** 若 $f(x+1)=x^2+x+1$，求 $f(x)$

解

方法一

　　取 $y=x+1$，則 $x=y-1$

　　$\therefore\ f(y)=(y-1)^2+(y-1)+1=y^2-y+1$

　　即 $f(x)=x^2-x+1$

方法二

　　$f(x+1)=x^2+x+1=(x+1)^2-x=(x+1)^2-(x+1)+1$

　　$\therefore f(x)=x^2-x+1$。

例 **7.** 若 $f\left(x+\dfrac{1}{x}\right)=\dfrac{x^2}{x^4+1}$，求 $f(x)$。

解 仿例 7 之方法二的手法可能較易導出 $f(x)$：

$$f\left(x+\frac{1}{x}\right)=\frac{x^2}{x^4+1}=\frac{1}{x^2+\dfrac{1}{x^2}}=\frac{1}{\left(x+\dfrac{1}{x}\right)^2-2}$$

$$\therefore f(x)=\frac{1}{x^2-2}，x\neq\pm\sqrt{2},0$$

例 6、7 之方法在某些微積分問題求解上甚為重要。

1.2.3　奇函數與偶函數

若一函數 $f(x)$ 之定義域 D 中之每一點恆有 $f(x)=f(-x)$，則稱 $f(x)$ 在 D 中為偶函數（Even Function），其圖形對稱於 y 軸，若 $f(x)$ 在定義域 D 中之每一點恆有 $f(-x)=-f(x)$，則稱 $f(x)$ 在 D 中為奇函數（Odd Function），其圖形對稱於原點。

例 8. 試判斷下列各函數為偶函數或奇函數：

(1) $f_1(x)=x+x^2+x^3$　(2) $f_2(x)=x\cos x$

解 (1) $f_1(-x)=-x+(-x)^2+(-x)^3=-x+x^2-x^3$

　　 $\because f_1(-x)\neq-f_1(x)$ 且 $f_1(-x)\neq f_1(x)$

　　 $\therefore f_1(x)$ 不為奇函數亦不為偶函數

(2) $f_2(-x)=(-x)\cos(-x)=-x\cos x$

　　 $\because f_2(-x)=-f_2(x)$

　　 $\therefore f_2(x)$ 為奇函數

例 9. 若 $f_1(x)$，$f_2(x)$ 在區間 I 中均為奇函數，試證：

$g(x)=f_1(x)f_2(x)$ 在 I 中為偶函數

解 $g(-x)=f_1(-x)f_2(-x)=(-f_1(x))(-f_2(x))$

　　　　 $=f_1(x)f_2(x)=g(x)$

　 $\therefore g(x)$ 為偶函數

1.2.4　最大整數函數

最大整數函數（Greatest Integer Function，中國稱「取整函

數」），通常記做$[x]$，$[x]$表示不超過x之最大整數，例如$[\frac{1}{3}]$

$=[0.33\cdots]=0$，$[\sqrt{2}]=[1.414\cdots]=1$

$[-\frac{1}{3}]=[-0.33\cdots]=-1$，$[-\sqrt{2}]=[-1.414\cdots]=-2$

$[4]=4$，$[-1]=-1$

　　它有下列重要之性質：

　　$x-1<[x]\leq x$，此由定義即得，此性質在與最大整數函數有關之微積分問題中甚為有用。

★例 **10.**　比較$[2x]$與$2[x]$之大小。

解　設$x=n+d$，n為整數，$1>d\geq 0$

　　(i)$\frac{1}{2}>d\geq 0$時，$1>2d\geq 0$

　　　$[2x]=[2n+2d]=[2n]=2n$

　　　$2[x]=2[n+d]=2n$

　　　此時$[2x]=2[x]$

　　(ii)$1>d\geq\frac{1}{2}$時，$2>2d\geq 1$

　　　$[2x]=[2n+2d]=2n+1$

　　　又$2[x]=2[n+d]=2n$

　　　$\therefore [2x]\geq 2[x]$

　　　綜上$[2x]\geq 2[x]$

習題 **1-2**

1. 求(1) $f_1(x)=\sqrt{9-x^2}$　　(2) $f_2(x)=\sqrt{x^2-9}$

　　(3) $f_3(x)=\frac{1}{\sqrt{9-x^2}}$　　(4) $f_4(x)=\frac{1}{\sqrt{x^2-9}}$ 之定義域。

2. $f(x)=\frac{x}{x-1}$，求(1)$f(\frac{1}{x})$　(2)$f(f(x))$　(3)$f(\frac{1}{f(x)})$

(4)$f\left(\dfrac{1}{f(x)-1}\right)$

3.根據下列對應關係求(1)$g(f(a))$　(2)$g(f(c))$　(3)$g(f(e))$

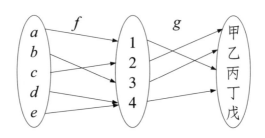

4.試證：(1)二個偶函數之積為偶函數

(2)一個奇函數與一個偶函數之積為奇函數

5.$f(x)$ 定義在 $[-\ell,\ell]$ 中，若 $g(x)=f(x)+f(-x)$，$h(x)=f(x)-f(-x)$，試證 $g(x)$ 為偶函數，$h(x)$ 為奇函數。

6.$f(x)=\dfrac{x^3-x}{x^4+5x^2+1}$ 為偶函數？奇函數？

7.若 $f\left(x+\dfrac{1}{x}\right)=x^2+\dfrac{1}{x^2}$，求 $f(2x)$。

8.設 f, g 二函數之定義域均為 D，(a)試證：

$\min(f(x),g(x))=\dfrac{1}{2}(f(x)+g(x)-|f(x)-g(x)|)$

(b)仿(a)你能寫出 $\max(f(x),g(x))$ 之式子嗎？

9.a, b 為二實數，比較 $[a+b]$，與 $[a]+[b]$ 之大小。

10.求證 $|x+y|=|x|+|y|$ 之充要條件為 $xy\geq 0$。

11.求 $f(x)=\sqrt{\left(\dfrac{x+1}{x-1}\right)^2-1}$ 之定義域。

12.若 $f\left(\sin\dfrac{x}{2}\right)=1+\cos x$，求(1)$f(\cos x)$　(2)$f\left(\cos\dfrac{x}{2}\right)$用 $\cos x$表示。

13.若 $f\left(\dfrac{x+1}{1-x}\right)=\dfrac{2+x}{2-x}$，求 $f\left(\dfrac{1}{2}\right)$。

解

1.(1) $-3\leq x\leq 3$　(2) $x\geq 3$ 或 $x\leq -3$　(3) $-3<x<3$

(4) $x > 3$ 或 $x < -3$

2.(1) $\dfrac{1}{1-x}$，$x \neq 0, 1$　(2) x，$x \neq 1$　(3) $1-x$，$x \neq 0$

　(4) $\dfrac{x-1}{x-2}$，$x \neq 1, 2$

3.(1)丙　(2)甲　(3)丁

6.奇函數

7. $4x^2 - 2$

8.(b) $\dfrac{1}{2}(f(x)+g(x)+ \mid f(x)-g(x) \mid)$

11. $x \geq 0$ 但 $x \neq 1$

12.(1) $2\sin^2 x$　(2) $1 - \cos x$

13. $5/7$

1.3　反函數

1.3.1　一對一函數

　　在未談到反函數（Inverse Function）前，我們先定義一個名詞：一對一函數（One-to-One Function）。

定義　$f : A \rightarrow B$ 為由 A 映至 B 之一個函數，對 A 中任意二個元素 x_1, x_2 而言，若 $x_1 \neq x_2$ 時恆有 $f(x_1) \neq f(x_2)$ ，則稱函數 f 為一對一函數。

因為邏輯命題：「若 A 則 B」與「若非 B 則非 A」同義，因此上述定義中之「若 $x_1 \neq x_2$ 時恆有 $f(x_1) \neq f(x_2)$」，這個敘述常被「若 $f(x_1) = f(x_2)$ 時恆有 $x_1 = x_2$」所取代，因為用後者來判斷函數是否為一對一較前者為容易，但用微分法更為簡便，因為根據嚴格增「（減）」函數之定義，$f(x)$ 在區間 I 中為嚴格增「（減）」函數即單調函數（Monotonic Function），則它在 I 中必為一對一函數，更重要的是它必有反函數。

例 1. 判斷 $f(x) = x^3 + 1$，$x \in R$ 是否為一對一函數？

解 設 x_1, x_2 為二個相異元素，令 $f(x_1) = f(x_2)$，則

$x_1^3 + 1 = x_2^3 + 1$ ∴ $x_1^3 - x_2^3 = 0$

$\Rightarrow (x_1 - x_2)(x_1^2 + x_1 x_2 + x_2^2) = 0$

∵ $x_1^2 + x_1 x_2 + x_2^2 \neq 0$ ∴ $x_1 = x_2$

由定義知 $f(x) = x^3 + 1$ 為一對一函數

例 2. 判斷 $y = x^2$，$x \in R$ 是否為一對一函數？

解 設 x_1, x_2 為二個相異元素，令 $f(x_1) = f(x_2)$，則

$x_1^2 = x_2^2$ ∴ $(x_1 - x_2)(x_1 + x_2) = 0$ 得 $x_1 = x_2$ 或 $x_1 = -x_2$

在 $x \in R$ 之條件下，$f(x) = x^2$ 不為一對一函數

在例2.中若我們限制 $x \geq 0$，則 $f(x) = x^2$ 為一對一函數。（何故？）

$y = f(x)$ 為一函數，我們在值域內自 y 軸畫與 x 軸平行之線，若每一條水平線只交圖形於一點時，則 $y = f(x)$ 為一對一函數。

例 3. 問下列函數是否為一對一函數？

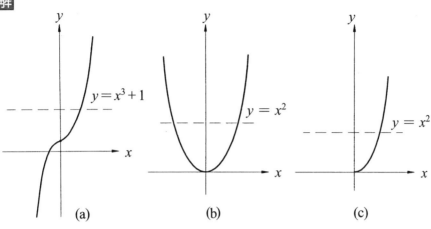

$\therefore y = x^3 + 1$為一對一函數

$y = x^2$不為一對一函數，但$y = x^2$，$x \geq 0$ 為一對一函數

例 4. 下圖是否為一對一函數圖形？

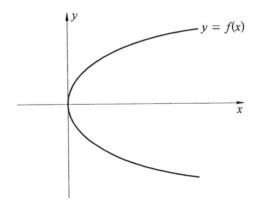

解　$y = f(x)$ 不為一個函數，因為我們自 x 軸之 $x > 0$ 之任一點做一垂直線都會交 $y = f(x)$ 圖形兩個點，亦即 x 在定義域裡都會對應到兩個 y 值。既然 $y = f(x)$ 不是函數，自然也就談不上它是否為一對一函數。

1.3.2 反函數

定義 f, g 為兩函數，若 $f(g(x)) = x$ 且 $g(f(x)) = x$ ，則 f, g 互為反函數， f 之反函數以 f^{-1} 表之。

若 f^{-1} 為 f 之反函數，對所有 f 定義域中之 x ， $f^{-1}(f(x)) = x$ 均成立且 $f(f^{-1}(y)) = y$ ，對所有在值域之 y 亦成立。同時我們也可推知 f 之定義域即為 f^{-1} 之值域， f^{-1} 之定義域亦為 f 之值域。

定理 A 若 f 在區間 I 中為一對一函數，則 f 在 I 中有反函數。

根據定義與定理 A，若 f 有反函數存在，則 $f^{-1}(x)$ 求法是：以 x 為未知數，以 y 為已知數解方程式 $y = f(x)$ 即可。

例 5. 若 $f(x) = 3x + 1$ ，問 $f(x)$ 是否有反函數？若有其反函數為何？

解 (1)若 $f(x_1) = f(x_2)$ 則 $3x_1 + 1 = 3x_2 + 1$ $\therefore$ $x_1 = x_2$

即 $y = f(x) = 3x + 1$ 為一對一函數

$\therefore$ $f(x)$ 之反函數存在

(2)令 $y = 3x + 1$ ，則 $x = \dfrac{y-1}{3}$

$\therefore f^{-1}(x) = \dfrac{x-1}{3}$

我們可證明 $g(x) = f^{-1}(x) = \dfrac{x-1}{3}$ 為 $f(x) = 3x + 1$ 之反函

數：

$$g(f(x)) = g(3x + 1) = \frac{(3x + 1) - 1}{3} = x$$

$$f(g(x)) = 3g(x) + 1 = 3 \cdot \frac{x - 1}{3} + 1 = x$$

$\because g(f(x)) = f(g(x))$

$\therefore g(x) = \dfrac{x - 1}{3}$ 是 $f(x) = 3x + 1$ 之反函數

例 6. 求 $y = 2x^3 + 5$ 之反函數。

解 $\because y = 2x^3 + 5$（讀者可驗證 $y = 2x^3 + 5$ 反函數存在）

$\therefore 2x^3 = y - 5$，$x^3 = \dfrac{y - 5}{2}$

得 $x = \sqrt[3]{\dfrac{y - 5}{2}}$

即 $f^{-1}(x) = \sqrt[3]{\dfrac{x - 5}{2}}$ 是 $f(x) = 2x^3 + 5$ 之反函數。

1.3.3　反函數之幾何意義

若 $y = f(x)$ 有一反函數 $y = f^{-1}(x)$，則 $y = f(x)$ 與 $y = f^{-1}(x)$ 這兩個圖形對稱於直線 $y = x$。

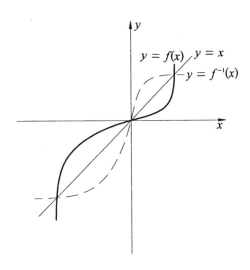

例 7. 求與 $y = \sqrt[3]{\dfrac{x-5}{2}}$ 對稱於 $y = x$ 之函數。

解 由例 6 知，$y = \sqrt[3]{\dfrac{x-5}{2}}$ 之反函數為 $y = 2x^3 + 5$

∴ $y = \sqrt[3]{\dfrac{x-5}{2}}$ 與 $y = 2x^3 + 5$ 之圖形對稱於 $y = x$

 **習題 1-3**

1. 求下列函數之反函數：

   (1) $y = \sqrt[3]{x+1}$ (2) $y = x^5 + 1$

   （假定已知上列函數之反函數均存在）

2. 試繪 $x > 0$ 時 $y = x^2$ 與 $y = \sqrt{x}$ 之圖形於同一圖中。它們是否對稱於 $y = x$？

3. $f(x) = \dfrac{ax+b}{cx+d}$

   (1) 求 $f^{-1}(x)$。

   (2) 求 $f(x)$ 之定義域與值域。

4. $h(x) = f(g(x))$，若 f, g, h 之反函數均存在，求證 $h^{-1}(x) = g^{-1}(f^{-1}(x))$。

5. 求下列各題之反函數：

   (1) $y = \dfrac{3^x}{3^x + 1}$

★ (2) $y = \begin{cases} x, & -\infty < x < 1 \\ x^3, & 1 \le x \le 3 \\ 3^x, & 3 < x < \infty \end{cases}$

6. 求 $f(x) = \sqrt{1 - x^2}$，$-1 \le x \le 0$ 之反函數又 $f(x)$ 之定義域、值域為何？

解

1. (1) $f^{-1}(x) = x^3 - 1$

   (2) $f^{-1}(x) = \sqrt[5]{x - 1}$

2.是

3.(1) $f^{-1}(x) = \dfrac{b-dx}{cx-a}$, $x \neq \dfrac{a}{c}$

(2)定義域 $\left\{ x \mid x \in R , x \neq \dfrac{-d}{c} \right\}$ 值域 $\left\{ y \mid y \in R , y \neq \dfrac{a}{c} \right\}$

5.(1) $y = \log_3 \dfrac{x}{1-x}$, $0 < x < 1$

(2) $f^{-1}(x) = \begin{cases} x & , -\infty < x < 1 \\ \sqrt[3]{x} & , \quad 1 \leq x \leq 27 \\ \log_3 x & , \ 27 < x < \infty \end{cases}$

6. $f(x) = -\sqrt{1-x^2}$, $-1 \leq x \leq 1$,定義域 $-1 \leq x \leq 1$,值域 $0 \geq y \geq -1$

第 **2** 章

極限與連續

2.1 極限

2.1.1 直觀極限

　　極限（Limit）在微積分裡占有很重要的地位，因為以後討論的微分、定積分等之理論均建立在極限的基礎上。但是嚴謹的極限定義是構築在所謂的「ε-δ」關係上，將在下節作一介紹。因此，我們先從直觀之角度來看極限 $\lim\limits_{x \to a} f(x) = l$ 之意思。

　　我們可想像有一個動點 x ，它可從比 a 大的方向（即 a^+）與比 a 小的方向（a^-）不斷向 a 逼近，如果逼近的結果趨向某一個特定值 l，那麼我們說， $f(x)$ 在 $x = a$ 處之極限為 l ，反之，若逼近的結果無法趨向某一特定值，那麼 $f(x)$ 在 $x = a$ 處之極限不存在。

例1. 試猜出 $\lim\limits_{x \to 1}\dfrac{x^2-1}{x-1}=$ ？

解 我們在 1 之左右鄰近取值：

x	0.9997	0.9998	0.9999	1	1.0001	1.0002	1.0003
$f(x)$	1.9997	1.9998	1.9999	？	2.0001	2.0002	2.0003

因此，當 x 趨近 1 時， $f(x)=\dfrac{x^2-1}{x-1}$ 趨近於 2

　　在例 1. 中，我們彷彿是將 $x = 1$ 代入 $f(x)=\dfrac{x^2-1}{x-1}=\left(\dfrac{(x-1)(x+1)}{x-1}\right)=x+1$ 中。事實上這種「先消去後代入」是計算

極限之基本方法。

2.1.2 單邊極限

我們在本節前面即已說過 $\lim\limits_{x \to a} f(x) = l$ 之直觀意義，在此，我們將作稍微具體之說明：x 為一動點，a 為固定值，x 由 a 之左邊不斷地向 a 逼近，此時我們可得到一個單邊極限 l_1 ，以式子表示則為 $\lim\limits_{x \to a^-} f(x) = l_1$ ，同樣地，我們可由 a 之右邊不斷地向 a 逼近，則我們又可得到另一個單邊極限 l_2 ，以式子表示則為 $\lim\limits_{x \to a^+} f(x) = l_2$ ，如果這兩個極限值相等（即 $l_1 = l_2 = l$ ），便稱 $f(x)$ 在 $x = a$ 時有一極限存在，而這個極限就是 l 。

例 2. 求 $\lim\limits_{x \to 0^+} \sqrt{x} = ?$ $\lim\limits_{x \to 0^-} \sqrt{x} = ?$

解 $\lim\limits_{x \to 0^+} \sqrt{x} = 0$

$\lim\limits_{x \to 0^-} \sqrt{x}$ 不存在（我們可考慮一個很小的正數 ε ，當 $x \to 0^+$ 時，可取 $x = 0 + \varepsilon (= \varepsilon)$ 使得 $\sqrt{x} \to 0$ ，$x \to 0^-$ 時可取 $x = 0 - \varepsilon$ $(= -\varepsilon)$ ，因 x 為負值，使得 $\lim\limits_{x \to 0^-} \sqrt{x}$ 不在實數系內，故不存在。）

若讀者對 ε 感到壓力，可試用一個很小數值（如 0.1）實際代入，可能較為直觀易懂，但有可能誤判。

例 3. 求 $\lim\limits_{x \to 1^+} \sqrt{1 - x} = ?$ $\lim\limits_{x \to 1^-} \sqrt{1 - x} = ?$

解 我們可仿例2.作法
當 $x \to 1^+$ 時，我們取 $x = 1 + \varepsilon$ ，ε 為一很小的正數
則 $\sqrt{1 - x} = \sqrt{1 - (1 + \varepsilon)} = \sqrt{-\varepsilon}$ 不為實數

故 $\lim\limits_{x \to 1^+}\sqrt{1-x}$ 不存在　∴ $\lim\limits_{x \to 1}\sqrt{1-x}$ 不存在。

$x \to 1^-$ 時，我們取 $x = 1 - \varepsilon$，則 $\sqrt{1-x} = \sqrt{1-(1-\varepsilon)} = \sqrt{\varepsilon}$ $\to 0$，即 $\lim\limits_{x \to 1^-}\sqrt{1-x} = 0$。

再次提醒讀者，微積分只討論實數系。

例 4. 求(1) $\lim\limits_{x \to 4^+}\sqrt[3]{x-4} = ?$ (2) $\lim\limits_{x \to 4^-}\sqrt[3]{x-4} = ?$

解 (1) $x \to 4^+$ 時，我們取 $x = 4 + \varepsilon$，ε 為一很小的正數，則

∵ $\sqrt[3]{x-4} = \sqrt[3]{(4+\varepsilon)-4} = \sqrt[3]{\varepsilon} \to 0$

∴ $\lim\limits_{x \to 4^+}\sqrt[3]{x-4} = 0$

(2) $x \to 4^-$ 時，我們取 $x = 4 - \varepsilon$，ε 為一很小的正數，則

∵ $\sqrt[3]{x-4} = \sqrt[3]{(4-\varepsilon)-4} = \sqrt[3]{-\varepsilon} \to 0$（$\sqrt[3]{-\varepsilon}$ 仍為實數）

∴ $\lim\limits_{x \to 4^-}\sqrt[3]{x-4} = 0$

例 5. 求 $\lim\limits_{x \to 1}[x]$，$\lim\limits_{x \to 6.6}[x]$，$[x]$ 為最大整數函數。

解 (a) $\lim\limits_{x \to 1^+}[x] = [1+\varepsilon] = 1$，$\lim\limits_{x \to 1^-}[x] = [1-\varepsilon] = 0$

ε 為很小的正數　∴ $\lim\limits_{x \to 1}[x]$ 不存在

(b) $\lim\limits_{x \to 6.6}[x] = [6.6] = 6$

例 6. 求 $\lim\limits_{x \to 1}[2x-3]$。

解 $\lim\limits_{x \to 1^+}[2x-3] = [2(1+\varepsilon)-3] = [-1+2\varepsilon] = -1$

$\lim\limits_{x \to 1^-}[2x-3] = [2(1-\varepsilon)-3] = [-1-2\varepsilon] = -2$

ε 為很小的正數

∵ $\lim\limits_{x \to 1^+}[2x-3] \neq \lim\limits_{x \to 1^-}[2x-3]$　∴ $\lim\limits_{x \to 1}[2x-3]$ 不存在

例 7. 若 $f(x) = \begin{cases} x + 1 \text{ , } x \geq 1 \\ 2x - 3 \text{ , } x < 1 \end{cases}$ ，求 $\lim\limits_{x \to 2} f(x)$，$\lim\limits_{x \to 1} f(x)$。

解 $\lim\limits_{x \to 2} f(x) = \lim\limits_{x \to 2} (x + 1) = 3$

$\lim\limits_{x \to 1^+} (x + 1) = 2$，$\lim\limits_{x \to 1^-} (2x - 3) = -1$

$\because \lim\limits_{x \to 1^+} f(x) \neq \lim\limits_{x \to 1^-} f(x)$ $\therefore \lim\limits_{x \to 1} f(x)$ 不存在

在例 7，$f(x)$ 在 $x = 1$ 時為不連續，即圖形中斷，此時便要討論左、右極限。

例 8. 求 $\lim\limits_{x \to 0^+} \dfrac{\lvert x \rvert}{x} = ?$ $\lim\limits_{x \to 0^-} \dfrac{\lvert x \rvert}{x} = ?$ 及 $\lim\limits_{x \to 0} \dfrac{\lvert x \rvert}{x} = ?$

解 乍看下 $f(x) = \dfrac{\lvert x \rvert}{x}$，$x \neq 0$ 有點複雜，其實我們觀察到

$x > 0$ 時 $\dfrac{\lvert x \rvert}{x} = \dfrac{x}{x} = 1$，$x < 0$ 時 $\dfrac{\lvert x \rvert}{x} = \dfrac{-x}{x} = -1$

所以可將 $f(x)$ 化成下面之分段定義函數：

$f(x) = \begin{cases} 1 \text{ , } x > 0 \\ -1 \text{ , } x < 0 \end{cases}$

$\because \lim\limits_{x \to 0^+} \dfrac{\lvert x \rvert}{x} = \lim\limits_{x \to 0^+} \dfrac{x}{x} = \lim\limits_{x \to 0^+} 1 = 1$

$\quad \lim\limits_{x \to 0^-} \dfrac{\lvert x \rvert}{x} = \lim\limits_{x \to 0^-} \dfrac{-x}{x} = \lim\limits_{x \to 0^-} (-1) = -1$

$\therefore \lim\limits_{x \to 0} \dfrac{\lvert x \rvert}{x}$ 不存在。

2.1.3 變數變換

現在我們再看一些例子，並藉此說明一個微積分重要方法—變數變換法。

例 9. 求 (1) $\lim\limits_{x \to 1^+} \sqrt{x - 1}$ 及 (2) $\lim\limits_{x \to 1^-} \sqrt{x - 1}$。

解 在本例我們可取 $y = x - 1$

(1) $\lim\limits_{x \to 1^+} \sqrt{x - 1} = \lim\limits_{y \to 0^+} \sqrt{y} = 0$

(2) $\lim\limits_{x \to 1^-} \sqrt{x - 1} = \lim\limits_{y \to 0^-} \sqrt{y}$ （不存在）

若例 9 改為 $\lim\limits_{x \to 1^+} \sqrt{1 - x}$，令 $y = 1 - x$，則 $x \to 1^+$ 變為 $y \to 0^-$

因此 $\lim\limits_{x \to 1^+} \sqrt{1 - x} = \lim\limits_{y \to 0^-} \sqrt{y}$ 不存在，同法 $x \to 1^-$ 變為 $y \to 0^+$

因此 $\lim\limits_{x \to 1^-} \sqrt{1 - x} = \lim\limits_{y \to 0^+} \sqrt{y} = 0$。

例 10. 求 (1) $\lim\limits_{x \to 4^+} \dfrac{|x - 4|}{x - 4}$ 及 (2) $\lim\limits_{x \to 4^-} \dfrac{|x - 4|}{x - 4}$。

解 (1) 若我們取 $y = x - 4$，因 $x \to 4^+$，故 $y = x - 4 \to 0^+$

原式 $= \lim\limits_{y \to 0^+} \dfrac{|y|}{y} = 1$ （例 8）

(2) 同法 $x \to 4^-$，故 $y = x - 4 \to 0^-$

原式 $= \lim\limits_{y \to 0^-} \dfrac{|y|}{y} = -1$ （例 8）

變數變換雖帶給我們很多解題時的方便，但也有陷阱，因此同學使用變數變換法時務必小心，尤其是 $x \to a$ 變為 $y \to b$，a, b 為異號時。

習題 2-1

一、計算

1. 求 $\lim\limits_{x \to 1^+} (1 + x + x^2) = ?$

2. 求 $\lim\limits_{x \to 0^+} \sqrt{1 + x} = ?$

3. 求 $\lim\limits_{x \to -2^-} \sqrt{3 + x} = ?$

4. 求 $\lim\limits_{x \to 1^+} \sqrt[4]{1 + x^2} = ?$

5. 求 $\lim\limits_{x \to -1^+} \sqrt[4]{1 + 3x^2} = ?$

6. 求 $\lim\limits_{x \to -2^+} \sqrt{1 + x} = ?$

7. 求 $\lim\limits_{x \to 1^-} [1 - x]$

8. 求 $\lim\limits_{x \to 2^+} [3x + 1]$。

9. 求 $\lim\limits_{x \to 1^-}[1 + x]$。　　　　10. $\lim\limits_{x \to 2^-}\dfrac{x}{[x]}$

11. 求 $\lim\limits_{x \to 3^-}\dfrac{|x-3|}{x-3}$。　　　12. 求 $\lim\limits_{x \to 0}(\dfrac{1}{x} - \dfrac{1}{|x|})$。

★二、若 n 為整數，試求 $\lim\limits_{x \to n}[x - [x]]$。

解

一、1. 3　2. 1　3. 1　4. $\sqrt[4]{2}$　5. $\sqrt[4]{4}$　6. 不存在　7. 0　8. 7

9. 1　10. 2　11. −1　12. 不存在　二、0

2.2　極限之正式定義

　　前述之極限是在直觀角度之說法，本節將以 $\varepsilon - \delta$ 法來對極限下一個正式之定義。

　　$\varepsilon - \delta$ 法在觀念上較抽象，也不易用來計算一些極限問題，但它為未來數學分析奠定一個學習基礎，本書屬基礎微積分課程，故只做一些必要的基礎探討。

定義　對任一正數 $\varepsilon > 0$，（ε 為任意小之正數），若能找到一個 $\delta > 0$，（δ 與 ε 有關），使得當 $0 < |x - c| < \delta$ 時均有 $|f(x) - \ell| < \varepsilon$，即

$$0 < |x - c| < \delta \Rightarrow |f(x) - \ell| < \varepsilon$$

則稱 $\lim\limits_{x \to c} f(x) = \ell$

定義……使得當 $0<|x-c|<\delta$ 時……，不要寫成 $0\leq|x-c|<\delta$，因為 $x\neq c$，故為 $|x-c|>0$

用 $\varepsilon-\delta$ 法證明極限問題時，通常有兩個動作，一個找 ε,δ 間之關係（δ 依 ε 而定）這是初步分析，然後再利用這個結果去證明所求之 $\varepsilon-\delta$ 關係為正確，此即正式證明。

例 1. 試證 $\lim\limits_{x\to 1}(3x+2)=5$。

解 初步分析：找一個 $\delta>0$ 使得

$0<|x-1|<\delta\Rightarrow|(3x+2)-5|<\varepsilon$：

$|(3x+2)-5|\Leftrightarrow 3|x-1|<\varepsilon\Leftrightarrow|x-1|<\dfrac{\varepsilon}{3}$

$\therefore$ 取 $\delta=\dfrac{\varepsilon}{3}$

正式證明：給定 $\delta>0$，取 $\delta=\dfrac{\varepsilon}{3}$，則 $0<|x-1|<\delta$ 時有

$|(3x+2)-5|=3|x-1|<3\delta=3\left(\dfrac{\varepsilon}{3}\right)=\varepsilon$

$\therefore\lim\limits_{x\to 1}(3x+2)=5$

例 2. 試證 $\lim\limits_{x\to 2}(2x-1)=3$。

解 初步分析：找一個 $\delta>0$ 使得

$0<|x-2|<\delta\Rightarrow|(2x-1)-3|<\varepsilon$：

$|(2x-1)-3|\Leftrightarrow 2|x-2|<\varepsilon\Leftrightarrow|x-2|<\dfrac{\varepsilon}{2}$

$\therefore$ 取 $\delta=\dfrac{\varepsilon}{2}$

正式證明：給定 $\varepsilon>0$，取 $\delta=\dfrac{\varepsilon}{2}$，則 $0<|x-2|<\delta$ 時有

$|(2x-1)-3|=2|x-2|<2\delta=2\left(\dfrac{\varepsilon}{2}\right)=\varepsilon$

$\therefore\lim\limits_{x\to 2}(2x-1)=3$

例 **3.** 試證 $\lim\limits_{x \to 1}(x^2 - 3x + 4) = 2$

解 初步分析：找一個 $\delta > 0$ 使得 $0 < |x - 1| < \delta$ 時有 $|(x^2 - 3x + 4) - 2| < \varepsilon$。

$|(x^2 - 3x + 4) - 2| = |(x - 2)(x - 1)|$

$= |x - 2| |x - 1|$，取 $\delta \leq 1$

$|x - 2| = |(x - 1) - 1| \leq |x - 1| + 1 < 2$

$\therefore |(x^2 - 3x + 4) - 2| < 2|x - 1| < 2\delta < \varepsilon$

$\therefore \delta = \dfrac{\varepsilon}{2}$，取 $\delta = \min\left(1, \dfrac{\varepsilon}{2}\right)$

正式證明：給定 $\varepsilon > 0$，$\delta = \min\left(1, \dfrac{\varepsilon}{2}\right)$ 則 $0 < |x - 1| < \delta$

時有 $|x^2 - 3x + 4 - 2| = |x - 2| |x - 1| < 2\delta < 2 \cdot$

$\dfrac{\varepsilon}{2} = \varepsilon$

$\therefore \lim\limits_{x \to 1}(x^2 - 3x + 4) = 2$

由例 3 看出，用 $\varepsilon - \delta$ 證明一些較複雜之極限問題時，在初步分析中如何取得 δ 與 ε 關係實屬關鍵，首先將 $|f(x) - l|$ 化成 $|(x - a)g(x)| = |x - a| |g(x)|$ 後，我們要估出 $|g(x)|$ 之範圍。估計 $|g(x)|$ 有二個重點，一是找出到 $|g(x)|$ 與 $|x - a|$ 之關係，然後用 $|x - a| < \delta$，與 $|x + b| = |(x - a) + (a + b)| \leq |x - a| + |a + b|$ 和 $|x + a| \leq b$，若 $b' \geq b$，則 $|x + a| \leq b'$，以調整不等式範圍。二是 δ 可為任意正數，一些複雜問題常因方便取 $\delta_1 \leq 1$ 或其他方便的值，以便估出 $|g(x)|$ 之範圍。從而得到 δ_2，最後取 $\delta = \min\{\delta_1, \delta_2\}$。

例 **4.** $\lim\limits_{x \to 3} \dfrac{1}{x^2 + 1} = \dfrac{1}{10}$

解 初步分析

對任一正數 ε 而言，要找一個 $\delta > 0$ 使得 $0 < |x-3| < \delta$ 時有 $\left| \dfrac{1}{x^2+1} - \dfrac{1}{10} \right| < \varepsilon$。

$$\left| \frac{1}{x^2+1} - \frac{1}{10} \right| = \left| \frac{x^2-9}{10(x^2+1)} \right| = |x-3| \left| \frac{x+3}{10(x^2+1)} \right|,$$

$$\left| \frac{x+3}{x^2+1} \right| = |x+3| \left| \frac{1}{x^2+1} \right|。$$

(1) $|x+3| = |x-3+6| \leq |x-3| + 6$，取 $\delta_1 = 1$，則

$$|x+3| \leq |x-3| + 6 < 1 + 6 = 7 \qquad \textcircled{1}$$

(2) $|x-3| \leq 1$，$2 \leq x \leq 4$ $\therefore 5 \leq x^2+1 \leq 17 \Rightarrow \dfrac{1}{x^2+1} \leq \dfrac{1}{5}$

即 $\left| \dfrac{1}{x^2+1} \right| \leq \dfrac{1}{5}$ $\qquad \textcircled{2}$

由 $\textcircled{1}$，$\textcircled{2}$ $\left| \dfrac{1}{x^2+1} - \dfrac{1}{10} \right| = |x-3| \left| \dfrac{x+3}{10(x^2+1)} \right| < \varepsilon$.

$$\frac{7}{10 \cdot 5} \delta_2 < \varepsilon \qquad \therefore \delta_2 = \frac{50}{7} \varepsilon$$

取 $\delta = \min\left(1, \dfrac{50}{7}\varepsilon\right)$

正式證明：

取 $\delta = \min\left(1, \dfrac{50}{7}\varepsilon\right)$ 則 $0 < |x-3| < \delta$ 時

$$\left| \frac{1}{x^2+1} - \frac{1}{10} \right| < \frac{7}{50}\delta < \frac{7}{50} \cdot \frac{50}{7}\varepsilon = \varepsilon$$

$$\therefore \lim_{x \to 3} \frac{1}{x^2+1} = \frac{1}{10}$$

下面是一個證明極限值不正確的例子：

★例 5. 試證 $\lim\limits_{x \to 2} (x+1) \neq 5$。

解 設 $\lim\limits_{x \to 2} (x+1) = 5$

則 $0 < |x-2| < \delta \Rightarrow |(x+1)-5| < \varepsilon$

依定義，對任一 $\varepsilon > 0$，均能找到一個 $\delta > 0$ 滿足上述關係

$\therefore$ 取 $\varepsilon = 1$

$0 < |(x+1)-5| < 1 \Leftrightarrow |x-4| < 1 \quad \therefore 3 < x < 5$

但 $0 < |x-2| < \delta$ 中至少有一個 x，$x < 3$ 例如 $x = 2.0001$，

與 $3 < x < 5$ 矛盾

即 $\lim\limits_{x \to 2} (x+1) \ne 5$

 **習題 2-2**

1. 試證 $\lim\limits_{x \to 0} x^2 = 0$。

2. 試證 $\lim\limits_{x \to 1} (2x+1) = 3$。

★3. 試證 $\lim\limits_{x \to c} \sqrt{x} = \sqrt{c}$，$c > 0$。

4. 試證 $\lim\limits_{x \to c} (ax+b) = ac+b$。$a \ne 0$

5. 試證 $\lim\limits_{x \to c} x = c$。

★6. 若 $\lim\limits_{x \to a} f(x) = \ell$，試證 $\lim\limits_{x \to a} |f(x)| = |\ell|$。（提示：應用習題 1-1 第 6 題）

★7. 用 $\varepsilon - \delta$ 符號定義

(a) $\lim\limits_{x \to a^+} f(x)$ (b) $\lim\limits_{x \to a^-} f(x)$

8. 試證 $\lim\limits_{x \to \frac{1}{2}} \dfrac{3+2x}{5-x} = \dfrac{8}{9}$

2.3 極限定理

上節雖提供我們極限上之一些直覺觀念或理論基礎，但不便計算一些複雜問題，因此本節將極限問題之一些基本定理彙總，讀者可透過這些基本定理大大地簡化極限之計算過程，細心的讀者或可發現這些定理竟與函數計算公式極為相似。

2.3.1 極限四則運算

定理 A 若 $\lim\limits_{x \to a} f(x) = A$，$\lim\limits_{x \to a} g(x) = B$，則：

（加則） $\lim\limits_{x \to a} [f(x) + g(x)] = \lim\limits_{x \to a} f(x) + \lim\limits_{x \to a} g(x) = A + B$

（減則） $\lim\limits_{x \to a} [f(x) - g(x)] = \lim\limits_{x \to a} f(x) - \lim\limits_{x \to a} g(x) = A - B$

（乘則） $\lim\limits_{x \to a} [f(x) \cdot g(x)] = \lim\limits_{x \to a} f(x) \cdot \lim\limits_{x \to a} g(x) = A \cdot B$

（除則） $\lim\limits_{x \to a} \dfrac{g(x)}{f(x)} = \dfrac{\lim\limits_{x \to a} g(x)}{\lim\limits_{x \to a} f(x)} = \dfrac{B}{A}$，$\lim\limits_{x \to a} f(x) \neq 0$

（冪則） $\lim\limits_{x \to a} [f(x)]^p = [\lim\limits_{x \to a} f(x)]^p = A^p$，若 $[\lim\limits_{x \to a} f(x)]^p$ 存在。$\lim\limits_{x \to a} \sqrt[n]{f(x)} = \sqrt[n]{\lim\limits_{x \to a} f(x)}$，當 n 為偶數時，A 必須 ≥ 0

（惟一性） 若 $\lim\limits_{x \to a} f(x)$ 存在，$\lim\limits_{x \to a} f(x) = \ell_1$ 且 $\lim\limits_{x \to a} f(x) = \ell_2$ 則 $\ell_1 = \ell_2$。

證明

(1) $\lim\limits_{x \to a} [f(x) + g(x)] = A + B$

∵ $\lim\limits_{x \to a} f(x) = A$

∴ $0 < |x - a| < \delta_1 \Rightarrow |f(x) - A| < \dfrac{\varepsilon}{2}$

又 $\lim\limits_{x \to a} g(x) = B$

∴ $0 < |x - a| < \delta_2 \Rightarrow |g(x) - B| < \dfrac{\varepsilon}{2}$

取 $\delta = \min(\delta_1, \delta_2)$，則 $0 < |x - a| < \delta$ 時有

$|f(x) + g(x) - (A + B)| = |(f(x) - A) + (g(x) - B)|$

$\leq |f(x) - A| + |g(x) - B| < \dfrac{\varepsilon}{2} + \dfrac{\varepsilon}{2} = \varepsilon$

∴ $\lim\limits_{x \to a} (f(x) + g(x)) = A + B$ ∎

(2) $\lim\limits_{x \to a} f(x)g(x) = AB$

$|f(x)g(x) - AB| = |f(x)(g(x) - B) + B(f(x) - A)|$

$= |f(x)(g(x) - B)| + |B(f(x) - A)|$

$\leq |f(x)(g(x) - B)| + |B(f(x) - A)|$

$\leq |f(x)| \, |g(x) - B| + |B| \, |f(x) - A)|$

$\leq |f(x)| \, |g(x) - B| + (|B| + 1) |f(x) - A)|$

又

1) $\lim\limits_{x \to a} f(x) = A$　∴ $\varepsilon > 0$ 時存在一個 $\delta_1 > 0$ 使得 $0 < |x - a| < \delta_1$ 時有 $|f(x) - A| < 1$，則 $A - 1 < f(x) < A + 1$　∴ $f(x)$ 為有界，取 $|f(x)| < P，P > 0$

2) $\lim\limits_{x \to a} g(x) = B$　∴ $\varepsilon > 0$ 時存在一個 δ_2 使得 $0 < |x - a| < \delta_2$ 時有 $|g(x) - B| < \dfrac{\varepsilon}{2P}$（∵ ε 可為任何任意小之數，故可取 $\dfrac{\varepsilon}{2P}$）

3) $\lim_{x \to a} f(x) = A$ $\quad \therefore \varepsilon > 0$ 時存在一個 δ_2 使得 $0 < |x - a|$

$< \delta_3$ 時有 $|g(x) - A| < \dfrac{\varepsilon}{2(|B| + 1)}$

取 $\delta = \min(\delta_1, \delta_2, \delta_3)$ 則當 $0 < |x - a| < \delta$ 時，我們有

$|f(x)g(x) - AB| < P \cdot \dfrac{\varepsilon}{2P} + (|B| + 1)\dfrac{\varepsilon}{2(|B| + 1)} = \varepsilon$

$\therefore \lim_{x \to a} f(x)g(x) = AB$ ∎

(3)極限惟一性

$\because \lim_{x \to a} f(x) = \ell_1$ $\quad \therefore 0 < |x - a| < \delta \Rightarrow |f(x) - \ell_1| < \dfrac{\varepsilon}{2}$

又 $\lim_{x \to a} f(x) = \ell_2$ $\quad \therefore 0 < |x - a| < \delta \Rightarrow |f(x) - \ell_2| < \dfrac{\varepsilon}{2}$

但 $|\ell_1 - \ell_2| = |(\ell_1 - f(x)) - (\ell_2 - f(x))|$

$\leq |\ell_1 - f(x)| + |\ell_2 - f(x)|$

$= |f(x) - \ell_1| + |f(x) - \ell_2| < \dfrac{\varepsilon}{2} + \dfrac{\varepsilon}{2} = \varepsilon$

$\because \varepsilon$ 為任意小之正數 $\quad \therefore \ell_1 = \ell_2$ ∎

在「除則」裡，若 $\lim_{x \to a} f(x) \neq 0$ 則「除則」毫無問題自然成立，但若 $\lim_{x \to a} f(x) = 0$ 時，$g(x)$ 有下列二種情況：

(1) $\lim_{x \to a} g(x) = 0$ 時，$\lim_{x \to a} \dfrac{g(x)}{f(x)}$ 為不定式（Indeterminate Forms），不定式之解法將在爾後章節還會陸續討論到。

(2) $\lim_{x \to a} g(x) \neq 0$ 時，$\lim_{x \to a} \dfrac{g(x)}{f(x)}$ 不存在。

定理 B 若 $f(x) = c_0 + c_1 x + c_2 x^2 + \cdots + c_n x^n$，則
$\lim_{x \to a} f(x) = c_0 + c_1 a + c_2 a^2 + \cdots + c_n a^n = f(a)$

我們將舉一些例子說明上述定理之運算功能。

例 **1.** 　若 $\lim\limits_{x \to 3} f(x) = 2$，$\lim\limits_{x \to 3} g(x) = -1$，求：

(1) $\lim\limits_{x \to 3} \dfrac{f(x) - 2}{g(x) - 1}$ 　　(2) $\lim\limits_{x \to 3} \dfrac{x^2 + xf(x)g(x)}{g(x) + 1}$

解

(1) $\lim\limits_{x \to 3} \dfrac{f(x) - 2}{g(x) - 1} = \dfrac{\lim\limits_{x \to 3}(f(x) - 2)}{\lim\limits_{x \to 3}(g(x) - 1)} = \dfrac{\lim\limits_{x \to 3} f(x) - \lim\limits_{x \to 3} 2}{\lim\limits_{x \to 3} g(x) - \lim\limits_{x \to 3} 1}$

$$= \dfrac{2 - 2}{(-1) - 1} = 0$$

(2) $\lim\limits_{x \to 3} \dfrac{x^2 + xf(x)g(x)}{g(x) + 1} = \dfrac{\lim\limits_{x \to 3}\left[x^2 + xf(x)g(x) \right]}{\lim\limits_{x \to 3}\left[g(x) + 1 \right]}$

$$= \dfrac{\lim\limits_{x \to 3} x^2 + \lim\limits_{x \to 3} x \, \lim\limits_{x \to 3} f(x) \, \lim\limits_{x \to 3} g(x)}{\lim\limits_{x \to 3} g(x) + \lim\limits_{x \to 3} 1}$$

$$= \dfrac{3^2 + 3 \cdot 2(-1)}{-1 + 1}$$

$$= \dfrac{3}{0} \quad \therefore 不存在$$

2.3.2　極限求法之二個基本方法

我們將介紹極限計算之二個最基本策略：因式分解法、有理化法。

因式分解法

例 **2.** 　求(1) $\lim\limits_{x \to 1} \dfrac{x^2 - 1}{x - 1} = ?$ (2) $\lim\limits_{x \to 1} \dfrac{x^3 - 1}{x^2 - 1} = ?$

解　(1) $\lim\limits_{x \to 1} \dfrac{x^2 - 1}{x - 1}$ 　　$\left(\dfrac{0}{0} \right)$

$$= \lim_{x \to 1} \frac{(x-1)(x+1)}{x-1} = \lim_{x \to 1} (x+1) = 2$$

(2) $\lim_{x \to 1} \dfrac{x^3 - 1}{x^2 - 1}$ ($\dfrac{0}{0}$)

$$= \lim_{x \to 1} \frac{(x-1)(x^2+x+1)}{(x-1)(x+1)} = \frac{\lim\limits_{x \to 1}(x^2+x+1)}{\lim\limits_{x \to 1}(x+1)} = \frac{3}{2}$$

例2.之 $\lim\limits_{x \to 1} \dfrac{x^2-1}{x-1}$ 與 $\lim\limits_{x \to 1} \dfrac{x^3-1}{x^2-1}$ 均為 $\dfrac{0}{0}$ 型，即不定式，但最後算得之結果卻不相同，這或許是這類極限問題被稱為不定式之緣由。在求多項式極限，我們知道 $f(x)$、$g(x)$ 為一 n 次多項式，由定理 B，$\lim\limits_{x \to a} f(x) = f(a)$ 與 $\lim\limits_{x \to a} g(x) = g(a)$，因此 $\lim\limits_{x \to a} \dfrac{g(x)}{f(x)} = \dfrac{\lim\limits_{x \to a} g(x)}{\lim\limits_{x \to a} f(x)}$ 為 $\dfrac{0}{0}$ 型時，$g(x)$ 與 $f(x)$ 必定有 $x-a$ 的因子，因此我們可將 $(x-a)$ 提出消掉。

在此，我們表列一些常用之因式分解公式以供讀者參考。

$x^2 - y^2 = (x+y)(x-y)$
$x^3 - y^3 = (x-y)(x^2+xy+y^2)$
$x^3 + y^3 = (x+y)(x^2-xy+y^2)$
$x^n - y^n = (x-y)(x^{n-1}+x^{n-2}y+x^{n-3}y^2+\cdots+xy^{n-2}+y^{n-1})$

例 3. 求 $\lim\limits_{x \to 0} \dfrac{1}{x} \left(\dfrac{1}{x+2} - \dfrac{1}{2} \right) = ?$

解 $\lim\limits_{x \to 0} \dfrac{1}{x} \left(\dfrac{1}{x+2} - \dfrac{1}{2} \right)$ ($\infty \cdot 0$)

$$= \lim_{x \to 0} \frac{1}{x} \left(\frac{2-(x+2)}{2(x+2)} \right) = \lim_{x \to 0} \frac{1}{x} \cdot \frac{-x}{2(x+2)} = \lim_{x \to 0} \frac{-1}{2(x+2)} = \frac{-1}{4}$$

例3.是 $0 \cdot \infty$ 型之不定式，這也是除了 $\dfrac{0}{0}$ 型外另一種常見

之不定式，除此之外，不定式還有 $\infty-\infty$, $\dfrac{\infty}{\infty}$, 1^∞, 0^∞ 等型態，我們會在爾後章節中陸續介紹。

例 4. 若 $\lim\limits_{x\to-1}\dfrac{x^2-x+a}{x+1}=b$，試求 a,b。

解 在本例，只要求出 a 值，b 便可輕易求出。因為 $\lim\limits_{x\to-1}(x+1)=0$，故 $\lim\limits_{x\to-1}(x^2-x+a)$ 必須為 0（如果 $\lim\limits_{x\to-1}(x^2-x+a)\neq0$，則極限不存在）

$$\lim_{x\to-1}(x^2-x+a)=(-1)^2-(-1)+a=2+a=0 \quad \therefore a=-2$$

現求 b 值：

$$b=\lim_{x\to-1}\frac{x^2-x-2}{x+1}=\lim_{x\to-1}\frac{(x+1)(x-2)}{x+1}=\lim_{x\to-1}(x-2)=-3$$

有理化法

例 5. 求 $\lim\limits_{x\to1}\dfrac{\sqrt{x}-1}{x-1}=?$

解

方法一：
$$\lim_{x\to1}\frac{\sqrt{x}-1}{x-1}=\lim_{x\to1}\frac{\sqrt{x}-1}{x-1}\cdot\frac{\sqrt{x}+1}{\sqrt{x}+1}$$

$$=\lim_{x\to1}\frac{(\sqrt{x}-1)(\sqrt{x}+1)}{(x-1)}\cdot\lim_{x\to1}\frac{1}{\sqrt{x}+1}$$

$$=\lim_{x\to1}\frac{x-1}{x-1}\cdot\lim_{x\to1}\frac{1}{\sqrt{x}+1}=1\cdot\frac{1}{2}=\frac{1}{2}$$

方法二
$$\lim_{x\to1}\frac{\sqrt{x}-1}{x-1}=\lim_{x\to1}\frac{\sqrt{x}-1}{(\sqrt{x}-1)(\sqrt{x}+1)}$$

$$=\lim_{x\to1}\frac{1}{\sqrt{x}+1}=\frac{1}{2}$$

方法三 我們可用變數變換法，取 $y = \sqrt{x}$，則 $x = y^2 \therefore x \to 1$ 時 $y \to 1$。

$$\lim_{x \to 1} \frac{\sqrt{x}-1}{x-1} \xlongequal{y=\sqrt{x}} \lim_{y \to 1} \frac{y-1}{y^2-1} = \lim_{y \to 1} \frac{y-1}{(y+1)(y-1)}$$

$$= \lim_{y \to 1} \frac{1}{y+1} = \frac{1}{2}$$

例 6. $\lim\limits_{x \to 0} \dfrac{\sqrt{1+x}-1}{x} = ?$

解 $\lim\limits_{x \to 0} \dfrac{\sqrt{1+x}-1}{x} = \lim\limits_{x \to 0} \dfrac{\sqrt{1+x}-1}{x} \cdot \dfrac{\sqrt{1+x}+1}{\sqrt{1+x}+1}$

$= \lim\limits_{x \to 0} \dfrac{(1+x)-1}{x(\sqrt{1+x}+1)} = \lim\limits_{x \to 0} \dfrac{x}{x(1+\sqrt{1+x})} = \lim\limits_{x \to 0} \dfrac{1}{1+\sqrt{1+x}} = \dfrac{1}{2}$

例6.亦可用導數定義求得。

例 7. 求 $\lim\limits_{x \to 1} \dfrac{1-\sqrt{x}}{1-\sqrt[3]{x}}$。

解 本例以採變數變換法較為方便，亦即我們想把極限式裡的根號部份藉變數變換法消掉：分母 $\sqrt[3]{x} = x^{\frac{1}{3}}$，分子 $\sqrt{x} = x^{\frac{1}{2}}$，二者指數之分母最小公倍數為 6，因此我們不妨令 $y = x^{\frac{1}{6}}$，則 $\sqrt{x} = y^3$，$\sqrt[3]{x} = y^2$ 及 $x \to 1$ 時 $y \to 1$

$\therefore \lim\limits_{x \to 1} \dfrac{1-\sqrt{x}}{1-\sqrt[3]{x}} \xlongequal{y=x^{\frac{1}{6}}} \lim\limits_{y \to 1} \dfrac{1-y^3}{1-y^2} = \lim\limits_{y \to 1} \dfrac{(1-y)(1+y+y^2)}{(1-y)(1+y)}$

$= \lim\limits_{y \to 1} \dfrac{1+y+y^2}{1+y} = \dfrac{3}{2}$

例 8. 求 $\lim\limits_{x \to 1} \dfrac{(1-\sqrt{x})(1-\sqrt[4]{x})}{(1-\sqrt[3]{x})(1-\sqrt[5]{x})}$。

解 $\lim\limits_{x \to 1} \dfrac{(1-\sqrt{x})(1-\sqrt[4]{x})}{(1-\sqrt[3]{x})(1-\sqrt[5]{x})} = \lim\limits_{x \to 1} \dfrac{1-\sqrt{x}}{1-\sqrt[3]{x}} \cdot \dfrac{1-\sqrt[4]{x}}{1-\sqrt[5]{x}}$

$$= \lim_{x \to 1} \frac{1 - \sqrt{x}}{1 - \sqrt[3]{x}} \lim_{x \to 1} \frac{1 - \sqrt[4]{x}}{1 - \sqrt[5]{x}}$$

(1)由例 7，$\displaystyle\lim_{x \to 1} \frac{1 - \sqrt{x}}{1 - \sqrt[3]{x}} = \frac{3}{2}$

(2)$\displaystyle\lim_{x \to 1} \frac{1 - \sqrt[4]{x}}{1 - \sqrt[5]{x}} \xlongequal{y = x^{\frac{1}{20}}} \lim_{y \to 1} \frac{1 - y^5}{1 - y^4}$（$x^{\frac{1}{4}}$，$x^{\frac{1}{5}}$指數分母之最小公倍

數為 20，故取 $y = x^{\frac{1}{20}}$，則 $x^{\frac{1}{4}} = y^5$，$x^{\frac{1}{5}} = y^4$，$x \to 1$ 時 $y \to 1$）

$$= \lim_{y \to 1} \frac{y^5 - 1}{y^4 - 1} = \lim_{y \to 1} \frac{(y - 1)(y^4 + y^3 + y^2 + y + 1)}{(y - 1)(y^3 + y^2 + y + 1)}$$

$$= \lim_{y \to 1} \frac{y^4 + y^3 + y^2 + y + 1}{y^3 + y^2 + y + 1} = \frac{5}{4}$$

$$\therefore \lim_{x \to 1} \frac{(1 - \sqrt{x})(1 - \sqrt[4]{x})}{(1 - \sqrt[3]{x})(1 - \sqrt[5]{x})} = \frac{3}{2} \cdot \frac{5}{4} = \frac{15}{8}$$

在上例，我們應用一個重要因式分解公式：

$$x^n - 1 = (x - 1)(x^{n-1} + x^{n-2} + \cdots + x^2 + x + 1)$$

習題 2-3

1.計算下列各題之極限

(1)求 $\displaystyle\lim_{x \to b} \frac{x^2 - (b + 1)x + b}{x^3 - b^3}$，$b \neq 0$　(2)求 $\displaystyle\lim_{x \to -2} \frac{x^2 + 5x + 6}{x^2 + 4x + 4} = ?$

(3)求 $\displaystyle\lim_{x \to 4}(3\sqrt{x^3} + 20\sqrt{x})^{1/3}$?　(4)求 $\displaystyle\lim_{x \to 1}\left(\frac{3}{1 - x^3} - \frac{1}{1 - x}\right)$

2.計算

(1) $\displaystyle\lim_{h \to 0} \frac{\sqrt{x + h} - \sqrt{x}}{h}$　(2) $\displaystyle\lim_{x \to 2} \frac{x - 2}{\sqrt{x + 2} - 2}$

(3) $\displaystyle\lim_{x \to 0} \frac{\sqrt{(1 + ax)(1 + bx)} - 1}{x}$　(4) $\displaystyle\lim_{x \to 0} \frac{\sqrt{x + 2} - \sqrt{2}}{x}$

(5) $\displaystyle\lim_{x \to 0} \frac{\sqrt{1 - 2x - x^2} - (1 + x)}{x}$　(6) $\displaystyle\lim_{x \to 1} \frac{x - 1}{x^2 - \sqrt{2 - x}}$

3.計算

(1) $\lim\limits_{x\to 2} \dfrac{\sqrt{1+\sqrt{2+x}}-\sqrt{3}}{x-2}$

★(2) $\lim\limits_{x\to a} \dfrac{\sqrt{x-\sqrt{a}}+\sqrt{x-a}}{\sqrt{x^2-a^2}}$, $a>0$

(3) $\lim\limits_{x\to 16} \dfrac{\sqrt{x}-4}{\sqrt{x}-\sqrt[4]{x}-2}$

(4) $\lim\limits_{x\to 25} \dfrac{\sqrt{4+\sqrt{x}}-3}{5-\sqrt{x}}$

4.用因式分解法求

$$\lim_{x\to 1}\frac{x+x^2+\cdots+x^n-n}{x-1}$$

解

1.

(1)$\dfrac{b-1}{3b^2}$　(2)不存在　(3) 4　(4) 1

2.

(1)$\dfrac{1}{2\sqrt{x}}$　(2) 4　(3)$\dfrac{a+b}{2}$　(4)$\dfrac{1}{2\sqrt{2}}$　(5)-2　(6)$\dfrac{2}{5}$

3.

(1)$\dfrac{1}{8\sqrt{3}}$　(2)$\dfrac{1}{\sqrt{2a}}$　(3)$\dfrac{4}{3}$　(4)$-\dfrac{1}{6}$

4.$\dfrac{n(n+1)}{2}$

2.4　極限之其他計算技巧

本節將討論擠壓定理及在三角函數極限問題。

2.4.1 擠壓定理

定理 A	在某個區間 I 中，若 $f(x) \geq g(x) \geq h(x)$，且 $\lim\limits_{x \to a} f(x) = \lim\limits_{x \to a} h(x) = l$ 則 $\lim\limits_{x \to a} g(x) = l$，其中 $a \in I$。此即有名的**擠壓定理**（Squeeze Theorem），又稱為**三明治定理**（Sandwich Theorem）。

證明

(1) $\because \lim\limits_{x \to a} f(x) = l$ $\therefore$ 對於每個 $\varepsilon > 0$，均有一個 $\delta_1 > 0$ 使得

　$0 < |x - a| < \delta_1$ 時有 $|f(x) - l| < \varepsilon$；

(2) $\because \lim\limits_{x \to a} g(x) = l$ $\therefore$ 對每個 $\varepsilon > 0$ 均有一個 δ_2 使得 $0 <$

　$|x - a| < \delta_2$ 時有 $|g(x) - l| < \varepsilon$；

(3) $\lim\limits_{x \to a} h(x) = l$ $\therefore$ 對每個 $\varepsilon > 0$ 均有一個 δ_3 使得 $0 < |x - a|$

　$< \delta_3$ 時有 $|h(x) - l| < \varepsilon$。

取 $\delta = \min\{\delta_1, \delta_2, \delta_3\}$ 則 $0 < |x - a| < \delta$ 時

同時滿足 $|g(x) - l| < \varepsilon$ 與 $|h(x) - l| < \varepsilon$

$\therefore l - \varepsilon \leq h(x) \leq g(x) \leq f(x) \leq l + \varepsilon$

$\Rightarrow l - \varepsilon < g(x) < l + \varepsilon$

即 　$|g(x) - l| < \varepsilon$

$\therefore \lim\limits_{x \to a} g(x) = l$ ∎

以下是一些擠壓定理之應用。

例 1. 在 $[-2, 2]$ 中，$f(x)$ 滿足 $1 + x^2 \geq f(x) \geq 1 - x^2$，求

　$\lim\limits_{x \to 0} f(x) = ?$

解 $\because \lim\limits_{x \to 0}(1 + x^2) = \lim\limits_{x \to 0}(1 - x^2) = 1$

$\therefore \lim\limits_{x \to 0} f(x) = 1$

例 2. 求 $\lim\limits_{x \to 0} x\sin\dfrac{1}{x} = ?$

解 $\because \left| x \sin\dfrac{1}{x} \right| = \left| x \right| \left| \sin\dfrac{1}{x} \right| \leq \left| x \right|$

$\therefore - \left| x \right| \leq x \sin\dfrac{1}{x} \leq \left| x \right|$

又 $\lim\limits_{x \to 0} \left| x \right| = \lim\limits_{x \to 0}(- \left| x \right|) = 0$

得 $\lim\limits_{x \to 0} x\sin\dfrac{1}{x} = 0$

例 3. 若 $f(x) = \begin{cases} 1, & x：有理數 \\ 0, & x：無理數 \end{cases}$ ，求 $\lim\limits_{x \to 0} x^2 f(x)$。

解 $\because 1 \geq f(x) \geq 0 \quad \therefore 0 \leq x^2 f(x) \leq x^2$ ， $\lim\limits_{x \to 0} 0 = \lim\limits_{x \to 0} x^2 = 0$

$\therefore \lim\limits_{x \to 0} x^2 f(x) = 0$

2.4.2 三角極限問題

  $\sin x \leq x$

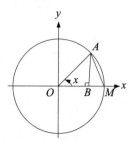

證明

我們繪一個以$(0, 0)$為圓心，半徑長為 1 之單位圓，則$\triangle OAM$之面積 $a\triangle OAM = \dfrac{1}{2}OM \cdot AB = \dfrac{1}{2}\sin x$，扇形 OAM 之面積$= \dfrac{1}{2} \cdot 1^2 x = \dfrac{x}{2}$，顯然扇形 OAM 之面

積 $\geq a\Delta OAM$，即 $\dfrac{x}{2} \geq \dfrac{1}{2}\sin x$

$\therefore x \geq \sin x$ ∎

定理 B

1. $\displaystyle\lim_{\theta \to \theta_0}\sin\theta = \sin\theta_0$

2. $\displaystyle\lim_{\theta \to \theta_0}\cos\theta = \cos\theta_0$

證明（只證 $\displaystyle\lim_{\theta \to \theta_0}\sin\theta = \sin\theta_0$）

$\left|\sin\theta - \sin\theta_0\right| = \left|2\cos\dfrac{\theta + \theta_0}{2}\sin\dfrac{\theta - \theta_0}{2}\right|$

$= 2\left|\cos\dfrac{\theta + \theta_0}{2}\right|\left|\sin\dfrac{\theta - \theta_0}{2}\right| = 2\left|\sin\dfrac{\theta - \theta_0}{2}\right|$

$\leq 2 \cdot \left|\theta - \theta_0\right| / 2 = \left|\theta - \theta_0\right| \leq \varepsilon$

取 $\delta = \varepsilon$

$\therefore$ 當 $\varepsilon > 0$ 時都存在一個 $\delta > 0$ 使得 $0 < \left|x - \theta_0\right| < \delta$ 時均

有 $\left|\sin\theta - \sin\theta_0\right| < \varepsilon$，因此 $\displaystyle\lim_{\theta \to \theta_0}\sin\theta = \sin\theta_0$ ∎

例 4. 求 $\displaystyle\lim_{x \to \frac{\pi}{2}}\dfrac{\cos x}{1 - \sin x}$，$\displaystyle\lim_{x \to \frac{\pi}{2}}\dfrac{\cos^2 x}{1 - \sin x}$ 及 $\displaystyle\lim_{x \to \frac{\pi}{2}}\dfrac{\cos^3 x}{1 - \sin x}$。

解

(1) $\displaystyle\lim_{x \to \frac{\pi}{2}}\dfrac{\cos x}{1 - \sin x} = \lim_{x \to \frac{\pi}{2}}\dfrac{\cos x}{1 - \sin x} \cdot \dfrac{1 + \sin x}{1 + \sin x} = \lim_{x \to \frac{\pi}{2}}\dfrac{\cos x(1 + \sin x)}{1 - \sin^2 x}$

$= \displaystyle\lim_{x \to \frac{\pi}{2}}\dfrac{\cos x(1 + \sin x)}{\cos^2 x} = \lim_{x \to \frac{\pi}{2}}\dfrac{1 + \sin x}{\cos x} = \dfrac{2}{0} \to$ 不存在

(2) $\displaystyle\lim_{x \to \frac{\pi}{2}}\dfrac{\cos^2 x}{1 - \sin x} = \lim_{x \to \frac{\pi}{2}}\dfrac{1 - \sin^2 x}{1 - \sin x} = \lim_{x \to \frac{\pi}{2}}\dfrac{(1 - \sin x)(1 + \sin x)}{1 - \sin x}$

$= \displaystyle\lim_{x \to \frac{\pi}{2}}(1 + \sin x) = 2$

(3) $\displaystyle\lim_{x \to \frac{\pi}{2}}\dfrac{\cos^3 x}{1 - \sin x} = \lim_{x \to \frac{\pi}{2}}\cos x \cdot \dfrac{\cos^2 x}{1 - \sin x} = \lim_{x \to \frac{\pi}{2}}\cos x \lim_{x \to \frac{\pi}{2}}\dfrac{\cos^2 x}{1 - \sin x}$

$$= 0 \cdot 2 = 0$$

茲將一些特別角之正弦、餘弦值列於下表以供參考：

	0°	30°	45°	60°	90°
$\sin\theta$	$\dfrac{\sqrt{0}}{2}$	$\dfrac{\sqrt{1}}{2}$	$\dfrac{\sqrt{2}}{2}$	$\dfrac{\sqrt{3}}{2}$	$\dfrac{\sqrt{4}}{2}$
$\cos\theta$	$\dfrac{\sqrt{4}}{2}$	$\dfrac{\sqrt{3}}{2}$	$\dfrac{\sqrt{2}}{2}$	$\dfrac{\sqrt{1}}{2}$	$\dfrac{\sqrt{0}}{2}$

定理 C

$$\lim_{\theta \to 0} \frac{\sin\theta}{\theta} = 1$$

證明

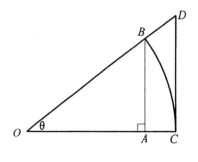

為了證明 $\lim\limits_{\theta \to 0} \dfrac{\sin\theta}{\theta} = 1$，我們以 O 為圓心作一單位圓，$\overset{\frown}{BC}$ 為圓上之一弧，OC 為半徑 $(OC = 1)$，則有：

$$\triangle OAB \text{之面積} = \frac{1}{2} OA \cdot AB$$

$$= \frac{1}{2} \frac{OA}{OB} \cdot \frac{AB}{OB} \ (\because OB = 1)$$

$$= \frac{1}{2} \cos\theta \sin\theta$$

$$\text{扇形 } OBC \text{ 之面積} = \frac{1}{2}(\theta) \cdot 1^2 = \frac{\theta}{2}$$

$$\triangle OCD \text{之面積} = \frac{1}{2} OC \cdot CD$$

$$= \frac{1}{2} CD = \frac{1}{2}\tan\theta \ (\because \tan\theta = \frac{CD}{OC} = CD)$$

但 $\triangle OCD$ 之面積 $\geq$ 扇形 OBC 之面積 $\geq \triangle OAB$ 之面積

即 $\dfrac{1}{2}\tan\theta \geq \dfrac{\theta}{2} \geq \dfrac{1}{2}\cos\theta\sin\theta$

$\therefore \dfrac{1}{\cos\theta} \geq \dfrac{\theta}{\sin\theta} \geq \cos\theta$

$\Rightarrow \cos\theta \geq \dfrac{\sin\theta}{\theta} \geq \dfrac{1}{\cos\theta}$

又 $\lim\limits_{\theta\to 0}\cos\theta = \lim\limits_{\theta\to 0}\dfrac{1}{\cos\theta} = 1$　$\therefore$由擠壓定理知 $\lim\limits_{\theta\to 0}\dfrac{\sin\theta}{\theta} = 1$　∎

例 5.　求(1) $\lim\limits_{x\to 0}\dfrac{\sin 3x}{x}$　(2) $\lim\limits_{x\to 0}\dfrac{\sin mx}{\sin nx}$，$m, n$為異於 0 之整數。

解　(1) 取 $y = 3x$　$\therefore x\to 0$ 時 $y\to 0$，$x = \dfrac{y}{3}$

$\lim\limits_{x\to 0}\dfrac{\sin 3x}{x} \xlongequal{y\,=\,3x} \lim\limits_{y\to 0}\dfrac{\sin y}{\dfrac{y}{3}} = 3\lim\limits_{y\to 0}\dfrac{\sin y}{y} = 3$

(2) $\lim\limits_{x\to 0}\dfrac{\sin mx}{\sin nx} = \lim\limits_{x\to 0}\dfrac{\dfrac{\sin mx}{x}}{\dfrac{\sin nx}{x}} = \dfrac{\lim\limits_{x\to 0}\dfrac{\sin mx}{x}}{\lim\limits_{x\to 0}\dfrac{\sin nx}{x}}$　　　　*****

但 $\lim\limits_{x\to 0}\dfrac{\sin mx}{x} \xlongequal{y\,=\,mx} \lim\limits_{y\to 0}\dfrac{\sin y}{\dfrac{y}{m}} = m\lim\limits_{y\to 0}\dfrac{\sin y}{y} = m$

同法 $\lim\limits_{x\to 0}\dfrac{\sin nx}{x} = n$，代入 ***** 得

$\lim\limits_{x\to 0}\dfrac{\sin mx}{\sin nx} = \dfrac{m}{n}$

例 6.　求 $\lim\limits_{\theta\to 0}\dfrac{1 - \cos\theta}{\theta^2}$。

解　$\lim\limits_{\theta\to 0}\dfrac{1 - \cos\theta}{\theta^2} = \lim\limits_{\theta\to 0}\dfrac{1 - \cos\theta}{\theta^2} \cdot \dfrac{1 + \cos\theta}{1 + \cos\theta} = \lim\limits_{\theta\to 0}\dfrac{\sin^2\theta}{\theta^2} \cdot \dfrac{1}{1 + \cos\theta}$

$= \left(\lim\limits_{\theta\to 0}\dfrac{\sin\theta}{\theta}\right)^2 \cdot \lim\limits_{\theta\to 0}\dfrac{1}{1 + \cos\theta}$

$= 1 \cdot \dfrac{1}{2} = \dfrac{1}{2}$

 習題 2-4

1.計算

(1) $\lim\limits_{x\to 0}\dfrac{\sin x}{1-\cos x}$

(2) $\lim\limits_{x\to 0}\dfrac{\tan x-\sin x}{x\cos x}$

(3) $\lim\limits_{x\to 0}\dfrac{\sin\frac{x}{2}}{4x}$

(4) $\lim\limits_{x\to 0}\dfrac{\tan x-\sin x}{x^3}$

★2.

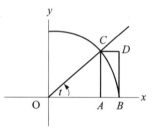

左圖為一半徑是 1，圓心為原點之單位圓，同時，由圖易知△OAC之面積＜扇形OBC之面積＜△OAC面積＋矩形$ABCD$面積，從而證明$\cos t\leq\dfrac{t}{\sin t}\leq 2-\cos t$，並利用此結果證 $\lim\limits_{t\to 0}\dfrac{\sin t}{t}=1$

★3.已知 $\lim\limits_{x\to 0}\dfrac{\sin x}{x}=1$，求：

(1) $\lim\limits_{x\to 0}\dfrac{x^2}{\sqrt{1+x\sin x}-\sqrt{\cos x}}$

(2)$\lim\limits_{x\to 0}\dfrac{1-\cos\sqrt{x}}{x}$

(3)$\lim\limits_{x\to 0}\dfrac{\sqrt{1+\tan x}-\sqrt{1+\sin x}}{x^3}$

4.若已知 $\lim\limits_{x\to\infty}\dfrac{\sin x}{x}=1$，求 $\lim\limits_{x\to 0}\dfrac{x^2\sin\frac{1}{x}}{\sin x}$。

★5.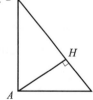

如左圖，直角△ABC中∠A為直角，$\overline{AB}=a$（常數），由 A 向斜邊$\overline{BC}$作垂線$\overline{AH}$，垂足為 H，若∠$B=\theta$，求 $\lim\limits_{\theta\to 0}\dfrac{\overline{CH}}{\theta^2}$

6.試證 $\lim\limits_{\theta \to \theta_0} \cos\theta = \cos\theta_0$

（提示：$\cos A - \cos B = -2\sin\dfrac{A+B}{2} \cdot \sin\dfrac{A-B}{2}$）

解

1.

(1)不存在　(2) 0　(3)$\dfrac{1}{8}$　(4)$\dfrac{1}{2}$

3.(1)$\dfrac{4}{3}$　(2)$\dfrac{1}{2}$　(3)$\dfrac{1}{4}$

4.0

5.a（提示：$\angle HAC = \theta$，$CH = AC\sin\theta$，又 AC 與 AB 之關係？）

2.5　無窮極限與漸近線

2.5.1　$\lim_{x \to \infty} f(x)$

事實上，當我們開始考慮函數 $f(x) = \dfrac{1}{x}$，$x \neq 0$：若 $x \to 0^+$，$f(x) = \dfrac{1}{x} \to +\infty$，（$+\infty$ 表正的無窮大），若 $x \to 0^-$，$f(x) = \dfrac{1}{x} \to -\infty$，（$-\infty$ 表負的無窮大），若 $x \to \infty$，$f(x) = \dfrac{1}{x} \to 0$，若 $x \to -\infty$，$f(x) = \dfrac{1}{x} \to 0$，這可仿 2.1 節直觀極限的方式而得以觀察：

(1) $x \to 0^+$

x	0.1	0.01	0.001	……
$f(x)$	10	100	1000	$\to \infty$

（在不混淆下本書$+\infty$亦寫成∞）

(2) $x \to 0^-$

x	-0.1	-0.01	…	-0.001	
$f(x) = \dfrac{1}{x}$	-10	-100	…	-1000	$\to -\infty$

(3) $x \to +\infty$

x	10	100	1000	……	
$f(x) = \dfrac{1}{x}$	0.1	0.01	0.001	……	$\to 0$

(4) $x \to -\infty$

x	-10	-100	…	-1000	……	
$f(x) = \dfrac{1}{x}$	-0.1	-0.01	…	-0.001	……	$\to 0$

例 1. 求(1) $\displaystyle\lim_{x \to 1^+} \frac{1}{x-1} = ?$　(2) $\displaystyle\lim_{x \to 1^-} \frac{1}{x-1} = ?$

解 (1) $\displaystyle\lim_{x \to 1^+} \frac{1}{x-1} = \infty$

(2) $\displaystyle\lim_{x \to 1^-} \frac{1}{x-1} = -\infty$

例 2. 求(1) $\displaystyle\lim_{x \to -1^+} \frac{1}{1+x} = ?$　(2) $\displaystyle\lim_{x \to -1^-} \frac{1}{1+x} = ?$

解 (1) $\displaystyle\lim_{x \to -1^+} \frac{1}{1+x} = \infty$

(2) $\displaystyle\lim_{x \to -1^-} \frac{1}{1+x} = -\infty$

幾個有關無窮極限之定義

> **定義** （$\lim\limits_{x \to \infty} f(x) = A$）給定常數 A，對任意正數 M（不論它有多大），總存在正數 X，使得當 $|x| > X$，均有 $|f(x) - A| < \varepsilon$ 則稱 A 為 x 趨近無窮大時 $f(x)$ 之極限，以 $\lim\limits_{x \to \infty} f(x) = A$ 表之。

> **定義** （$\lim\limits_{x \to a} f(x) = \infty$）給定任意正數 M（不論 M 有多大），總存在正數 δ，使得 $0 < |x - a| < \delta$ 均有 $|f(x)| > M$，則稱 x 趨近 a 時，$f(x)$ 極限為無窮大，以 $\lim\limits_{x \to a} f(x) = \infty$ 表之。

類似之定義還有 $\lim\limits_{x \to \infty} f(x) = A$ 與 $\lim\limits_{x \to a} f(x) = -\infty$ 等。

★例 3. 試證 $\lim\limits_{x \to \infty} \dfrac{1}{x} = 0$

解 $|f(x) - A| = \left|\dfrac{1}{x} - 0\right| = \dfrac{1}{|x|} < \varepsilon$ $\therefore |x| > \dfrac{1}{\varepsilon}$

因此，對所有 $\varepsilon > 0$，我們取 $X = \dfrac{1}{\varepsilon}$，則當 $|x| > X$ 時恆有

$\left|\dfrac{1}{x} - 0\right| < \varepsilon$

$\therefore \lim\limits_{x \to \infty} \dfrac{1}{x} = 0$

無窮級限也有一些與前述之極限類似的定理。

定理 A

1. 若 $\lim\limits_{x\to\infty} f(x) = A$ ， $\lim\limits_{x\to\infty} g(x) = B$，A，B 為有限值，則

(1) $\lim\limits_{x\to\infty}(f(x)\pm g(x)) = \lim\limits_{x\to\infty} f(x)\pm\lim\limits_{x\to\infty} g(x) = A\pm B$

(2) $\lim\limits_{x\to\infty}(f(x)\cdot g(x)) = \lim\limits_{x\to\infty} f(x)\cdot\lim\limits_{x\to\infty} g(x) = A\cdot B$

(3) $\lim\limits_{x\to\infty}\dfrac{f(x)}{g(x)} = \dfrac{\lim\limits_{x\to\infty} f(x)}{\lim\limits_{x\to\infty} g(x)} = \dfrac{A}{B}$ ，但 $B\neq 0$

(4) $\lim\limits_{x\to\infty}[f(x)]^p = [\lim\limits_{x\to\infty} f(x)]^p = A^p$ ，若 A^p 存在

2. $\lim\limits_{x\to\infty}(a_n x^n + a_{n-1}x^{n-1} + \cdots + a_1 x + a_0) = \lim\limits_{x\to\infty} a_n x^n$

例 4. 求(1) $\lim\limits_{x\to\infty}(x^2 - 3x + 1)$　(2) $\lim\limits_{x\to-\infty}(x^2 - 3x + 1)$

解 (1) $\lim\limits_{x\to\infty}(x^2 - 3x + 1) = \lim\limits_{x\to\infty} x^2 = (\lim\limits_{x\to\infty} x)^2 = \infty$

(2) $\lim\limits_{x\to-\infty}(x^2 - 3x + 1) = \lim\limits_{x\to-\infty} x^2 = (\lim\limits_{x\to-\infty} x)^2 = \infty$

定理 B 是求有理分式無窮極限的通則。

定理 B

$$\lim_{x\to\infty}\frac{a_m x^m + a_{m-1}x^{m-1} + \cdots + a_1 x + a_0}{b_n x^n + b_{n-1}x^{n-1} + \cdots + b_1 x + b_0}$$

$$=\begin{cases} \infty & a_m,b_n\text{同號，且 } m > n \text{ 時} \\ -\infty & a_m,b_n\text{異號，且 } m > n \text{ 時} \\ \dfrac{a_m}{b_n} & m = n \text{ 且 } b_n\neq 0 \text{ 時} \\ 0 & m < n \end{cases}$$

　　上述結果是因為我們利用分子、分母中之最高次數項遍除分子、分母而得，透過上述定理我們可用視察法決定有理分式之無

窮極限值。

例 5. 求(1)$\lim\limits_{x \to \infty} \dfrac{(x+1)^{20}(2x+3)^{30}}{(x+3)^{50}}$　(2)$\lim\limits_{x \to \infty} \dfrac{x+1+\sqrt[3]{x^2+1}}{x^2+x+1}$

解 (1)$\lim\limits_{x \to \infty} \dfrac{(x+1)^{20}(2x+3)^{30}}{(x+3)^{50}}$

$\qquad = \lim\limits_{x \to \infty} \dfrac{(x+1)^{20}}{(x+3)^{20}} \lim\limits_{x \to \infty} \dfrac{(2x+3)^{30}}{(x+3)^{30}}$

$\qquad = 1 \cdot 2^{30} = 2^{30}$

(2)由視察法易知結果為 0

2.5.2 $\lim\limits_{x \to -\infty} f(x)$

這類問題往往可令 $y = -x$，將原問題化成 $\lim\limits_{y \to \infty} f(-y)$ 再行求解。

例 6. 求 $\lim\limits_{x \to -\infty} \dfrac{2x^2+x-3}{3x^2-2x+1}$

解 $\lim\limits_{x \to -\infty} \dfrac{2x^2+x-3}{3x^2-2x+1} \overset{y=-x}{=\!=\!=\!=} \lim\limits_{y \to \infty} \dfrac{2(-y)^2+(-y)-3}{3(-y)^2-2(-y)+1}$

$\qquad = \lim\limits_{y \to \infty} \dfrac{2y^2}{3y^2} = \dfrac{2}{3}$

2.5.3 ∞-∞

我們已學會了幾種不定式之基本求法，現在我們要介紹的是一種重要的不定型 "∞－∞"。

例 7. 求 $\lim\limits_{x \to \infty}(\sqrt{1+x^2}-x)$。

解
$$\lim_{x \to \infty}(\sqrt{1 + x^2} - x) = \lim_{x \to \infty}(\sqrt{1 + x^2} - x)\frac{\sqrt{1 + x^2} + x}{\sqrt{1 + x^2} + x}$$
$$= \lim_{x \to \infty}\frac{1}{\sqrt{1 + x^2} + x} = 0$$

例 8. 求 $\lim\limits_{x \to \infty}(x\sqrt{1 + x^2} - x^2)$ 。

解
$$\lim_{x \to \infty}(x\sqrt{1 + x^2} - x^2) = \lim_{x \to \infty}x(\sqrt{1 + x^2} - x)$$
$$= \lim_{x \to \infty}x(\sqrt{1 + x^2} - x)\frac{\sqrt{1 + x^2} + x}{\sqrt{1 + x^2} + x} = \lim_{x \to \infty}\frac{x(1 + x^2 - x^2)}{\sqrt{1 + x^2} + x}$$
$$= \lim_{x \to \infty}\frac{x}{x + \sqrt{1 + x^2}} = \lim_{x \to \infty}\frac{1}{1 + \sqrt{\frac{1}{x^2} + 1}} = \frac{1}{2}$$

另解

$$\lim_{x \to \infty}(x\sqrt{1 + x^2} - x^2)\frac{x\sqrt{1 + x^2} + x^2}{x\sqrt{1 + x^2} + x^2} = \lim_{x \to \infty}\frac{x^2(1 + x^2) - x^4}{x\sqrt{1 + x^2} + x^2}$$
$$= \lim_{x \to \infty}\frac{x^2}{x\sqrt{1 + x^2} + x^2} = \lim_{x \to \infty}\frac{1}{\sqrt{\frac{1}{x^2} + 1} + 1} = \frac{1}{2}$$

★例 9. 考慮半徑為 r 之圓內接正 n 邊形。連線原點與二個鄰接頂點所成之三角形,設此三角形之面積為 A,顯然此正 n 邊形之面積為 $n \cdot A$,試求 $\lim\limits_{n \to \infty} nA = $?

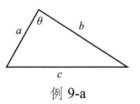

例 9-a

解

三角形面積公式為 $\dfrac{1}{2}ab\sin\theta$

$\therefore \triangle OMN$ 之面積 $A = \dfrac{1}{2}r^2\sin\dfrac{2\pi}{n}$

從而 $\lim\limits_{n \to \infty}nA = \lim\limits_{n \to \infty}n\dfrac{r^2}{2}\sin\dfrac{2\pi}{n}$
$$= \frac{r^2}{2}\lim_{n \to \infty}n\sin\frac{2\pi}{n}$$

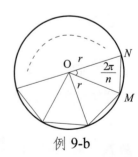

例 9-b

（取 $y = \dfrac{2\pi}{n}$ ，即 $n = \dfrac{2\pi}{y} \therefore n \to \infty$ 時 $y \to 0$）

$$= \dfrac{r^2}{2} \lim_{y \to 0} \dfrac{2\pi}{y} \sin y = \pi r^2 \lim_{y \to 0} \dfrac{\sin y}{y} = \pi r^2 \text{（此恰為半徑是 } r \text{ 之}$$

圓面積）

2.5.4　漸近線

　　什麼是漸近線（Asymptote）？我們可由下頁的三個函數圖看出，$y = f(x)$ 之漸近線是一條直線，而這條直線可與 $y = f(x)$ 圖形無限接近但不與 $y = f(x)$ 圖形相交。有了上述基本了解，我們便可對漸近線下定義。

定義　若(1) $\lim\limits_{x \to a^+} f(x) = \infty$ ，(2) $\lim\limits_{x \to a^+} f(x) = -\infty$ ，(3) $\lim\limits_{x \to a^-} f(x) = \infty$ ，

(4) $\lim\limits_{x \to a^-} f(x) = -\infty$ 中有一項成立時，稱 $x = a$ 為曲線

$y = f(x)$ 之**垂直漸近線**（Vertical Asymptote）。

若(1) $\lim\limits_{x \to \infty} f(x) = b$ ，或(2) $\lim\limits_{x \to -\infty} f(x) = b$ 有一項成立時，稱

$y = b$ 為曲線 $y = f(x)$ 之**水平漸近線**（Horizontal Asymptote）。

若 $\lim\limits_{x \to \pm\infty} (y - mx - b) = 0$ ，則我們稱 $y = mx + b$ 為曲線

$y = f(x)$ 之**斜漸近線**（Skew Asymptote）。

我們來看看漸近線之圖形：

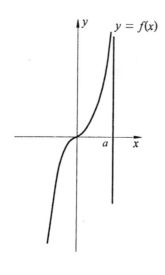

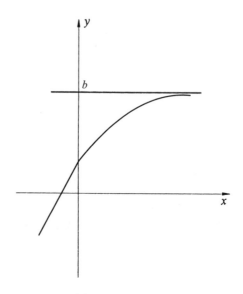

$y=f(x)$以$x=a$為垂直漸近線

$y=f(x)$以$y=b$為水平漸近線

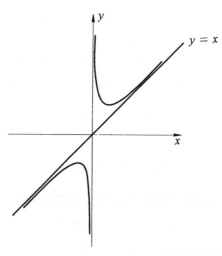

$y=f(x)$以$y=x$為斜漸近線並以y軸為垂直漸近線

例 10. $y = \dfrac{1}{x}$ 之漸近線為何？

解 $\displaystyle\lim_{x \to 0^+} y = \lim_{x \to 0^+} \dfrac{1}{x} = +\infty$

∴ y 軸是其垂直漸近線

$\displaystyle\lim_{x \to \infty} y = \lim_{x \to \infty} \dfrac{1}{x} = 0$

∴ x 軸是其水平漸近線

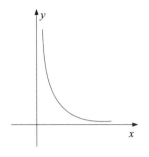

例 11. 求 $y = \dfrac{x^2}{(x-1)(x-2)}$ 之漸近線。

解 (1) ∵ $\displaystyle\lim_{x \to 1^+} \dfrac{x^2}{(x-1)(x-2)} = -\infty$　∴ $x = 1$ 為垂直漸近線

(2) ∵ $\displaystyle\lim_{x \to 2^+} \dfrac{x^2}{(x-1)(x-2)} = \infty$　　∴ $x = 2$ 為垂直漸近線

(3) ∵ $\displaystyle\lim_{x \to \infty} \dfrac{x^2}{(x-1)(x-2)} = 1$　　∴ $y = 1$ 為水平漸近線

　或 $y = \dfrac{x^2}{(x-1)(x-2)} = 1 + \dfrac{3x-2}{(x-1)(x-2)}$

　又 $\displaystyle\lim_{x \to \infty}(y - 1) = \lim_{x \to \infty} \dfrac{3x-2}{(x-1)(x-2)} = 0$

　∴ $y = 1$ 為水平漸近線

在求 $y = \dfrac{q(x)}{p(x)}$（$p(x)$，$q(x)$ 均為 x 之多項式）之斜漸近線時，大致可用下列方式求得：

若 $y = \dfrac{q(x)}{p(x)}$ 為假分式，即 $q(x)$ 次數 $\geq p(x)$ 次數時，我們可把它化成帶分式，此時 $y = t(x) + \dfrac{r(x)}{p(x)}$：$t(x) = b$ 時，$y = b$ 為水平漸近線，$t(x) = mx + b$ 時，$y = mx + b$ 為斜漸近線

若 $t(x) = x^2$ 等，$y = x^2$ 不為漸近線（∵ $y = x^2$ 為拋物線它不是直線）又 $p(a) = 0$，則 $x = a$ 為垂直漸近線。

有理函數圖形之斜漸近線大致可用上述方法求出，但是碰到較複雜之函數形式，如根式函數圖形等之斜近線 $y = mx + b$ 之

m, b 值可用下法求出：

$$m = \lim_{x \to \pm\infty} \frac{y}{x}, \quad b = \lim_{x \to \pm\infty} (y - mx)$$

例 12. 求 $y = \sqrt{x^2 + 1}$ 之漸近線。

解 本例只可能有斜漸近線 $y = mx + b$，現在要決定 m, b：

① $m = \lim_{x \to \infty} \frac{y}{x} = \lim_{x \to \infty} \frac{\sqrt{x^2 + 1}}{x} = 1$

$b = \lim_{x \to \infty} (y - x) = \lim_{x \to \infty} (\sqrt{x^2 + 1} - x) = \lim_{x \to \infty} \frac{1}{\sqrt{x^2 + 1} + x} = 0 \; *$

$\therefore y = x$ 是一條斜漸近線

② $m = \lim_{x \to -\infty} \frac{y}{x} = \lim_{x \to -\infty} \frac{\sqrt{x^2 + 1}}{x} = \lim_{y \to \infty} \frac{\sqrt{y^2 + 1}}{-y} = -1$

$b = \lim_{x \to -\infty} (y - (-x)) = \lim_{x \to -\infty} (\sqrt{x^2 + 1} + x)$

$= \lim_{y \to \infty} (\sqrt{y^2 + 1} - y) = 0 \;$（由 $*$）

$\therefore y = -x$ 是另一條斜漸近線

習題 2-5

1. 計算：

(1) $\lim\limits_{x \to \infty} \dfrac{2x + 1}{x^2 - 3x + 1}$

(2) $\lim\limits_{x \to \infty} \dfrac{-3x^5 + 4x^2 - 7}{x^5 - 2x^4 - x + 7}$

(3) $\lim\limits_{x \to \infty} \dfrac{x^4 + 1}{x^3 + 7x^2 - 9x + 2}$

(4) $\lim\limits_{x \to \infty} f(x)$，

但 $\dfrac{2x^2 + 3}{x^2} \le f(x) \le \dfrac{2x^3 + 5x + 1}{x^3}$

2. 計算：

(1) $\lim\limits_{x \to \infty} \dfrac{(x + 1)(2x + 1)(3x + 1)}{(x - 1)(2x - 1)(3x - 1)} = ?$

(2) $\lim\limits_{x \to \infty} \dfrac{(x - 1)(x + 1)(x + 3)(x + 4)(x + 5)}{(3x + 1)^5} = ?$

3.求下列各小題之漸近線：

(1) $y = \dfrac{x^3 - x - 4}{1 - x^2}$　(2) $y = \dfrac{x + 1}{x}$　(3) $y = \dfrac{x^3}{x^2 - 1}$

4.求

(1) $\displaystyle\lim_{x \to \infty} \dfrac{x + 2}{x + \sqrt{x^2 + x + 1}}$　　(2) $\displaystyle\lim_{x \to \infty} \dfrac{\sqrt{x^5 + 1} + \sqrt{x^7 + 1}}{\sqrt{x^7 + x^5 + 1}}$

(3) $\displaystyle\lim_{x \to \infty} \dfrac{x^3 + \sqrt{x^5 + 1} + \sqrt{x^7 + 1}}{\sqrt{x^7 + 1}}$

5.求

(1) $\displaystyle\lim_{x \to -\infty} \dfrac{\sqrt{x^2 - x + 1}}{x}$　　(2) $\displaystyle\lim_{x \to -\infty} \dfrac{\sqrt{x^4 - x + 1}}{x^2 + 1}$

(3) $\displaystyle\lim_{x \to -\infty} (\sqrt{x^2 + ax} - \sqrt{x^2 - ax})$，$a > 0$

(4) $\displaystyle\lim_{x \to \infty}(\sqrt{x^2 + x - 1} - \sqrt{x^2 - x + 1})$　(5) $\displaystyle\lim_{x \to \infty}(x^2\sqrt{4x^4 + 5} - 4x^4)$

6.求 $\displaystyle\lim_{n \to \infty}\sqrt[n]{3^n + 4^n + 5^n}$

7.求 $\displaystyle\lim_{x \to \infty}\dfrac{[x] - 3}{2x + 1}$

★8.求(1)$\displaystyle\lim_{x \to \infty}(\sin\sqrt{x + 1} - \sin\sqrt{x})$　(2)$\displaystyle\lim_{x \to \infty}\dfrac{x + \sin x}{x + \cos x}$

解

1.(1) 0　(2)$-$ 3　(3)不存在　(4) 2

2.(1) 1　(2)$\dfrac{1}{3^5}$

3.(1)$y = -x$，$x = \pm1$　(2)y 軸，$y = 1$　(3)$y = x$，$x = \pm1$

4.(1) $\dfrac{1}{2}$　(2) 1　(3) 1

5.(1) -1　(2) 1　(3)$-a$　(4) 1　(5)$\dfrac{5}{4}$

6. 5

7.$\dfrac{1}{2}$

8.(1) 0　(2) 1

2.6 連續

2.6.1 連續之定義

直覺地，連續函數之圖形應是沒有洞（Holes）或者是躍起（Gap）之中斷曲線，但這種說法無法作數學處理。我們可用極限與函數之觀念對函數之連續性做更精確之描述。

定義 若 $f(x)$ 滿足下述條件，則稱 $f(x)$ 在 $x = x_0$ 處連續：

(a) $f(x_0)$ 存在

(b) $\lim\limits_{x \to x_0} f(x)$ 存在（ $\lim\limits_{x \to x_0^+} f(x) = \lim\limits_{x \to x_0^-} f(x)$ ）

(c) $\lim\limits_{x \to x_0} f(x) = f(x_0)$

根據定義，$f(x)$ 在 $x = x_0$ 處若無法滿足定義中三個條件之任一項，我們便稱 $f(x)$ 在 $x = x_0$ 處不連續。一般而言，我們判斷 $f(x)$ 在 $x = x_0$ 處是否連續可先從 $\lim\limits_{x \to x_0} f(x)$ 著手，因為 $\lim\limits_{x \to x_0} f(x)$ 一旦不存在，則 $f(x)$ 在 $x = x_0$ 處一定無法連續，反之，若 $\lim\limits_{x \to x_0} f(x)$ 存在，我們或可令 $f(x_0) = \lim\limits_{x \to x_0} f(x)$，以使得 $f(x)$ 在 $x = x_0$ 處連續。

定理 A 若 f 與 g 在 $x = x_0$ 處連續，則：

(a) $f \pm g$ 在 $x = x_0$ 處連續

(b) $f \cdot g$ 在 $x = x_0$ 處連續

(c) $\dfrac{f}{g}$ 在 $x = x_0$ 處連續，但 $g(x_0) \neq 0$

(d) f^n 在 $x = x_0$ 處連續

(e) $\sqrt[n]{f}$ 在 $x = x_0$ 處連續（但 n 為偶數時需 $f(x_0) \geq 0$ ）

(f) $f(g(x))$ 及 $g(f(x))$ 在 $x = x_0$ 處連續

證明

我們可用函數連續之定義，輕易證出上述結果，以(b)為例：

$$\lim_{x \to x_0} f(x)\, g(x) = \lim_{x \to x_0} f(x)\, \lim_{x \to x_0} g(x) = f(x_0)\, g(x_0)$$

$\therefore f(x) g(x)$ 在 $x = x_0$ 處連續 ∎

考慮一有理函數 $q(x)/p(x)$ ，若存在一點 c 使得分母為 0，則此有理函數在 $x = c$ 處為不連續。在例1.我們將以題組方式做進一步之說明。

例 1. 討論下列有理函數之連續性？

(1) $f_1(x) = \dfrac{x + 3}{x^2 + 1}$

(2) $f_2(x) = \dfrac{x + 3}{(x^2 + 1)(x - 3)}$

(3) $f_3(x) = \dfrac{x + 3}{(x^2 + 1)(x^2 - 4x + 3)}$

(4) $f_4(x) = \dfrac{x + 3}{x^2(x^2 + 1)(x^2 - 4x + 3)}$

解 (1)因對任一實數 x 而言都不會使 $f_1(x)$ 之分母 $x^2 + 1$ 為 0

故 $f_1(x)$ 無不連續點，即處處連續

(2)因 $x = 3$ 時 $f_2(x)$ 之分母 $(x^2 + 1)(x - 3) = 0$

故 $f_2(x)$ 在 $x = 3$ 處為不連續，其餘各點均為連續

(3) $f_3(x)$ 之分母 $(x^2 + 1)(x^2 - 4x + 3) = (x^2 + 1)(x - 3)(x - 1)$

當 $x = 1$ 或 3 時 $f_3(x)$ 之分母為 0

故 $f_3(x)$ 在 $x = 1$ 及 $x = 3$ 處不連續，其餘均為連續

(4) $f_4(x)$ 之分母在 $x = 0, 1, 3$ 時均為 0

故 $f_4(x)$ 在 $x = 0, 1, 3$ 處不連續，其餘均為連續

例 2. 證明：若 $f(x)$ 在 $x = c$ 處為連續之充要條件為 $\lim\limits_{t \to 0} f(t + c) = f(c)$。

解 「$\Rightarrow$」即 $\lim\limits_{t \to 0} f(t + c) = f(c) \Rightarrow f(x)$ 在 $x = c$ 處連續：

$\lim\limits_{t \to 0} f(t + c) \xup('{y = t + c})== \lim\limits_{y \to c} f(y) = f(c) \therefore f(x)$ 在 $x = c$ 處連續。

「$\Leftarrow$」即 $f(x)$ 在 $x = c$ 處連續，則 $\lim\limits_{t \to 0} f(t + c) = f(c)$：

取 $f(c) = \lim\limits_{x \to c} f(x) \xequal{t = x - c} \lim\limits_{t \to 0} f(t + c)$

定理 B 多項式函數 $f(x) = a_n x^n + a_{n-1} x^{n-1} + \cdots + a_1 x + a_0$，若 c 為 $f(x)$ 定義域中之任意實數，則 $f(x)$ 在 $x = c$ 處必為連續。

例 3. 討論 $f(x) = \begin{cases} 2x + 3 & , x \geq 1 \\ 4x + 2 & , x < 1 \end{cases}$ 之連續性。

解 $\because \lim\limits_{x \to 1^+} f(x) = \lim\limits_{x \to 1^+} (2x + 3) = 5$

$\lim\limits_{x \to 1^-} f(x) = \lim\limits_{x \to 1^-} (4x + 2) = 6$

$\lim\limits_{x \to 1^+} f(x) \neq \lim\limits_{x \to 1^-} f(x)$

$\therefore \lim\limits_{x \to 1} f(x)$ 不存在，因此 $f(x)$ 在 $x = 1$ 處不連續，$f(x)$ 在定義域內之其餘各點均為連續

例 **4.** $f(x) = \begin{cases} \dfrac{x^2 - 1}{x - 1} &, x \neq 1 \\ k &, x = 1 \end{cases}$，問是否存在一個 k 使得 $f(x)$ 在

$x = 1$ 處為連續？

解　$\because \lim\limits_{x \to 1} \dfrac{x^2 - 1}{x - 1} = 2$

$\therefore$ 我們可令 $k = 2$ 以使得 $f(x)$ 在 $x = 1$ 處為連續

定理
C
若 $\lim\limits_{x \to c} g(x) = \ell$，$f(x)$ 在 $x = c$ 處為連續，則

$\lim\limits_{x \to c} f(g(x)) = f(\lim\limits_{x \to c} g(x)) = f(\ell)$

例 **5.**　$f(x) = \sin\left(\dfrac{x}{x^2 - 1}\right)$ 在何處為不連續？

解　令 $f(x) = g(h(x))$，$g(x) = \sin x$，$h(x) = \dfrac{x}{x^2 - 1}$

$\because g(x) = \sin x$ 為連續函數，$h(x)$ 除了 $x = \pm 1$ 外均為連續

$\therefore f(x) = \sin\left(\dfrac{x}{x^2 - 1}\right)$ 除了 $x = \pm 1$ 外均為連續

2.6.2　連續函數之基本性質

連續函數有許多重要性質，本子節特重在勘根。

定理
D
Bolzano 定理：設函數 f 在閉區間 I 中為連續，設 $x_1, x_2 \in I$，且 $x_1 < x_2$，若 $f(x_1)f(x_2) < 0$，則在 (x_1, x_2) 中存在一個 c 使得 $f(c) = 0$。

例 6. 求 $x^3 - x^2 - 2x + 1 = 0$ 之實根分別介於那些連續整數間？

解 令 $f(x) = x^3 - x^2 - 2x + 1$，則 $f(-2) = -7$，$f(-1) = 1$，
$f(0) = 1$，$f(1) = -1$，$f(2) = 1$

得 $f(-2)f(-1) < 0$，$f(0)f(-1) < 0$，及 $f(1)f(2) < 0$

∴$x^3 - x^2 - 2x + 1 = 0$ 之實根分別落於 $(-2, -1)$，$(-1, 0)$
及 $(1, 2)$ 三個區間。

在定理 D 中，我們要注意的是 $f(x_1)f(x_2) < 0$ 並不表示 $f(x)$
在 x_1，x_2 間恰有一個根，$f(x_1)f(x_2) > 0$ 也不表示 $f(x)$ 在 x_1，x_2 間無
根，以上例而言，$f(-2)f(1) = 7 > 0$，而 $f(x)$ 在 $(-2, 1)$ 有 2 個
根。$f(x_1)f(x_2) < 0$ 表示 $f(x)$ 在 $(x_1，x_2)$ 間 有 奇 數 個 根，
$f(x_1)f(x_2) > 0$ 表示 $f(x)$ 在 $(x_1，x_2)$ 間有偶數個根（包含 0 個
根）。

例 7. 說明 $\dfrac{x^2 + 2x + 2}{x - 1} + \dfrac{x^4 + x^2 + 1}{x - 3} = 0$ 在 $(1, 3)$ 至少有一根。

解 取 $\varphi(x) = (x - 3)(x^2 + 2x + 2) + (x - 1)(x^4 + x^2 + 1)$

$\varphi(1) < 0$，$\varphi(3) > 0$

∴在 $(1, 3)$ 存在一個數 α 使得 $\varphi(\alpha) = 0$

即 $\dfrac{x^2 + 2x + 2}{x - 1} + \dfrac{x^4 + x^2 + 1}{x - 3} = 0$ 在 $(1, 3)$ 至少有一根

例 8. 試證 $x = \log x + 2$ 至少有一實根。

解 取 $\varphi(x) = x - \log x - 2$

$\varphi(1) = 1 - \log 1 - 2 = -1$

$\varphi(10) = 10 - \log 10 - 2 = 10 - 1 - 2 = 7$

$\varphi(1)\varphi(10) < 0$

∴$\varphi(x) = x - \log x - 2 = 0$ 在 $(1, 10)$ 至少有一根

即 $x = \log x + 2$ 至少有一實根

例 9. 若$f(x)$在 $[\,0,2a\,]$ 間連續且$f(0)=f(2a)$，求證：在 $(\,0,a\,)$
間存在一個c使得$f(c)=f(c+a)$。

解 令$g(x)=f(x)-f(x+a)$，則

$g(0)=f(0)-f(a)$，$g(a)=f(a)-f(2a)=f(a)-f(0)$

$\because g(0)g(a)<0$

$\therefore (0,a)$ 間存在一個c使得$g(c)=f(c)-f(c+a)=0$

即 $(0,a)$ 間存在一個c，使得$f(c)=f(c+a)$

定理 E 介值定理（Intermediate Value Theorem）：
設函數 f 在 $[\,a,b\,]$ 中為連續，假定$f(a)\neq f(b)$，則存在一
個$c\in(a,b)$使得$f(c)$介於$f(a)$與$f(b)$之間。

例 10. 若 $0<f(x)<1$ $\forall x\in[0,1]$，且$f(x)$在 $[0,1]$ 間為連續，
試證： $(0,1)$ 間至少存在一個c使得$f(c)=c$。

解 取$g(x)=x-f(x)$，則

$g(0)=-f(0)<0$，又$1>f(1)>0$ $\therefore -1<-f(1)<0$，

從而$g(1)=1-f(1)>0$

$\therefore$ 在 $(0,1)$ 間至少存在一個c使得$g(c)=0$

$\Rightarrow g(c)=c-f(c)=0$

即在 $(0,1)$ 間至少存在一個c使得$c=f(c)$

定理 F 設函數 f 在 $[\,a,b\,]$ 中為連續，則$f(x)$在 $[\,a,b\,]$ 中必含有最
大值與最小值。

定理 F 是第 4 章絕對極值之理論基礎。

 **習題 2-6**

1. 求下列各題之不連續點：

   (1) $f(x) = \dfrac{1}{(x^2 + 1) x}$ 　　　　 (2) $f(x) = \dfrac{x^2}{(x + 1)(2x + 3)}$

   (3) $f(x) = \dfrac{x^3}{(x^2 + 1)(x^2 + 4)}$ 　　 (4) $f(x) = x^2 - 3x + 7$

2. 考慮下列函數在 $x = 0$ 處之連續性：

   (1) $f(x) = \begin{cases} \dfrac{3^{\frac{1}{x}} - 1}{3^{\frac{1}{x}} + 1} & , x \neq 0 \\ 1 & , x = 0 \end{cases}$

   (2) $f(x) = \begin{cases} \dfrac{\sin x}{\lceil x \rceil} & , x \neq 0 \\ 1 & , x = 0 \end{cases}$

3. 試證：在 $(0, 1)$ 存在一個 x 滿足 $x2^x = 1$。

4. 試證：在 $(0, 1)$ 存在一個 x 滿足 $x = \cos x$。

5. 若 $f(x)$ 為連續函數，試證 $|f(x)|$ 亦為連續函數，又其逆敘述是否成立？

★6. 函數 f, g 在 $[a, b]$ 間為連續，若 $f(a) < g(a) < g(b) < f(b)$，試證：存在一個 c，$c \in [a, b]$ 使得 $f(c) = g(c)$。

7. 求 $f(x) = \dfrac{1}{1 - 10^{\frac{x}{1-x}}}$ 之不連續點。

★8. f, g 在 $x = a$ 處為連續，試證 $\max(f, g)$ 亦在 $x = a$ 處連續。

9. 試繪 $y = x[x]$，$-2 \leq x \leq 2$ 之圖形。

10. 試證存在一個實數 c，滿足 $c^3 = 2$

解

1.(1) 0　(2) $x = -1, -\dfrac{3}{2}$　(3)無　(4)無

2.(1)不連續　(2)不連續

5.逆敘述不成立。

6.提示：取 $h(x) = f(x) - g(x)$

7.$x = 0, 1$

8.提示：$\max(f, g) = \dfrac{1}{2}\left((f+g) + |f-g|\right)$

第 **3** 章

微分學

3.1 導數之定義

3.1.1 導數之定義

> **定義** 函數 f 之導數記做 f'，定義為
> $$f'(x) = \lim_{h \to 0} \frac{f(x + h) - f(x)}{h}$$
> 若上述之極限存在，則稱 $f(x)$ 為可微分（Differentiable）。

函數 $f(x)$ 之導數符號表示法有 $f'(x)$，$\frac{d}{dx}y$ 及 $D_x y$ 等三種。

由定義 $f'(a) = \lim_{h \to 0} \frac{f(a + h) - f(a)}{h} \xrightarrow{a + h = x} \lim_{x \to a} \frac{f(x) - f(a)}{x - a}$，

因此我們得到一個很有用之結果：$f(x)$ 在 $x = a$ 處之導數：

$$f'(a) = \lim_{x \to a} \frac{f(x) - f(a)}{x - a}$$

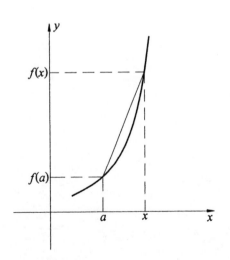
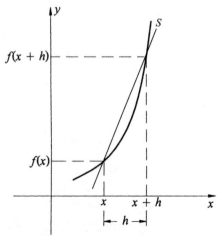

$\dfrac{f(x+\Delta x)-f(x)}{\Delta x}=\dfrac{\Delta y}{\Delta x}$ 除了是割線 S 之斜率外，它也是函數之

增量（Increments）與自變數 x 增量之比值，此比值也是函數之平均變化率，若 $x\to a$，即 $\Delta x\to 0$，便是函數 $f(x)$ 在 $x=a$ 處之瞬間變化率（Instantaneous Rate of Change），因此 $f'(a)$ 也顯示出 $f(x)$ 在 $x=a$ 處之函數值隨自變數 x 變化而變化之快慢程度，更重要的是 $f'(a)$ 是 $f(x)$ 在 $x=a$ 處之切線斜率。

例 1. 用導數之定義證明：$\dfrac{d}{dx}x^2=2x$。

解
$$f'(x)=\lim_{h\to 0}\frac{f(x+h)-f(x)}{h}=\lim_{h\to 0}\frac{(x+h)^2-x^2}{h}$$
$$=\lim_{h\to 0}\frac{2hx+h^2}{h}=\lim_{h\to 0}(2x+h)=2x$$

例 2. 用導數之定義求 $\dfrac{d}{dx}\dfrac{1}{x}=$?

解
$$f'(x)=\lim_{h\to 0}\frac{f(x+h)-f(x)}{h}=\lim_{h\to 0}\frac{\dfrac{1}{x+h}-\dfrac{1}{x}}{h}$$
$$=\lim_{h\to 0}\frac{1}{h}\left(\frac{x-(x+h)}{(x+h)x}\right)=\lim_{h\to 0}\frac{-1}{(x+h)x}=-\frac{1}{x^2}$$

有一些函數，其在某些特殊點之導數往往可由定義求得，若用後節之定理計算反而不便。

例 3. 若 $f(x)=\dfrac{(x-1)^2(x-2)(x+5)}{x-3}$，求 $f'(2)$。

解
$$f'(2)=\lim_{x\to 2}\frac{f(x)-f(2)}{x-2}=\lim_{x\to 2}\frac{\dfrac{(x-1)^2(x-2)(x+5)}{x-3}-0}{x-2}$$
$$=\lim_{x\to 2}\frac{(x-1)^2(x+5)}{x-3}=\frac{1^2\cdot 7}{-1}=-7$$

例 4. 若 $f(x) = \dfrac{(x-1)(x^2+3x+1)}{x^2+1}$ ，求 $f'(1)$。

解
$$f'(1) = \lim_{x \to 1} \frac{f(x) - f(1)}{x - 1}$$

$$= \lim_{x \to 1} \frac{\dfrac{(x-1)(x^2+3x+1)}{x^2+1} - 0}{x - 1}$$

$$= \lim_{x \to 1} \frac{x^2+3x+1}{x^2+1} = \frac{5}{2}$$

例 5. 若 f 為一個在 $x = c$ 處可微分之偶函數，試證：

$$f'(-c) = -f'(c)$$

解
$$f'(-c) = \lim_{x \to -c} \frac{f(x) - f(-c)}{x - (-c)} \xlongequal{x = -t} \lim_{t \to c} \frac{f(-t) - f(-c)}{-t - (-c)}$$

$$= -\lim_{t \to c} \frac{f(t) - f(c)}{t - c} = -f'(c)$$

例 6. 試求 $\lim\limits_{h \to 0} \dfrac{f(x+h) - f(x-h)}{2h}$ 。

解
$$f_s(x) = \lim_{h \to 0} \frac{f(x+h) - f(x-h)}{2h}$$

$$= \lim_{h \to 0} \frac{f(x+h) - f(x) + f(x) - f(x-h)}{2h}$$

$$= \frac{1}{2}\lim_{h \to 0} \frac{f(x+h) - f(x)}{h} + \frac{1}{2}\lim_{h \to 0} \frac{f(x) - f(x-h)}{h},$$

取 $h' = -h$

$$= \frac{1}{2}f'(x) + \frac{1}{2}\lim_{h \to 0} \frac{f(y+h) - f(y)}{h} \ (\text{取}\ y = x - h)$$

$$= \frac{1}{2}f'(x) + \frac{1}{2}f'(x) = f'(x)$$

讀者在例6.中應注意到 h 才是變數，例6.亦可用 LHospital 法則求解，若用 L'Hospital 法則，那麼分子、分母要對 h 微分。

3.1.2 單邊導數

既然 $f(x)$ 在導數定義為 $f'(x)=\lim\limits_{h\to 0}\dfrac{f(x+h)-f(x)}{h}$ ，由前一章學習函數極限之經驗，某些函數如 $y=\mid x\mid$ ， $y=[x]$ ……等，在求導數時，可能要注意到左右極限是否相等。 $y=f(x)$ 之左導數與右導數定義如下：

定義 $y=f(x)$ 之左導數與右導數，分別記做 $f'_-(x)$ 與 $f'_+(x)$ ，定義為：

左導數 $f'_-(x)=\lim\limits_{h\to 0^-}\dfrac{f(x+h)-f(x)}{h}$

右導數 $f'_+(x)=\lim\limits_{h\to 0^+}\dfrac{f(x+h)-f(x)}{h}$

上述定義亦可等值地寫成：

$y=f(x)$ 在 $x=a$ 處之左、右導數為

左導數： $f'_-(a)=\lim\limits_{x\to a^-}\dfrac{f(x)-f(a)}{x-a}$

右導數： $f'_+(a)=\lim\limits_{x\to a^+}\dfrac{f(x)-f(a)}{x-a}$

顯然 $y=f(x)$ 之導數 $f'(x)$ 存在之充要條件為：

$f'_+(x)$ 與 $f'_-(x)$ 均存在且相等。

此時，我們稱 $y=f(x)$ 為可微分。

若 $f'_-(a)=f'_+(a)$ ，則稱 $f(x)$ 在 $x=a$ 處之導數存在。

例 7. 求 $f(x) = |x|$ 在 $x = 0$ 處是否可微分？

解
$$f'_+(0) = \lim_{x \to 0^+} \frac{f(x) - f(0)}{x - 0} = \lim_{x \to 0^+} \frac{|x|}{x} = \lim_{x \to 0^+} \frac{x}{x} = 1$$

$$f'_-(0) = \lim_{x \to 0^-} \frac{f(x) - f(0)}{x - 0} = \lim_{x \to 0^-} \frac{|x|}{x} = \lim_{x \to 0^-} \frac{-x}{x} = -1$$

$\because f'_+(0) \neq f'_-(0)$ $\quad \therefore f(x)$ 在 $x = 0$ 處不可微分

3.1.3 連續與可微分之關係

函數 $f(x)$ 在 $x = x_0$ 處之微分性與連續性的關係如下列定理所述。

定理 A 若 $f(x)$ 在 $x = x_0$ 處可微分，則 $f(x)$ 在 $x = x_0$ 處必連續。

證明 取 $f(x) = [\dfrac{f(x) - f(x_0)}{x - x_0}](x - x_0) + f(x_0)$

則 $\lim\limits_{x \to x_0} f(x) = \lim\limits_{x \to x_0} [\dfrac{f(x) - f(x_0)}{x - x_0}](x - x_0) + f(x_0) = f(x_0)$

由連續定義可知 $f(x)$ 在 $x = x_0$ 處為連續 ∎

因為「若 A 則 B」與「若非 B 則非 A」同義，故「若函數 $f(x)$ 在 $x = x_0$ 處不連續，則它在 $x = x_0$ 處必不可微分」。$f(x)$ 在 $x = a$ 處連續也未必保證 $f(x)$ 在 $x = a$ 處可微分，如 $y = |x|$。

例 8. 若 $f(x) = \begin{cases} x^2 & , x \leq 1 \\ ax + b & , x > 1 \end{cases}$ 在 $x = 1$ 處可微分，求 a, b。

解 $\because f(x)$ 在 $x = 1$ 處可微分 $\quad \therefore f(x)$ 在 $x = 1$ 處為連續，從而

$$\left.\begin{array}{l}\lim_{x\to 1^+} f(x) = \lim_{x\to 1^+}(ax + b) = a + b \\[2mm] \lim_{x\to 1^-} f(x) = \lim_{x\to 1^-} x^2 = 1\end{array}\right\} \quad a + b = 1 \qquad \text{①}$$

又 $f'(x) = \begin{cases} 2x, & x \leq 1 \\ a, & x > 1 \end{cases}$

$\therefore f'_+(1) = a$，$f'_-(1) = 2$，$f(x)$ 在 $x = 1$ 處可微分

從而 $f'_+(1) = f'_-(1) \Rightarrow a = 2$ \qquad\qquad 　②

代 $a = 2$ 入①得 $b = -1$

 **習題 3-1**

1.用定義求出下列各函數之導數：

(1) $y = 2x^3$　(2) $y = \dfrac{3}{\sqrt{x}}$

2.判斷 $y = |x^3|$ 在 $x = 0$ 處之可微分性及連續性

3.$f(x) = [x]$，在 $x = 3$ 時

(1) $\lim_{h\to 0^+} \dfrac{f(x+h) - f(x)}{h} = ?$　(2) $\lim_{h\to 0^-} \dfrac{f(x+h) - f(x)}{h} = ?$

(3) $f(x)$ 在 $x = 3$ 時（可／不可）微分？

4.$f(x) = \begin{cases} x^2 - 1, & x \leq 1 \\ ax + b, & x > 1 \end{cases}$，若 $f'(1)$ 存在，求 a, b。

5.若對所有 $x, y \in R$ 而言，$f(x + y) = f(x)f(y)$ 均成立，若 $f'(0)$ 存在，試證 $f'(x) = f(x)f'(0)$。

6.(1)$f(x)$ 為可微之偶函數，試證 $f'(x)$ 為奇函數又 $f'(0) = ?$

(2)$f(x)$ 為奇函數時 $f'(x)$ 是否為偶函數？

7.計算：

(1)$f(x) = \dfrac{(x - 2)(x - 3)^2(x - 5)}{(x - 1)}$，求 $f'(5)$。

(2)$f(x) = (x^3 - 1)\sqrt{(x + 1)(x + 2)\cdots(x + n)}$，求 $f'(1)$。

8.若函數 f 滿足 $f(x + y) = f(x) + f(y) + xy(x + y)$，對所有 x, y 均成立，且 $\lim\limits_{x \to 0} \dfrac{f(x)}{x} = 1$，求 (1)$f(0)$ 　(2)$f'(0)$ 　(3)$f'(x)$。

★9.若 $f'(a)$ 存在，求 (1)$\lim\limits_{x \to a} \dfrac{xf(a) - af(x)}{x - a}$ 及 (2)$\lim\limits_{x \to a} \dfrac{xf(x) - af(a)}{x - a}$。

★10.若 $f'(x_0) = A$，試將下列各子題之結果用 A 表達之：

(1)$\lim\limits_{h \to 0} \dfrac{f(x_0 + h) - f(x_0 - h)}{h}$ 　(2)$\lim\limits_{h \to 0} \dfrac{f(x_0 - h) - f(x_0)}{h}$

(3)$\lim\limits_{h \to 0} \dfrac{f(x_0 + 2h) - f(x_0 + h)}{h}$

11.若 $f(x + y) = f(x)g(y) + f(y)g(x)$，對所有 $x, y \in R$ 均成立，且 $f(0) = g'(0) = 0$，$f'(0) = g(0) = 1$，試證 $f'(x) = g(x)$

12.試證 $\dfrac{d}{dx} \begin{vmatrix} a_1(x) & a_2(x) \\ a_3(x) & a_4(x) \end{vmatrix} = \begin{vmatrix} a_1'(x) & a_2'(x) \\ a_3(x) & a_4(x) \end{vmatrix} + \begin{vmatrix} a_1(x) & a_2(x) \\ a_3'(x) & a_4'(x) \end{vmatrix}$

解

1.(1) $6x^2$ 　　(2)$\dfrac{-3}{2x\sqrt{x}}$

2.可微分，連續。

3.(1) 0 　　(2)不存在 　　(3)不可微分

4.$a = 2, b = -2$

6.(1)$f'(0) = 0$ 　　(2)偶函數

7.(1) 3 　　(2) $3\sqrt{(n + 1)!}$

8.(1) 0 　　(2) 1 　　(3)$x^2 + 1$

9.(1) $f(a) - af'(a)$ 　　(2) $af'(a) + f(a)$

10.(1) $2A$ 　　(2) $-A$ 　　(3)A

3.2 基本微分公式

我們在本節將發展一些基本微分公式，讀者對這些微分公式之導證方法與應用都應熟稔。

3.2.1 微分之四則公式

定理 A（微分之四則公式）

1. $\dfrac{d}{dx}(f(x) \pm g(x)) = \dfrac{d}{dx}f(x) \pm \dfrac{d}{dx}g(x)$ 或

   $(f(x) \pm g(x))' = f'(x) \pm g'(x)$

2. $\dfrac{d}{dx}(cf(x) + b) = c\dfrac{d}{dx}f(x)$ 或 $(cf(x) + b)' = cf'(x)$

3. $\dfrac{d}{dx}(f(x) \cdot g(x)) = [\dfrac{d}{dx}f(x)]g(x) + f(x)\dfrac{d}{dx}g(x)$ 或

   $(f(x) \cdot g(x))' = f'(x)g(x) + f(x)g'(x)$

4. $\dfrac{d}{dx}(\dfrac{f(x)}{g(x)}) = \dfrac{g(x)\dfrac{d}{dx}f(x) - f(x)\dfrac{d}{dx}g(x)}{g^2(x)}$, $g(x) \neq 0$ 或

   $(\dfrac{f(x)}{g(x)})' = \dfrac{g(x)f'(x) - f(x)g'(x)}{g^2(x)}$

證明

1. 令 $t(x) = f(x) + g(x)$，則

   $$(f(x) + g(x))' = t'(x) = \lim_{h \to 0}\frac{t(x+h) - t(x)}{h}$$

   $$= \lim_{h \to 0}\frac{f(x+h) + g(x+h) - f(x) - g(x)}{h}$$

$$= \lim_{h \to 0} \frac{f(x+h) - f(x)}{h} + \lim_{h \to 0} \frac{g(x+h) - g(x)}{h}$$

$$= f'(x) + g'(x) \qquad\qquad \blacksquare$$

2. 令 $t(x) = f(x) - g(x)$，則

$$(f(x) - g(x))' = t'(x) = \lim_{h \to 0} \frac{t(x+h) - t(x)}{h}$$

$$= \lim_{h \to 0} \frac{[f(x+h) - g(x+h)] - [f(x) - g(x)]}{h}$$

$$= \lim_{h \to 0} \frac{[f(x+h) - f(x)] - [g(x+h) - g(x)]}{h}$$

$$= \lim_{h \to 0} \frac{f(x+h) - f(x)}{h} - \lim_{h \to 0} \frac{g(x+h) - g(x)}{h}$$

$$= f'(x) - g'(x) \qquad\qquad \blacksquare$$

3. 令 $t(x) = f(x)g(x)$，則

$$(f(x)g(x))' = t'(x)$$

$$= \lim_{h \to 0} \frac{t(x+h) - t(x)}{h}$$

$$= \lim_{h \to 0} \frac{f(x+h)g(x+h) - f(x)g(x)}{h}$$

$$= \lim_{h \to 0} \frac{f(x+h)g(x+h) - f(x+h)g(x) + f(x+h)g(x) - f(x)g(x)}{h}$$

$$= \lim_{h \to 0} f(x+h) \frac{g(x+h) - g(x)}{h} +$$

$$\lim_{h \to 0} g(x) \cdot \frac{f(x+h) - f(x)}{h}$$

$$= \lim_{h \to 0} f(x+h) \cdot \lim_{h \to 0} \frac{g(x+h) - g(x)}{h}$$

$$+ g(x) \lim_{h \to 0} \frac{f(x+h) - f(x)}{h}$$

$$= f(x)g'(x) + f'(x)g(x) \qquad\qquad \blacksquare$$

4.令 $t(x) = \dfrac{f(x)}{g(x)}$，則

$$(\dfrac{f(x)}{g(x)})' = t'(x) = \lim_{h \to 0} \dfrac{t(x+h) - t(x)}{h}$$

$$= \lim_{h \to 0} \dfrac{\dfrac{f(x+h)}{g(x+h)} - \dfrac{f(x)}{g(x)}}{h}$$

$$= \lim_{h \to 0} \dfrac{\dfrac{f(x+h)g(x) - f(x)g(x+h)}{g(x+h)g(x)}}{h}$$

$$= \lim_{h \to 0} \dfrac{[f(x+h)g(x) - f(x)g(x)] + [f(x)g(x) - f(x)g(x+h)]}{hg(x+h)g(x)}$$

$$= \lim_{h \to 0} \dfrac{1}{g(x+h)g(x)} \cdot [\lim_{h \to 0} \dfrac{f(x+h)g(x) - f(x)g(x)}{h}$$

$$+ \lim_{h \to 0} \dfrac{f(x)g(x) - f(x)g(x+h)}{h}]$$

$$= \dfrac{1}{g^2(x)} [g(x) \lim_{h \to 0} \dfrac{f(x+h) - f(x)}{h}$$

$$- f(x) \lim_{h \to 0} \dfrac{g(x+h) - g(x)}{h}]$$

$$= \dfrac{1}{g^2(x)} [g(x)f'(x) - f(x)g'(x)]$$

$$= \dfrac{f'(x)g(x) - f(x)g'(x)}{g^2(x)} \qquad\blacksquare$$

**推論
A1**

(1)$\dfrac{d}{dx} \{ f_1(x) + f_2(x) + \cdots + f_n(x) \} = \dfrac{d}{dx} f_1(x) + \dfrac{d}{dx} f_2(x) + \cdots$
$$+ \dfrac{d}{dx} f_n(x)$$

(2)$\dfrac{d}{dx} \{ f_1(x) f_2(x) \cdots f_n(x) \} = f'_1(x) f_2(x) \cdots f_n(x) +$
$$f_1(x) f'_2(x) \cdots f_n(x) +$$

$$\cdots\cdots\cdots\cdots\cdots\cdots\cdots +$$

$$f_1\,(x)\,f_2\,(x)\cdots f'_n(x)$$

證明 在此我們只證(2)當 $n = 3$ 之情況：

$$\frac{d}{dx}\{\,f_1\,(x)\,f_2\,(x)\,f_3\,(x)\,\} = \frac{d}{dx}\{\,[\,f_1\,(x)\,f_2\,(x)\,]\,f_3\,(x)\,\}$$

$$= \{\,\frac{d}{dx}\,[\,f_1\,(x)\,f_2\,(x)\,]\,\}\,f_3\,(x) + f_1\,(x)\,f_2\,(x)\frac{d}{dx}f_3\,(x)$$

$$= \{\,\frac{d}{dx}f_1\,(x)\cdot f_2\,(x) + f_1\,(x)\frac{d}{dx}f_2\,(x)\,\}\,f_3\,(x) + f_1\,(x)\,f_2\,(x)\,f'_3\,(x)$$

$$= f'_1\,(x)\,f_2\,(x)\,f_3\,(x) + f_1\,(x)\,f'_2\,(x)\,f_3\,(x) + f_1\,(x)\,f_2\,(x)\,f'_3\,(x)\qquad\blacksquare$$

定理 B $\dfrac{d}{dx}x^n = nx^{n-1}$ ， n 為實數。

證明

在此我們只證明 n 為正整數之情況：

$$f'(x) = \lim_{h\to 0}\frac{f(x + h) - f(x)}{h}$$

$$= \lim_{h\to 0}\frac{(x + h)^n - x^n}{h}$$

$$= \lim_{h\to 0}\frac{(x^n + nx^{n-1}h + \dfrac{n(n-1)}{2}x^{n-2}h^2 + \cdots + h^n) - x^n}{h}$$

$$= \lim_{h\to 0}\frac{nx^{n-1}h + \dfrac{n(n-1)}{2}x^{n-2}h^2 + \cdots + h^n}{h}$$

$$= \lim_{h\to 0}\,[\,nx^{n-1} + \dfrac{n(n-1)}{2}\,x^{n-2}h + \cdots + h^{n-1}\,]$$

$$= \lim_{h\to 0}nx^{n-1} + \lim_{h\to 0}\dfrac{n(n-1)}{2}x^{n-2}h + \cdots + \lim_{h\to 0}h^{n-1}$$

$$= nx^{n-1} \qquad\qquad\qquad \blacksquare$$

上述定理可得一個特例，這便是任一個常數函數之導數為 0，

即 $\dfrac{d}{dx}(c) = 0$，同時我們也可輕易推得：

$$\frac{d}{dx}(a_n x^n + a_{n-1}x^{n-1} + a_{n-2}x^{n-2} + \cdots + a_1 x + a_0)$$

$$= na_n x^{n-1} + (n-1)a_{n-1}x^{n-2} + (n-2)a_{n-2}x^{n-3} + \cdots + a_1$$

例 1. 若 $y = \dfrac{x+1}{\sqrt{x}}$，求 $y' = ?$

解 我們可有兩種方法求出本例之 y'：

方法一 $\quad y = \dfrac{x+1}{\sqrt{x}} = (x+1)x^{-\frac{1}{2}} = x^{\frac{1}{2}} + x^{-\frac{1}{2}}$

$$\therefore \frac{d}{dx}y = \frac{d}{dx}(x^{\frac{1}{2}} + x^{-\frac{1}{2}})$$

$$= \frac{1}{2}x^{-\frac{1}{2}} - \frac{1}{2}x^{-\frac{3}{2}} = \frac{1}{2\sqrt{x}} - \frac{1}{2\sqrt{x^3}}$$

方法二 （用除法公式）

$$\frac{d}{dx}\left(\frac{x+1}{\sqrt{x}}\right)$$

$$= \frac{\sqrt{x}\dfrac{d}{dx}(x+1) - (x+1)\dfrac{d}{dx}(\sqrt{x})}{(\sqrt{x})^2}$$

$$= \frac{\sqrt{x}\cdot 1 - (x+1)\cdot\dfrac{1}{2\sqrt{x}}}{x}$$

$$= \frac{2x - (x+1)}{2x\sqrt{x}} = \frac{x-1}{2x\sqrt{x}}$$

$$= \frac{1}{2\sqrt{x}} - \frac{1}{2\sqrt{x^3}}$$

例 2. 求 $\dfrac{d}{dx}(x^2+3)^2 = ?$

解 $\dfrac{d}{dx}(x^2+3)^2 = \dfrac{d}{dx}(x^4+6x^2+9)$

$\qquad\qquad = \dfrac{d}{dx}x^4 + \dfrac{d}{dx}(6x^2) + \dfrac{d}{dx}9$

$\qquad\qquad = 4x^3 + 6 \cdot 2x + 0$

$\qquad\qquad = 4x^3 + 12x$

如果例2.是 $\dfrac{d}{dx}(x^2+3)^{10}$，則本節方法便顯得很沒效率，下節之鏈鎖律提供我們一種更具普遍性而有效的方法。

例 3. 若 $y = (x^2+1)(x^3+1)$，求 $y' = ?$

解

方法一 $\quad y = (x^2+1)(x^3+1)$

$\qquad\qquad = x^5 + x^3 + x^2 + 1$

$\qquad\quad \therefore y' = 5x^4 + 3x^2 + 2x$

方法二 $\quad \dfrac{d}{dx}y = \dfrac{d}{dx}(x^2+1)(x^3+1)$

$\qquad\qquad = (x^2+1)'(x^3+1) + (x^2+1)(x^3+1)'$

$\qquad\qquad = 2x(x^3+1) + (x^2+1)3x^2$

$\qquad\qquad = 5x^4 + 3x^2 + 2x$

例 4. 若 $y = \dfrac{2x+3}{x^2+x+1}$，求 $y' = ?$

解 $\quad y' = \dfrac{(x^2+x+1)\dfrac{d}{dx}(2x+3) - (2x+3)\dfrac{d}{dx}(x^2+x+1)}{(x^2+x+1)^2}$

$\qquad\quad = \dfrac{(x^2+x+1)\cdot 2 - (2x+3)(2x+1)}{(x^2+x+1)^2}$

$\qquad\quad = \dfrac{-2x^2-6x-1}{(x^2+x+1)^2}$

 **習題 3-2**

1.求下列各函數之導數：

(1) $y = \dfrac{x^2 + x + 1}{\sqrt{x^5}}$　　　　(2) $y = \dfrac{x - 1}{x + 1}$

(3) $y = \dfrac{x}{(x + 1)^2}$　　　　(4) $y = \dfrac{1}{2x^3 + 1}$

(5) $y = (2x + 1)(x^2 - 1)$

2.試求(1) $\dfrac{d}{dx}\left(\dfrac{1}{g(x)}\right)$　(2) $\dfrac{d}{dx} f^3(x)$。

3.若 $f(x) = \begin{cases} \phi(x) \sin x & , x \neq 0 \\ 0 & , x = 0 \end{cases}$　求 $f'(0)$

解

1.(1) $-\dfrac{1}{2} x^{-\frac{3}{2}} - \dfrac{3}{2} x^{-\frac{5}{2}} - \dfrac{5}{2} x^{-\frac{7}{2}}$　(2) $\dfrac{2}{(x + 1)^2}$

(3) $\dfrac{1 - x}{(x + 1)^3}$　(4) $\dfrac{-6x^2}{(2x^3 + 1)^2}$　(5) $6x^2 + 2x - 2$

2.(1) $-\dfrac{g'(x)}{g^2(x)}$　(2) $3f^2(x) f'(x)$

3. $\phi(0)$

3.3 鏈鎖律

3.3.1 基本鏈鎖律

如果我們要求 $y = (x^2 + 3x + 1)^2$ 之導數，或許可將它展開，然後利用上節之定理求解，但若是 $y = (x^2 + 3x + 1)^{50}$，這樣做就不實際了，因此我們必須尋找一些簡便方法，**鏈鎖律**（Chain Rule）為我們提供了好方法。

定理 A　若 f, g 均為可微分函數則 $\dfrac{d}{dx} f(g(x)) = f'(g(x)) g'(x)$。

證明

取 $y = f(u)$, $u = g(x)$，並假設⑴ g 在 x 處可微分且⑵ f 在 $u = g(x)$ 處可微分

則 $\dfrac{d}{dx} f(g(x)) = \dfrac{dy}{dx} = \lim\limits_{\triangle x \to 0} \dfrac{\triangle y}{\triangle x}$

$= \lim\limits_{\triangle x \to 0} \dfrac{\triangle y}{\triangle u} \lim\limits_{\triangle x \to 0} \dfrac{\triangle u}{\triangle x}$

$= \lim\limits_{\triangle u \to 0} \dfrac{\triangle y}{\triangle u} \lim\limits_{\triangle x \to 0} \dfrac{\triangle u}{\triangle x}$

$= \dfrac{dy}{du} \cdot \dfrac{du}{dx}$　　■

若用 $y = f(u)$, $u = g(x)$ 則定理 A 可寫成 $D_x y = D_u y D_x u$。

我們也可將鏈鎖律推廣到三個函數之合成，以及更一般化之情形。以 f, g, h 為三個可微分函數為例：

$$\frac{d}{dx}f(g(h(x)) = f'(g(h(x)))g'(h(x))h'(x)$$

下列定理是有關冪次之鏈鎖律法則（The Chain Rule for Powers）。

定理 $f(x)$ 為一可微分函數，p 為任一實數，則

$$\frac{d}{dx}(f(x))^p = p(f(x))^{p-1}\frac{d}{dx}f(x)$$

例 1. 若 $y = (x^2 + 1)^5$，求 $y' = ?$

解
$$\frac{d}{dx}(x^2 + 1)^5$$
$$= 5(x^2 + 1)^4 \cdot \frac{d}{dx}(x^2 + 1)$$
$$= 5(x^2 + 1)^4 \cdot 2x = 10x(x^2 + 1)^4$$

例 2. 若 $y = (x^3 + x + 1)^5$，求 $y' = ?$

解
$$\frac{d}{dx}(x^3 + x + 1)^5$$
$$= 5(x^3 + x + 1)^4 \cdot \frac{d}{dx}(x^3 + x + 1)$$
$$= 5(x^3 + x + 1)^4 \cdot (3x^2 + 1)$$

例 3. 若 $y = \dfrac{1}{2x^3 + 1}$，求 $y' = ?$（請與上節習題第 1 大題第 4 小題作比較）

解
$$y = \frac{1}{2x^3 + 1} = (2x^3 + 1)^{-1}$$
$$\therefore \frac{d}{dx}y = \frac{d}{dx}(2x^3 + 1)^{-1}$$

$$= -(2x^3 + 1)^{-2} \cdot \frac{d}{dx}(2x^3 + 1)$$

$$= -6x^2(2x^3 + 1)^{-2}$$

例 4. 若 $y = \dfrac{x^2}{x^3 + 1}$ ，求 $y' = ?$

解 $\quad y = \dfrac{x^2}{x^3 + 1} = x^2(x^3 + 1)^{-1}$

$$\frac{d}{dx}y = \frac{d}{dx}(x^2(x^3 + 1)^{-1})$$

$$= (\frac{d}{dx}x^2)(x^3 + 1)^{-1} + x^2\frac{d}{dx}(x^3 + 1)^{-1}$$

$$= 2x(x^3 + 1)^{-1} + x^2[-(x^3 + 1)^{-2}\frac{d}{dx}(x^3 + 1)]$$

$$= \frac{2x}{x^3 + 1} - \frac{x^2}{(x^3 + 1)^2} \cdot 3x^2$$

$$= \frac{2x(x^3 + 1) - 3x^4}{(x^3 + 1)^2}$$

$$= \frac{-x^4 + 2x}{(x^3 + 1)^2}$$

例 5. $y = \sqrt[3]{(x^2 + x + 1)^2}$ ，求 $y' = ?$

解 $\quad y = \sqrt[3]{(x^2 + x + 1)^2} = (x^2 + x + 1)^{\frac{2}{3}}$

$$\therefore \frac{d}{dx}y = \frac{d}{dx}[(x^2 + x + 1)^{\frac{2}{3}}]$$

$$= \frac{2}{3}(x^2 + x + 1)^{-\frac{1}{3}}\frac{d}{dx}(x^2 + x + 1)$$

$$= \frac{2}{3}(x^2 + x + 1)^{-\frac{1}{3}}(2x + 1)$$

例 6. 若 $y = \dfrac{x - 1}{x + 1}$ ，$x = t^2$ ，求 $\left.\dfrac{dy}{dt}\right|_{t = 2}$ 。

解

方法一
$$\frac{dy}{dt}\Big|_{t=2}=\frac{dy}{dx}\cdot\frac{dx}{dt}\Big|_{t=2}=\frac{(x+1)\cdot1-(x-1)\cdot1}{(x+1)^2}\cdot2t\Big|_{\substack{x=t^2\\t=2}}$$

$$=\frac{4t}{(x+1)^2}\Big|_{\substack{x=t^2\\t=2}}=\frac{4t}{(t^2+1)^2}\Big|_{t=2}=\frac{8}{25}$$

方法二
$$\because x=t^2\therefore y=\frac{x-1}{x+1}=\frac{t^2-1}{t^2+1}$$

$$\frac{dy}{dt}\Big|_{t=2}=\frac{d}{dt}\frac{t^2-1}{t^2+1}\Big|_{t=2}=\frac{(t^2+1)\,2t-(t^2-1)2t}{(t^2+1)^2}\Big|_{t=2}$$

$$=\frac{4t}{(t^2+1)^2}\Big|_{t=2}=\frac{8}{25}$$

例 7. $y=f(g(x^2))$，求 $y'=$?

解 $\dfrac{d}{dx}y=\dfrac{d}{dx}f(g(x^2))$

$$=f'(g(x^2))\cdot g'(x^2)\cdot2x$$

3.3.2 雜例

例 8. 若 f 為一可微分函數，$f(g(x))=x$ 且 $f'(x)=1+[f(x)]^2$，求 $g'(x)=$?

解 $f(g(x))=x$ 兩邊對 x 微分得 $f'(g(x))g'(x)=1$

$$\therefore g'(x)=\frac{1}{f'(g(x))}=\frac{1}{1+(f(g(x)))^2}=\frac{1}{1+x^2}$$

例 9. 若 $f(\dfrac{1+x}{1-x})=x$，求 $f'(x)$。

解 取 $y=\dfrac{1+x}{1-x}$，則 $x=\dfrac{y-1}{y+1}$

$$\therefore f(x)=\frac{x-1}{x+1}$$

$$f'(x)=\frac{(1+x)(x-1)'-(x-1)(x+1)'}{(x+1)^2}=\frac{2}{(x+1)^2}$$

例 10. 求 $\displaystyle\lim_{x\to 1}\frac{\sqrt{4x+5}-3}{\sqrt{x+3}-2}$ 。

解 本例雖可用有理化法得解，但這裡我們用微分定義解，讀者可比較之：

$$\lim_{x\to 1}\frac{\sqrt{4x+5}-3}{\sqrt{x+3}-2}=\frac{\displaystyle\lim_{x\to 1}\frac{\sqrt{4x+5}-3}{x-1}}{\displaystyle\lim_{x\to 1}\frac{\sqrt{x+3}-2}{x-1}}\cdots\cdots\cdots\cdots\cdots\cdots*$$

$$\lim_{x\to 1}\frac{\sqrt{4x+5}-3}{x-1}=\frac{d}{dx}(4x+5)^{\frac{1}{2}}\bigg]_{x=1}=\frac{1}{2}(4x+5)^{-\frac{1}{2}}\cdot 4\bigg|_{x=1}=\frac{2}{3}$$

$$\lim_{x\to 1}\frac{\sqrt{x+3}-2}{x-1}=\frac{d}{dx}(x+3)^{\frac{1}{2}}\bigg]_{x=1}=\frac{1}{2}(x+3)^{-\frac{1}{2}}\bigg|_{x=1}=\frac{1}{4}$$

$$\therefore *=\frac{2/3}{\frac{1}{4}}=\frac{8}{3}$$

習題 3-3

1.試微分下列各題：

(1) $f(x)=(1+x^2)^{32}$

(2) $f(x)=(\frac{x^2}{x^3+1})^4$

(3) $f(x)=\sqrt{\frac{4x^2-2}{3x+4}}$

(4) $f(x)=\frac{1}{\sqrt[3]{1+x+x^3}}$

(5) $f(x)=x^3(1+2x^3)^5$

(6) $f(x)=\sqrt[3]{1+\sqrt[5]{x}}$

(7) $f(x)=\sqrt[3]{1+\sqrt{g(x)}}$，設 g 為可微分函數

(8) $f(x)=g(x+h(x^3))$，設 g,h 為可微分函數

2.試微分下列各題：

(1) $f(x)=\sqrt[3]{\frac{1+x^3}{1-x^3}}$，$x\neq 1$

(2) $f(x)=\sqrt[3]{1+\sqrt[3]{1+\sqrt[3]{x}}}$

(3) $f(x)=\sqrt{x+\sqrt{x+\sqrt{x}}}$

★3.計算：

(1)若 $f\left(\dfrac{x^2-1}{x^2+1}\right)=x$，求 $f'(0)$　　　(2) $f\left(\dfrac{2x-1}{x+2}\right)=x^2$，求 $f'(3)$

(3) $f(x^2)=x^3$，$x>0$，求 $f'(4)$　　　(4) $f\left(x+\dfrac{1}{x}\right)=x^2+\dfrac{1}{x^2}$，求 $f'(x)$

★4.若 $2f(x)+f(1-x)=x^2$，求 $f'(x)$

★5.(1)應用 $\sqrt{x^2}=|x|$，證明 $\dfrac{d}{dx}|x|=\dfrac{x}{|x|}$，$x\neq0$

(2)若 $\dfrac{d}{dx}f(2x)=x^2$，求 $f'(x)$

6. $f(x)$ 在 $(-a,a)$ 中為可微分，試證：(1)若 $f(x)$ 為偶函數，則 $f'(x)$ 為奇函數；(2)若 $f(x)$ 為奇函數，則 $f'(x)$ 為偶函數。

7.若 $y=\dfrac{a-u}{a+u}$，$u=\dfrac{b-x}{b+x}$，求 $\dfrac{dy}{dx}$。

★8.計算

$$\lim_{x\to2}\frac{\sqrt{x+7}-\sqrt{4x+1}}{\sqrt{x+2}-\sqrt{3x-2}}$$

解

1.(1) $64x(1+x^2)^{31}$

(2) $4\left(\dfrac{x^2}{x^3+1}\right)^3\dfrac{(-x^4+2x)}{(x^3+1)^2}$

(3) $\dfrac{1}{2}\left(\dfrac{4x^2-2}{3x+4}\right)^{-\frac{1}{2}}\left(\dfrac{12x^2+32x+6}{(3x+4)^2}\right)$

(4) $-\dfrac{1}{3}(1+x+x^3)^{-\frac{4}{3}}(1+3x^2)$

(5) $3x^2(1+2x^3)^5+30x^5(1+2x^3)^4$

(6) $\dfrac{1}{15}x^{-\frac{4}{5}}(1+x^{\frac{1}{5}})^{-\frac{2}{3}}$

(7) $\dfrac{1}{6}(1+g^{\frac{1}{2}}(x))^{-\frac{2}{3}}\cdot g^{-\frac{1}{2}}(x)\cdot g'(x)$

(8) $g'(x+h(x^3))(1+3x^2h'(x^3))$

2.(1) $\dfrac{2x^2}{\sqrt[3]{(1-x^3)^4(1+x^3)^2}}$

(2)$\dfrac{1}{27}\dfrac{1}{\sqrt[3]{x^2(1+\sqrt[3]{x})^2}}\cdot\dfrac{1}{\sqrt[3]{(1+\sqrt[3]{1+\sqrt[3]{x}})^2}}$

(3)$\dfrac{1}{2\sqrt{x+\sqrt{x+\sqrt{x}}}}\left(1+\dfrac{1}{2\sqrt{x+\sqrt{x}}}\cdot\left(1+\dfrac{1}{2\sqrt{x}}\right)\right)$

3.(1) 1　(2)-70　(3) 3　(4) $2x$

4.$f'(x)=\dfrac{2}{3}(x+1)$，（提示：將 $1-x$ 代入原關係式，則 $f(x)+$

2$f(1-x)=(1-x)^2$，與 $2f(x)+f(1-x)=x^2$ 聯立解出 $f(x)$）

5.(2)$\dfrac{1}{8}x^2$

7.$\dfrac{4ab}{[ab+b+(a-1)x]^2}$

8. 1

3.4　指數與對數函數微分法

3.4.1　e 是什麼

在微積分中，不論是指數函數或自然對數函數之微分、積分，e 都扮演著極其重要的地位，因此本節先從「e」開始。

定義　$\displaystyle\lim_{n\to\infty}(1+\dfrac{1}{n})^n=e$

由數值方法可推得 e 的值近似於 $2.71828\cdots\cdots$，e 是一個超越數（我們以前學過的圓周率 π 也是一個超越數）。我們將以數值的方法說明：

n	1	2	4	5	10	100
$(1+\dfrac{1}{n})^n$	2	2.25	2.441	2.448	2.594	$2.705\cdots\cdots$

例 1. 求(1) $\lim\limits_{n\to\infty}(1+\dfrac{1}{n})^{3n}=$? (2) $\lim\limits_{n\to\infty}(1+\dfrac{1}{n})^{\frac{n}{2}}=$?

解

(1) $\lim\limits_{n\to\infty}(1+\dfrac{1}{n})^{3n}=\lim\limits_{n\to\infty}\left[(1+\dfrac{1}{n})^n\right]^3=\left[\lim\limits_{n\to\infty}(1+\dfrac{1}{n})^n\right]^3$

$\quad = e^3$

(2) $\lim\limits_{n\to\infty}(1+\dfrac{1}{n})^{\frac{n}{2}}=\lim\limits_{n\to\infty}\left[(1+\dfrac{1}{n})^n\right]^{\frac{1}{2}}=\left[\lim\limits_{n\to\infty}(1+\dfrac{1}{n})^n\right]^{\frac{1}{2}}$

$\quad = e^{\frac{1}{2}}$

3.4.2 指數 e 的性質

由 e 之定義我們可得 $e^0=1$，$e^{a+b}=e^a\cdot e^b$，$e^{a-b}=e^a/e^b$，$(e^m)^n=e^{mn}$ 等一些在初等代數中我們所熟悉的結果。

例如：$e^a=[\lim\limits_{x\to\infty}(1+\dfrac{1}{x})^x]^a$

$\therefore e^{a+b}=[\lim\limits_{x\to\infty}(1+\dfrac{1}{x})^x]^{a+b}$

$\quad = [\lim\limits_{x\to\infty}(1+\dfrac{1}{x})^x]^a$

$\qquad \cdot [\lim\limits_{x\to\infty}(1+\dfrac{1}{x})^x]^b$

$\quad = e^a\cdot e^b$

由上述結果可得：$e^2 \cdot e^3 = e^5$，$e^2/e^3 = e^{2-3} = e^{-1}$，$(e^2)^3 = e^{2 \cdot 3} = e^6$

3.4.3 自然對數函數

自然對數函數（Natural Logarithm Function），是以 e 為底的對數函數，通常以 $\ln x$ 表之，其中 $x > 0$（亦即 $\ln x = \log_e x$），由對數函數之性質，我們可輕易得知：

1. $\ln x$ 只當 $x > 0$ 時有意義

2. $\ln 1 = 0$

3. $\ln e = 1$

4. $\lim\limits_{x \to \infty} \ln x = \infty$，$\lim\limits_{x \to 0^+} \ln x = -\infty$

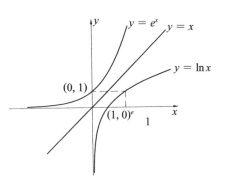

因為 $y = \ln x$ 與 $y = e^x$ 互為反函數，因此，這兩個函數之圖形以 $y = x$ 為對稱軸。

顯然 $\ln$ 保有 $\log$ 之所有之性質，諸如：(1)$\ln x + \ln y = \ln xy$，$x > 0, y > 0$；(2) $\ln x^r = r\ln x$，$x > 0$；(3) $\ln x - \ln y = \ln\dfrac{x}{y}$，$x > 0$, $y > 0$；(4) $e^{\ln x} = x$，$x > 0 \cdots\cdots$，其中(4)是一個重要但卻經常被忽視之性質。下面我們證明一些自然對數函數之基本性質：

■ $\ln x + \ln y = \ln xy$，$x > 0$, $y > 0$

我們可利用 $y = \ln x$ 與 $y = e^x$ 互為反函數之性質（$e^{\ln z} = z$，$z > 0$）得：

$e^{\ln xy} = xy$ (1)

及 $e^{\ln x + \ln y} = e^{\ln x} e^{\ln y} = xy$ (2)

比較(1), (2)得：$e^{\ln xy} = e^{\ln x + \ln y}$

$\therefore \ln xy = \ln x + \ln y$

■（自然對數換底公式） $\log_a x = \dfrac{\ln x}{\ln a}$ ， $a > 0$ ， $x > 0$

令 $y = \log_a x$ (1)

$\therefore a^y = x$

兩邊取自然對數 $\Rightarrow \ln a^y = \ln x$

即 $y \ln a = \ln x$

$y = \dfrac{\ln x}{\ln a}$ (2)

由(1), (2) $\log_a x = \dfrac{\ln x}{\ln a}$

我們還可用定積分方式定義自然對數，將在第四章說明之。

3.4.4　反函數微分法

> **定理 A**　若 $y = f(x)$ 之反函數為 $x = g(y)$ ，且 $y = f(x)$ 為可微分
>
> 則 $\dfrac{dx}{dy} = \dfrac{1}{\dfrac{dy}{dx}}$ ，或寫成 $(f^{-1})'(y) = \dfrac{1}{f'(x)}$ 。

證明

$\because x = g(y)$ 為 $y = f(x)$ 之反函數 $\therefore$ 由反函數之定義

$f(g(y)) = y$ ，兩邊同時對 y 微分得 $f'(g(y))g'(y) = 1$ ，

$\therefore g'(y) = \dfrac{1}{f'(g(y))} = \dfrac{1}{f'(x)} = \dfrac{1}{\dfrac{dy}{dx}}$ ■

例 2. 已知 $f(x) = x^5 + x^3 + x + 1$ 有反函數 $g(x)$ ，求 $g'(4) = $?

解 $g'(4) = \dfrac{1}{\dfrac{dy}{dx}\bigm| x = 1} = \dfrac{1}{5x^4 + 3x^2 + 1}\Big]_{x=1} = \dfrac{1}{9}$

例 3. 已知 $f(x) = x^{101} + x^{83} + x^{15} + 2$ 有一反函數 $g(x)$，
求 $g'(-1) = ?$

解 $g'(-1) = \dfrac{1}{\dfrac{dy}{dx}\bigm| x = -1} = \dfrac{1}{101x^{100} + 83x^{82} + 15x^{14}}\Big]_{x=-1}$

$\qquad\qquad = \dfrac{1}{199}$

　　利用 $f(x)$ 有反函數，$f(x)$ 為一對一之特性，在例 2，$f(x) = x^5 + x^3 + x + 1$ 若有反函數，則 $f(x)$ 為一對一，從而存在一個數 x 使得 $f(x) = x^5 + x^3 + x + 1 = 4$，由視察法：$f(1) = 4$，則 $f^{-1}(4) = 1$，即 $g(4) = 1$，如果例 2 改求 $g'(2)$，則在求解上將變成一個困難的問題。在例 3，$f(-1) = -1$，則 $f^{-1}(-1) = -1$，即 $g(-1) = -1$。

3.4.5　自然對數函數之微分公式

定義 $\dfrac{d}{dx}\ln x = \dfrac{1}{x}$，$x > 0$（註）

　　由鏈鎖律：$\dfrac{d}{dx}\ln u(x) = \dfrac{u'(x)}{u(x)}$，$u(x) > 0$。在求自然對數函數導數時，我們通常假設 $u(x) > 0$。

註：自然對數函數更普遍的定義是 $\ln x = \displaystyle\int_1^x \frac{1}{t}dt$，$t > 0$，$x > 0$

例 4. 求 $\dfrac{d}{dx}(\ln x)^3 = ?$

解 $\dfrac{d}{dx}(\ln x)^3 = 3(\ln x)^2 \cdot \dfrac{d}{dx}\ln x = 3(\ln x)^2 \cdot \dfrac{1}{x}$

例 5. 求 $\dfrac{d}{dx}\dfrac{\ln x}{x} = ?$

解 $\dfrac{d}{dx}\dfrac{\ln x}{x} = \dfrac{x\dfrac{d}{dx}\ln x - (\ln x)\dfrac{d}{dx}x}{x^2} = \dfrac{x \cdot \dfrac{1}{x} - \ln x}{x^2} = \dfrac{1 - \ln x}{x^2}$

例 6. 若 $y = x\ln(x^2+1)$，求 $y' = ?$

解 $y' = \ln(x^2+1) + x \cdot \dfrac{2x}{x^2+1} = \ln(x^2+1) + \dfrac{2x^2}{x^2+1}$

例 7. 若 $y = \log_3(1+x^2)$，求 $y' = ?$

解 $y = \log_3(1+x^2) = \dfrac{\ln(1+x^2)}{\ln 3}$

$\therefore y' = \dfrac{1}{\ln 3} \cdot \dfrac{2x}{1+x^2}$

3.4.6　e^x 之微分公式

定理 B $\dfrac{d}{dx}e^x = e^x$

證明

令 $y = e^x$，即 $x = \ln y$

兩邊同時對 x 微分：

$$1 = \frac{\frac{d}{dx}y}{y} \quad \therefore \frac{d}{dx}y = y$$

即 $\frac{d}{dx}e^x = e^x$ ∎

推論 B1 若 $u(x)$ 為可微分，由鏈鎖律得 $\frac{d}{dx}e^{u(x)} = u'(x)\,e^{u(x)}$。

例 8. 求 $\frac{d}{dx}e^{x^2} = ?$

解 $\frac{d}{dx}e^{x^2} = e^{x^2} \cdot \frac{d}{dx}x^2 = e^{x^2} \cdot 2x$

例 9. 求 $\frac{d}{dx}\ln(1 + e^x) = ?$

解 $\frac{d}{dx}\ln(1 + e^x) = \frac{\frac{d}{dx}(1 + e^x)}{1 + e^x} = \frac{e^x}{1 + e^x}$

例 10. 若已知 $\lim\limits_{x \to 0}\dfrac{e^x - 1}{x} = 1$，試利用此結果求 $\lim\limits_{x \to 0}\dfrac{e^{-px} - e^{-qx}}{x}$。

解 $\lim\limits_{x \to 0}\dfrac{e^{-px} - e^{-qx}}{x} = \lim\limits_{x \to 0}\dfrac{(e^{-px} - 1) - (e^{-qx} - 1)}{x} = \lim\limits_{x \to 0}\dfrac{e^{-px} - 1}{x} - \lim\limits_{x \to 0}\dfrac{e^{-qx} - 1}{x}$

我們先求 $\lim\limits_{x \to 0}\dfrac{e^{-px} - 1}{x}$：取 $y = -px$，則 $x \to 0$ 時，$y \to 0$，且 $x = -\dfrac{y}{p}$

$\therefore \lim\limits_{x \to 0}\dfrac{e^{-px} - 1}{x} = \lim\limits_{y \to 0}\dfrac{e^y - 1}{-y/p} = -p \lim\limits_{y \to 0}\dfrac{e^y - 1}{y} = -p$

同法 $\lim\limits_{x \to 0}\dfrac{e^{-qx} - 1}{x} = -q$ （將上式之 p 改為 q）

$\therefore \lim\limits_{x \to 0}\dfrac{e^{-px} - e^{-qx}}{x} = q - p$

3.4.7 自然對數函數導數之應用

應用一：連乘除式之導數

例 **11.** 若 $y = \dfrac{(x^2+1)(x^3-x+1)}{(x^4+x^2+1)^2}$ ，求 $y' = ?$

解 $\ln y = \ln \dfrac{(x^2+1)(x^3-x+1)}{(x^4+x^2+1)^2}$

$\qquad = \ln(x^2+1) + \ln(x^3-x+1) - 2\ln(x^4+x^2+1)$

兩邊同時對 x 微分：

$$\frac{y'}{y} = \frac{2x}{x^2+1} + \frac{3x^2-1}{x^3-x+1} - \frac{2(4x^3+2x)}{x^4+x^2+1}$$

$$\therefore y' = y\left(\frac{2x}{x^2+1} + \frac{3x^2-1}{x^3-x+1} - \frac{2(4x^3+2x)}{x^4+x^2+1}\right)$$

$$= \frac{(x^2+1)(x^3-x+1)}{(x^4+x^2+1)^2}\left(\frac{2x}{x^2+1} + \frac{3x^2-1}{x^3-x+1} - \frac{8x^3+4x}{x^4+x^2+1}\right)$$

應用二：指數為 x 之函數的導數

例 **12.** 求 $\dfrac{d}{dx}10^{x^2} = ?$

解 令 $y = 10^{x^2}$

則 $\ln y = x^2 \cdot \ln 10 = (\ln 10)x^2$

兩邊同時對 x 微分：

$$\frac{y'}{y} = (\ln 10) \cdot 2x$$

$$\therefore y' = y\left[(\ln 10)2x\right] = 10^{x^2} \cdot 2x\ln 10$$

例 **13.** 求 $\dfrac{d}{dx}x^x = ?$

解 令 $y = x^x$

則 $\ln y = x\ln x$

兩邊同時對 x 微分得：

$$\frac{y'}{y} = \ln x + x \cdot \frac{d}{dx}\ln x = \ln x + x \cdot \frac{1}{x} = 1 + \ln x$$

$$\therefore y' = y(1 + \ln x) = x^x(1 + \ln x)$$

 **習題 3-4**

1.試微分下列各題：

(1) $y = \ln(1 + e^{2x})$

(2) $y = \ln\sqrt{\dfrac{1 + x^2}{1 - x^2}}$

(3) $y = \ln(1 + xe^{3x})$

(4) $y = e^{\ln(1+x^4)}$

(5) $y = x^{\ln x}$

(6) $y = \ln\dfrac{\sqrt{1 + x^2} - 1}{\sqrt{1 + x^2} + 1}, a > 0$

(7) $y = a^{a^x}, a > 0$

2.試微分下列各題：

(1) $y = (x^2 + 1)^2(x^3 + 1)^3(x^4 + 1)^4$

(2) $y = \ln(e^x + \sqrt{1 + e^{2x}})$

(3) $y = a^{x^a}, a > 0$

(4) $y = \ln f(\ln x)$

3.試用 e 之定義證 $e^{a-b} = e^a / e^b$。

4.(1)$f(x) = x^4 + x^3 + x^2 + x + 1$，求 $(f^{-1})'(5)$。

(2)$f(x) = e^x + \ln x$，求 $(f^{-1})'(e)$。

★5.若 $f(x) = \log_3(\log_2 x)$，求 $f'(e)$。

6.若 $y = ax^2$ 與 $y = \ln x$ 有公切線，試求(1)a (2)切線方程式

7.(1)$f(x) = x^{x^x}$，求 $f'(x)$。　　(2)$f(x) = 2^{3^x}$，求 $f'(x)$。

8.$f(x) = \begin{cases} 1, & |x| < 1 \\ 0, & |x| = 1 \\ -1, & |x| > 1 \end{cases}, g(x) = e^x$

求(1)$f(g(x))$；(2)$g(f(x))$。

解

1.(1) $\dfrac{2e^{2x}}{1+e^{2x}}$ (2) $\dfrac{2x}{1-x^4}$ (3) $\dfrac{e^{3x}+3xe^{3x}}{1+xe^{3x}}$ (4) $4x^3$

(5) $x^{\ln x}\left(\dfrac{2}{x}\ln x\right)$ (6) $\dfrac{2}{x\sqrt{1+x^2}}$ (7) $a^{a^x}(a^x(\ln a)^2)$

2.(1) $(x^2+1)^2(x^3+1)^3(x^4+1)^4\left[\dfrac{4x}{x^2+1}+\dfrac{9x^2}{x^3+1}+\dfrac{16x^3}{x^4+1}\right]$

(2) $\dfrac{e^x}{\sqrt{1+e^{2x}}}$ (3) $a^{x^a+1}x^{a-1}\ln a$ (4) $\dfrac{f'(\ln x)}{xf(\ln x)}$

4.(1) $\dfrac{1}{10}$ (2) $\dfrac{1}{1+e}$

5. $\dfrac{1}{e\ln 3}$

6.(1) $a=\dfrac{1}{2e}$ (2) $y=\dfrac{1}{\sqrt{e}}x-\dfrac{1}{2}$

7.(1) $x^{x^x}\left[x^x(1+\ln x)+x^{x-1}\right]$

(2) $2^{3^x}\cdot\ln 2\cdot 3^x\cdot\ln 3$

8.(1) $f(g(x))=\begin{cases}1, & x<0 \\ 0, & x=0 \\ -1, & x>0\end{cases}$ (2) $g(f(x))=\begin{cases}e, & |x|<1 \\ 1, & |x|=1 \\ \dfrac{1}{e}, & |x|>1\end{cases}$

3.5 三角函數與反三角函數微分法

3.5.1 三角函數微分法

三角函數中之正（餘）弦函數之導數在導出過程中需用到第二章之(1)$\lim\limits_{h \to 0} \dfrac{\sin h}{h} = 1$ 及 (2)$\lim\limits_{h \to 0} \dfrac{1 - \cos h}{h} = 0$ 二個基本結果。

定理 A

(1) $\dfrac{d}{dx}\sin x = \cos x$ (2) $\dfrac{d}{dx}\cos x = -\sin x$

(3) $\dfrac{d}{dx}\tan x = \sec^2 x$ (4) $\dfrac{d}{dx}\cot x = -\csc^2 x$

(5) $\dfrac{d}{dx}\sec x = \sec x \tan x$ (6) $\dfrac{d}{dx}\csc x = -\csc x \cot x$

證明

$$(1)\ \frac{d}{dx}\sin x = \lim_{h \to 0}\frac{\sin(x + h) - \sin x}{h}$$

$$= \lim_{h \to 0}\frac{\sin x \cos h + \cos x \sin h - \sin x}{h}$$

$$= \lim_{h \to 0}\left[\frac{\sin x(\cos h - 1)}{h} + \frac{\cos x \sin h}{h}\right]$$

$$= \lim_{h \to 0}\frac{\sin x(\cos h - 1)}{h} + \lim_{h \to 0}\frac{\cos x \sin h}{h}$$

$$= \sin x \lim_{h \to 0}\frac{\cos h - 1}{h} + \cos x \lim_{h \to 0}\frac{\sin h}{h}$$

$$= \sin x \cdot 0 + \cos x \cdot 1$$

$$= \cos x \qquad\qquad ■$$

(2) $\dfrac{d}{dx}\cos x = \lim\limits_{h\to 0}\dfrac{\cos(x+h)-\cos x}{h}$

$$= \lim\limits_{h\to 0}\dfrac{\cos x\cos h - \sin x\sin h - \cos x}{h}$$

$$= \lim\limits_{h\to 0}\left[\dfrac{\cos x(\cos h - 1)}{h} - \dfrac{\sin x\sin h}{h}\right]$$

$$= \cos x\lim\limits_{h\to 0}\dfrac{\cos h - 1}{h} - \sin x\lim\limits_{h\to 0}\dfrac{\sin h}{h}$$

$$= \cos x \cdot 0 - \sin x \cdot 1$$

$$= -\sin x \qquad\qquad ■$$

(3) $\dfrac{d}{dx}\tan x = \dfrac{d}{dx}\dfrac{\sin x}{\cos x}$

$$= \dfrac{\cos x\dfrac{d}{dx}\sin x - \sin x\dfrac{d}{dx}\cos x}{\cos^2 x}$$

$$= \dfrac{\cos x \cdot \cos x - \sin x(-\sin x)}{\cos^2 x} = \dfrac{1}{\cos^2 x} = \sec^2 x \qquad ■$$

(4) $\dfrac{d}{dx}\sec x = \dfrac{d}{dx}\dfrac{1}{\cos x}$

$$= \dfrac{\cos x \cdot \dfrac{d}{dx}1 - 1 \cdot \dfrac{d}{dx}\cos x}{\cos^2 x}$$

$$= \dfrac{\sin x}{\cos^2 x}$$

$$= \dfrac{\sin x}{\cos x} \cdot \dfrac{1}{\cos x} = \tan x\sec x \qquad ■$$

同法可證其餘。

由鏈鎖律即得推論 A1：

 推論 A1 u 為 x 之可微分函數，則

$$\frac{d}{dx}\sin u = \cos u \cdot \frac{d}{dx}u \qquad \frac{d}{dx}\cos u = -\sin u \cdot \frac{d}{dx}u$$

$$\frac{d}{dx}\tan u = \sec^2 u \cdot \frac{d}{dx}u \qquad \frac{d}{dx}\cot u = -\csc^2 u \cdot \frac{d}{dx}u$$

$$\frac{d}{dx}\sec u = \sec u\tan u \cdot \frac{d}{dx}u \qquad \frac{d}{dx}\csc u = -\csc u\cot u \cdot \frac{d}{dx}u$$

例 1. 求(1) $\dfrac{d}{dx}\cos^2 x = ?$ (2) $\dfrac{d}{dx}\cos x^2 = ?$ (3) $\dfrac{d}{dx}(\cos x^2)^2 = ?$

解 (1) $\dfrac{d}{dx}\cos^2 x = 2\cos x \cdot \dfrac{d}{dx}\cos x = 2\cos x(-\sin x)$

$$= -2\sin x\cos x$$

(2) $\dfrac{d}{dx}\cos x^2 = -\sin x^2 \cdot \dfrac{d}{dx}x^2 = -(\sin x^2)2x$

$$= -2x\sin x^2$$

(3) $\dfrac{d}{dx}(\cos x^2)^2 = 2(\cos x^2)\dfrac{d}{dx}\cos x^2 = 2(\cos x^2)(-2x\sin x^2)$

$$= -4x\cos x^2\sin x^2$$

例 2. 求 $\dfrac{d}{dx}x\sin x^3 = ?$

解 $\dfrac{d}{dx}(x\sin x^3) = (\dfrac{d}{dx}x)\sin x^3 + x(\dfrac{d}{dx}\sin x^3)$

$$= 1 \cdot \sin x^3 + x(\cos x^3) \cdot \dfrac{d}{dx}x^3$$

$$= \sin x^3 + x(\cos x^3) \cdot 3x^2$$

$$= \sin x^3 + 3x^3\cos x^3$$

★例 3. 若 $f'(x)=\cos x$，$y=f\left(\dfrac{2x+3}{x+1}\right)$，求 $\dfrac{dy}{dx}$。

解 $y=f\left(\dfrac{2x+3}{x+1}\right)=f\left(2+\dfrac{1}{x+1}\right)$

$\therefore \dfrac{dy}{dx}=f'\left(\dfrac{2x+3}{x+1}\right)\dfrac{d}{dx}\left(\dfrac{2x+3}{x+1}\right)$

$\qquad =\cos\left(\dfrac{2x+3}{x+1}\right)\cdot\dfrac{d}{dx}\left(2+\dfrac{1}{x+1}\right)$

$\qquad =-\dfrac{1}{(x+1)^2}\cos\left(\dfrac{2x+3}{x+1}\right)$

3.5.2 反三角函數（複習）

　　基本三角函數為週期函數，每一個 y 值均可找到無限個可能的 x 值與之對應，除非我們對其定義域予以限制，否則其反函數是不存在的。以 $y=\sin x$ 圖形為例，$y=k$，$1\geq k\geq-1$，可與 $y=\sin x$ 之圖形至少交二點（事實上，為無限多個點），所以它不是一對一，因此沒有反函數，但是，讀者由下圖可知如果我們將 $y=\sin x$ 之定義域限制在 $\dfrac{\pi}{2}\geq x\geq-\dfrac{\pi}{2}$ 時，$y=\sin x$ 便有反函數。

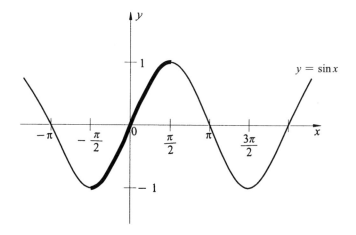

我們用一個新的函數——反正弦函數，$\sin^{-1}: x \to \sin^{-1}x$ 表示。
（注意 $\sin^{-1}x$ 是反正弦函數，不是 $\sin x$ 之 -1 次方。）

規定：$y = \sin^{-1}x$，$-\dfrac{\pi}{2} \leq y \leq \dfrac{\pi}{2}$，$-1 \leq x \leq 1$

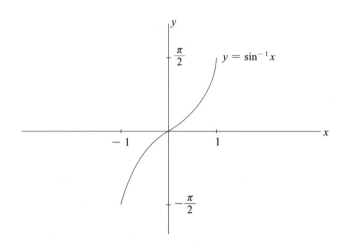

同法我們可建立其他三角函數之反函數：

$y = \cos^{-1}x$，$\pi \geq y \geq 0$，$-1 \leq x \leq 1$

$y = \tan^{-1}x$，$\dfrac{\pi}{2} > y > -\dfrac{\pi}{2}$，$-\infty < x < \infty$

$y = \cot^{-1}x$，$\pi > y > 0$，$-\infty < x < \infty$

$y = \sec^{-1}x$，$\pi \geq y \geq 0$，$y \neq \dfrac{\pi}{2}$，$|x| \geq 1$

$y = \csc^{-1}x$，$\dfrac{\pi}{2} \geq y \geq \dfrac{-\pi}{2}$，$y \neq 0$，$|x| \geq 1$

3.5.3　反三角函數微分公式

定理 B　若 u 為 x 之可微分函數，則：

1. $\dfrac{d}{dx}\sin^{-1}u = \dfrac{1}{\sqrt{1-u^2}}\,\dfrac{d}{dx}u$，$|u| < 1$

2. $\dfrac{d}{dx}\cos^{-1}u = \dfrac{-1}{\sqrt{1-u^2}}\dfrac{d}{dx}u$ ， $|\,u\,| < 1$

3. $\dfrac{d}{dx}\tan^{-1}u = \dfrac{1}{1+u^2}\dfrac{d}{dx}u$ ， $u \in R$

4. $\dfrac{d}{dx}\cot^{-1}u = \dfrac{-1}{1+u^2}\dfrac{d}{dx}u$ ， $u \in R$

5. $\dfrac{d}{dx}\sec^{-1}u = \dfrac{1}{|\,u\,|\sqrt{u^2-1}}\dfrac{d}{dx}u$ ， $|\,u\,| > 1$

6. $\dfrac{d}{dx}\csc^{-1}u = \dfrac{-1}{|\,u\,|\sqrt{u^2-1}}\dfrac{d}{dx}u$ ， $|\,u\,| > 1$

證明

（我們只證明 $\dfrac{d}{dx}\sin^{-1}x = \dfrac{1}{\sqrt{1-x^2}}$ ， $\dfrac{d}{dx}\tan^{-1}x = \dfrac{1}{1+x^2}$

及 $\dfrac{d}{dx}\sec^{-1}x = \dfrac{1}{|\,x\,|\sqrt{x^2-1}}$ ，其餘留作習題）

(1) $\dfrac{d}{dx}\sin^{-1}x$ ：

令 $y = \sin^{-1}x$ ，則 $x = \sin y$ ， $\dfrac{dx}{dy} = \cos y$

$\therefore \dfrac{dy}{dx} = \dfrac{1}{\dfrac{dx}{dy}} = \dfrac{1}{\cos y} = \dfrac{1}{\sqrt{1-\sin^2 y}} = \dfrac{1}{\sqrt{1-x^2}}$ ∎

(2) $\dfrac{d}{dx}\tan^{-1}x$ ：

令 $y = \tan^{-1}x$ ，則 $x = \tan y$ ， $\dfrac{dx}{dy} = \sec^2 y$

$\therefore \dfrac{dy}{dx} = \dfrac{1}{\dfrac{dx}{dy}} = \dfrac{1}{\sec^2 y} = \dfrac{1}{1+\tan^2 y} = \dfrac{1}{1+x^2}$ ∎

(3) $\dfrac{d}{dx}\sec^{-1}x$ ：

$y = \sec^{-1}x = \cos^{-1}\left(\dfrac{1}{x}\right)$

$$\therefore \frac{dy}{dx} = -\frac{-\dfrac{1}{x^2}}{\sqrt{1-\dfrac{1}{x^2}}} = \frac{\mid x \mid}{x^2\sqrt{x^2-1}} = \frac{1}{\mid x \mid \sqrt{x^2-1}}$$

利用鏈鎖律即得。∎

例 4. 求 $\dfrac{d}{dx}\sin^{-1}(\sqrt{x}) = ?$

解 $\dfrac{d}{dx}\sin^{-1}(\sqrt{x}) = \dfrac{\dfrac{d}{dx}\sqrt{x}}{\sqrt{1-(\sqrt{x})^2}} = \dfrac{1}{2\sqrt{x}\sqrt{1-x}}$

例 5. 求 $\dfrac{d}{dx}x(\cos^{-1}x^2)\mid_{x=\frac{1}{3}} = ?$

解 $\dfrac{d}{dx}x(\cos^{-1}x^2)\mid_{x=\frac{1}{3}} = \left[\cos^{-1}x^2 + x \cdot \dfrac{(-2x)}{\sqrt{1-x^4}}\right]\mid_{x=\frac{1}{3}}$

$= \cos^{-1}\dfrac{1}{9} - \dfrac{\dfrac{2}{9}}{\sqrt{1-\dfrac{1}{81}}} = \cos^{-1}\dfrac{1}{9} - \dfrac{1}{2\sqrt{5}}$

例 6. 求 $\dfrac{d}{dx}\tan^{-1}x^2 = ?$

解 $\dfrac{d}{dx}\tan^{-1}x^2 = \dfrac{\dfrac{d}{dx}x^2}{1+(x^2)^2} = \dfrac{2x}{1+x^4}$

例 7. 求 $\dfrac{d}{dx}\tan^{-1}\tan x^2 = ?$

解

方法一 $\dfrac{d}{dx}\tan^{-1}\tan x^2 = \dfrac{\dfrac{d}{dx}\tan x^2}{1+\tan^2 x^2} = \dfrac{2x\sec^2 x^2}{\sec^2 x^2} = 2x$

方法二 $\dfrac{d}{dx}\tan^{-1}\tan x^2 = \dfrac{d}{dx}x^2 = 2x$

習題 3-5

1. 求(1)～⑽之 $y' = ?$

(1) $y = \cos(x^2 + 1)^3$

(2) $y = \dfrac{\sin x - x\cos x}{\cos x + x\sin x}$

(3) $y = \dfrac{\sin x}{\sin x + \cos x}$

(4) $y = \sec\sqrt{3x^2 + 1}$

(5) $y = \cos(\sec x^2)$

(6) $y = x^{\sin x}$

(7) $y = 2^{\sin x}$

(8) $y = x[\sin(\ln x) - \cos(\ln x)]$

(9) $y = \sin(\cos(\sin x^2))$

(10) $y = (\sin x)^{\cos x}$

2. $f(x) = \begin{cases} x^2\sin\dfrac{1}{x} & , x \neq 0 \\ 0 & , x = 0 \end{cases}$ ，問 $f'(x)$ 在 $x = 0$ 處是否可微分？

3. 求下列各導數：

(1) $\dfrac{d}{dx}\sin^{-1}(x^3)$

(2) $\dfrac{d}{dx}[\sin^{-1}(x^3)]^2$

(3) $\dfrac{d}{dx}(\tan^{-1}\sqrt{x})^3$

(4) $\dfrac{d}{dx}(\sec^{-1}x^2)^2$

(5) $\dfrac{d}{dx}(\cot^{-1}\sqrt{x})^2$

(6) $\dfrac{d}{dx}\csc^{-1}\dfrac{\sqrt{1 + x^2}}{x}$

(7) $\dfrac{d}{dx}\tan^{-1}\left(\dfrac{3\sin x}{4 + 5\cos x}\right)$

(8) $\dfrac{d}{dx}\left(\dfrac{x}{2}\sqrt{a^2 - x^2} + \dfrac{a^2}{2}\sin^{-1}\dfrac{x}{a}\right)$

4. 計算

(1) $\dfrac{d}{dx}\left(\dfrac{x\sin^{-1}x}{\sqrt{1 - x^2}} + \dfrac{1}{2}\ln(1 - x^2)\right)$

(2) $\dfrac{d}{dx}(\sin^{-1}x)^x$

(3) $\dfrac{d}{dx}\tan^{-1}\left(\sqrt{\dfrac{a - b}{a + b}}\tan\dfrac{x}{2}\right)$

★5. $y = f\left(\dfrac{3x - 2}{3x + 2}\right)$，$f'(x) = \tan^{-1}x^2$，求 $\left.\dfrac{dy}{dx}\right|_{x = 0}$

解

1.(1) -6 〔$\sin(x^2+1)^3$〕$\cdot x(x^2+1)^2$　(2) $\dfrac{x^2}{(\cos x + x\sin x)^2}$

(3) $\dfrac{1}{(\sin x + \cos x)^2}$

(4) $3x \cdot (3x^2+1)^{-\frac{1}{2}}\sec\sqrt{3x^2+1}\,\tan\sqrt{3x^2+1}$

(5) $-2x\sec x^2\tan x^2\sin(\sec x^2)$

(6) $x^{\sin x}\left(\cos x \ln x + \dfrac{\sin x}{x}\right)$　(7)$2\sin x(\cos x)\cdot \ln 2$

(8) $2\sin(\ln x)$　(9)$-2x\cos$〔$(\cos(\sin x^2))$〕$\cdot \sin(\sin x^2)\cdot \cos x^2$

(10) $(\sin x)^{\cos x}(\dfrac{\cos^2 x}{\sin x} - \sin x \ln|\sin x|)$

2.否

3.(1) $\dfrac{3x^2}{\sqrt{1-x^6}}$　(2) 2〔$\sin^{-1}(x^3)$〕$\cdot \dfrac{3x^2}{\sqrt{1-x^6}}$

(3) $\dfrac{3}{2}(\tan^{-1}\sqrt{x})^2 \cdot \dfrac{1}{(1+x)\sqrt{x}}$　(4) $2(\sec^{-1}x^2)\cdot \dfrac{2}{x\sqrt{x^4-1}}$

(5) $\dfrac{-\cot^{-1}\sqrt{x}}{\sqrt{x}\,(1+x)}$　(6) $\dfrac{1}{1+x^2}$　(7)$\dfrac{3}{5+4\cos x}$

(8) $\sqrt{a^2-x^2}$

4.(1)$\dfrac{\sin^{-1}x}{(\sqrt{1-x^2})^3}$　(2)$(\sin^{-1}x)^x\left(\ln(\sin^{-1}x)+\dfrac{x}{\sqrt{1-x^2}\sin^{-1}x}\right)$

(3)$\dfrac{\sqrt{a^2-b^2}}{2}\dfrac{1}{a+b\cos x}$

5.$\dfrac{3}{4}\pi$

3.6 雙曲函數及其微分法

　　在數學與工程學上常用到雙曲函數（Hyperbolic Function），這種函數是用 e^x，e^{-x} 之某種組合而成。

3.6.1　雙曲函數之定義

　　雙曲函數顧名思義多少和雙曲線有關係，我們將在下頁和 6.1.3 節說明之。在此先接受雙曲函數之定義。

定義

$$\sinh x = \frac{1}{2}(e^x - e^{-x}) \qquad \cosh x = \frac{1}{2}(e^x + e^{-x})$$

$$\tanh x = \frac{\sinh x}{\cosh x} \qquad \coth x = \frac{\cosh x}{\sinh x}$$

$$\operatorname{sech} x = \frac{1}{\cosh x} \qquad \operatorname{csch} x = \frac{1}{\sinh x}$$

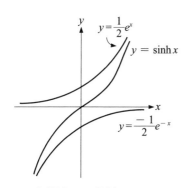

定義域：R，值域：R

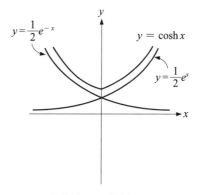

定義域：R，值域：$[1, \infty)$

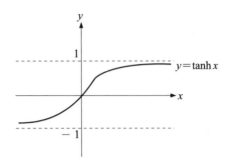

定義域：R，值域：$(-1, 1)$

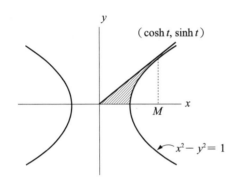

在雙曲線 $x^2 - y^2 = 1$ 上任一點我們都可用 $(\cosh t, \sinh t)$ 來表示，有趣的是，$x^2 - y^2 = 1$ 上任一點 $(\cosh t, \sinh t)$ 與原點連線，若自該點做 x 軸垂線，則左圖陰影部分之面積 A 恰是參數 t 之一半，即 $A = \dfrac{t}{2}$（證明見 6.3 節），反之，雙曲線上任一點 $P(h, k)$ 對 x 軸做垂線，若 $A = \dfrac{t}{2}$，則 $(h, k) = \left(\dfrac{e^t + e^{-t}}{2}, \dfrac{e^t - e^{-t}}{2}\right) = (\cos ht, \sin ht)$（見本節習題第 7 題）。

3.6.2 基本雙曲等式

如同三角函數，雙曲函數亦有許多類似的公式，但也有一些是不同的。

定理 A

$\sinh(-x) = -\sinh x$ $\cosh(-x) = \cosh x$

$\cosh^2 x - \sinh^2 x = 1$ $1 - \tanh^2 x = \mathrm{sech}^2 x$

$$\sinh(x + y) = \sinh x \cosh y + \cosh x \sinh y$$

$$\cosh(x + y) = \cosh x \cosh y + \sinh x \sinh y$$

證明

$$\sinh(-x) = \frac{1}{2}(e^{-x} - e^{-(-x)}) = \frac{-1}{2}(e^x - e^{-x}) = -\sinh x \quad \blacksquare$$

$$\cosh^2 x - \sinh^2 x = \left(\frac{e^x + e^{-x}}{2}\right)^2 - \left(\frac{e^x - e^{-x}}{2}\right)^2$$

$$= \frac{(e^{2x} + 2 + e^{-2x}) - (e^{2x} - 2 + e^{-2x})}{4} = 1 \quad \blacksquare$$

$$1 - \tanh^2 x = 1 - \frac{\sinh^2 x}{\cosh^2 x} = \frac{\cosh^2 x - \sinh^2 x}{\cosh^2 x} = \frac{1}{\cosh^2 x} = \operatorname{sech}^2 x$$

$$\blacksquare$$

$$\sinh(x + y) = \frac{1}{2}(e^{x+y} - e^{-(x+y)}) \tag{1}$$

又 $\sinh x \cosh y + \cosh x \sinh y$

$$= \frac{e^x - e^{-x}}{2} \cdot \frac{e^y + e^{-y}}{2} + \frac{e^x + e^{-x}}{2} \cdot \frac{e^y - e^{-y}}{2}$$

$$= \frac{[e^{x+y} - e^{-x+y} + e^{x-y} - e^{-(x+y)}] + [e^{x+y} + e^{-x+y} - e^{x-y} - e^{-(x+y)}]}{4}$$

$$= \frac{1}{2}(e^{x+y} - e^{-(x+y)}) \tag{2}$$

比較(1), (2)得 $\sinh(x + y) = \sinh x \cosh y + \cosh x \sinh y$ $\quad \blacksquare$

要注意的是 $1 - \tanh^2 x = \operatorname{sech}^2 x$，但 $1 - \coth^2 x = -\operatorname{csch}^2 x$，

或 $\operatorname{csch}^2 x = \coth^2 x - 1$

例 1. 求(1)sinh 1　(2)tanh 1　(3)cosh ln2

解 (1) $\sinh(1) = \dfrac{e^x - e^{-x}}{2}\Big]_{x=1} = \dfrac{1}{2}(e - e^{-1})$

(2) $\cosh(1) = \dfrac{e^x + e^{-x}}{2}\Big]_{x=1} = \dfrac{1}{2}(e + e^{-1})$

$$\therefore \tanh(1)=\frac{\sinh 1}{\cosh 1}=\frac{\frac{1}{2}(e-e^{-1})}{\frac{1}{2}(e+e^{-1})}=\frac{e-e^{-1}}{e+e^{-1}}$$

$$(3)\cosh(\ln 2)=\frac{e^{\ln 2}+e^{-\ln 2}}{2}=\frac{2+\frac{1}{2}}{2}=\frac{5}{4}$$

3.6.3　雙曲函數微分

定理 B

$$\frac{d}{dx}(\sinh x)=\cosh x \qquad\qquad \frac{d}{dx}(\operatorname{csch} x)=-\operatorname{csch} x \coth x$$

$$\frac{d}{dx}(\cosh x)=\sinh x \qquad\qquad \frac{d}{dx}(\operatorname{sech} x)=-\operatorname{sech} x \tanh x$$

$$\frac{d}{dx}(\tanh x)=\operatorname{sech}^2 x \qquad\qquad \frac{d}{dx}(\coth x)=-\operatorname{csch}^2 x$$

證明

$$\frac{d}{dx}(\sinh x)=\frac{d}{dx}\frac{e^x-e^{-x}}{2}=\frac{e^x+e^{-x}}{2}=\cosh x \qquad\blacksquare$$

$$\frac{d}{dx}(\operatorname{csch} x)=\frac{d}{dx}\frac{1}{\sinh x}=\frac{-\frac{d}{dx}\sinh x}{\sinh^2 x}$$

$$=\frac{-\cosh x}{\sinh^2 x}=-\frac{\cosh x}{\sinh x}\cdot\frac{1}{\sinh x}$$

$$=-\coth x \operatorname{csch} x \qquad\blacksquare$$

$$\frac{d}{dx}(\tanh x)=\frac{d}{dx}\frac{\sinh x}{\cosh x}$$

$$=\frac{\cosh x\cdot\cosh x-\sinh x\cdot\sinh x}{\cosh^2 x}=\frac{1}{\cosh^2 x}$$

$$=\operatorname{sech}^2 x \qquad\blacksquare$$

3.6.4 反雙曲函數

定義
$y = \sinh^{-1}x \Leftrightarrow \sinh y = x$
$y = \cosh^{-1}x \Leftrightarrow \cosh y = x$，$y \geq 0$
$y = \tanh^{-1}x \Leftrightarrow \tanh y = x$

定理 C
$\sinh^{-1}x = \ln(x+\sqrt{x^2+1})$ $\qquad x \in (-\infty, \infty)$
$\cosh^{-1}x = \ln(x+\sqrt{x^2-1})$ $\qquad x \in (1, \infty)$
$\tanh^{-1}x = \dfrac{1}{2}\ln\left(\dfrac{1+x}{1-x}\right)$ $\qquad x \in (-1, 1)$
$\operatorname{sech}^{-1}x = \ln\left(\dfrac{1+\sqrt{1-x^2}}{x}\right)$ $\qquad x \in (0, 1]$

證明（只證 $\sinh^{-1}x$ 與 $\tanh^{-1}x$ 部分）
(1)令 $y = \sinh^{-1}x$，則 $\sinh y = x$
即 $x = \dfrac{e^y - e^{-y}}{2}$
$e^{2y} - 2xe^y - 1 = 0$
$\therefore e^y = \dfrac{2x \pm \sqrt{4x^2+4}}{2} = x + \sqrt{x^2+1}$（因 $x - \sqrt{x^2+1} < 0$ 與 $e^y > 0$ 不合）
兩邊取對數得：$y = \ln(x+\sqrt{x^2+1})$，$x \in (-\infty, \infty)$ ∎
(2)令 $y = \tanh^{-1}x$，則 $\tanh y = x$
$\therefore \dfrac{e^y - e^{-y}}{e^y + e^{-y}} = x$

$\dfrac{e^{2y}-1}{e^{2y}+1}=x$ ，化簡得 $e^{2y}=\dfrac{1+x}{1-x}$

兩邊取對數得：$y=\dfrac{1}{2}\ln\dfrac{1+x}{1-x}$ ，$x\in(-1,1)$ ∎

3.6.5 反雙曲函數之微分

定理 D

$$\dfrac{d}{dx}\sinh^{-1}x=\dfrac{1}{\sqrt{x^2+1}}$$

$$\dfrac{d}{dx}\cosh^{-1}x=\dfrac{1}{\sqrt{x^2-1}}\ ,\ x>1$$

$$\dfrac{d}{dx}\tanh^{-1}x=\dfrac{1}{1-x^2}\ ,\ -1<x<1$$

$$\dfrac{d}{dx}\coth^{-1}x=\dfrac{1}{1-x^2}\ ,\ -1<x<1$$

$$\dfrac{d}{dx}\operatorname{sech}^{-1}x=\dfrac{-1}{x\sqrt{1-x^2}}\ ,\ 0<x<1$$

$$\dfrac{d}{dx}\operatorname{csch}^{-1}x=-\dfrac{1}{x\sqrt{x^2+1}}\ ,\ 0<x<1$$

證明

我們只證明 $\dfrac{d}{dx}\sinh^{-1}x=\dfrac{1}{\sqrt{x^2+1}}$ 之部分，其餘讀者可自行仿證之。

方法一 令 $y=\sinh^{-1}x$ ，$x=\sinh y$ ，兩邊同對 x 微分得：

$$1=\cosh y\cdot\dfrac{dy}{dx}$$

$$\therefore\dfrac{dy}{dx}=\dfrac{1}{\cosh y}=\dfrac{1}{\sqrt{1+\sinh^2 y}}=\dfrac{1}{\sqrt{1+x^2}}$$

方法二　由定理 C，$\dfrac{d}{dx}(\sinh^{-1}x)=\dfrac{d}{dx}[\ln(x+\sqrt{x^2+1})]$

$\qquad\qquad =\dfrac{d}{dx}(x+\sqrt{x^2+1})\big/(x+\sqrt{x^2+1})$

$\qquad\qquad =\dfrac{1}{\sqrt{1+x^2}}$（請自行化簡）

習題 3-6

1.請導出下列算式：

(1) $\cosh x+\sinh x=e^x$

(2) $\sinh 2x=2\sinh x\cosh x$

(3) $\cosh(x+y)=\cosh x\cosh y+\sinh x\sinh y$

(4) $\tanh(\ln x)=\dfrac{x^2-1}{x^2+1}$，$x>0$

(5) $\dfrac{1+\tanh x}{1-\tanh x}=e^{2x}$

2.試就(1) $\tanh x=\dfrac{4}{5}$；(2)$\sinh x=\dfrac{3}{4}$分別求其餘 5 個雙曲函數值。

3.計算

(1) $\dfrac{d}{dx}\sinh^2 x$ 　　　　　　(2) $\dfrac{d}{dx}x^2\sinh x$

(3) $\dfrac{d}{dx}x\sinh^{-1}x$ 　　　　　(4) $\dfrac{d}{dx}\ln(\sinh^{-1}x)$

(5) $\dfrac{d}{dx}\sinh^{-1}(\cos x)$ 　　　(6) $\dfrac{d}{dx}\coth^{-1}\sqrt{x^2+1}$

(7) $\dfrac{d}{dx}\tanh^{-1}\sqrt{x}$ 　　　　(8) $\dfrac{d}{dx}\sinh^{-1}(\tan x)$？

4.(1) $\tanh(x+y)=\dfrac{\tanh x+\tanh y}{1+\tanh x\tanh y}$，試證之。

(2) 若 $x=\ln(\sec\theta+\tan\theta)$，試證 $\cosh x=\sec\theta$。

解

2.

(1)$\cosh x = \dfrac{5}{3}$, $\sinh x = \dfrac{4}{3}$, $\coth x = \dfrac{5}{4}$, $\operatorname{sech} x = \dfrac{3}{5}$, $\operatorname{csch} x = \dfrac{3}{4}$

(2)$\cosh x = \dfrac{5}{4}$, $\tanh x = \dfrac{3}{5}$, $\coth x = \dfrac{5}{3}$, $\operatorname{sech} x = \dfrac{4}{5}$, $\operatorname{csch} x = \dfrac{4}{3}$

3.

(1) $2\sinh x \cosh x$

(2) $2x\sinh x + x^2 \cosh x$

(3)$\sinh^{-1} x + \dfrac{x}{\sqrt{1 + x^2}}$

(4)$\dfrac{1}{\sinh^{-1} x \sqrt{1 + x^2}}$

(5)$\dfrac{-\sin x}{\sqrt{1 + \cos^2 x}}$

(6)$\dfrac{-1}{x\sqrt{1 + x^2}}$

(7)$\dfrac{1}{2\sqrt{x}(1 - x)}$

(8)$\sec x$

3.7　高階導數

3.7.1　基本高階導數求法

　　f 為一可微分函數，我們可求出其導數 f'，若 f' 亦為一可微分函數，我們可再求出其導數，我們用 f'' 表所求之結果，並稱之為 f 之二階導數，而稱 f' 為一階導數，如此可反覆求 f 之三階導數 f'''，以此推類，除了用 f', f''……表示各階導數外，還有一些常用之表示法，為了便於讀者適應這些不同之常用高階導數表示法，在此我們將一些常用之高階導數之符號表示法，表列如下：

階次

一階	y'	f'	$\dfrac{dy}{dx}$	$D_x y$
二階	y''	f''	$\dfrac{d^2y}{dx^2}$	$D_x^2 y$
三階	y'''	f'''	$\dfrac{d^3y}{dx^3}$	$D_x^3 y$
四階	$y^{(4)}$	$f^{(4)}$	$\dfrac{d^4y}{dx^4}$	$D_x^4 y$
五階	$y^{(5)}$	$f^{(5)}$	$\dfrac{d^5y}{dx^5}$	$D_x^5 y$
…	…	…	…	…
n 階	$y^{(n)}$	$f^{(n)}$	$\dfrac{d^ny}{dx^n}$	$D_x^n y$

　　在求高階導數時應掌握到，冪次之改變、係數連乘積之關係、正負性等之規則性。千萬不要把結果用一個數字帶過，而掩蓋了它的規則性。我們將舉一些例子說明求高階導數之技巧。

例 1. 若 $y = \dfrac{1}{1+x}$，求 $y^{(32)}$。

解 本例如果能化成指數形式將會比較好做，$y = \dfrac{1}{1+x}$ $=(1+x)^{-1}$，現在要求 $y^{(32)}$，當然不可能一直微 32 次，我們只要做出幾項便可看出端倪：

$y = \dfrac{1}{1+x} = (1+x)^{-1}$

$y' = -(1+x)^{-2} \qquad\qquad = (-1)1!(1+x)^{-2}$

$y'' = (-1)(-2)(1+x)^{-3} \qquad = (-1)^2 2!(1+x)^{-3}$

$y''' = (-1)(-2)(-3)(1+x)^{-4} \qquad = (-1)^3 3!(1+x)^{-4}$

如此規則性便自然浮出

$\therefore y^{(32)} = (-1)^{32} 32!(1+x)^{-33} = 32!(1+x)^{-33}$

例 2. 若 $y = \dfrac{1}{(1+2x)^2}$，求 $y^{(32)}$。

解 $y = \dfrac{1}{(1+2x)^2} = (1+2x)^{-2}$

$y' = -2(1+2x)^{-3} \cdot 2 \qquad\qquad = (-1)2(1+2x)^{-3} \cdot 2$

$y'' = (-2)(-3)(1+2x)^{-4}2^2 \qquad = (-1)^2 3!(1+2x)^{-4} \cdot 2^2$

$y''' = (-2)(-3)(-4)(1+2x)^{-5}2^3 = (-1)^3 4!(1+2x)^{-5}2^3$

$\vdots$

$\therefore y^{(32)} = (-1)^{32}33!(1+2x)^{-34}2^{32} = 33!(1+2x)^{-34}2^{32}$

例 3. 求 $\dfrac{d^n}{dx^n}\dfrac{x^2}{1-x}$，$n \geq 2$。

解 $y = \dfrac{x^2}{1-x} = (-x-1) + \dfrac{1}{1-x} = (-x-1) + (1-x)^{-1}$

$\therefore y' = -1 + (-1)(-1)(1-x)^{-2} = -1 + (-1)^2(1-x)^{-2}$

$y'' = (-1)^3(-2)(1-x)^{-3} = 2!(1-x)^{-3}$

$y''' = (-1)^4(-2)(-3)(1-x)^{-4} = 3!(1-x)^{-4}$

得 $y^{(n)} = \dfrac{n!}{(1-x)^{n+1}}$

$\left(\dfrac{1}{ax+b}\right)^{(n)} = \dfrac{(-1)^n n! \, a^n}{(ax+b)^{n+1}}$ 這個公式在解例 3 這類問題是很方

便。以例 3 而言，$y = \dfrac{x^2}{1-x} = -1 - x + \dfrac{1}{-x+1}$

$\therefore y^{(n)} = \dfrac{(-1)^n n!(-1)^n}{(-x+1)^{n+1}} = \dfrac{n!}{(-x+1)^{n+1}}$

★例 4. 試證 $\dfrac{d^n}{dx^n}(\sin^4 x + \cos^4 x) = 4^{n-1}\cos\left(4x + \dfrac{n\pi}{2}\right)$。

解 我們看 $\dfrac{d}{dx}(\sin^4 x + \cos^4 x) = 4\sin^3 x\cos x - 4\cos^3 x\sin x$

而 $\cos\left(4x + \dfrac{\pi}{2}\right) = -\sin 4x$

$= -2\sin 2x\cos 2x = -4\sin x\cos x(\cos^2 x - \sin^2 x)$

$= -4\sin x\cos^3 x + 4\sin^3 x\cos x$

$$= \frac{d}{dx}(\sin^4 x + \cos^4 x)$$

即 $\frac{d}{dx}(\sin^4 x + \cos^4 x) = \cos(4x + \frac{\pi}{2})$

$\frac{d^2}{dx^2}(\sin^4 x + \cos^4 x) = \frac{d}{dx}\cos(4x + \frac{\pi}{2})$

$$= -4\sin(4x + \frac{\pi}{2}) = 4\cos(4x + \frac{2\pi}{2})$$

$\frac{d^3}{dx^3}(\sin^4 x + \cos^4 x) = \frac{d}{dx}4\cos(4x + \frac{2\pi}{2})$

$$= -4^2\sin(4x + \frac{2\pi}{2}) = 4^2\cos(4x + \frac{3\pi}{2})$$

$$\vdots$$

$$\frac{d^n}{dx^n}(\sin^4 x + \cos^4 x) = 4^{n-1}\cos(4x + \frac{n\pi}{2})$$

例 5. 若 $y = f(u), u = g(x)$，f, g 為二次可微分函數，試證：
$$\frac{d^2 y}{dx^2} = \frac{d^2 y}{du^2}(\frac{du}{dx})^2 + \frac{dy}{du}\frac{d^2 u}{dx^2}$$

解 依題意：

$y = f(g(x))$

$y' = f'(g(x))g'(x)$

$y'' = f''(g(x))g'(x) \cdot g'(x) + f'(g(x))g''(x)$

$\quad = f''(g(x))(g'(x))^2 + f'(g(x))g''(x)$

$\quad = f''(u)(u')^2 + f'(u)(u'')$

即 $\frac{d^2 y}{dx^2} = \frac{d^2 y}{du^2}(\frac{du}{dx})^2 + \frac{dy}{du}(\frac{d^2 u}{dx^2})$

★例 6. $f(x) = e^x\cos x$，求 $f^{(n)} = ?$

$y' = e^x\cos x - e^x\sin x = e^x(\cos x - \sin x)$

$\quad = e^x(\cos x \cdot \frac{\sqrt{2}}{2} - \sin x \cdot \frac{\sqrt{2}}{2}) \cdot \sqrt{2} = \sqrt{2}e^x\cos(x + \frac{\pi}{4})$

$$y'' = \sqrt{2}[e^x(\cos(x + \frac{\pi}{4}) - e^x\sin(x + \frac{\pi}{4}))]$$

$$= \sqrt{2} \cdot \sqrt{2}[e^x(\cos(x + \frac{\pi}{4}) \cdot \frac{\sqrt{2}}{2} - \sin(x + \frac{\pi}{4})) \cdot \frac{\sqrt{2}}{2}]$$

$$= (\sqrt{2})^2 e^x \cos(x + \frac{2\pi}{4}) \cdots\cdots$$

$$\therefore y^{(n)} = (\sqrt{2})^n e^x \cos(x + \frac{n\pi}{4})$$

3.7.2 Leibniz 法則

為了要證明定理 A（Leibni 法則），我們要用一些組合公式：$\binom{n}{0} = \binom{n}{n} = 1$，Pascal 三角形：$\binom{n}{k} + \binom{n}{k+1} = \binom{n+1}{k+1}$，$n$，$k$ 均為非負整數，$n \geq k$，Pascal 三角形可用代數運算得出。

定理 A （Leibniz 法則）

$$(fg)^{(n)} = \sum_{k=0}^{n} \binom{n}{k} f^{(k)} g^{(n-k)}$$

在此 $h^{(j)}$ 為函數 h 之 j 次導數（h 為 f 或 g），規定 $h^{(0)} = h$

證明

利用數學歸納法：

$n = 1$ 時，左式：$(uv)' = u'v + uv' = u'v^{(0)} + u^{(0)}v'$

右式：$\sum_{i=0}^{1} \binom{1}{i} u^{(1-k)} v^{(k)} = \binom{1}{0} u^{(1-0)} v^{(0)} + \binom{1}{1} u^{(0)} v' = u'v^{(0)} + u^{(0)}v'$

$\therefore$ 當 $n = 1$ 時成立

$n = k$ 時，設 $(uv)^{(k)} = \sum_{i=0}^{k} \binom{k}{i} u^{(k-i)} v^{(i)} = \binom{k}{0} u^{(k)} v^{(0)} + \binom{k}{1} u^{(k-1)} v' +$

$$\binom{k}{2}u^{(k-2)}v''+\cdots+\binom{k}{k}u^{(0)}v^{(k)}$$

$n = k + 1$ 時，$(uv)^{(k+1)}=\dfrac{d}{dx}(uv)^{(k)}=\left[\binom{k}{0}u^{(k+1)}v^{(0)}+\binom{k}{0}u^{(k)}v'\right]+$

$$\left[\binom{k}{1}u^{(k)}v'+\binom{k}{1}u^{(k-1)}v''\right]+\left[\binom{k}{2}u^{(k-1)}v''+\binom{k}{2}u^{(k-1)}v'''\right]+\cdots+$$

$$\left[\binom{k}{k}u'v^{(k)}+\binom{k}{k}u^{(0)}v^{(k+1)}\right]$$

$$=\binom{k}{0}u^{(k+1)}v^{(0)}+\left[\binom{k}{0}u^{(k)}v'+\binom{k}{1}u^{(k)}v'\right]+\left[\binom{k}{1}u^{(k-1)}v''+\binom{k}{2}u^{(k-1)}v''\right]$$

$$+\cdots+\binom{k}{k}uv^{(k+1)}$$

$$=\binom{k+1}{0}u^{(k+1)}v^{(0)}+\binom{k+1}{1}u^{(k)}v'+\binom{k+1}{2}u^{(k-1)}v''+\cdots+$$

$$\binom{k+1}{k+1}u^{(0)}v^{(k+1)}$$

∴由數學歸納法 $(uv)^{(n)}=\sum\limits_{k=0}^{n}\binom{n}{k}u^{(n-k)}v^{(k)}$ 成立。　■

例 7. 求 $\dfrac{d^n}{dx^n}(x^2 e^x)$，又 $\dfrac{d^{10}}{dx^{10}}(x^2 e^x)=$?

解 (a)$\dfrac{d^n}{dx^n}(x^2 e^x)=\binom{n}{0}(x^2)^{(0)}(e^x)^{(n)}+\binom{n}{1}(x^2)'(e^x)^{(n-1)}+\binom{n}{2}(x^2)''(e^x)^{(n-2)}$

$$+\binom{n}{3}\underbrace{(x^2)'''}_{0}(e^x)^{(n-3)}$$

$$=x^2 e^x+ n\cdot 2xe^x+\frac{n(n-1)}{2}\cdot 2e^x$$

$$=(x^2+2nx+n(n-1))e^x$$

(b)$\dfrac{d^{10}}{dx^{10}}(x^2 e^x)=(x^2+2\cdot 10x+10(9))e^x=(x^2+20x+90)e^x$

習題 3-7

★ 1. 若 $f'(\cos x) = \cos 2x$，求 $f''(x)$

2. (1) $y = f(x\phi(x))$ 求 $y''(0)$

(2) $y = f(e^{-x})$，求 $\dfrac{d^2y}{dx^2}$。

(3) $f'(x) = [f(x)]^2$，求 $f'''(x)$

3. 若 $y = \sqrt{1-x}$，求 $y^{(n)}$。

4. 若 $y = \sin^2 x$ 求 $f^{(n)}$

5. (1) 若 $y = \dfrac{ax+b}{cx+d}$，試證 $\dfrac{y'''}{y'} = \dfrac{3}{2} \left(\dfrac{y''}{y'}\right)^2$。

(2) $y = ae^{\lambda x} + be^{\mu x}$，試證 y 為 $y'' - (\lambda + \mu)y' + \lambda\mu y = 0$ 之解。

(3) 試證 $y = \sin(a\sin^{-1}x)$ 滿足 $(1-x^2)y'' - xy' + a^2y = 0$。

6. 用 Leibniz 法則：

(1) $y = xe^x$，求 $y^{(n)}$。

(2) $y = x^2 \sin x$，求 $y^{(n)}$。

7. $f(x) = x\sin|x|$，判斷 $f(x)$ 在 $x = 0$ 之二階導數是否存在？

★ 8. 求 $\dfrac{d^2}{dx^2} f^{-1}(x)$，設 $f'(f^{-1}(x))$ 及 $f''(f^{-1}(x))$ 存在且 $f'(f^{-1}(x)) \neq 0$

解

1. $4x$，$|x| \leq 1$

2. (1) $\phi^2(0)f''(0) + 2\phi'(0)f'(0)$　(2) $e^{-2x}f''(e^{-x}) + e^{-x}f'(e^{-x})$　(3) $6f^4(x)$

3. $y^{(n)} = (-1)^{2n-1}\left(\dfrac{1}{2}\right)^n(2n-1)(2n-3)\cdots\cdots 5\cdot 3\cdot 1(1-x)^{\frac{-(2n-1)}{2}}$

4. $y^{(n)} = 2^{n-1}\sin\left(\dfrac{(n-1)\pi}{2} + 2x\right)$

6. (1) $(x+n)e^x$

(2) $x^2\sin\left(\dfrac{n\pi}{2} + x\right) + 2nx\sin\left(\dfrac{(n-1)\pi}{2} + x\right) + n(n-1)\sin\left(\dfrac{(n-2)\pi}{2} + x\right)$

$8. \dfrac{1}{f'(f^{-1}(x))}$, $-\dfrac{f''(f'(x))}{(f'(f^{-1}(x))^3}$

3.8 隱函數微分法

前幾節我們討論之函數均為 $y = f(x)$ 之形式，如 $y = x^2 + 1$，$y = \dfrac{x}{x^2 + 1}$，我們稱這種函數形式為顯函數（Explicit Functions），另一種函數是 $f(x, y) = 0$ 稱為隱函數（Implicit Functions），隱函數中有的可化成顯函數，如 $2x + 3y = 4$，有的無法或不易化成顯函數，如 $x^2 + xy^3 + y^4 - 9 = 0$。

3.8.1 隱函數之導數求法

本節討論隱函數 $f(x, y) = 0$ 之 $\dfrac{dy}{dx}$ 的求法。在隱函數微分法中，我們往往假設 y 是 x 之可微分函數，透過鏈鎖律解出 $\dfrac{dy}{dx}$。

例 1. 若 $x^2 - y^2 = 9$，求 $\dfrac{dy}{dx}\Big]_{(5,4)}$ ， $\dfrac{dy}{dx}\Big]_{(3,0)}$ 。

解 $2x - 2yy' = 0$

$\therefore \dfrac{dy}{dx}\Big]_{(5,4)} = \dfrac{x}{y}\Big]_{(5,4)} = \dfrac{5}{4}$

$\dfrac{dy}{dx}\Big]_{(3,0)} = \dfrac{x}{y}\Big]_{(3,0)} = \dfrac{3}{0}$（不存在）

例 2. 若 $x^2 + xy + y^2 = 1$，求 $\dfrac{dy}{dx} = ?$

解 $\because 2x + y + xy' + 2yy' = 0$

$\quad (2x + y) + (x + 2y)y' = 0$

$\quad \therefore y' = \dfrac{-(2x + y)}{x + 2y}$，$x + 2y \neq 0$

例 3. $y \sin x + x \sin y = xy$ 求 $\dfrac{dy}{dx}$

解 $y \sin x + x \sin y - xy = 0$

$\quad y' \sin x + y \cos x + \sin y + (x \cos y)y' - y - xy' = 0$

$\quad \therefore (\sin x + x \cos y - x)y' = y - y \cos x - \sin y$

$\quad$ 即 $\dfrac{dy}{dx} = \dfrac{y - y \cos x - \sin y}{\sin x + x \cos y - x}$，$\sin x + x \cos y - x \neq 0$

例 4. $x^2 + y^2 = 25$，求 $\dfrac{dx}{dy}\Big]_{(3, -4)}$。

解 本題是求 $\dfrac{dx}{dy}$ 而不是 $\dfrac{dy}{dx}$，我們可假設 x 是 y 的可微分函數：

$2x \cdot \dfrac{dx}{dy} + 2y = 0 \quad \therefore \dfrac{dx}{dy}\Big]_{(3, -4)} = -\dfrac{y}{x}\Big]_{(3, -4)} = \dfrac{4}{3}$

3.8.2 高階隱函數微分法

隨函數之高階導數之解法，是先求出 y' 再由 y' 導出 $y''\cdots$，在求 y'' 之過程中的 y' 部分，往往用剛求出之 y' 代入即可。

例 5. $x^2 + y^2 = r^2$，求 $\dfrac{d^2y}{dx^2} = ?$

解 $x^2 + y^2 = r^2$

$\quad 2x + 2yy' = 0$

$$\therefore y' = -\frac{x}{y} \ , \ y \neq 0 \tag{1}$$

$$y'' = \frac{d}{dx}(\frac{d}{dx}y) = \frac{d}{dx}(-\frac{x}{y})$$

$$= -\frac{y\dfrac{d}{dx}x - x\dfrac{d}{dx}y}{y^2}$$

$$= -\frac{y - x(-\dfrac{x}{y})}{y^2} \qquad (由(1)\frac{d}{dx}y = -\frac{x}{y})$$

$$= -\frac{y^2 + x^2}{y^3} = -\frac{r^2}{y^3} \ (利用 \ x^2 + y^2 = r^2) \ , \ y \neq 0$$

例 6.　$xy^3 = 8$，求 $y'' = ?$

解　$xy^3 = 8$

$$y^3 + 3xy^2y' = 0$$

$$\therefore y' = -\frac{y^3}{3xy^2} = -\frac{y}{3x} \ , \ x \neq 0$$

$$y'' = \frac{d}{dx}y' = -\frac{x\dfrac{dy}{dx} - y \cdot 1}{3x^2} = -\frac{x(-\dfrac{y}{3x}) - y}{3x^2} = \frac{4y}{9x^2} \ , \ x \neq 0$$

3.8.3　參數方程式微分法

　　我們先看參數方程式 $\begin{cases} x = x(t) \\ y = y(t) \end{cases}$ 之一、二階導數，這可由先前之鏈鎖律輕易得出：

定理 A　設參數方程式

$\begin{cases} x = x(t) \\ y = y(t) \end{cases}$，$x, y$ 為 t 之可微分函數，若 x' 為連續，$x'(t) \neq 0$，

則 $\dfrac{dy}{dx} = \dfrac{dy \bigm/ dt}{dx \bigm/ dt}$

$$\dfrac{d^2y}{dx^2} = \dfrac{\dfrac{d}{dt}\left(\dfrac{dy}{dx}\right)}{\dfrac{dx}{dt}}$$

證明

1. 由鏈鎖律：$\dfrac{dy}{dt} = \dfrac{dy}{dx} \cdot \dfrac{dx}{dt}$

   $\therefore \dfrac{dy}{dx} = \dfrac{dy \bigm/ dt}{dx \bigm/ dt}$，$\dfrac{dx}{dt} \neq 0$

2. 由 1. $\dfrac{dy}{dx} = \dfrac{y'(t)}{x'(t)}$

   $\therefore \dfrac{d}{dt}\left(\dfrac{dy}{dx}\right) = \dfrac{d}{dx}\left(\dfrac{dy}{dx}\right) \cdot \dfrac{dx}{dt} = \dfrac{d^2y}{dx^2} \cdot \dfrac{dx}{dt}$

   二邊同除 $\dfrac{dx}{dt}$ 即得

   $$\dfrac{d^2y}{dx^2} = \dfrac{d}{dt}\left(\dfrac{dy}{dx}\right) \bigm/ \dfrac{dx}{dt}$$

■

推論 A1　$\dfrac{d^2y}{dx^2} = \dfrac{x'(t)y''(t) - y'(t)x''(t)}{[x'(t)]^3}$

證明

由定理 A，$\dfrac{d^2y}{dx^2} = \dfrac{d}{dt}\left(\dfrac{dy}{dx}\right) \bigm/ \dfrac{dx}{dt}$

$\qquad\qquad\qquad = \dfrac{d}{dt}\left(\dfrac{y'(t)}{x'(t)}\right) \bigm/ x'(t)$

$\qquad\qquad\qquad = \dfrac{x'(t)y''(t) - y'(t)x''(t)}{(x'(t))^2} \bigm/ x'(t)$

$\qquad\qquad\qquad = \dfrac{x'(t)y''(t) - y'(t)x''(t)}{(x'(t))^3}$，$x'(t) \neq 0$

例 7. 若 $\begin{cases} x = 3t^2 \\ y = 2t^3 \end{cases}$，$t \neq 0$，求 $\dfrac{dy}{dx}$ 及 $\dfrac{d^2y}{dx^2}$。

解 $\dfrac{dy}{dx} = \dfrac{dy \big/ dt}{dx \big/ dt} = \dfrac{6t^2}{6t} = t$

$\dfrac{d^2y}{dx^2} = \dfrac{d}{dt}\left(\dfrac{d}{dx}y\right) \Big/ \dfrac{dx}{dt}$

$\quad = \dfrac{d}{dt}t \Big/ 6t = \dfrac{1}{6t}$，$t \neq 0$

例 8. 擺線之參數方程式為 $\begin{cases} x = a(t - \sin t) \\ y = a(1 - \cos t) \end{cases}$，求 $\dfrac{dy}{dx}$ 及 $\dfrac{d^2y}{dx^2}$。

解 $\dfrac{dy}{dx} = \dfrac{dy \big/ dt}{dx \big/ dt} = \dfrac{a\sin t}{a(1 - \cos t)} = \dfrac{\sin t}{1 - \cos t}$，$t \neq 2k\pi$，$k$ 為整數

$\dfrac{d^2y}{dx^2} = \dfrac{d}{dt}\left(\dfrac{dy}{dx}\right) \Big/ \dfrac{dx}{dt}$

$\quad = \dfrac{d}{dt}\dfrac{\sin t}{1 - \cos t} \Big/ a(1 - \cos t)$

$\quad = \dfrac{(1 - \cos t)\cos t - \sin t \cdot \sin t}{(1 - \cos t)^2} \Big/ a(1 - \cos t)$

$\quad = -\dfrac{1}{a(1 - \cos t)^2}$，$t \neq 2k\pi$，$k$ 為整數

★例 9. $y = \sin x^3$，求 $\dfrac{dy}{dx^2}$

解 我們不妨令 $y = \sin x^3$，$u = x^2$

$\therefore \dfrac{dy}{du} = \dfrac{\dfrac{dy}{dx}}{\dfrac{du}{dx}} = \dfrac{3x^2\cos x^3}{2x} = \dfrac{3x}{2}\cos x^3$

習題 3-8

1.求下列各題之 $\dfrac{dy}{dx}$:

(1)$x^2 - 3xy + y^2 = 4$ (2)$y \sin x + \cos(x + y) = 0$

(3)$x^3 y^2 = 4$ (4)$\tan^{-1} \dfrac{y}{x} = \ln \sqrt{x^2 + y^2}$

(5)$x^y = y^x$ (6)$y^{\tan^{-1}x} = x^y$

(7)$(x + y)^5 = 2x$

2.(1)$\begin{cases} x = \ln\sqrt{1 + t^2} \\ y = \tan^{-1} t \end{cases}$, (2)$\begin{cases} x = f'(t) \\ y = tf'(t) - f(t) \end{cases}$, $f''(t) \neq 0$ 求 $\dfrac{dy}{dx}$ 及 $\dfrac{d^2y}{dx^2}$ 。

3.(1)$y = x^9 + 2x^6 + x^3$ 求 $\dfrac{dy}{dx^3}$

(2)$y = e^{x^4 + x^2 + 1}$ 求 $\dfrac{dy}{dx^2}$

4.計算：求 y''

(1)$x^4 + y^4 = 16$ (2)$x^2 - 3xy + y^2 = 4$

解

1. (1)$\dfrac{2x - 3y}{3x - 2y}$ (2)$\dfrac{\sin(x + y) - y\cos x}{\sin x - \sin(x + y)}$ (3)$-\dfrac{3y}{2x}$

(4)$\dfrac{x + y}{x - y}$ (5)$\dfrac{\ln y - \dfrac{y}{x}}{\ln x - \dfrac{x}{y}}$ (6)$\dfrac{\dfrac{y}{x} - \dfrac{\ln y}{1 + x^2}}{\dfrac{\tan^{-1}x}{y} - \ln x}$

(7)$\dfrac{2}{5(x + y)^4} - 1$

2. (1)$\dfrac{1}{t}$, $-\dfrac{1 + t^2}{t^3}$ (2)t , $\dfrac{1}{f''(t)}$

3.(1) $3x^6 + 4x^3 + 1$ (2)$(2x^2 + 1)e^{x^4 + x^2 + 1}$

4.(1)$-\dfrac{48x^2}{y^7}$ (2)$\dfrac{-40}{(3x - 2y)^3}$

第 **4** 章

微分學之應用

4.1 切線方程式

4.1.1 直角坐標系切線斜率

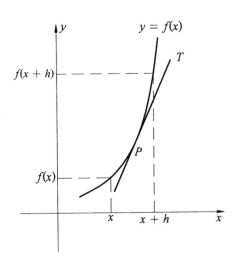

如右圖，若我們在 $y = f(x)$ 之曲線上任取二點 $(x, f(x))$ 及 $(x+h, f(x+h))$，則所連結割線之斜率為：

$$m = \frac{f(x+h) - f(x)}{(x+h) - x}$$
$$= \frac{f(x+h) - f(x)}{h}$$

$h \to 0$ 時，割線與 $y = f(x)$ 之圖形將只交於一點 P（讀者應嘗試自己用筆畫一畫），P 點即為切點，這點之斜率即為切線 T 在點 P 之斜率，因此在 $y = f(x)$ 上一點 $(c, f(c))$ 之切線斜率為 $f'(c) = \lim\limits_{x \to c} \frac{f(x) - f(c)}{x - c}$。

法線是與切線相垂直之直線，因此，$y = f(x)$ 在 $(c, f(c))$ 之切線率為 $f'(c)$ 時 $(f'(c) \neq 0)$，其法線斜率為 $\frac{-1}{f'(c)}$。

例 1. 在 $y = x^2$ 上任取一點 $(2, 4)$，求過 $(2, 4)$ 之切線斜率為何？並利用此結果求過 $(2, 4)$ 之切線方程式及法線方程式。

解 過 $(2, f(2))$ 之切線斜率為：

　$\because f'(x) = 2x \quad f'(2) = 4$

　過 $(2, 4)$ 之切線方程式為：

$\dfrac{y-4}{x-2} = 4$，即 $y - 4 = 4(x-2)$，或 $y - 4x = -4$

過 $(2, 4)$ 之法線方程式為：

$\dfrac{y-4}{x-2} = -\dfrac{1}{4}$，即 $-4y + 16 = x - 2$，或 $x + 4y = 18$

例 2. 求過 $xy = 2$ 上一點 $(1, 2)$ 之切線方程式。

解

方法一 先求過 $xy = 2$ 之點 $(1, 2)$ 切線方程式之斜率：

$xy = 2$，二邊對 x 微分得：

$y + xy' = 0 \quad \therefore y'\rbrack_{(1,2)} = -\dfrac{y}{x}\rbrack_{(1,2)} = -\dfrac{2}{1} = -2$

因此，切線方程式為

$\dfrac{y-2}{x-1} = -2 \quad$ 化簡得：$y = -2x + 4$

方法二 $y = \dfrac{2}{x} = 2x^{-1}$

$\therefore y' = -2x^{-2}$，$y'\,\big|_{x=1} = -2x^{-2}\,\big|_{x=1} = -2$

得切線方程式

$\dfrac{y-2}{x-1} = -2$，即 $y = -2x + 4$

例 3. 求 $y = \cosh x$ 上切線斜率為 1 之點。

解 $\because$ 斜率 $m = \dfrac{d}{dx}\cosh x = \dfrac{d}{dx}\left(\dfrac{e^x + e^{-x}}{2}\right) = \dfrac{e^x - e^{-x}}{2} = 1$

$\therefore e^x - e^{-x} = 2$，$e^{2x} - 2e^x - 1 = 0$

$e^x = \dfrac{2 \pm 2\sqrt{2}}{2} = 1 \pm \sqrt{2}$

得 $e^x = 1 + \sqrt{2}$（$\because e^x > 0 \quad \therefore e^x = 1 - \sqrt{2} < 0$ 不合）

解之，$x = \ln(1 + \sqrt{2})$

又 $\cosh[\ln(1 + \sqrt{2})] = \dfrac{1}{2}\left(e^{\ln(1+\sqrt{2})} + e^{-\ln(1+\sqrt{2})}\right)$

$= \dfrac{1}{2}\left[1 + \sqrt{2} + \dfrac{1}{1+\sqrt{2}}\right]$

$$= \frac{1}{2}(1 + \sqrt{2} + (\sqrt{2} - 1)) = \sqrt{2}$$

即 $(\ln(1 + \sqrt{2}), \sqrt{2})$ 是為所求

例 4. 試證雙曲線 $xy = b^2$ 上任一點作切線與兩軸所夾之三角形區域面積為常數。

解 $y = \dfrac{b^2}{x}$，取曲線上任一點 $(t, \dfrac{b^2}{t})$，則過該點之切線斜率 $y'\big|_{x=t}$

$= \dfrac{-b^2}{x^2}\Big|_{x=t} = -\dfrac{b^2}{t^2}$　∴過該點之切線方程式為：

$$\frac{y - \dfrac{b^2}{t}}{x - t} = -\frac{b^2}{t^2} \quad \therefore y = \frac{2b^2}{t} - \frac{b^2}{t^2}x$$

化成截距式

$$\frac{x}{2t} + \frac{y}{\dfrac{2b^2}{t}} = 1$$

∴切線與兩軸所夾三角形面積為

$$\frac{1}{2} \cdot 2t \cdot \frac{2b^2}{t} = 2b^2 \text{ 為一常數}$$

例 5. 自 $y = x^2$ 上任取一點 A，直線 ℓ 為 $\overline{OA}$ 之垂直平分線，若 ℓ 與 y 軸之交點為 P，問 A 點不斷向原點逼近時 P 之坐標為何？

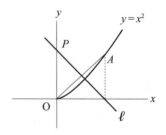

解 設 A 點之坐標為 (a, a^2)，$\overrightarrow{OA}$ 之斜率為

$m = \dfrac{a^2 - 0}{a - 0} = a$，$a \neq 0$

因 ℓ 為 $\overline{OA}$ 之垂直平分線，ℓ 過點 $(\dfrac{a}{2}, \dfrac{a^2}{2})$，斜率 $-\dfrac{1}{a}$

ℓ 方程式：

$$\frac{y - \dfrac{a^2}{2}}{x - \dfrac{a}{2}} = -\frac{1}{a}$$

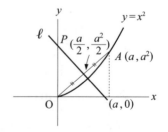

$$x + ay = \frac{a^3 + a}{2} \quad \therefore P \text{之坐標為 } (0, \frac{a^2 + 1}{2})$$

A 不斷向 O 移動， $\lim\limits_{a \to 0} \dfrac{a^2 + 1}{2} = \dfrac{1}{2}$ ，得 $P \to (0, \dfrac{1}{2})$

4.1.2　參數方程式之切線

由 3.9.3 知： $\begin{cases} x = x(t) \\ y = y(t) \end{cases}$ ， x, y 為 t 之可微分函數， $f'(t) = 0$ 則 $\dfrac{dy}{dx}$ $= \dfrac{dy/dt}{dx/dt}$ ，如此便可決定出切線之斜率，再者；

若 $\dfrac{dy}{dt} = 0$ ，則曲線有一水平切線

若 $\dfrac{dx}{dt} = 0$ ，則曲線有垂直切線

例 6. 求 $\begin{cases} x = \cos^3 t \\ y = \sin^3 t \end{cases}$ 在 $t = \dfrac{\pi}{4}$ 處之切線與法線方程式。

解 先求切線斜率 $\dfrac{dy}{dx}$

$$\frac{dy}{dx} = \frac{dy \big/ dt}{dx \big/ dt} = \frac{3\sin^2 t \cos t}{-3\cos^2 t \sin t} = -\tan t$$

得 $t = \dfrac{\pi}{4}$ 處之切線斜率 $m = -\tan\dfrac{\pi}{4} = -1$

$t = \dfrac{\pi}{4}$ 時， $x = \cos^3 t = \left(\dfrac{\sqrt{2}}{2}\right)^3 = \dfrac{\sqrt{2}}{4}$ ，同法 $y = \dfrac{\sqrt{2}}{4}$

$\therefore t = \dfrac{\pi}{4}$ 時之切線方程式為

$$\frac{y - \dfrac{\sqrt{2}}{4}}{x - \dfrac{\sqrt{2}}{4}} = -1 \quad \text{即} \quad y = -x + \frac{\sqrt{2}}{2}$$

$t = \dfrac{\pi}{4}$ 時之法線方程式為

$$\frac{y - \dfrac{\sqrt{2}}{4}}{x - \dfrac{\sqrt{2}}{4}} = 1 \quad \therefore y = x$$

4.1.3 極座標之切線

在極座標系統下，$r=f(\theta)$ 決定了曲線：

$$\begin{cases} x = r\cos\theta = f(\theta)\cos\theta \\ y = r\sin\theta = f(\theta)\sin\theta \end{cases}$$

$$\frac{dy}{dx} = \frac{dy/d\theta}{dx/d\theta} = \frac{f'(\theta)\sin\theta + f(\theta)\cos\theta}{f'(\theta)\cos\theta - f(\theta)\sin\theta}$$

即

$$m = \frac{f'(\theta)\sin\theta + f(\theta)\cos\theta}{f'(\theta)\cos\theta - f(\theta)\sin\theta}$$

若 $r=f(\theta)$ 通過極點，例如對某些角 $\alpha, r=f(\alpha)= 0$，若 $f'(\alpha)\neq 0$ 則在極點之切線斜率為

$$m = \frac{f'(\alpha)\sin\alpha}{f'(\alpha)\cos\alpha} = \tan\alpha$$

因為 $\theta=\alpha$ 之斜率為 $\tan\alpha$，我們說 $\theta=\alpha$ 就是曲線 $r=f(\theta)$ 在極點之切線方程式。因此求曲線在極點之切線，我們只需解 $f(\theta)= 0$ 即可。

例 7. 求 $r= 2\cos\theta$ 在 $\theta=\dfrac{\pi}{3}$ 之切線斜率

解 $f(\theta)= 2\cos\theta$

$$m = \frac{f'(\theta)\sin\theta + f(\theta)\cos\theta}{f'(\theta)\cos\theta - f(\theta)\sin\theta}$$

$$= \frac{-2\sin\theta\sin\theta + 2\cos\theta\cos\theta}{-2\sin\theta\cos\theta - 2\cos\theta\sin\theta} = -\frac{2\cos 2\theta}{2\sin 2\theta} = -\cot 2\theta$$

$\therefore r= 2\cos\theta$ 在 $\theta=\dfrac{\pi}{3}$ 之切線斜率為

$$m = -\cot\frac{2\pi}{3} = \frac{1}{\sqrt{3}}$$

4.1.4 二曲線之交角

二曲線 C_1, C_2 交於點 (x_0, y_0)，
且二曲線在 (x_0, y_0) 之斜率分別為
m_1, m_2，則二曲線在 (x_0, y_0) 之交角
θ 滿足下式：

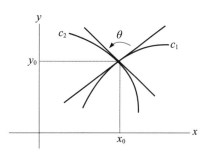

$$\tan\theta = \frac{m_2 - m_1}{1 + m_1 m_2}$$

當 $m_1 \cdot m_2 = -1$ 時稱 C_1, C_2 在 (x_0, y_0) 處成直角（Intersect at Right Angles）。

例 8. 求曲線 $xy = 1$ 與 $y = x^2$ 之交角。

解 先求 $xy = 1$ 與 $y = x^2$ 之交點：

$$\begin{cases} y = \dfrac{1}{x} \\ y = x^2 \end{cases} \quad \therefore 交點為 (1, 1)$$

次求 m_1，m_2：

(1) $xy = 1$, $y = \dfrac{1}{x}$　$\therefore y'\big|_{x=1} = -\dfrac{1}{x^2}\bigg|_{x=1} = -1 \cdots\cdots m_2$

(2) $y = x^2$, $y'\big|_{x=1} = 2x\big|_{x=1} = 2 \cdots\cdots m_1$

$$\tan\theta = \frac{m_2 - m_1}{1 + m_1 m_2}$$
$$= \frac{-1 - 2}{1 + (-1)(2)} = 3$$

$\therefore \theta = \tan^{-1} 3$

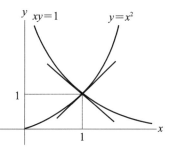

例 9. 試證 $xy = 1$ 與 $x^2 - y^2 = 1$ 在交點處成直角。

解 設 $xy=1$ 與 $x^2-y^2=1$ 之交點為 (x_0, y_0)

則 $xy=1$ 在 (x_0, y_0) 處切線斜率 $m_1 = -\dfrac{1}{x^2}\bigg|_{x_0} = -\dfrac{1}{x_0^2}$

且 $x^2-y^2=1$ 在 (x_0, y_0) 處切線斜率 $m_2 = \dfrac{x}{y}\bigg|_{(x_0, y_0)} = \dfrac{x_0}{y_0}$

$\therefore m_1 \cdot m_2 = -\dfrac{1}{x_0^2} \cdot \dfrac{x_0}{y_0} = -\dfrac{1}{x_0 y_0} = -1$

得 $xy=1$ 與 $x^2-y^2=1$ 在交點處成直角

 習題 4-1

1. 求下列各題指定之方程式：

(1) $x^2 + xy + 1 = 0$ 在 $(1, -2)$ 之切線方程式

(2) $3x^2 + y^2 = 12$ 在 $(1, 3)$ 之切線方程式與法線方程式

(3) $x^3 + y^3 = 3axy,\ a \neq 0$ 在 $\left(\dfrac{3}{2}a, \dfrac{3}{2}a\right)$ 之切線方程式與法線方程式

(4) $\begin{cases} x = a\cos t \\ y = b\sin t \end{cases}$ 在 $t = \dfrac{\pi}{4}$ 處之切線方程式

(5) $y = \sin(\sin x)$ 在 $(\pi, 0)$ 處之切線方程式

(6) $x^3 + y^3 = 3axy$ 在 x 坐標為何時有水平切線？$a \neq 0$

(7) $\dfrac{x^2}{a^2} - \dfrac{y^2}{b^2} = 1$ 在 (x_0, y_0) 處之切線方程式

2. 證明 $\begin{cases} x = a(\cos t + t\sin t) \\ y = a(\sin t - t\cos t) \end{cases}$，$t \neq 0$ 之法線方程式是 $x^2 + y^2 = a^2$ 之切線方程式

3. 曲線 $x^{\frac{2}{3}} + y^{\frac{2}{3}} = a^{\frac{2}{3}}$ 之切線與 x, y 軸之交點分別為 P, Q，試證切線在 P, Q 間之長度為一定。

4. 求下列參數方程式在指定點之切線方程式

(1) $\begin{cases} x = a(t - \sin t) \\ y = a(1 - \cos t) \end{cases}$，$t = \dfrac{\pi}{2}$　(2) $\begin{cases} x = e^t \sin t \\ y = e^t \cos t \end{cases}$，$t = \dfrac{\pi}{2}$

5.(1)過原點且與 $y=(x+1)^3$ 相切之切線方程式

  (2) $y=\sqrt[3]{x}$ 之切線方程式及法線方程式

解

1.(1) $y=-2$

  (2)切線方程式 $y+x=4$，法線方程式 $y-x=2$

  (3)切線方程式 $x+y=3a$，法線方程式 $y=x$

  (4) $bx+ay=\sqrt{2}ab$

  (5) $y=-x+\pi$

  (6) 0 及 $\sqrt[3]{2}a$（提示：令 $y'=\dfrac{-x^2+ay}{y^2-ax}=0$ 得 $x^2=ay$ 代入原方程

    式即得）

  (7) $\dfrac{x_0x}{a^2}-\dfrac{y_0y}{b^2}=1$

3.提示：$PQ=\left(x_0^{\frac{2}{3}}+y_0^{\frac{2}{3}}\right)^{\frac{3}{2}}$

4.(1) $y=x+\left(2-\dfrac{\pi}{2}\right)a$

  (2) $x+y=e^{\frac{\pi}{2}}$

6.(1) $y=\dfrac{27}{4}x$ 及 $y=0$

  (2)切線方程式 $x=0$，法線方程式 $y=0$

4.2　均值定理

均值定理（Mean Value Theroem）在微積分中號稱僅次於微積分基本定理之最重要定理，而均值定理在微分學之理論與應用

均奠定了理論基礎。在學均值定理時，讀者務請謹記，它們都有一個重要假設，那就是$f(x)$在$[a, b]$上為連續，在(a, b)內各點均可微分。

4.2.1 洛爾定理 (Rolle's Theorem)

為了推證洛爾定理，我們先敘述一個定理。

 定理 A 若函數f在$[a, b]$為一連續函數，則f在$[a, b]$中必有極大值與極小值。

若定理 A 之假設$f(x)$在$[a, b]$中為連續，改為$f(x)$在(a, b)中為連續，其結果是否仍成立？考慮$f(x) = x - [x]$，則$f(x)$在$[0, 2]$間有極小值 0，但無極大值。

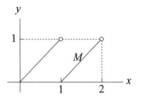

利用定理 A 我們便可導證微分學之第一個均值定理——洛爾定理。

定理 B $f(x)$在$[a, b]$上為連續，且在(a, b)內各點皆可微分，若$f(a) = f(b)$則在(a, b)中必存在一數x_0，$a < x_0 < b$，使得$f'(x_0) = 0$。

證明

我們分$f(x) \equiv 0$與$f(x) \not\equiv 0$兩種情況

(一)$f(x) \equiv 0$

在$[a,b]$內，$f(x) \equiv 0$則$f'(x) = 0$，對所有$x \in (a,b)$均成立

(二)$f(x) \not\equiv 0$

$\because f(x)$在$[a,b]$中為連續

$\therefore$由定理A，$f(x)$在$[a,b]$中必存在

極大值M與極小值m

又$f(x) \not\equiv 0$，M, m中至少有一個不

為0，設$M \neq 0$，且$f(\varepsilon) = M$（如右

圖），則$f(\varepsilon + h) \leq f(\varepsilon)$

(i)$h > 0$時$\dfrac{f(\varepsilon + h) - f(\varepsilon)}{h} \leq 0$

　　　且$\lim\limits_{h \to 0^+} \dfrac{f(\varepsilon + h) - f(\varepsilon)}{h} \leq 0$ 　　　(1)

(ii)$h < 0$時$\dfrac{f(\varepsilon + h) - f(\varepsilon)}{h} \geq 0$

　　　且$\lim\limits_{h \to 0^-} \dfrac{f(\varepsilon + h) - f(\varepsilon)}{h} \geq 0$ 　　　(2)

但$f(x)$在(a,b)中係可微分，故(1)=(2)，因此得$f'(\varepsilon) = 0$

$M = 0, m \neq 0$亦可類似證明　　　　　　　　　　■

　　洛爾定理之幾何意義為 f 在 $[a, b]$ 連續且在 (a,b) 內可微分

下，若$f(a) = f(b)$，則在 (a, b) 之間必可找到一水平切線。

例 1. 　設$f(x) = x^2 - 3x + 1$，$x \in [0, 3]$，試驗證洛爾定理。

解 　$f(0) = 1$，$f(3) = 1$ 　$\because f(0) = f(3)$且$f(x) = x^2 - 3x + 1$在$[0, 3]$

　　　為連續且在$(0, 3)$可微分，又$f'(x_0) = 2x_0 - 3 = 0$得$x_0 = \dfrac{3}{2}$，

　　　$\dfrac{3}{2} \in (0, 3)$

例 2. 　$f(x) = \dfrac{1}{(x-1)^4}$，$x \in [0, 2]$，試問洛爾定理是否適用？

解 因 $f(x) = \dfrac{1}{(x-1)^4}$ 在 $x = 1$ 不可微分，破壞了洛爾定理之前提，故洛爾定理不適用。

例 3 說明了洛爾定理在勘根上之應用。

例 3. 試證 $x^3 + x - 1 = 0$ 恰有一個實根。

解 令 $f(x) = x^3 + x - 1$，$f(0) = -1$，$f(1) = 1$，$f(0)f(1) < 0$，

由定理 2.6D，$x^3 + x - 1 = 0$ 在 $(0, 1)$ 間存在一個 c 使得 $f(c) = 0$，即 $x^3 + x - 1 = 0$ 至少有一根

因 $x^3 + x - 1 = 0$ 為三次方程式，故應有個三根，因在 $(0, 1)$ 間已有一根，故設 $x^3 + x - 1 = 0$ 還有二個根 a, b

即 $f(a) = f(b) = 0$，因 $f(x)$ 為三次多項式，$f(x)$ 在 $[a, b]$ 間為連續且 (a, b) 間為可微分，由定理 B（洛爾定理），$f(x)$ 在 $[a, b]$ 間存在一個 c 使得 $f'(c) = 0$

但 $f'(x) = 3x^2 + 1 > 0$，對所有實數 x 均成立，故不存在一個 c 使得 $f'(c) = 0$，此與假設矛盾。

即 $x^3 + x - 1 = 0$ 除了在 $(0, 1)$ 間有一實根外，不可能存在其他實根。

4.2.2 均值定理（Mean-Value Theorem 又稱 Langrange 定理）

定理 C 若 $f(x)$ 在 $[a, b]$ 上為連續，且在 (a, b) 內各點均可微分，則在 (a, b) 之間必存在一數 x_0，$a < x_0 < b$，使得 $f'(x_0) = \dfrac{f(b) - f(a)}{b - a}$。

證明

設 A，B 二點之座標分別為 $(a, f(a))$，$(b, f(b))$

則 $\overrightarrow{AB}$ 之斜率 $m = \dfrac{f(b) - f(a)}{b - a}$

取 $g(x) = f(x) - [f(a) + m(x - a)]$

$\because g(a) = 0$

且 $g(b) = f(b) - [f(a) + \dfrac{f(b) - f(a)}{b - a}(b - a)]$

$\qquad = 0$

又 $g(x)$ 在 (a, b) 中可微分及 $g(x)$ 在 $[a, b]$ 連續

$\therefore$ 由洛爾定理知有一個 $\varepsilon \in (a, b)$ 使得 $g'(\varepsilon) = 0$

即

$g'(\varepsilon) = f'(\varepsilon) - m = 0 \quad \therefore m = f'(\varepsilon) = \dfrac{f(b) - f(a)}{b - a}$ ∎

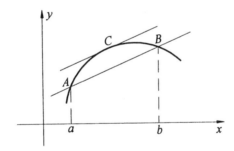

均值定理之幾何意義為 f 在 $[a, b]$ 為連續且在 (a, b) 內皆可微分，則在 (a, b) 之間必可找到一點其切線與 $(a, f(a))$ 及 $(b, f(b))$ 之連線平行。

例 4. 若 $f(x) = x^2 + 1$，$x \in [-1, 2]$，求滿足均值定理之 x_0。

解 $f'(x_0) = 2x_0$，根據定理 C：

$$f'(x_0) = \frac{f(x_2) - f(x_1)}{x_2 - x_1} = \frac{f(2) - f(-1)}{2 - (-1)} = \frac{5 - 2}{3} = 1$$

$$\therefore 2x_0 = 1 \quad 即 x_0 = \frac{1}{2}$$

讀者易看出 $x_0 = \frac{1}{2} \in (-1, 2)$

例 5. 若 $f(1) = 6$，$f'(x) \geq 3$，$1 \leq x \leq 4$，求 $f(4)$ 之最小可能值。

解 由定理 C

$f(4) - f(1) = (4 - 1)f'(\xi)$，$4 \geq \xi \geq 1$

$f(4) - 6 = 3f'(\xi) \geq 3 \cdot 3 = 9$　$\therefore f(4) \geq 15$，即 $f(4)$ 之最小可能值為 15

下面我們將說明如何用定理 C 來推導一些不等式。

例 6. 若 $x > 0$，試證 $x > \ln(1 + x) > \dfrac{x}{1 + x}$。

解 取 $f(x) = \ln(1 + x)$

$$\frac{f(x) - f(0)}{x - 0} = f'(\xi) \Rightarrow \frac{\ln(1 + x)}{x} = \frac{1}{1 + \xi}，x > \xi > 0$$

即 $\ln(1 + x) = \dfrac{x}{1 + \xi}$

又 $x > \xi > 0$

得 $\dfrac{x}{1 + 0} > \dfrac{x}{1 + \xi} > \dfrac{x}{1 + x}$，即 $x > \dfrac{x}{1 + \xi} > \dfrac{x}{1 + x}$

$\therefore x > \ln(1 + x) > \dfrac{x}{1 + x}$

例 7. 證明 $\sqrt{1 + x} < 1 + \dfrac{x}{2}$，$x > 0$。

解 取 $f(x) = \sqrt{1 + x}$

$$\frac{f(x) - f(0)}{x - 0} = f'(\xi)，x > \xi > 0$$

$$\Rightarrow \frac{\sqrt{1+x}-1}{x} = \frac{1}{2\sqrt{1+\xi}}$$

即 $\sqrt{1+x} = 1 + \dfrac{x}{2\sqrt{1+\xi}}$，$x > \xi > 0$

又 $1 + \dfrac{x}{2\sqrt{1+\xi}} < 1 + \dfrac{x}{2\sqrt{1+0}} = 1 + \dfrac{x}{2}$

即 $\sqrt{1+x} < 1 + \dfrac{x}{2}$，$x > 0$

例 8. 試證 $\dfrac{1}{9} < \sqrt{66} - 8 < \dfrac{1}{8}$。

解 取 $f(x) = \sqrt{x}$，$8 > x > 64$

$\dfrac{f(66) - f(64)}{66 - 64} = \dfrac{\sqrt{66} - 8}{2} = f'(\varepsilon) = \dfrac{1}{2\sqrt{\varepsilon}}$，$66 > \varepsilon > 64$

即 $\sqrt{66} - 8 = \dfrac{1}{\sqrt{\varepsilon}}$，又 $\dfrac{1}{8} = \dfrac{1}{\sqrt{64}} > \dfrac{1}{\sqrt{\varepsilon}} > \dfrac{1}{\sqrt{66}} > \dfrac{1}{\sqrt{81}} = \dfrac{1}{9}$

$\therefore \dfrac{1}{8} > \sqrt{66} - 8 > \dfrac{1}{9}$

Cauchy 均值定理

定理 D （歌西氏均值定理）（Cauchy's Mean Value Theocem）：
設 $f(x)$，$g(x)$ 在 $[a, b]$ 中為連續且在 (a, b) 中為可微分，則在 (a, b) 中存在一點 ξ 使得 $\dfrac{f(b) - f(a)}{g(b) - g(a)} = \dfrac{f'(\xi)}{g'(\xi)}$，$b > \xi > a$。

證明

考慮函數

$$h(x) = f(x) - f(a) - \alpha\{g(x) - g(a)\}，\quad \alpha = \frac{f(b) - f(a)}{g(b) - g(a)}$$

則 $h(x)$ 顯然滿足了在 $[a, b]$ 中為連續且在 (a, b) 中為可微分之條件

又 $h(a)=f(a)-f(a)-\alpha[g(a)-g(a)]=0$

$h(b)=f(b)-f(a)-\alpha[g(b)-g(a)]=f(b)-f(a)-$

$\dfrac{f(b)-f(a)}{g(b)-g(a)}[g(b)-g(a)]=0$

由洛爾定理知：存在一個 $\xi \in (a, b)$ 使得 $h'(\xi)=0$

即 $h'(\xi)=f'(\xi)-0-\alpha[g'(\xi)-0]=0$

$\therefore f'(\xi)=\alpha g'(\xi)$，$\alpha=\dfrac{f'(\xi)}{g'(\xi)}$，但 $\alpha=\dfrac{f(b)-f(a)}{g(b)-g(a)}$

$\therefore \dfrac{f(b)-f(a)}{g(b)-g(a)}=\dfrac{f'(\xi)}{g'(\xi)}$，$b>\xi>a$ ∎

例 9. 試證 $\dfrac{\sin b-\sin a}{\cos a-\cos b}=\cot\xi$，$\xi$ 介於 a, b 之間。

解 取 $f(x)=\sin x$，$g(x)=\cos x$，則

$\dfrac{f(b)-f(a)}{g(b)-g(a)}=\dfrac{f'(\xi)}{g'(\xi)} \Rightarrow \dfrac{\sin b-\sin a}{\cos b-\cos a}=\dfrac{\cos\xi}{-\sin\xi}$，$\xi$ 介於 a, b 之間

即 $\dfrac{\sin b-\sin a}{\cos a-\cos b}=\cot\xi$，$\xi$ 介於 a, b 之間

 **習題 4-2**

1. 計算下列各題滿足均值定理之 x_0：

(1) $f(x)=\sqrt{1-x^2}$，$x\in[0, 1]$

(2) 任一拋物線 $y=a+bx+cx^2$，$c\neq0$，$x\in[\alpha, \beta]$

2. 是否存在一個函數 $f(x)$，滿足 $f(0)=-3$，$f(3)=6$，而對所有 x，$f'(x)\leq2$。

3. $f(x)=(x-1)(x-2)(x-3)(x-4)(x-5)$，問 $f'(x)=0$ 之實根個數並指出實根所在區間。

★4.某粒子在下午 3 時之速度為 30 km/h，在下午 3 時 10 分之速度為 50 km/h，試證在下午 3 時到 3 時 10 分間有一時刻其加速度為 120 km/h²。

用均值定理試證以下列關係式 5～11。

5. $|\sin x - \sin y| \leq |x - y|$，$x, y \in R$

6. f 在 R 中為可微分，且 $1 \leq f'(x) \leq 3$，對所有實數 x 均成立，且 $f(0) = 0$，則 $x \leq f(x) \leq 3x$，$x \geq 0$

7. $x \geq \sin x$，$x \geq 0$

8. $b > a > 0$，則 $1 - \dfrac{a}{b} < \ln\dfrac{b}{a} < \dfrac{b}{a} - 1$

9. $\dfrac{1}{11} < \sqrt{404} - 20 < \dfrac{1}{10}$

10. 若 $|f'(x)| \leq m$ 對所有 (a, b) 中之 x 均成立，且若 x_1, x_2 為 (a, b) 中之二點 $x_2 > x_1$，試證 $|f(x_2) - f(x_1)| \leq m(x_2 - x_1)$。

★11.若 $f(x), g(x)$ 在 $[a, b]$ 中連續，在 (a, b) 中為可微分，試證 (a, b) 中有一點 ε 使得 $\begin{vmatrix} f(a) & f(b) \\ g(a) & g(b) \end{vmatrix} = (b - a)\begin{vmatrix} f(a) & f'(\varepsilon) \\ g(a) & g'(\varepsilon) \end{vmatrix}$

★12.若 $f(x)$ 在 (a, b) 中二階導數存在，$f(x_1) = f(x_2) = f(x_3)$，$a < x_1 < x_2 < x_3 < b$，試證 (x_1, x_3) 中至少有一點 ε 使得 $f''(\varepsilon) = 0$。

★13.試證：$x^4 + 4x + c = 0$ 至多 2 個實根。

★14.試證：若 $a_0 x^n + a_1 x^{n-1} + \cdots + a_{n-1}x = 0$ 有一正根 $x = x_0$，則 $a_0 n x^{n-1} + a_1(n-1)x^{n-2} + \cdots + a_{n-1} = 0$ 必有一小於 x_0 的正根。

解

1.(1) $\dfrac{1}{\sqrt{2}}$　(2)$\dfrac{\alpha + \beta}{2}$

2.否

3.4 個根分別在區間 $(1, 2), (2, 3), (3, 4), (4, 5)$ 裡

10.提示：由均值定理即得。

11.提示：取 $h(x)=\begin{vmatrix} f(a) & f(x) \\ g(a) & g(x) \end{vmatrix}$ 則 $h(b)-h(a)=(b-a)h'(\xi)$

即 $h(b)=(b-a)f'(\xi)$，$b>\xi>a$

12.提示：反覆應用 Rolle 定理。

4.3 洛比達法則

4.3.1 不定式

我們在第 2 章已介紹過許多不定式的例子。比方說，$\lim_{x\to 1}\dfrac{x^2-1}{x-1}$ 是一個 $\dfrac{0}{0}$ 的例子，$\lim_{x\to 1}\dfrac{x^3-1}{x^2-1}$ 也是一個 $\dfrac{0}{0}$ 的例子，前者之結果是 2，而後者則是 $\dfrac{3}{2}$，其他不定式之情況還有 $\dfrac{\infty}{\infty}$，$0\cdot\infty$，0^0，∞^0，1^∞，$\infty-\infty$ 等，第 2 章所介紹的方法對如 $\lim_{x\to 0}\dfrac{e^x-1}{x+e^x-1}$ 這類不定式問題即束手無策，但可用本節之洛比達法則（L'Hospital's Rule）來進行簡單、漂亮地處理。

4.3.2 洛比達法則

定理 A　（L'Hospital 法則）：若 $\lim_{x\to x_0}f(x)=\lim_{x\to x_0}g(x)=0$，

且 $\lim_{x\to x_0}\dfrac{f'(x)}{g'(x)}$ 存在，則 $\lim_{x\to x_0}\dfrac{f(x)}{g(x)}=\lim_{x\to x_0}\dfrac{f'(x)}{g'(x)}$。

在此 x_0 可為 $+\infty$，$-\infty$，或 0^+，0^- 之型式。

證明

（在此只證 $\lim\limits_{x \to x_0^+} \dfrac{f(x)}{g(x)} = \lim\limits_{x \to x_0^+} \dfrac{f'(x)}{g'(x)}$ 之情況）

設 $f(x)$，$g(x)$ 在 (a, b) 中為可微分

且 $\lim\limits_{x \to x_0^+} f(x) = \lim\limits_{x \to x_0^+} g(x) = 0$，$b > x_0 > a$，由定理 D（Cauchy 均值定理）

$$\dfrac{f(x) - f(x_0)}{g(x) - g(x_0)} = \dfrac{f'(\xi)}{g'(\xi)} \text{，} x > \xi > x_0$$

當 $x \to x_0^+$ 時，$\xi \to x_0^+$

又 $\lim\limits_{x \to x_0^+} f(x) = \lim\limits_{\xi \to x_0^+} g(x) = 0$

$\therefore \lim\limits_{x \to x_0^+} \dfrac{f(x)}{g(x)} = \lim\limits_{\xi \to x_0^+} \dfrac{f'(\xi)}{g'(\xi)} = \lim\limits_{x \to x_0^+} \dfrac{f'(x)}{g'(x)}$ ∎

當 $\lim\limits_{x \to +\infty} f(x) = \lim\limits_{x \to +\infty} g(x) = 0$ 時，

$$\lim_{x \to +\infty} \frac{f(x)}{g(x)} = \lim_{x \to 0^+} \frac{f\left(\dfrac{1}{x}\right)}{g\left(\dfrac{1}{x}\right)}$$

$$= \lim_{x \to 0^+} \frac{-\dfrac{1}{x^2} f'\left(\dfrac{1}{x}\right)}{-\dfrac{1}{x^2} g'\left(\dfrac{1}{x}\right)} = \lim_{x \to +\infty} \frac{f'(x)}{g'(x)}$$

應用洛比達法則時應注意到：

(1)在 $\lim\limits_{x \to x_0} f(x) = \lim\limits_{x \to x_0} g(x) = \infty$ 時，定理仍成立，

(2) $f(x)$，$g(x)$ 均需為可微分函數。

例 1. 求 $\lim\limits_{x \to 1} \dfrac{x^5 - 2x^3 + x}{x^7 - 2x^4 + x} = ?$

解 $\lim\limits_{x \to 1} \dfrac{x^5 - 2x^3 + x}{x^7 - 2x^4 + x}$ $\left(\dfrac{0}{0}, \text{用洛比達法則}\right)$

$$= \lim_{x \to 1} \frac{5x^4 - 6x^2 + 1}{7x^6 - 8x^3 + 1} \qquad \left(\frac{0}{0}, \text{繼續用洛比達法則}\right)$$

$$= \lim_{x \to 1} \frac{20x^3 - 12x}{42x^5 - 24x^2} = \frac{8}{18} = \frac{4}{9}$$

例 2. 求 $\displaystyle \lim_{x \to \infty} \frac{e^x}{x^n}$。

解 $\displaystyle \lim_{x \to \infty} \frac{e^x}{x^n} = \lim_{x \to \infty} \frac{e^x}{nx^{n-1}} = \lim_{x \to \infty} \frac{e^x}{n(n-1)x^{n-2}} = \cdots\cdots$

$$= \lim_{x \to \infty} \frac{e^x}{n!} \to \infty \quad \therefore \text{不存在}$$

由例 2 可得一個事實，就是 e^x 成長的速度比 x 快，可證明的是 x 成長速度又比 $\ln x$ 快，即 α 為任一正數時：

$$\lim_{x \to \infty} \frac{\ln x}{x^\alpha} = 0 \quad \lim_{x \to \infty} \frac{x^\alpha}{e^x} = 0 \text{，讀者不妨記住這二個簡單結果。}$$

例 3. 求 $\displaystyle \lim_{x \to 0} \frac{\tan x - \sin x}{x^2 \tan x}$。

解 本例可直接用 L'Hospital 法則求解，但是如果能先進行化簡，將有助於簡化計算過程：

$$\lim_{x \to 0} \frac{\tan x - \sin x}{x^2 \tan x} = \lim_{x \to 0} \frac{\dfrac{\sin x}{\cos x} - \sin x}{x^2 \cdot \dfrac{\sin x}{\cos x}} = \lim_{x \to 0} \frac{1 - \cos x}{x^2}$$

$$= \lim_{x \to 0} \frac{\sin x}{2x} = \frac{1}{2}$$

應用 L'Hospital 法則

例 4. 求 $\displaystyle \lim_{x \to 0} \frac{a^x - b^x}{x}$，$a, b > 0$。

解 $\displaystyle \lim_{x \to 0} \frac{a^x - b^x}{x} = \lim_{x \to 0} \frac{a^x \ln a - b^x \ln b}{1} = \ln \frac{a}{b}$

4.3.3　0・∞型

0・∞型可輕易化成 $\dfrac{0}{0}$ 或 $\dfrac{\infty}{\infty}$ 以求解。

例 5.　求 $\displaystyle\lim_{x\to\infty} x\left(e^{\frac{1}{x}}-1\right)$。

解
$$\lim_{x\to\infty} x\left(e^{\frac{1}{x}}-1\right) \xlongequal{y=\frac{1}{x}} \lim_{y\to 0}\frac{e^{y}-1}{y}=\lim_{y\to 0} e^{y}=1$$

例 6.　求 $\displaystyle\lim_{x\to\frac{\pi}{2}}\left(\frac{\pi}{2}-x\right)\tan x$。

解
$$\lim_{x\to\frac{\pi}{2}}\left(\frac{\pi}{2}-x\right)\tan x \xlongequal{y=\frac{\pi}{2}-x} \lim_{y\to 0} y\tan\left(\frac{\pi}{2}-y\right)$$

$$=\lim_{y\to 0} y\cot y=\lim_{y\to 0}\frac{y\cos y}{\sin y}$$

$$=\lim_{y\to 0}\left(\frac{y}{\sin y}\right)\lim_{y\to 0}\cos y=1$$

本題也可用 L'Hospital 法則：

$$\lim_{x\to\frac{\pi}{2}}\left(\frac{\pi}{2}-x\right)\frac{\sin x}{\cos x}=\lim_{x\to\frac{\pi}{2}}\frac{\left(\frac{\pi}{2}-x\right)\sin x}{\cos x}=\cdots\cdots=1$$

4.3.4　∞−∞型

∞−∞型通常可透過通分或變數變換化成 $\dfrac{\infty}{\infty}$ 或 $\dfrac{0}{0}$ 型。

例 7.　求 $\displaystyle\lim_{x\to 0}\left(\frac{1}{x}-\frac{1}{\sin x}\right)$。

解　$\displaystyle\lim_{x\to 0}\left(\frac{1}{x}-\frac{1}{\sin x}\right)=\lim_{x\to 0}\frac{\sin x-x}{x\sin x}=\lim_{x\to 0}\frac{\cos x-1}{\sin x+x\cos x}$

$$=\lim_{x\to 0}\frac{-\sin x}{\cos x+\cos x-x\sin x}=0$$

例 8. 求 $\lim_{x\to\infty}(x-\ln(1+x^2))$。

解
$$\begin{aligned}\lim_{x\to\infty}(x-\ln(1+x^2))&=\lim_{x\to\infty}(\ln e^x-\ln(1+x^2))\\&=\lim_{x\to\infty}\ln\frac{e^x}{1+x^2}=\lim_{x\to\infty}\ln\frac{e^x}{2x}\\&=\lim_{x\to\infty}\ln\frac{e^x}{2}=\infty\ (\text{不存在})\end{aligned}$$

4.3.5　0^0 型

這種類型問題可利用 $f(x)=e^{\ln f(x)}$，$f(x)>0$ 之性質進行求解。

例 9. 求 $\lim_{x\to 0^+}x^x=$？並據此結果求 $\lim_{x\to 0^+}x\ln x$。

解 (1) $\lim_{x\to 0^+}x^x=\lim_{x\to 0^+}e^{\ln x^x}=\lim_{x\to 0^+}e^{x\ln x}=\lim_{x\to 0^+}e^{\ln x/\frac{1}{x}}$（指數部分 $\frac{-\infty}{\infty}$ ）

但 $\lim_{x\to 0^+}\dfrac{\ln x}{\dfrac{1}{x}}=\lim_{x\to 0^+}\dfrac{\dfrac{1}{x}}{-\dfrac{1}{x^2}}=\lim_{x\to 0^+}(-x)=0$

$\therefore\lim_{x\to 0^+}x^x=\lim_{x\to 0^+}e^{\ln x/\frac{1}{x}}=e^0=1$

(2) $\lim_{x\to 0^+}x\ln x=\lim_{x\to 0^+}\ln x^x=\ln 1=0$

4.3.6　1^∞ 型之特殊解法

求 $\lim_{x\to a}f(x)^{g(x)}$（a 可為實數，$\pm\infty$）時，若 $\lim_{x\to a}f(x)=1$ 且 $\lim_{x\to a}g(x)=\infty$，可仿 0^0 型之解法，但我們亦可應用下面定理由視察法輕易地求出這類題型之結果。

定理 B 若 $\lim\limits_{x \to a} f(x) = 1$，且 $\lim\limits_{x \to a} g(x) = \infty$，則 $\lim\limits_{x \to a} f(x)^{g(x)} =$ $\exp[\lim\limits_{x \to a} (f(x) - 1)g(x)]$，$a$ 可為 $\pm\infty$。

例 10. 求下列各題之極限：

(1) $\lim\limits_{x \to \infty} (1 + \dfrac{4}{x})^{\frac{x}{2}}$

(2) $\lim\limits_{x \to \infty} (1 + \dfrac{4}{x} + \dfrac{3}{x^2})^{\frac{x}{2}}$

解

(1) $f(x) = 1 + \dfrac{4}{x}$，$g(x) = \dfrac{x}{2}$；$\lim\limits_{x \to \infty} f(x) = 1$，$\lim\limits_{x \to \infty} g(x) = \infty$

$\therefore$ 原式 $= \exp\{\lim\limits_{x \to \infty} [f(x) - 1]g(x)\} = \exp\left\{\lim\limits_{x \to \infty} \dfrac{4}{x} \cdot \dfrac{x}{2}\right\} = e^2$

(2) $f(x) = 1 + \dfrac{4}{x} + \dfrac{3}{x^2}$，$g(x) = \dfrac{x}{2}$

$\lim\limits_{x \to \infty} f(x) = 1$，$\lim\limits_{x \to \infty} g(x) = \infty$

$\therefore$ 原式 $= \exp\{\lim\limits_{x \to \infty} [f(x) - 1]g(x)\} = \exp\left\{\lim\limits_{x \to \infty} (\dfrac{4}{x} + \dfrac{3}{x^2}) \dfrac{x}{2}\right\}$

$= \exp\left\{\lim\limits_{x \to \infty} 2 + \dfrac{3}{2x}\right\} = e^2$

4.3.7 等價無窮小概念之應用

本子節我們將介紹等價無窮小之概念，並將此概念應用在極限運算。

定義 若 $\lim f(x) = 0$ 且 $\lim g(x) = 0$（$g(x)$ 在極限附近必須滿足 $g(x) \neq 0$），當 $\lim \dfrac{f(x)}{g(x)} = 1$，稱 $f(x)$ 是 $g(x)$ 之等價無窮小，記做 $f(x) \sim g(x)$。

例如∵$\lim\limits_{x\to 0}\dfrac{\sin x}{x}=1$∴$\sin x$與$x$是等價無窮小，記做 $\sin x \sim x$，

又$\lim\limits_{x\to 0}\dfrac{\ln(1+x)}{x}=\lim\limits_{x\to 0}\dfrac{1}{1+x}=1$∴$\ln(1+x)\sim x$，又$\lim\limits_{x\to 0}\dfrac{1-\cos x}{x^2}=$

$\lim\limits_{x\to 0}\dfrac{\sin x}{2x}=\dfrac{1}{2}$即$\lim\limits_{x\to 0}\dfrac{1-\cos x}{x^2/2}=1$∴$1-\cos x \sim \dfrac{x^2}{2}$。

若$f(x)\sim g(x)$則$g(x)\sim f(x)$亦自然成立。

茲將常見之等價無窮小整理如下：

$$\tan x \sim x，\sin^{-1}x \sim x，\tan^{-1}x \sim x，\ln(1+x)\sim x$$

$$1-\cos x \sim \dfrac{x^2}{2}，e^x-1 \sim x，(1+x)^a-1 \sim ax\ (a\neq 0)\cdots$$

在求一些$\dfrac{0}{0}$不定式時，而這些不定式之分子、分母都是若干因式之乘積，便可將這些因式之一個或幾個用等價無窮小因式代替，而不改變原式之極限。

讀者在應用上述規則時應特別避免對分子或分母中之加項或減項作代換以免出錯。

例 11. 求$\lim\limits_{x\to 0}\dfrac{(1+x)\sin x}{\sin^{-1}x}$

解 在$x\to 0$時，$\sin^{-1}x \sim x$，$\sin x \sim x$

$$\therefore \lim_{x\to 0}\dfrac{(1+x)\sin x}{\sin^{-1}x}=\lim_{x\to 0}\dfrac{(1+x)x}{x}=\lim_{x\to 0}(1+x)=1$$

例 12. 求$\lim\limits_{x\to 1}\dfrac{\sin^{-1}(1-x)}{\ln x}$

解 $x\to 1$時，$\ln x \sim x-1$，$\sin^{-1}(1-x)\sim 1-x$（∵$\lim\limits_{x\to 1}\dfrac{\ln x}{x-1}=1$，

$$\lim_{x\to 1}\dfrac{\sin^{-1}(1-x)}{1-x}=-\lim_{x\to 1}\dfrac{-1}{\sqrt{1-(1-x)^2}}=\lim_{x\to 1}\dfrac{1}{\sqrt{2x-x^2}}=1）$$

$$\therefore \lim_{x\to 1}\dfrac{\sin(1-x)}{\ln x}=\lim_{x\to 1}\dfrac{1-x}{x-1}=-1$$

若先變數變換，然後再用等階無窮小代換將會省力不少：

$$\lim_{x \to 1} \frac{\sin^{-1}(1-x)}{\ln x} = \lim_{y \to 0} \frac{\sin^{-1}(-y)}{\ln(1+y)} = \lim_{y \to 0} \frac{-y}{y} = -1$$

例 13. 求 $\displaystyle\lim_{x \to 1} \frac{(x-1)^2}{\tan^{-1}(x-1)^2}$

解 $$\lim_{x \to 1} \frac{(x-1)^2}{\tan^{-1}(x-1)^2} \xlongequal{y=x-1} \lim_{y \to 0} \frac{y^2}{\tan^{-1}y^2} = \lim_{y \to 0} \frac{y^2}{y^2} = 1$$

★例 14. 求 $\displaystyle\lim_{x \to \infty} \frac{\tan^3 \dfrac{1}{x} \tan^{-1} \dfrac{1}{x\sqrt{x}}}{\sin \dfrac{1}{x^3} \tan \dfrac{1}{\sqrt{x}} \sin^{-1} \dfrac{1}{x}}$

解

$$\lim_{x \to \infty} \frac{\tan^3 \dfrac{1}{x} \tan^{-1} \dfrac{1}{x\sqrt{x}}}{\sin \dfrac{1}{x^3} \tan \dfrac{1}{\sqrt{x}} \sin^{-1} \dfrac{1}{x}}$$

$$\xlongequal{y=\frac{1}{x}} \lim_{y \to 0} \frac{\tan^3 y \, \tan^{-1} y\sqrt{y}}{\sin y^3 \, \tan\sqrt{y} \, \sin^{-1} y}$$

$$= \lim_{y \to 0} \frac{y^3 \cdot y\sqrt{y}}{y^3 \cdot \sqrt{y} \cdot y} = 1$$

4.3.8 雜例

例 15. 若 $\displaystyle\lim_{x \to \infty} \left(\frac{x+a}{x-a}\right)^x = e$，求 a。

解 $$\lim_{x \to \infty} \frac{x+a}{x-a} = 1$$
$$\lim_{x \to \infty} \left(\frac{x+a}{x-a}\right)^x = e^{\lim\limits_{x \to \infty} \left(\frac{x+a}{x-a} - 1\right)x} = e^{\lim\limits_{x \to \infty} \frac{2ax}{x-a}} = e^{2a} = e^1$$
$$\therefore a = \frac{1}{2}$$

例 17. 求 $\lim\limits_{h \to 0} \dfrac{f(x + h) - 2f(x) + f(x - h)}{h^2}$。

解　$\lim\limits_{h \to 0} \dfrac{f(x + h) - 2f(x) + f(x - h)}{h^2}$

$= \lim\limits_{h \to 0} \dfrac{f'(x + h) + (-1)f'(x - h)}{2h} = \lim\limits_{h \to 0} \dfrac{f'(x + h) - f'(x - h)}{2h}$

$= \lim\limits_{h \to 0} \dfrac{f''(x + h) - (-1)f''(x - h)}{2}$

$= \lim\limits_{h \to 0} \dfrac{f''(x + h) + f''(x - h)}{2} = f''(x)$

應注意到例 17 微分之對象為 h。

★例 18. 若 $\lim\limits_{x \to 0} \left(\dfrac{\sin 3x}{x^3} + a + \dfrac{b}{x^2} \right) = 0$　求 a, b。

解　原題相當於「 $\lim\limits_{x \to 0} \left(\dfrac{\sin 3x}{x^3} + \dfrac{b}{x^2} \right) = -a$ ，求 a, b」：

$\because \lim\limits_{x \to 0} \dfrac{\sin 3x}{x^3} + \dfrac{b}{x^2} = \lim\limits_{x \to 0} \dfrac{\sin 3x + bx}{x^3}$

$\qquad\qquad\qquad = \lim\limits_{x \to 0} \dfrac{3\cos 3x + b}{3x^2}$

因 $\lim\limits_{x \to 0} 3x^2 = 0 \therefore \lim\limits_{x \to 0} 3\cos 3x + b = 0$ ，即 $b = -3$

$\lim\limits_{x \to 0} \left(\dfrac{3\cos 3x - 3}{3x^2} \right) = \lim\limits_{x \to 0} \dfrac{-9\sin 3x}{6x}$

$\qquad\qquad\qquad = \lim\limits_{x \to 0} \dfrac{-27\cos 3x}{6} = \dfrac{-9}{2}$

$\therefore a = \dfrac{9}{2}$ ， $b = -3$

 **習題 4-3**

1. 計算：

(1) $\lim\limits_{x \to a} \dfrac{\sin x - \sin a}{x - a}$

(2) $\lim\limits_{x \to 0} \left(\dfrac{1}{x \sin x} - \dfrac{1}{x^2} \right)$

(3) $\lim\limits_{x \to 0} \dfrac{\ln \cos^2 x}{x^2}$

(4) $\lim\limits_{x \to 0} \left(\dfrac{1}{\sin^2 x} - \dfrac{1}{x^2} \right)$

★(5) $\lim\limits_{x\to\infty}\ln(1+3^x)\ln(1+\dfrac{1}{x})$ (6) $\lim\limits_{x\to 0}\dfrac{xe^{3x}-x}{1-\cos 2x}$

(7) $\lim\limits_{x\to\infty} x\ln\left(\dfrac{x-1}{x+1}\right)$ (8)$\lim\limits_{x\to\infty^+}(\sqrt[3]{x^3+3x^2}-\sqrt{x^2+2x})$

(9)$\lim\limits_{x\to 1}(2-x)^{\tan\frac{\pi}{2}x}$ ⑩$\lim\limits_{x\to 0^+} x\ln(\sin x)$

2.計算：

(1) $\lim\limits_{x\to 0}\left(\dfrac{1}{1-\cos x}-\dfrac{2}{\sin^2 x}\right)$ (2) $\lim\limits_{x\to\infty}\left(\dfrac{1}{x}-\dfrac{1}{\ln(1+x)}\right)$

(3) $\lim\limits_{x\to 0}\left(\dfrac{\sin x}{x}\right)^{\frac{1}{x^2}}$ ★(4) $\lim\limits_{x\to 0}\dfrac{e-(1+x)^{\frac{1}{x}}}{x}$

★3. $f(x)=\begin{cases}e^{-\frac{1}{x^2}}, & x=0 \\ 0, & x\ne 0\end{cases}$ ，試證 $f'(0)=0$ 及 $f''(0)=0$

4.若 $\lim\limits_{x\to 0^+}f(x)=\lim\limits_{x\to 0^+}f'(x)=0$ 且 $\lim\limits_{x\to 0}f''(x)=a$ ，求 $\lim\limits_{x\to\infty}xf\left(\dfrac{b}{\sqrt{x}}\right)$。

5.若 x,y,m,n 均為正數且 $m+n=1$ ，試證：

$$\lim\limits_{p\to 0^+}(mx^p+ny^p)^{\frac{1}{p}}=x^m y^n$$

並用此結果求 $\lim\limits_{t\to 0^+}(\dfrac{1}{4}3^t+\dfrac{3}{4}5^t)^{\frac{1}{t}}$。

★6.用等價無窮小之概念解下列各題：

(1)$\lim\limits_{x\to 0}\dfrac{\sin mx}{\sin nx}$ (2)$\lim\limits_{x\to 0}\dfrac{x\sin^{-1}2x}{\sqrt{1-x^2}-1}$

(3)$\lim\limits_{x\to\infty}\dfrac{\sin 9/x^2}{\tan^{-1}\dfrac{2}{x}}$

解

1.(1)$\cos a$ (2)$\dfrac{1}{6}$ (3)0 (4)$\dfrac{1}{3}$ （提示：合併後用等價無窮小代換）

(5)$\ln 3$ (6)$\dfrac{3}{2}$ (7)-2 (8)0

(9)$e^{\frac{2}{\pi}}$ ⑩0

2.(1)$-\dfrac{1}{2}$ (2)0 (3)$e^{-\frac{1}{6}}$ (4)$\dfrac{e}{2}$

4. $\dfrac{ab^2}{2}$

5. $\left(3\frac{1}{4}\right)\left(5\frac{3}{4}\right)$

6. (1) $\dfrac{m}{n}$　(2) -2　(3) 0

4.4　增減函數與函數圖形之凹性

　　函數之增減性與凹性在繪圖及極值問題上均有重要之應用，因此本節先討論它們，為以後討論繪圖及極值問題之基礎。

4.4.1　增減函數

 設區間 I 包含在函數 f 的定義域中：

(1)若對所有的 x_1，$x_2 \in$ I 且 $x_1 \leqq x_2$，都有 $f(x_1) \leqq f(x_2)$，則稱函數 f 在區間 I 內為**遞增**（Increasing）。

(2)若對所有的 x_1，$x_2 \in$ I 且 $x_1 < x_2$，都有 $f(x_1) < f(x_2)$，則稱函數 f 在區間 I 內為**嚴格遞增**（Strictly Increasing）。

(3)將上述定義(1)中的「$f(x_1) \leqq f(x_2)$」改成「$f(x_1) \geqq f(x_2)$」即得**遞減**（Decreasing）。

(4)將上述定義(2)中的「$f(x_1) < f(x_2)$」改成「$f(x_1) > f(x_2)$」即得**嚴格遞減**（Strictly Decreasing）。

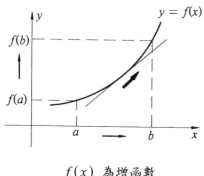 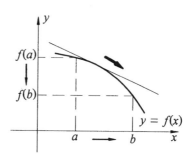

$f(x)$ 為增函數 $f(x)$ 為減函數

換言之，x 值變動的方向與 y 變動方向相同時為增函數，否則為減函數。

例如：$f(x)=x^2$ 為一拋物線，其圖形如右圖，當 $x>0$ 時，$a'>a$，有 $f(a') > f(a)$，因此 $f(x)=x^2$ 在 $x>0$ 時為遞增函數，但當 $x<0$ 時，$b>b'$，$f(b) < f(b')$，因此 $f(x)=x^2$ 在 $x<0$ 時為遞減函數。若

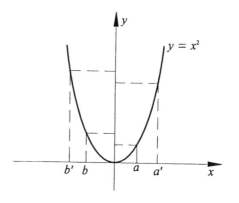

$f(x)$ 在定義域 D 中為嚴格遞增或嚴格遞減時，我們稱它們為單調函數（Monotonic Functions），單調函數的反函數存在。

定理
A

$f(x)$ 在 $[a, b]$ 為連續，且在 (a, b) 為可微分：

(1)若 $f'(x)>0$，$\forall x \in (a, b)$，則 $f(x)$ 在 (a, b) 為嚴格遞增函數。

(2)若 $f'(x)<0$，$\forall x \in (a, b)$，則 $f(x)$ 在 (a, b) 為嚴格遞減函數。

(3)若$f'(x)=0$，$\forall x \in (a, b)$，則$f(x)$在(a, b)為常數函數。

證明

(1)由定理 4.2C

$$\frac{f(x)-f(a)}{x-a}=f'(\xi)>0，\forall \xi \in (a, b)$$

$\because x>a$　$\therefore f(x)>f(a)$，因此$f(x)$為一嚴格遞增函數∎

(2)由定理 4.2C

$$\frac{f(x)-f(a)}{x-a}=f'(\xi)<0，\forall \xi \in (a, b)$$

$\because x>a$　$\therefore f(x)<f(a)$，因此$f(x)$為一嚴格遞減函數∎

(3)任取 x_0，$a<x_0<b$，依定理 4.2C

$$f(x_0)-f(a)=(x_0-a)f'(x_1)=(x_0-a)\cdot 0=0$$

$a<x_1<x_0$

故對任一 x_0，$a<x_0<b$, $f(x_0)=f(a)$

因此 $f(x)=c$，c 是常數，$x \in [a, b]$　　　　∎

例 1. $f(x)=x^3-3x^2-9x+6$ 在哪個範圍內為嚴格遞增函數？

解 $\because f'(x)=3x^2-6x-9$

$\qquad\qquad =3(x^2-2x-3)$

$\qquad\qquad =3(x-3)(x+1)$

$\therefore x>3$，$x<-1$ 時，$f'(x)>0$

即$f(x)$ 在$(3, \infty)$，$(-\infty, -1)$時為嚴格遞增函數，$f(x)$ 在$(-1, 3)$為嚴格遞減函數）

例 2. $y=4x+\dfrac{9}{x}$，$x \neq 0$，在哪個區間為嚴格遞增函數？在哪

個區間為嚴格遞減函數？

解 $y = 4x + \dfrac{9}{x} = 4x + 9x^{-1}$

$y' = 4 - 9x^{-2} > 0$

$\Rightarrow x^2 > \dfrac{9}{4}$

$\Rightarrow (x + \dfrac{3}{2})(x - \dfrac{3}{2}) > 0$

$\therefore x > \dfrac{3}{2}$ 或 $x < -\dfrac{3}{2}$ 時 $f'(x) > 0$ 即 $f(x)$ 在 $(\dfrac{3}{2}, \infty) \cup (-\infty, -\dfrac{3}{2})$

為嚴格遞增

在 $(\dfrac{-3}{2}, \dfrac{3}{2})$ 為嚴格遞減

例 3. 若 $x > y > 0$，試證 $\sqrt{x} > \sqrt{y}$。

解 考慮函數 $f(z) = \sqrt{z}$ ， $f'(z) = \dfrac{1}{2\sqrt{z}} > 0$

$\therefore f(z) = \sqrt{z}$ 為嚴格遞增函數

又 $x > y > 0$

得 $\sqrt{x} > \sqrt{y}$

例 4. f, g 在區間 I 中為增函數，下列敘述何者為真？

(a) $f + g$ 在 I 中為增函數

(b) $(f \cdot g)$ 在 I 中為增函數

(c) $f(g(x))$ 在 I 中為增函數

(d) f^2 在 I 中為增函數

解 (a) $(f + g)' = f' + g' > 0 + 0 = 0$

$\therefore f + g$ 在 I 中為增函數

(b) $(fg)' = f'g + fg' \ngtr 0$

（例：$f(x) = x^3$，$g(x) = x$，$0 \geq x \geq -1$）

(c) $f(g(x))' = f'(g(x))g'(x) > 0$

$$\therefore f(g(x)) \text{ 在 } I \text{ 中為增函數}$$

(d) $(f^2)' = 2f \cdot f' \ngtr 0$

（如 $f(x) = x$，$0 \geq x \geq -1$）

4.4.2　上凹與下凹

一個圖形是上凹（Concave Up）或下凹（Concave Down），其定義如下：

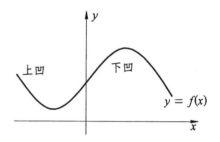

定義 函數 f 在 $[a, b]$ 中為連續且在 (a, b) 中為可微分，若：

(1)在 (a, b) 中，f 之切線位於 f 圖形之下，則稱 f 在 $[a, b]$ 為上凹。

(2)在 (a, b) 中，f 之切線位於 f 圖形之上，則稱 f 在 $[a, b]$ 為下凹。

用白話來說，上凹是一個開口向上之圖形，下凹則是開口向下。如左圖：上凹是切線在 f 圖形之下，下凹則恰好相反。定理 B 是判斷圖形凹性之重要方法。

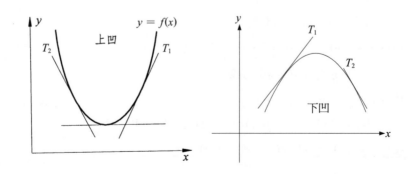

定理 B　f 在 $[a, b]$ 中為連續，且在 (a, b) 中為可微分，則：

(1)在 (a, b) 中滿足 $f'' > 0$，則 f 在 $[a, b]$ 中為上凹。

(2)在 (a, b) 中滿足 $f'' < 0$，則 f 在 $[a, b]$ 中為下凹。

證明

（我們只證(1)）

設 c 為區間 (a, b) 中之一點，則過點 $(c, f(c))$ 之切線方程式為

$y = f(c) + f'(c)(x - c)$

現在我們要證的是

$f(x) \geq f(c) + f'(c)(x - c)$：

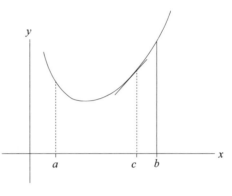

(a) $x = c$ 時，$f(x) \geq f(c) + f'(c)(x - c)$ 顯然成立

(b) $x \neq c$ 時，又可分 $x > c$ 與 $x < c$ 二種情況，在此我們先證 $x > c$ 之情況；

　①由定理 4.2C，我們可在 (c, x) 中找到一點 x_0 使得

$$f'(x_0) = \frac{f(x) - f(c)}{x - c}$$

　即 $f(x) = f(c) + f'(x_0)(x - c)$

　$\because f'' > 0$　$\therefore f'$ 在 (a, b) 為增函數，又 $x > x_0 > c$，$f'(x_0) > f'(c)$

　從而 $f(x) = f(c) + f'(x_0)(x - c) > f(c) + f'(c)(x - c)$

　②$x < c$ 之情況，同法可證。　■

例 5.　$y = x^3 + 3x^2 + 9x + 7$ 在何處為上凹？何處為下凹？

解 $f'(x) = 3x^2 + 6x + 9$

$f''(x) = 6x + 6 = 6(x+1)$

$\therefore f''(x) = \begin{cases} 6(x+1) > 0 & x > -1 \\ 6(x+1) < 0 & x < -1 \end{cases}$

$\therefore f(x)$ 在 $(-1, \infty)$ 為上凹，$(-\infty, -1)$ 為下凹

4.4.3 反曲點

若函數 f 上之一點 $(c, f(c))$ 改變了圖形之凹性，則該點稱為反曲點（Inflection Point），$(c, f(c))$ 為 f 之反曲點時，則在該點兩邊一個是開口向上，一個是開口向下。$f''(c) = 0$ 或 $f''(c)$ 不存在是 $(c, f(c))$ 為 $f(x)$ 上一個反曲點之必要條件。實際上，我們可令 $y = f''(x) = 0$ 解出反曲點之 x 坐標。但要注意解出的 x 是否在 $f(x)$ 之定義域內。

例 6. （承例 5）求 $y = x^3 + 3x^2 + 9x + 7$ 之反曲點？

解 $y' = 3x^2 + 6x + 9$

$y'' = 6x + 6 = 0$ $\therefore x = -1$

$x > -1$ 時 $y'' > 0$，$x < -1$ 時 $y'' < 0$

x		-1	
y''	$-$		$+$
y	⌒	0	⌣

$\therefore (-1, 0)$ 是 $y = x^3 + 3x^2 + 9x + 7$ 之反曲點。

例 7. 求 $y = x^4$ 之反曲點

解 $\because y' = 4x^3$，$y'' = 12x^2 > 0$

$\therefore y = f(x)$ 之整個圖形為上凹，$y = x^4$ 無反曲點。

x		
y''		$+$
y		⌣

例 8. 若 a 為任意常數，若 n 為正偶數，試證 $f(x) = (x-a)^n$ 無反曲點。

解 $f'(x)= n(x - a)^{n - 1}$，$f''(x)= n(n - 1)(x - a)^{n - 2}$

因 n 為正偶數　∴ $n(n - 1)> 0$ 且 $n - 2$ 亦為偶數，從而 $f''(x)\geq 0$

即 $f(x)$ 在整個定義域中為上凹，故 $f(x)$ 無反曲點

4.4.4　函數之凹性在不等式之應用

根據定理 A，我們可利用函數之凹性來證明一些不等式：

定理 A $[a, b]\subset I$，

(1)若 $f''(x)>0$，則 $f(\lambda a +(1 -\lambda)b)\leq\lambda f(a)+(1-\lambda)f(b)$

(2)若 $f''(x)<0$，則 $f(\lambda a +(1 -\lambda)b)\geq\lambda f(a)+(1-\lambda)f(b)$

$[a, b]\subset I$，$1 >\lambda > 0$

證明

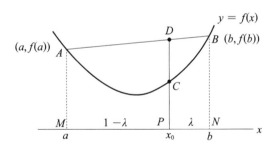

設 $y = f(x)$ 在 $[a, b]$ 中為上凹，連結 $f(x)$ 之二點 $A(a, f(a))$ 與

$B(b, f(b))$，則在 $[a, b]$ 中，$\overline{AB}$ 在 $y = f(x)$ 圖形上方，若

$MP : PN =(1 -\lambda) : \lambda$　$1 >\lambda > 0$ 則 $x_0=\lambda a +(1 -\lambda)b$

∴ C, D 之坐標分別為

$C：(x_0, f(x_0))=(x_0, f(\lambda a +(1 -\lambda)b))$

$D：(x_0, \lambda f(a)+(1 -\lambda)f(b))$

∴ $f(\lambda a +(1 -\lambda)b) \leq \lambda f(a)+(1 -\lambda)f(b)$　　　　(1)

同法，若 $y = f(x)$ 為下凹，則

$$f(\lambda a + (1 - \lambda)b) \geq \lambda f(a) + (1 - \lambda)f(b) \qquad (2) \qquad \blacksquare$$

定理 A 在導證時用到解析幾何之分點公式，若 A 之坐標 (x_0, y_0)，B 之坐 (x_1, y_1)，P 為 $\overline{AB}$ 中之一點，則 P 之坐標為 $\left(\dfrac{mx_1 + nx_0}{m + n}, \dfrac{my_1 + ny_0}{m + n} \right)$，其中

```
A        m        P        n        B
|-----------------+-------------------|
(x₀,y₀)                          (x₁,y₁)
```

$m > 0$，$n > 0$。

定理 A 之結果可推廣到 n 個變數情況，即

(1) $f''(x) > 0$，則 $f(\lambda_1 x_1 + \lambda_1 x_2 + \cdots + \lambda_n x_n) \leq \lambda_1 f(x_1) + \lambda_2 f(x_2) \cdots + \lambda_n f(x_n)$，$\lambda_1 + \lambda_2 + \cdots \lambda_n = 1$ 且 $0 < \lambda_1, \lambda_2 \cdots \lambda_n < 1$

(2) $f''(x) < 0$，則 $f(\lambda_1 x_1 + \lambda_1 x_2 + \cdots + \lambda_n x_n) \geq \lambda_1 f(x_1) + \lambda_2 f(x_2) \cdots + \lambda_n f(x_n)$，$\lambda_1 + \lambda_2 + \cdots \lambda_n = 1$ 且 $0 < \lambda_1, \lambda_2 \cdots \lambda_n < 1$

例 9. 考慮 $y = \ln x$ 之凹性證明：若 x_1，x_2 為正數，則 $\dfrac{x_1 + x_2}{2} \geq \sqrt{x_1 x_2}$。

解 取 $y = \ln x$，則 $y' = \dfrac{1}{x}$，$y'' = -\dfrac{1}{x^2} < 0$

$$\therefore f\left(\frac{1}{2}x_1 + \frac{1}{2}x_2 \right) \geq \frac{1}{2}f(x_1) + \frac{1}{2}f(x_2)$$

即 $\ln \dfrac{x_1 + x_2}{2} \geq \dfrac{1}{2} \ln x_1 + \dfrac{1}{2} \ln x_2 = \dfrac{1}{2} \ln x_1 x_2 = \ln \sqrt{x_1 x_2}$

$$\therefore \frac{x_1 + x_2}{2} \geq \sqrt{x_1 x_2}$$

上例可推廣成 n 個正數 $x_1, x_2 \cdots x_n$ 其算術平均數 $\geq$ 幾何平均數。即

$$\frac{x_1 + x_2 + \cdots + x_n}{n} \geq \sqrt[n]{x_1 x_2 \cdots x_n}$$

例 10. 試證 $\dfrac{e^x + 2e^y}{3} \geq e^{\frac{x + 2y}{3}}$，$x \neq y$。

解 取 $y = e^x$，則 $y' = e^x$，$y'' = e^x > 0$

$$\therefore f\left(\frac{x + 2y}{3} \right) \leq \frac{1}{3}f(x) + \frac{2}{3}f(y)$$

$$e^{\frac{x + 2y}{3}} \leq \frac{1}{3}e^x + \frac{2}{3}e^y = \frac{e^x + 2e^y}{3}$$

 **習題 4-4**

1. 求下列各函數之增減範圍、上凹、下凹範圍以及反曲點：

   (1) $y = \dfrac{x}{1 + x^2}$

   (2) $y = x^3 - 3x$

   (3) $y = x + \dfrac{1}{x}$，$x \neq 0$

   (4) $y = x^{\frac{2}{3}}$

   (5) $y = x^3$

2. 若 $f(x) = ax^3 + bx^2$ 在 $(1, 6)$ 處有反曲點，求 a, b。

3. 試討論拋物線 $y = a + bx + cx^2$ 之凹性。

4. 考慮下列指定函數，證明有關不等式：

   (1) $f(x) = \sqrt[3]{x^2}$，試證 $a > b > 0$ 時 $a^{\frac{2}{3}} > b^{\frac{2}{3}}$。

   (2) $f(x) = \ln x$，試證 $\dfrac{a + b + c}{3} \geq \sqrt[3]{abc}$，$a > 0$，$b > 0$，$c > 0$

   (3) $f(x) = x\ln x$，試證 $a\ln a + b\ln b > (a + b)\ln\dfrac{a + b}{2}$，$a > 0$，$b > 0$，$a \neq b$。

5. 若 $y = ax^3 + bx^2 + cx + d$，$a \neq 0$，試證 $f(x)$ 恰有一反曲點，並利用此結果證明：若此曲線與 x 軸有 3 個交點，其與 x 軸之交點之 x 坐標分別為 x_1, x_2, x_3，則反曲點之 x 坐標為：

   $\dfrac{x_1 + x_2 + x_3}{3}$　　（提示：令 $y = a(x - x_1)(x - x_2)(x - x_3)$）

★6. 對任一 n 次多項式，$n \geq 3$，試證反曲點至多 $n - 2$ 個。

★7. 試問 $f(x) = \dfrac{ax + b}{cx + d}$，$x \neq -\dfrac{d}{c}$ 之反曲點有幾個？

8. f, g 在 R 中為可微分函數，若 $f'(x) < g'(x)$ 且 $f(0) = g(0)$，對所有 $x \in R$ 均成立，則 $x \geq 0$ 時 $f(x) \leq g(x)$，利用此結果證明：

   (1) $x \geq \sin x$，$x \geq 0$

(2) $x \le \tan x$，$\dfrac{\pi}{2} > x \ge 0$

9.比較 e^{π} 與 π^{e} 大小。

10.找一例子(1)$y = f(x)$，$f''(0) = 0$，但$(0, 0)$不是f之反曲點。

　　　　　(2)$y = f(x)$之反曲點為$(0, 0)$，但$y''(0)$不存在。

11.試證：$2x - 1 = \sin x$ 恰有一實根。

解

1.(1)嚴格遞減：$x > 1$ 或 $x < -1$

　　嚴格遞增：$1 > x > -1$

　　上凹：$x > \sqrt{3}$，$0 > x > -\sqrt{3}$，下凹：$\sqrt{3} > x > 0$，$x < -\sqrt{3}$

　　反曲點：在 $(0, 0)$，$(\sqrt{3}, \dfrac{\sqrt{3}}{4})$, $(-\sqrt{3}, \dfrac{-\sqrt{3}}{4})$

(2)嚴格遞增：$x > 1$ 或 $x < -1$，嚴格遞減：$1 > x > -1$，上凹：$x > 0$，下凹：$x < 0$，反曲點：$(0, 0)$

(3)嚴格遞增：$x > 1$ 或 $x < -1$，嚴格遞減：$-1 < x < 1$

　　上凹：$x > 0$，下凹：$x < 0$，無反曲點：無（$\because 0$ 不在 $f(x)$ 之定義域中）

(4)嚴格遞增 $x > 0$，嚴格遞減 $x < 0$，全域下凹，無反曲點

(5)嚴格遞增：$x \in R$

　　上凹：$x > 0$，下凹：$x < 0$，反曲點$(0, 0)$

2.$a = -3$，$b = 9$

3.$c > 0$ 為全域上凹，$c < 0$ 為全域下凹

7.無反曲點

9.提示：考慮 $f(x) = \dfrac{\ln x}{x}$ 之增減性，可證出 $e^{\pi} \ge \pi^{e}$。

10.(1)$y = x^4$　(2)$y = x \mid x \mid$

4.5 極值

本節所討論的極值有二
種：

相對極值 $\begin{cases}相對極大 \\ 相對極小\end{cases}$

絕對極值 $\begin{cases}絕對極大 \\ 絕對極小\end{cases}$

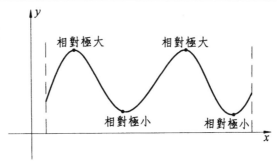

4.5.1 相對極值

相對極值（Relative Extremes）亦稱之為局部極值（Local Extremes），它的定義是：

定義 函數 f 之定義域為 D，

(1) I 為包含於 D 之開區間，若 $c \in$ I，且 $f(c) \geqq f(x)$，$\forall x \in$ I，則稱 f 有一相對極大值 $f(c)$。

(2) I 為包含於 D 之開區間，若 $c \in$ I，且 $f(c) \leqq f(x)$，$\forall x \in$ I，則稱 f 有一相對極小值 $f(c)$。

有了這個定義後，我們將探討以下二個問題，一是相對極值在何處發生？一是如何求出極值？茲分述如下：

臨界點（Critical Point）： f 在 (a, b) 中為可微分，則 $f'(x) = 0$ 或 $f'(x)$ 不存在之點稱為臨界點。由臨界點定義，我

們可有以下之重要定理。

定理 A 若函數 f 在 $x = c$ 處有一相對極值，則 $f'(c) = 0$ 或 $f'(c)$ 不存在。

因此，定理 A 說明了一點，要求函數極值，首先要求出其臨界點。同時我們要知道 $f'(c) = 0$ 或 $f'(c)$ 不存在，是 $f(x)$ 在 $x = c$ 處有相對極值之必要條件。

例 1. 求 $y = x + \dfrac{1}{x}$ 之臨界點？其中 $x \in R$ 但 $x \neq 0$。

解 $y' = 1 - \dfrac{1}{x^2} = 0$　$\therefore y$ 在 $x = \pm 1$ 處有二個臨界點

　　$x = 0$ 不為定義域中之元素，故不為臨界點。

4.5.2　相對極值之判別法

判斷可微分函數之相對極值之方法有二，一是一階導數判別法（即常稱之增減表法），一是二階導數判別法。

一階導數判別法

定理 B f 在 (a, b) 中為連續，且 c 為 (a, b) 中之一點，
(1)若 $f' > 0$，$\forall x \in (a, c)$ 且 $f' < 0$，$\forall x \in (c, b)$，則 $f(c)$ 為 f 之一相對極大值。
(2)若 $f' < 0$，$\forall x \in (a, c)$ 且 $f' > 0$，$\forall x \in (c, b)$，則 $f(c)$

為 f 之一相對極小值。

證明

（只證(1)）

∵在 (a, c) 中 $f' > 0 \Rightarrow f(x) < f(c)$

又在 (c, b) 中 $f' < 0 \Rightarrow f(x) < f(c)$

∴在 (a, b) 中除 $x = c$ 外，$f(x) < f(c)$

即 $f(c)$ 為相對極大值 ∎

定理B有一種直覺的比喻，例如我們爬山，先往上爬（增函數），等爬到了山頂（相對極大點）再往下走（減函數）。又如我們到地下室，先往下走（減函數），等走到地下室（相對極小點）再往上爬（增函數）。

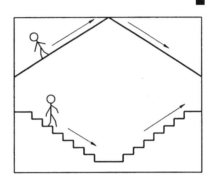

例 2. 求 $f(x) = x^3 - 3x^2 - 9x + 11$ 之相對極值？

解 (1)先求臨界點：

$$f'(x) = 3x^2 - 6x - 9$$
$$= 3(x - 3)(x + 1)$$
$$= 0$$

∴ $x = 3$ 或 $x = -1$

x		-1		3	
$f'(x)$	$+$		$-$		$+$
$f(x)$	↗		↘		↗

(2)製作增減表

(3)∴ $f(x)$ 在 $x = -1$ 處有相對極大值 $f(-1) = 16$

$f(x)$ 在 $x = 3$ 處有相對極小值 $f(3) = -16$

例 3. 求 $f(x) = \dfrac{\ln x}{x}$ ，$x > 0$ 之極值？

解 (1) $f'(x) = \dfrac{x(\ln x)' - \ln x \cdot 1}{x^2}$

$= \dfrac{1 - \ln x}{x^2} = 0$

x		e	
$f'(x)$	+		−
$f(x)$	↗		↘

得臨界點 $x = e$

(2) 作增減表

(3) $\therefore f(x)$ 在 $x = e$ 處有相對極大值 $f(e) = \dfrac{1}{e}$

二階導數判別法

定理 C 若 $f'(c) = 0$ 且 f', f'' 在包含 c 之開區間 (α, β) 均存在，則
(1) $f''(c) < 0$ 時，$f(c)$ 為 f 之一相對極大值。
(2) $f''(c) > 0$ 時，$f(c)$ 為 f 之一相對極小值。

證明

（只證 $f''(c) < 0$ 之情況，$f''(c) > 0$ 之情況可自行仿證）

x	α		c		β
$f'(x)$		+		−	
$f(x)$		↗		↘	

$f''(c) = \lim\limits_{x \to c} \dfrac{f'(x) - f'(c)}{x - c} = \lim\limits_{x \to c} \dfrac{f'(x) - 0}{x - c}$

(1) $x > c \Rightarrow \lim\limits_{x \to c^-} \dfrac{f'(x) - 0}{x - c} < 0 \Rightarrow f'(x) > 0$

即 (α, c) 內 $f'(x) > 0$

(2) $x < c \Rightarrow \lim\limits_{x \to c^+} \dfrac{f'(x) - 0}{x - c} < 0 \Rightarrow f'(x) < 0$

即 (c, β) 內 $f'(x) < 0$

$\therefore f(c)$ 為 $f(x)$ 之一相對極大值 ∎

例 **4.** 用二階導數判別法重做例 2.。

解 在例 2.我們已求出

$f'(x) = 3x^2 - 6x - 9$ ，臨界點在 $x = 3, -1$ 處

$\because f''(x) = 6x - 6$

$f''(3) = 12 > 0$ $\therefore f(x)$ 有相對極小值 $f(3) = -16$

$f''(-1) = -12 < 0$ $\therefore f(x)$ 有相對極大值 $f(-1) = 16$

例 **5.** 求 $f(x) = xe^x$ 之極值，用二階導數判別法，判斷其為相對極大或相對極小。

解 (1)一階條件：

$f'(x) = e^x + xe^x = (x + 1)e^x = 0$

$\therefore$ 得臨界點 $x = -1$

(2)二階條件：

$f''(x) = (x + 2)e^x$

$f''(-1) = e^{-1} > 0$

$\therefore f(x)$ 在 $x = -1$ 處有相對極小值 $f(-1) = -e^{-1}$

別解（一階導數判別法）：

x		-1	
$f'(x)$	$-$		$+$
$f(x)$	↘		↗

$\therefore f(x)$ 在 $x = -1$ 處有相對極小值 $f(-1) = -e^{-1}$

4.5.3 絕對極值

絕對極值（Absolute Extremes）又稱為全域極值（Global Extremes），其定義如下：

定義 f 為定義於某閉區間 I，

⑴若在 I 中存在一個 u，使得 $f(u) \geq f(x)$ $\forall x \in I$，則 $f(u)$ 是 f 在 I 中之絕對極大值。

⑵若在 I 中存在一個 v，使得 $f(v) \leq f(x)$ $\forall x \in I$，則 $f(v)$ 是 f 在 I 中之絕對極小值。

下面定理說明了若函數 $f(x)$ 在閉區間 I 中為連續，則它必存在絕對極大與絕對極小。

定理 D 若函數 f 在閉區間 $[a, b]$ 中為連續，則 $f(x)$ 在 $[a, b]$ 中有絕對極大與絕對極小。

定理 D 之證明遠超過本書範圍故從略，讀者可參閱其他高等微積分教材。

$f(x)$ 在 $[a, b]$ 中為連續，則它在 $[a, b]$ 中有絕對極大及絕對極小，那麼絕對極值會在哪些地方出現？答案是 $f'(x) = 0$、$f'(x)$ 不存在之點以及端點——$f(a)$、$f(b)$，亦即要對相對極值與邊界值作一比較，但要注意到這些點是否在定義域內。

例 6. 承例 2.，求在以下區間之絕對極值？

(1) $4 \geq x \geq -2$　(2) $2 \geq x \geq -2$　(3) $4 \geq x \geq 2$　(4) $2 \geq x \geq 0$

解 (1) $4 \geq x \geq -2$

∴絕對極大值為 $f(-1) = 16$

絕對極小值為 $f(3) = -16$

x	-2	-1	3	4
	9	16	-16	-9

(2) $2 \geq x \geq -2$

∴絕對極大值為 $f(-1) = 16$

絕對極小值為 $f(2) = -11$

x	-2	-1	2
$f(x)$	9	16	-11

(3) $4 \geq x \geq 2$

∴絕對極大值為 $f(4) = -9$

絕對極小值為 $f(3) = -16$

x	2	3	4
$f(x)$	-11	-16	-9

(4) $2 \geq x \geq 0$

∴絕對極大值為 $f(0) = 11$

絕對極小值為 $f(2) = -11$

x	0	2
$f(x)$	11	-11

4.5.4 極值的應用

有一些規則在極值之應用問題時可供參考：

1. 確定問題是求極大或是求極小，並用字母或符號來表示。
2. 對問題中之其他變量亦用字母或其他符號來表示，並儘可能繪圖以使問題具體化。
3. 探討各變量間之關係。
4. 將要求極大／極小之變量通常是以上述變數中之某一個變數的函數，並求出使該變數有意義之範圍。
5. 用本節方法求出4.範圍中之絕對極大／極小。

例 7. 將每邊長 a 之正方形鋁片截去四個角做成一個無蓋子的盒子，求盒子的最大容積為何？

解 本題要解的是最大容積 V 為何？

設截去之角每邊長 x，如右圖，
則 a，x，V 間之關係為：

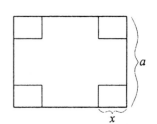

$V(x) = (a - 2x)^2 \cdot x$，$a > 2x$

$V'(x) = 12x^2 - 8ax + a^2$

$\qquad = (6x - a)(2x - a) = 0$

解得 $x = \dfrac{a}{2}$（不合）或 $x = \dfrac{a}{6}$

$V''(\dfrac{a}{6}) = 24(\dfrac{a}{6}) - 8a < 0$

$\therefore V = (a - \dfrac{a}{3})^2 \cdot \dfrac{a}{6} = \dfrac{2}{27}a^3$，此即盒子之最大容積

例 8. 用長度為 2ℓ 之直線所圍成之諸矩形中，長寬應為何者方能
使面積最大？

解 設矩形之長為 x，則寬為 $\ell - x$

因此矩形面積 A 為 x 之函數，即 $A(x) = x(\ell - x)$，$\ell > x > 0$

$\dfrac{d}{dx}A(x) = \dfrac{d}{dx}x(\ell - x)$

$\qquad\quad = \ell - 2x = 0$

$\therefore x = \dfrac{\ell}{2} \cdots\cdots$長，寬 $= \ell - \dfrac{\ell}{2} = \dfrac{\ell}{2}$

$\dfrac{d^2}{dx^2}A(x) = -2 < 0$

$\therefore$ 當長 $=$ 寬 $= \dfrac{\ell}{2}$ 時有最大面積 $\dfrac{\ell}{2} \cdot \dfrac{\ell}{2} = \dfrac{\ell^2}{4}$

例 9. 某農莊擬在沿河邊作一牧場，牧場圍籬成「ㄇ」字形（如
下圖），假定 $OABC$ 可視為長方形。若圍籬長度為 6,000
公尺，試問應如何圍籬方可使所圍之面積為最大？

解　設 $OA = BC = x$，$AB = 6000 - 2x$

則 $\square OABC$ 之面積

$A(x) = x(6000 - 2x)$

$\qquad = -2x^2 + 6000x$

$\dfrac{d}{dx}A(x) = -4x + 6000 = 0$

$\therefore x = 1500$

$\dfrac{d^2}{dx^2}A(x) = -4 < 0$

$\therefore x = 1500$ 時 $A(x)$ 有極大值

即 $OA = BC = 1500$ 公尺，

$AB = 3000$ 公尺時面積最大，為 4500000 平方公尺

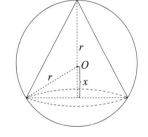

我們再看一些進一步的例子。

★例 10.　求內接於半徑為 r 的球之正圓錐體
之最大體積。

解析　在解題過程中，我們要用到下列二個
性質：

(a)由錐頂連結球心將可垂直錐底且垂
足為錐底之圓心，(b)圓錐體之體積

$V = \dfrac{1}{3}$ 底面積 × 高

解　設球心 O 到錐底之距離為 x，則錐底之半徑為 $\sqrt{r^2 - x^2}$，錐高

為 $r+x$，則錐體體積 V 為 $\dfrac{\pi}{3}(\sqrt{r^2 - x^2})^2 \cdot (r+x)$，$V$ 為 x 之函數

令 $V(x) = \dfrac{\pi}{3}(\sqrt{r^2 - x^2})^2 (r + x)$

$\qquad = \dfrac{\pi}{3}(r^2 - x^2)(r + x)$，$r \geq x \geq 0$

$$\frac{d}{dx}V(x) = \frac{\pi}{3}[(-2x)(r+x)+(r^2-x^2)\cdot 1]=0$$

$$\therefore -2xr-2x^2+r^2-x^2=0 \quad 即 \quad 3x^2+2rx-r^2=0$$

解之 $x = \dfrac{-2r\pm\sqrt{16r^2}}{6}=\dfrac{r}{3}$ （$x=-r$ 不合）

代 $x=\dfrac{r}{3}$ 入(1)得：

$$V\left(\frac{r}{3}\right)=\frac{\pi}{3}\left(r^2-\frac{r^2}{9}\right)\left(r+\frac{r}{3}\right)=\frac{32}{81}\pi r^3$$

★例 11. 半徑為 r 之圓盤，剪裁後將所餘之扇形摺出一個漏斗（如右圖），問應如何剪裁才能使得漏斗容積為最大？

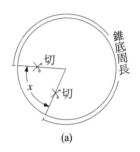

(a)

解析 讀者最好用一厚紙板依右圖(a)捲成一漏斗，如圖(b)，漏斗即圓錐。

剪出的圓錐它的斜高（Slant Height）就是圓盤的半徑 r，設錐頂至錐底之高為 h，錐底半徑 y，依畢氏定理，$h^2+y^2=r^2$，現在我們要用幾何學知識求 h, y。

切除部分之周長＋錐底周長＝圓盤周長 $2\pi r$。

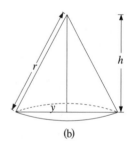

(b)

解 假設切除部分之圓心角為 x，$2\pi > x > 0$，則切除部分之周長為 rx，如此可求出錐底周長 $2\pi r - rx = (2\pi - x)r$

又錐底是一個圓，其周長即為 $(2\pi - x)r$，故錐底半徑 y 可由下式決定：

$$2\pi y = (2\pi - x)r$$

$$\therefore y = \frac{2\pi - x}{2\pi}r$$

又高 h 滿足 $h^2+y^2=r^2 \Rightarrow h^2=r^2-y^2$，

即 $h = \sqrt{r^2 - \left(\dfrac{2\pi - x}{2\pi}r\right)^2} = \dfrac{r}{2\pi}\sqrt{4\pi x - x^2}$,

$2\pi > x > 0$

故漏斗容積為：

$V(x) = \dfrac{1}{3}$ 底面積 $\times$ 高（圓錐體積公式）

$\quad\quad = \dfrac{1}{3}\pi\left(\dfrac{2\pi - x}{2\pi}r\right)^2 \cdot \dfrac{r}{2\pi}\sqrt{4\pi x - x^2}$

$\quad\quad = \dfrac{r^3}{24\pi^2}(2\pi - x)^2(4\pi x - x^2)^{\frac{1}{2}}$

$V'(x) = \dfrac{r^3(2\pi - x)(3x^2 - 12\pi x + 4\pi^2)}{24\pi^2\sqrt{4\pi x - x^2}} = 0$

得 $x = 2\pi$（不合），$\dfrac{6 + 2\sqrt{6}}{3}\pi$（不合）$\therefore x = \dfrac{6 - 2\sqrt{6}}{3}\pi$

即 $x = \dfrac{6 - 2\sqrt{6}}{3}\pi$ 時有最大容積

上例中關鍵在於誰扮演 x 之角色，這需要相當經驗，再看一個例子。

★例 **12.** 有一長方形紙條如右圖，給定 $\overline{DE} = 1$，在 $\overline{DE}$ 上取一點 A，然後把右下角折向對邊之 C 點上而得到折邊 $\overline{AB}$，如何選 A 點使得三角形 ABE 之面積為最小。

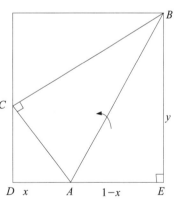

解 這是一題需用到幾何的最適化問題

依題意 $\triangle CBA \cong \triangle EAB$

又四邊形 $\square BCDE$ 之面積

$= \triangle CDA$ 面積 $+ \triangle CBA$ 面積 $+ \triangle EAB$ 面積

$= \triangle CDA$ 面積 $+ 2\triangle CBA$ 面積

$\because \square BCDE$ 面積為一定 $\therefore$ 欲使 $\triangle EAB$ 面積最小相當於求

△CDA 面積最大

設 $AD = x$ 則 $AE = 1 - x$，又 $AE = AC$ ∴ $AC = 1 - x$

$CD = \sqrt{(1-x)^2 - x^2} = \sqrt{1-2x}$

△CDA 之面積 $= \dfrac{1}{2} x \sqrt{1-2x} = f(x)$

$f'(x) = \dfrac{1}{2} \sqrt{1-2x} - \dfrac{x}{2} \dfrac{1}{\sqrt{1-2x}} = 0$

解之：$x = \dfrac{1}{3}$

即 A 點位在 D 點右側 $\dfrac{1}{3} DE$ 單位處，可使△EAB 面積為最小

習題 4-5

1. 求下列各題之相對極值：

   (1) $f(x) = \dfrac{1}{4}x^4 - x^3 - \dfrac{1}{2}x^2 + 3x + 1$

   (2) $f(x) = \sqrt{x} \ln x$

   (3) $f(x) = \sqrt[3]{x^2}(2x - 5)$

   (4) $f(x) = x^3 - px + q$，$p, q \in R$，$p > 0$

2. 若 $y = x^3 + ax^2 + bx + c$ 在 $x = -1$ 時有相對極大，$x = 2$ 時有相對極小，求 a，$b = ?$

3. 求下列各題之絕對極值：

   (1) $f(x) = 10\sqrt{x} - x$，$x \in [0, 25]$

   (2) $f(x) = x^{\frac{1}{3}}(x - 3)^{\frac{2}{3}}$，$x \in [-1, 4]$

   (3) $f(x) = \dfrac{x}{x^2 + 1}$，$x \in (0, \infty)$

   (4) $f(x) = 3x - (x - 1)^{\frac{3}{2}}$，$x \in [1, 17]$

4. 將 24 m 之繩子分成二段，一段圍成正方形，另一段圍成圓形，問應如何分段，才能使面積和為最大？

5. x, y 為二正實數，若 $xy = a$（a 為常數），求 $x^m + y^n$ 之極小值。

★6.半徑為 r 之圓內接一矩形，求此矩形面積之最大值。

7.要設計一個有蓋圓柱體容器，其體積為 V，問其高（h）與底半徑（r）應如何配置，方能使圓柱體表面積為最小。

8.A, B 二地相距 ℓ 公里，汽車由 A 地以均勻速度駛向 B 地，汽車每小時之運輸成本可分變動成本與固定成本二部分：固定成本為 b 元，變動成本與速度（公里／小時）之平方成正比，設比例係數為 k，求汽車應以何速度行駛，方可使單位時間之運輸成本為最小？

★9.求 $x^2 + y^3 - xy = 0$ 之相對極值。

10.一個槽之從切面如右，若二邊與底可視為等長之等腰梯形（設長度為 a），問槽寬為多少時可有最大之流量？（圖甲）

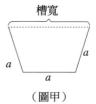

槽寬

（圖甲）

★11.二個走廊成直交，設北走廊長 a 米，南走廊長 b 米，若要將一竹竿由北走廊送到南走廊，則此竹竿最長不得超過多少米才能由北走廊送到南走廊？（圖乙）

a 北走廊

b

南走廊

（圖乙）

12.A、B 二屋與公路之距離分別為 q, r，$r > q$，設 $\overline{AC}$，$\overline{BD}$ 與公路為垂直，某人由屋 A 經公路上某一點再到屋 B，其距離需最短應如何走法？（圖丙）

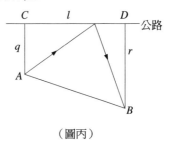

C　　l　　D　公路

q　　　　　　r

A

B

（圖丙）

解

1.(1)相對極大值 $f(1) = \dfrac{11}{4}$ ，相對極小值 $f(-1) = -\dfrac{5}{4}$

相對極小值 $f(3) = -\dfrac{5}{4}$

(2)相對極小值 $f(e^{-2}) = -2e^{-1}$

(3)相對極大值 $f(0) = 0$，相對極小值 $f(1) = -3$

(4)相對極大值 $f\left(-\sqrt{\dfrac{p}{3}}\right) = 2\left(\dfrac{p}{3}\right)^{\frac{3}{2}} + q$，相對極小值 $f\left(\sqrt{\dfrac{p}{3}}\right) = -2\left(\dfrac{p}{3}\right)^{\frac{3}{2}} + q$

2. $a = -\dfrac{3}{2}$，$b = -6$（提示：臨界點 $x = -1, 2$ 滿足 $y' = 0$）

3. (1)絕對極大值為 25，絕對極小值為 0

(2)絕對極大值為 $\sqrt[3]{4}$，絕對極小值為 $-\sqrt[3]{16}$

(3)絕對極大值為 $\dfrac{1}{2}$，絕對極小值為 $-\dfrac{1}{2}$

(4)絕對極大值為 7，絕對極小值為 -13

4. $\dfrac{24\pi m}{\pi + 4}$ 圍成圓形，其餘圍成正方形

5. $\left[\left(\dfrac{n}{m}\right)^{\frac{m}{m+n}} + \left(\dfrac{m}{n}\right)^{\frac{n}{m+n}}\right] a^{\frac{mn}{m+n}}$

6. r^2

7. $h = 2r$

8. $\sqrt{\dfrac{b}{k}}$ 公里／小時

9. $x = \dfrac{1}{8}$ 時有相對極大值 $\dfrac{1}{4}$

10. $2a$

11. $\left(a^{\frac{2}{3}} + b^{\frac{2}{3}}\right)^{\frac{3}{2}}$

12. 某人需由 A 斜行到離 C 點 $\dfrac{q\ell}{q+r}$ 處一點 E 後再折到 B。

4.6 繪圖

以往我們對一些簡單的圖形如直線、圓、拋物線等,只需幾個點便可繪出其概圖,但對於如 $y = xe^{-x}$ 或更複雜之圖形,便需找出一套有效之系統方法,本節旨在討論這種系統方法。一般而言,函數繪圖可歸結以下幾個步驟:

設 $y = f(x)$,要描繪 y 的圖形,可依下述步驟進行:

1.決定 $f(x)$ 的定義域即範圍。

2.求 x 與 y 的截距。

3.判斷 $y = f(x)$ 是否過原點及對稱性。

4.漸近線。

5.由 $f'(x)$ 是正、負決定曲線遞增、遞減的範圍。由 $f''(x)$ 是正、負或 0 決定曲線上凹、下凹的範圍:

(1)一階導數 $\begin{cases} f' > 0 & f \in \uparrow & (遞增) \\ f' < 0 & f \in \downarrow & (遞減) \end{cases}$

(2)二階導數 $\begin{cases} f'' > 0 & f \in \cup & (向上凹) \\ f'' < 0 & f \in \cap & (向下凹) \end{cases}$;由(1),(2)得:

(3)① $f' > 0$,$f'' > 0$ 其 f 圖形為 ↗

② $f' > 0$,$f'' < 0$ 其 f 圖形為 ↗

③ $f' < 0$,$f'' > 0$ 其 f 圖形為 ↘

④ $f' < 0$,$f'' < 0$ 其 f 圖形為 ↘

下圖可幫助讀者對上述 4 個圖形的記憶。

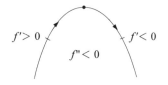

因此，繪圖問題就好像是拼積木，只不過它之形狀只有 ↗ ⌢ ↘ ↘ 四個圖案，各圖案之始點、終點大致與 $f'(x) = 0$，$f''(x) = 0$ 或 $f'(x)$ 不存在之點有關。如此，把握上述要點繪圖也變得簡單多了。

例 1. 試繪 $y = \dfrac{1}{x}$ 之概圖。

解 (1)範圍：x 為除了 0 以外之所有實數

(2)漸近線：由視察法可知 $x = 0$（ y 軸）為一垂直漸近線

(3)又 $\lim\limits_{x \to 0^+} \dfrac{1}{x} = \infty$ $\quad \therefore y = 0$（ x 軸）為一水平漸近線

(4)對稱原點（ $\because y = \dfrac{1}{x}$ 為奇函數）

(5)製作增減表

$$y' = -x^{-2} \, , \, y'' = 2x^{-3}$$

x	$-\infty$		0		∞
$f'(x)$		$-$		$-$	
$f''(x)$		$-$		$+$	
$f(x)$	0	↘	∞	↘	0

$\therefore$ 可繪圖形如右上。

例 2. 試繪 $y = x^3 - 3x^2 - 9x + 11$ 之概圖。

解 我們依本節所述之繪圖步驟：

(1)範圍：$\lim\limits_{x \to \infty} y = \lim\limits_{x \to \infty} (x^3 - 3x^2 - 9x + 11) = \infty$

$\qquad \lim\limits_{x \to -\infty} y = \lim\limits_{x \to -\infty} (x^3 - 3x^2 - 9x + 11) = -\infty$

$\qquad$ 即 $y = x^3 - 3x^2 - 9x + 11$ 之範圍為整個實數域

⑵漸近線：無

⑶不通過原點，也不具對稱性，過 $(1,0)$

⑷製作增減表：

$y' = 3x^2 - 6x - 9 = 3(x^2 - 2x - 3)$

$\qquad = 3(x - 3)(x + 1) = 0$

$\therefore x < -1$ 或 $x > 3$ 時 $y' > 0$，$3 > x > -1$ 時 $y' < 0$

$y'' = 6x - 6 = 6(x - 1)$

$x > 1$，$y'' > 0$

$x < 1$，$y'' < 0$ $\quad \therefore (1,0)$ 為一反曲點。

x		-1		1		3	
$f'(x)$	$+$		$-$		$-$		$+$
$f''(x)$	$-$		$-$		$+$		$+$
$f(x)$	$\nearrow$	16	$\searrow$	0	$\searrow$	-16	$\nearrow$

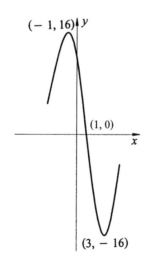

例 **3.** 試繪 $y = 2x + \dfrac{3}{x}$。

解 ⑴範圍：$\because \lim\limits_{x \to \infty} y = \lim\limits_{x \to \infty} (2x + \dfrac{3}{x}) = \infty$

$$\lim_{x \to -\infty} y = \lim_{x \to -\infty} \left(2x + \frac{3}{x}\right) = -\infty$$

(2)漸近線：由視察法易知有二條漸近線

　①斜漸近線 $y = 2x$

　②垂直漸近線 $x = 0$（即 y 軸）

(3)不通過原點

(4)製作增減表

$$y' = 2 - \frac{3}{x^2} = 0 \quad \therefore x = \pm\sqrt{\frac{3}{2}} \text{，} x > \sqrt{\frac{3}{2}} \text{ 或 } x < -\sqrt{\frac{3}{2}}$$

為增函數，$\sqrt{\frac{3}{2}} > x > -\sqrt{\frac{3}{2}}$ 為減函數

$$y'' = \frac{6}{x^3} \text{，} \begin{cases} x > 0 \text{ 時 } y'' > 0 \\ x < 0 \text{ 時 } y'' < 0 \end{cases}$$

x		$-\sqrt{\frac{3}{2}}$		0		$\sqrt{\frac{3}{2}}$	
$f'(x)$	$+$		$-$		$-$		$+$
$f''(x)$	$-$		$-$		$+$		$+$
$f(x)$	↗	$-2\sqrt{6}$	↘	∞	↘	$2\sqrt{6}$	↗

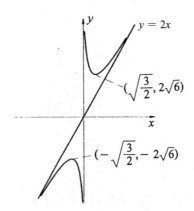

我們再看二個例子：

例 4. 試繪 $y = x^{\frac{2}{3}}(x^2 - 8)$ 之圖形。

解 (1)範圍：x 為所有實數

(2)對稱性：$f(x) = x^{\frac{2}{3}}(x^2 - 8)$，滿足 $f(-x) = f(x)$，故 $f(x)$ 為 偶函數，即 $f(x)$ 之圖形對稱 y 軸且圖形過原點

(3)截距：圖形交 x 軸於 $(0, 0)$，$(2\sqrt{2}, 0)$ 及 $(-2\sqrt{2}, 0)$ 三點。

(4)作增減表

$$f'(x) = 2x^{-\frac{1}{3}}\left(\frac{4}{3}x^2 - \frac{8}{3}\right)$$

$$f''(x) = \frac{8}{9}x^{-\frac{4}{3}}(5x^2 + 2) \quad (\text{以上讀者驗證之})$$

由 $f'(x) = 0$ 得 $x = \pm\sqrt{2}$，$f(\sqrt{2}) = f(-\sqrt{2}) = -6\sqrt[3]{2}$，又 $f(0) = 0$

可知 $-\sqrt{2} < x < 0$ 及 $x > \sqrt{2}$ 為增函數，餘為減函數

又 $f''(x) > 0$

x		$-\sqrt{2}$		0		$\sqrt{2}$	
$f'(x)$	$-$		$+$		$-$		$+$
$f''(x)$	$+$		$+$		$+$		$+$
$f(x)$		$-6\sqrt[3]{2}$		0		$-6\sqrt[3]{2}$	

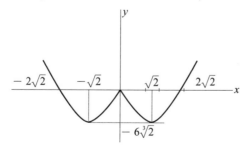

例 5. 試繪 $y = \dfrac{x^2 - 4}{x^2 - 9}$ 之圖形。

解 (1) $y = \dfrac{x^2 - 4}{x^2 - 9} = 1 + \dfrac{5}{x^2 - 9} = 1 + \dfrac{5}{(x+3)(x-3)}$

由視察法易知 $f(x)$ 圖形之漸近線有：$y = 1$，$x = -3$，$x = 3$ 三條

(2) 範圍：x 為異於 ± 3 之所有實數

(3) 對稱性：$f(-x) = f(x)$ ∴ $f(x)$ 圖形對稱 y 軸

(4) $y' = \dfrac{-10x}{(x^2 - 9)^2}$ ∴ $x > 0$ 時為減函數，$x < 0$ 時為增函數

$y'' = \dfrac{30(x^2 + 3)}{(x^2 - 9)^3}$ ∴ $x > 3$ 及 $x < -3$ 時為上凹，$3 > x > -3$ 時為下凹

又 $f''(x) > 0$

所以可作增減表如下：

x		-3		0		3	
$f'(x)$	$+$		$+$		$-$		$-$
$f''(x)$	$+$		$-$		$-$		$+$
$f(x)$	↗		↗		↘		↘

習題 4-6

1. 試繪 $y = 2x^3 + 3x^2 - 12x + 4$。

2. 試繪 $y = x - \ln x$，$x > 0$。

3. 試繪 $y = \dfrac{x^2}{x+3}$。

4. 試繪 $y = \dfrac{\ln x}{x}$，$x > 0$。

5. 試繪 $y = xe^x$。

6. 試繪 $y = \dfrac{2x-3}{3x+2}$

★7. 試據以下資料繪出 $y = f(x)$ 之圖形：

   (1)在 $[-1, 1]$ 之 $y' > 0$

   (2)在 $(-\infty, -1]$ 及 $[1, \infty)$ 之 $y' < 0$

   (3)在 $(-\sqrt{3}, 0)$ 及 $(\sqrt{3}, \infty)$ 之 $y'' > 0$

   (4)在 $(-\infty, -\sqrt{3})$ 及 $(0, \sqrt{3})$ 之 $y'' < 0$

   (5) $y = f(x)$ 之圖形過原點

   (6) $x > 0$ 時 $f(x) > 0$，$x < 0$ 時 $f(x) < 0$

解

1.

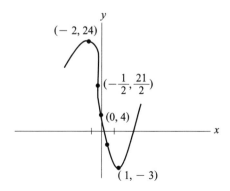

2.

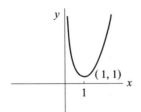

3.

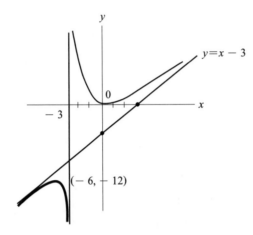

4.

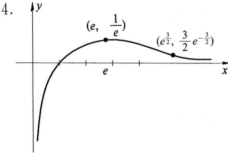

5.

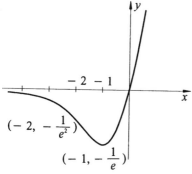

6.

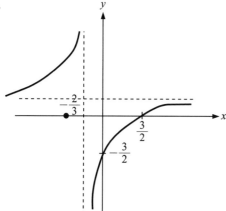

7.

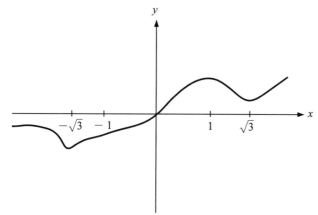

4.7 相對變化率

　　$x = x(t)$，$y = y(t)$ 都是某個參數 t（t 通常表時間）之可微分函數，若 x，y 間存在某種關係，則其變化率 $\dfrac{dx}{dt}$，$\dfrac{dy}{dt}$ 亦存在一定關係，那麼我們可由其中一變數之變化率求出另一變數之相對變化率。相對變化率問題便是找出這兩個變化率之關係。一般而言，我們可循下列步驟求出相對變化率：

第一步：將問題之變數以適當符號表之。

第二步：將變數之關係以數學方程式表示。

第三步：用導數表示相對變化率。

第四步：用微分以得到變數間之關係。

第五步：將相關數值代入。

例1. 設圓半徑 r 為 t 之函數，即 $r(t) = t^2 + 2t + 3$，求 $t = 3$ 時圓面積之增加率。

解 圓面積 A 為 t 之函數，令

$A(t) = \pi r^2(t) = \pi(t^2 + 2t + 3)^2$

在 t_0 時圓面積之增加率

$A'(t) = \dfrac{d}{dt}A(t) = \dfrac{d}{dt}\pi(t^2 + 2t + 3)^2$

$\qquad = 2\pi(t^2 + 2t + 3)(2t + 2)$

$\therefore A'(3) = \dfrac{d}{dt}A(t)\,\big|_{t=3} = 2\pi(t^2 + 2t + 3)(2t + 2)\,\big|_{t=3}$

$\qquad\qquad = 2\pi(18)(8) = 288\pi$

例2. 一梯子長 13m 斜靠在牆壁與地板間（如圖），若已知梯腳

在離牆 12m 處、以 2m/秒之速率沿地板向前移動，問此時梯子上端下滑的速率為何？

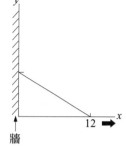

解 設在 t 時，梯子上端在 y 軸之坐標為 $(0, y(t))$，梯子下端在 x 軸之坐標為 $(x(t), 0)$，依題意：

$\sqrt{x^2(t) + y^2(t)} = 13$，即 $x^2(t) + y^2(t) = 13^2 = 169$，二邊同對 t 微分得：

$2x(t) \cdot \dfrac{dx(t)}{dt} + 2y(t) \cdot \dfrac{dy(t)}{dt} = 0$

即 $x(t) \cdot \dfrac{d}{dt}x(t) + y(t) \cdot \dfrac{d}{dt}y(t) = 0$ $\quad$ (1)

其次，依題意：

$x(t) = 12$，$y(t) = \sqrt{13^2 - 12^2} = 5$，$\dfrac{dx(t)}{dt} = 2$

代以上數值到(1)：

$12 \cdot 2 + 5 \cdot \dfrac{d}{dt}y(t) = 0$

得 $\dfrac{dy(t)}{dt} = -\dfrac{24}{5}$，即此時梯子上端以 $\dfrac{24}{5}$m/秒向下滑移

例 3. 設等腰三角形之二腰長為 10cm，頂角為 θ，已知夾角以每秒鐘 2° 速率增加，問當頂角為 60° 時三角形面積之變化率。

解 三角學告訴我們：二邊為 b, c，夾角為 θ 之三角形面積為 $A = \dfrac{1}{2}bc\sin\theta$，因此 b, c 為定值下，面積 A 為 θ 之函數，即

$A(\theta) = \dfrac{1}{2}bc\sin\theta$

在本例 $A(\theta) = \dfrac{1}{2}(10)(10)\sin\theta = 50\sin\theta$，$\dfrac{dA}{d\theta} = 50\cos\theta \cdot \dfrac{d\theta}{dt}$

依題意 $\dfrac{d}{dt}\theta = \dfrac{\pi}{90}$ $\quad$ ($2° = \dfrac{2}{180}\pi$)

$\therefore \dfrac{dA}{dt}\Big|_{\theta=\frac{\pi}{3}} = \dfrac{dA}{d\theta} \cdot \dfrac{d\theta}{dt}\Big|_{\theta=\frac{\pi}{3}} = 50\cos\theta \cdot \dfrac{d\theta}{dt}\Big|_{\theta=\frac{\pi}{3}}$

$$= 25 \cdot \frac{\pi}{90} = \frac{5}{18}\pi \text{（cm}^2/\text{秒）}$$

例 4. 半徑為 0.5cm 的一圓幣受熱膨脹，已知半徑膨脹速率為 0.01cm/sec，則當半徑為 0.6cm 時，圓幣面積的膨脹速率為何？

解 圓面積函數為 $A(t) = \pi r^2(t)$

$$\therefore \frac{d}{dt} A(t) = \frac{d}{dt}(\pi r^2(t)) = 2\pi r(t) \cdot \frac{dr(t)}{dt} = 2\pi \cdot 0.6 \cdot 0.01$$

$$= 0.012\pi(\text{cm}^2/\text{sec})$$

★例 5. 設一圓錐水槽深 20 呎，頂部半徑 10 呎，今以每分鐘 3 立方呎速率注入水，問當水深 2 呎時，水面上升速率為何？

解 設時間為 t 時之水面高為 h，半徑為 r，體積為 V，則由下列相似三角形

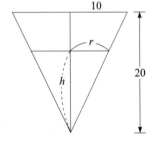

得 $\dfrac{20}{h} = \dfrac{10}{r} \Rightarrow r = \dfrac{h}{2}$

又 $V = \dfrac{1}{3}\pi r^2 h = \dfrac{1}{12}\pi h^3$

$\therefore \dfrac{dV}{dt} = \dfrac{dV}{dh} \cdot \dfrac{dh}{dt} = \dfrac{3}{12}\pi h^2 \dfrac{dh}{dt}$

已知 $\dfrac{dV}{dt} = 3$ 且 $h = 2$

解之 $\dfrac{dh}{dt}\Big|_{h=2} = \dfrac{3}{\pi}$（呎／分），此即水面上升之速率。

在求相對變化率問題時，往往需用到一些幾何公式，現摘述部分常用公式如下，供讀者參考：

1.球（Sphere）

(1)體積 V：$V = \dfrac{4}{3}\pi r^3$，r：球半徑

(2)表面積：$A = 4\pi r^2$

2. **正圓錐**（Right Circular Cone）

  (1)體積 V：$V = \dfrac{1}{3}\pi r^2 h = \dfrac{1}{3}$ 底面積×高

    r：錐底半徑，h 錐高

  (2)表面積 A：$A = \pi r\sqrt{r^2 + h^2}$

3. **扇形**（Circular Sector）

  (1)面積：$A = \dfrac{1}{2}r^2\theta$，$r$：圓半徑，$\theta$：圓心角

  (2)弧長：$S = r\theta$

 **習題 4-7**

1. x, y 均為 t 之可微分函數，$x^2 + y^2 = 25$，若 $x = 3, y = 4$ 且 $\dfrac{dy}{dt} = 2$，求 $\dfrac{dx}{dt}$。

2. $V = \dfrac{1}{12}\pi h^3$，h 為 t 之函數，若 $h = 8$ 時 $\dfrac{dh}{dt} = \dfrac{5}{16}\pi$，求 $\dfrac{dV}{dt}$。

3. 某球體內充滿氣體，今氣體以 2ft³/min 的速率溢出，求當球體半徑為 12ft 時，球表面積減小之速率。

4. 有一長為 26 呎的梯子，斜靠在垂直的牆上，梯腳以 4 呎／秒的速度向外滑，當梯腳滑至離牆 10 呎時，求梯頂滑落的速度為何？

5. 設某一矩形在瞬間之長寬分別為 a、b，此時之長寬變化率分別為 m、n，求證：此時面積變化率為 $an + bm$。

6. 某等腰三角形兩等邊之長均為 10 公分，而其夾角為 θ，已知 θ 每分鐘增加 2°，試求夾角為 30° 時，該三角形面積的變化率。

7. A、B 為二同心圓，已知 A 之半徑長為 B 半徑長之平方，若 B 之半徑之增加率為 2cm/sec，求當 B 之半徑為 10cm 時二圓所求面積之變化率為何？

解

1. $-\dfrac{8}{3}$

2. $5\pi^2$

3. $-\dfrac{1}{3}$ ft²/min

4. $-\dfrac{5}{3}$ 呎／秒

6. $\dfrac{5\sqrt{3}\pi}{18}$（cm²／分）

7. 7960π cm²/sec

4.8　微分數

4.8.1　微分數之定義及基本公式

由 $y = f(x)$ 之導數之定義：

$$f'(x) = \lim_{\Delta x \to 0} \frac{f(x + \Delta x) - f(x)}{\Delta x} = \lim_{\Delta x \to 0} \frac{\Delta y}{\Delta x}, \ \Delta y = f(x + \Delta x) - f(x)$$

我們可將上式解釋成：當 Δx 很小很小時，$f'(x)$ 相當近似於 $\dfrac{\Delta y}{\Delta x}$，因此 $f'(x) \approx \dfrac{\Delta y}{\Delta x}$，從而 $\Delta y \approx f'(x)\Delta x$，我們有下列結果：

$$f(x + \Delta x) \approx f(x) + f'(x)\Delta x \qquad\qquad （＊）$$

在 ＊ 中之 $f'(x)\Delta x$ 特稱為 y 之微分數（Differential of y），我們並做下列定義：

定義 f 為 x 之可微分函數，Δx 為 x 之變化量，則

(1) y 之微分數記做 dy，定義為 $dy = f'(x)dx$

(2) x 之微分數記做 dx，定義為 $dx = \Delta x \neq 0$

由定義 $f'(x)$ 可視為二個微分數之商，微分數之觀念在微分方程式很重要。

我們將一些微分公式摘要如下：

$d(c) = 0$

$d(x^n) = nx^{n-1}dx$

$d(\ln x) = \dfrac{1}{x}dx,\ d(e^x) = e^x dx$

$d(\sin x) = \cos x dx \qquad\qquad d(\sec x) = \sec x \tan x\, dx$

$d(\cos x) = -\sin x\, dx \qquad\quad d(\csc x) = -\csc x \cot x\, dx$

$d(\tan x) = \sec^2 x\, dx \qquad\quad d(\cot x) = -\csc^2 x\, dx$

$d(\sin^{-1}x) = \dfrac{1}{\sqrt{1-x^2}}dx \quad d(\sec^{-1}x) = \dfrac{1}{x\sqrt{x^2-1}}dx$

$d(\cos^{-1}x) = \dfrac{-1}{\sqrt{1-x^2}}dx \quad d(\csc^{-1}x) = -\dfrac{1}{x\sqrt{x^2-1}}dx$

$d(\tan^{-1}x) = \dfrac{1}{1+x^2}dx \quad d(\cot^{-1}x) = -\dfrac{dx}{1+x^2}$

若 u, v 為 x 之可微分數函數：

$d(\alpha u + \beta v) = \alpha du + \beta dv$，$\alpha, \beta$ 為常數

$d(uv) = u dv + v du$

$d\left(\dfrac{u}{v}\right) = \dfrac{v du - u dv}{v^2}$，$v \neq 0$

若 $y = f(u), u = \phi(x)$，則 $y = f(\phi(x))$ 之微分數公式為

$dy = f'(\phi(x))\phi'(x)dx$

例 1. 求下列各函數之微分數 dy：

(1)$y = x^4$

(2)$y = 2\cos3x + x^2$

解 (1) $dy = 4x^3dx$（注意：千萬不要寫成 $dy = 4x^3$）

(2) $dy = 2(-3\sin3x)dx + 2xdx = -6\sin3xdx + 2xdx$

例 2. 用微分數之觀念求下列各函數之 $\dfrac{dy}{dx}$ 及 $\dfrac{dx}{dy}$：

(1)$xy = 1$　(2)$x^3 + y^3 - xy = 0$

解 (1) $d(xy) = d1$

$ydx + xdy = 0$，$ydx = -xdy$

$\therefore \dfrac{dy}{dx} = -\dfrac{y}{x}$，$x \neq 0$，$\dfrac{dx}{dy} = -\dfrac{x}{y}$，$y \neq 0$

(2)$x^3 + y^3 - xy = 0$ 相當於 $x^3 + y^3 = xy$

$d(x^3 + y^3) = d(xy)$

$3x^2dx + 3y^2dy = ydx + xdy$

$(3x^2 - y)dx = (x - 3y^2)dy$

$\therefore \dfrac{dy}{dx} = \dfrac{3x^2 - y}{x - 3y^2}$，$x - 3y^2 \neq 0$，$\dfrac{dx}{dy} = \dfrac{x - 3y^2}{3x^2 - y}$，$3x^2 - y \neq 0$

4.8.2　微分數之應用

微分有一些有用之應用，包括求(a)線性近似（Linear Approximate to f Near x_0）及(b)近似值。

・線性近似

本子節闡述 Δy 與 dy 之關係，當 $\Delta x \approx 0$ 時，我們由上面之討論有：$f(x) \approx f(x_0) + f'(x_0)(x - x_0)$。

我們特稱 $f(x) = f(x_0) + f'(x_0)(x - x_0)$ 為 f 在 x_0 附近之線性近似。我們將一些常用函數在 $x = 0$ 附近之線性近似列表如下列定理：

定理 A 一些常用函數在 $x = 0$ 附近之線性近似：

(a) $e^x \approx 1 + x$，$e^{ax} \approx 1 + ax$

(b) $\sin x \approx x$，$\sin ax \approx ax$

(c) $\tan x \approx x$

(d) $(1 + x)^n \approx 1 + nx$

(e) $\ln(1 + x) \approx x$

證明

(a) $f(x) = e^x$，$f(0) = 1$，$f'(0) = 1$

$\therefore f(x) = f(x_0) + f'(x_0)(x - x_0) = f(0) + f'(0)x$

$= 1 + x$，即 $e^x \approx 1 + x$

(b) $f(x) = \sin x$，$f(0) = 0$，$f'(0) = 1$

$\therefore f(x) = f(0) + f'(0)x = x$，即 $\sin x \approx x$ ■

（同法可證其餘）

例 3. 求 $y = \sqrt{1 + x}$ 之線性近似。

解 $\sqrt{1 + x} \approx 1 + \dfrac{x}{2}$

例 4. 求 $f(x) = \sin x$ 在 $x = \dfrac{\pi}{6}$ 附近之線性近似。

解 $f(x) = \sin x$，$x_0 = \dfrac{\pi}{6}$

$\therefore f(x) = f\left(\dfrac{\pi}{6}\right) + f'\left(\dfrac{\pi}{6}\right)\left(x - \dfrac{\pi}{6}\right)$

$= \dfrac{1}{2} + \dfrac{\sqrt{3}}{2}\left(x - \dfrac{\pi}{6}\right) = \dfrac{6 - \pi\sqrt{3}}{12} + \dfrac{\sqrt{3}}{2}x$

· 近似值

我們可由微分數之性質求出函數在某特定值之估計數：

$$f(x_0 + \Delta x) = f(x_0) + f'(x_0) \Delta x$$

例 5. 求 $\sqrt{120}$ 之近似值。

解 取 $f(x) = \sqrt{x}$，$x_0 = 121$，$\Delta x = -1$

$$f(\sqrt{120}) = f(121) + f'(121)(-1)$$
$$= \sqrt{121} + \frac{1}{2\sqrt{121}}(-1)$$
$$= 11 - \frac{1}{22} \fallingdotseq 10.9545$$

例 6. 若 $y = f(x) = \sqrt{x}$，x 由 9 改變到 9.01，求 Δy 及 dy。

解 $y = \sqrt{x}$ 則 $dy = \frac{1}{2\sqrt{x}} dx$，$x_0 = 9$，

$dx = \Delta x = 0.01$

$\therefore dy = \frac{1}{2\sqrt{x_0}} \cdot 0.01 = \frac{1}{2\sqrt{9}} \cdot 0.01 = \frac{1}{6}(0.01) = 0.00167$

$\Delta y \approx dy = 0.00167$

在應用上，我們常要求得到所求之結果之誤差（Error）有多少？評估誤差有二個方式：

(1)相對誤差（Relative Error in y），定義為 $\dfrac{|\Delta y|}{y}$

(2)百分誤差（Percentage Error in y），定義為 $\dfrac{|\Delta y|}{y}$（100%）

二者意義實則一樣，只不過後者用百分率形式表示而已。

例 7. 一球體之半徑為 6cm，若半徑之百分誤差不超過 2%，問球表面積之百分誤差為何？又要使球體體積相對誤差不超過 2% 時，半徑之相對誤差不能超過多少%？

解 (1)半徑為 r 之表面積 $S = 4\pi r^2$，依題意 $\dfrac{\Delta r}{r} \approx \dfrac{dr}{r} = 2\%$

∴表面積之誤差為

$$\frac{\Delta S}{S} \approx \frac{dS}{S} = \frac{8\pi r dr}{4\pi r^2} = \frac{2dr}{r} \approx \frac{2\Delta r}{r} = 2(2\%) = 4\%$$

(2)球體體積 $V = \dfrac{4}{3}\pi r^3$

$$\frac{\Delta V}{V} \approx \frac{dV}{V} = \frac{4\pi r^2 dr}{\frac{4}{3}\pi r^3} = 3\frac{dr}{r} \approx 3\frac{\Delta r}{r} = 2\% \quad \therefore \frac{dr}{r} \approx \frac{\Delta r}{r} = \frac{2}{3}\%$$

在例 8，我們也可以應用自然對數微分公式：

例如：(1) $S = 4\pi r^2$ $\therefore \ln S = \ln 4\pi + 2\ln r$ 從而 $\dfrac{dS}{S} = \dfrac{2dr}{r} \Rightarrow \dfrac{\Delta S}{S}$

$= \dfrac{2\Delta r}{r}$；(2) $V = \dfrac{4}{3}\pi r^3$ $\therefore \ln V = \ln \dfrac{4}{3}\pi + 3\ln r$，從而 $\dfrac{dV}{V} = \dfrac{3dr}{r} \Rightarrow$

$\dfrac{\Delta V}{V} \approx \dfrac{3\Delta r}{r} = 2\%$，$\therefore \dfrac{dr}{r} = \dfrac{2}{3}\%$

例 8. 鐘擺定律 $T = 2\pi\sqrt{\dfrac{l}{g}}$，$l$ 為鐘擺長度（公尺），T 為週期（秒），g 為重力加速度（9.8 公尺／秒^2）。有一個老爺鐘，其擺長會受溫度影響而改變，若老爺鐘之擺長通常為 1 公尺，問其長度增加 10cm，則一天內該老爺鐘會損失幾分鐘？

解 $T = 2\pi\sqrt{\dfrac{l}{g}}$，$\ln T = \ln 2\pi + \dfrac{1}{2}\ln l - \dfrac{1}{2}\ln g$ $\therefore \dfrac{dT}{T} = \dfrac{dl}{2l}$

$\therefore \dfrac{\Delta T}{T} \approx \dfrac{\Delta l}{2l} = \dfrac{1}{2}\left(\dfrac{10}{100}\right) = 5\%$

一天有 1440 分鐘 $\therefore$ 一天內會損失 1440 分鐘 $\times 5\% = 72$ 分鐘

 **習題 4-8**

1.計算：

   (1)$y=\sin x^2$，求 dy

   (2)$\sqrt{x}+\sqrt{y}=1$，求 dy

   (3)$y=\cos x+x\sin x$，求 dy

   (4)$y=x^3+x$，求 $x=1$，$\Delta x=0.5$ 時之 dy 及 Δy

   (5)$y=x^2$，$x=2$，$\Delta x=0.1$ 時之 dy 及 Δy

2.估計下列各值：

   (1) $\tan 46°$ (2)$(8.06)^{\frac{2}{3}}$

3.求下列各題在指定值處之線性近似：

   (1)$y=\sqrt[3]{1+x}, a=0$ (2)$y=\sin^{-1}\sqrt{1-x^2}, a=\dfrac{1}{2}$

   (3)$y=\dfrac{1}{(1+3x)^5}, a=0$ (4)$y=\dfrac{1}{\sqrt{4+x}}, a=0$

解

1.(1) $2x\cos x^2\, dx$ (2)$-\sqrt{\dfrac{y}{x}}\, dx$ (3)$x\cos x\, dx$ (4)$\Delta y=2.875, dy=2$

   (5)$\Delta y=0.41, dy=0.4$

2.(1) $1+\dfrac{\pi}{90}$ (2) 4.02

3.(1) $1+\dfrac{x}{3}$ (2)$\dfrac{\pi}{3}-\dfrac{2\sqrt{3}}{3}\left(x-\dfrac{1}{2}\right)$ (3) $1-15x$

   (4)$\dfrac{1}{2}-\dfrac{x}{16}$

第 **5** 章

積分方法

5.1 反導數

在微分法中，函數 $f(x)$ 透過微分運算子「$\dfrac{d}{dx}$」，而得到導數 $f'(x)$。若 $\dfrac{d}{dx}F(x)=f(x)$ 則稱 $F(x)$ 為 $f(x)$ 之反導數（Anti-derivative），又稱為不定積分。$f(x)$ 之反導數（不定積分）之運算符號是 $\int f(x)\,dx$。以上可用一個簡單的例子說明之：$\dfrac{d}{dx}(x^2+x+1)=2x+1$，求反導數之目的在於「若 $\dfrac{d}{dx}f(x)=2x+1$，那麼 $f(x)=$？」拿反導數之符號來說，那就是 $\int(2x+1)\,dx=$？我們看出 x^2+x+1 是個解，$x^2+x+40001$ 也是個解，顯然凡形如 x^2+x+c 之函數均是其解，由此看出反導數之結果必有一常數 c。

5.1.1 反導數之基本解法

定理 A

(1) $\int x^n dx = \dfrac{1}{n+1}x^{n+1}+c$，$n\neq-1$

(2) $\int \dfrac{1}{x}dx = \ln|x|+c$

證明

(1) $\dfrac{d}{dx}\left(\dfrac{1}{n+1}x^{n+1}+c\right)=x^n$

$\therefore \int x^n dx = \dfrac{1}{n+1}x^{n+1}+c, n\neq-1$

(2) $\dfrac{d}{dx}(\ln|x|+c)=\dfrac{1}{x}$ $\quad\therefore\displaystyle\int x^{-1}dx=\ln|x|+c$ ∎

例 1. 求：(1) $\displaystyle\int x^3 dx=$ ？(2) $\displaystyle\int\sqrt[3]{x}dx=$ ？(3) $\displaystyle\int\dfrac{1}{x^2}dx=$ ？

解 (1) $\displaystyle\int x^3 dx=\dfrac{1}{4}x^4+c$

(2) $\displaystyle\int\sqrt[3]{x}dx=\int x^{\frac{1}{3}}dx=\dfrac{3}{4}x^{\frac{4}{3}}+c$

(3) $\displaystyle\int\dfrac{1}{x^2}dx=\int x^{-2}dx=-\dfrac{1}{x}+c$

定理 B 若 f，g 之反導數均存在，且 k 為任一常數，則

(1) $\displaystyle\int kf(x)\,dx=k\int f(x)\,dx$

(2) $\displaystyle\int(f(x)\pm g(x))\,dx=\int f(x)\,dx\pm\int g(x)\,dx$

例 2. 求 $\displaystyle\int(x^3+x+1)\,dx=$ ？

解 $\displaystyle\int(x^3+x+1)\,dx=\int x^3 dx+\int xdx+\int 1dx$

$=\dfrac{1}{4}x^4+c_1+\dfrac{1}{2}x^2+c_2+x+c_3$

$=\dfrac{1}{4}x^4+\dfrac{1}{2}x^2+x+c$，$c=c_1+c_2+c_3$

　　因為幾個任意常數之和在仍為任意常數，因此，若一個不定積分為幾個不定積分之加總時，則這幾個不定積分結果之常數項可不必考慮，而只在最後結果加上常數 c 即可。

例 3. 求 $\displaystyle\int\dfrac{(x+1)^2}{\sqrt{x}}dx=$ ？

解　$\displaystyle\int\frac{(x+1)^2}{\sqrt{x}}dx=\int x^{-\frac{1}{2}}(x^2+2x+1)\,dx$

$\displaystyle=\int x^{\frac{3}{2}}+2x^{\frac{1}{2}}+x^{-\frac{1}{2}}dx$

$\displaystyle=\frac{2}{5}x^{\frac{5}{2}}+2\cdot\frac{2}{3}x^{\frac{3}{2}}+2x^{\frac{1}{2}}+c$

$\displaystyle=\frac{2}{5}x^{\frac{5}{2}}+\frac{4}{3}x^{\frac{3}{2}}+2x^{\frac{1}{2}}+c\ 或\left(\frac{2}{5}\sqrt{x^5}+\frac{4}{3}\sqrt{x^3}+2\sqrt{x}+c\right)$

5.1.2　指數函數之反導數公式

定理 C

(1) $\displaystyle\int e^x dx=e^x+c$

(2) $\displaystyle\int a^x dx=\frac{1}{\ln a}(a^x)+c\quad a>0$

證明

$(1)\because\dfrac{d}{dx}(e^x+c)=e^x\quad\therefore\displaystyle\int e^x dx=e^x+c$

$(2)\because\dfrac{d}{dx}[\dfrac{1}{\ln a}(a^x)+c]=\dfrac{1}{\ln a}(\ln a)a^x=a^x$

$\quad\therefore\displaystyle\int a^x dx=\frac{1}{\ln a}a^x+c$ ∎

例 4.　求 $\displaystyle\int 3^x dx=$?

解　$\displaystyle\int 3^x dx=\frac{1}{\ln 3}3^x+c$

5.1.3 三角函數之反導數基本公式

定理 D

(1) $\int \sin x\, dx = -\cos x + c$

(2) $\int \cos x\, dx = \sin x + c$

(3) $\int \tan x\, dx = -\ln \mid \cos x \mid + c$

(4) $\int \cot x\, dx = \ln \mid \sin x \mid + c$

(5) $\int \sec x\, dx = \ln \mid \sec x + \tan x \mid + c$

(6) $\int \csc x\, dx = \ln \mid \csc x - \cot x \mid + c$

(7) $\int \csc^2 x\, dx = -\cot x + c$

(8) $\int \sec^2 x\, dx = \tan x + c$

(9) $\int \sec x \tan x\, dx = \sec x + c$

(10) $\int \csc x \cot x\, dx = -\csc x + c$

(11) $\int \dfrac{dx}{1 + x^2} = \tan^{-1} x + c$

(12) $\int \dfrac{dx}{\sqrt{1 - x^2}} = \sin^{-1} x + c$

證明　（我們只證 $\int \sec x\, dx = \ln \mid \sec x + \tan x \mid + c$，其餘讀者可自行證之）

$\because \dfrac{d}{dx}(\ln \mid \sec x + \tan x \mid + c)$

$= \dfrac{d}{dx}\ln \mid \sec x + \tan x \mid + \dfrac{d}{dx}c$

$$= \frac{\frac{d}{dx}(\sec x + \tan x)}{\sec x + \tan x} = \frac{\sec x \tan x + \sec^2 x}{\sec x + \tan x}$$

$$= \frac{\sec x(\tan x + \sec x)}{\sec x + \tan x} = \sec x$$

$$\therefore \int \sec x \, dx = \ln | \sec x + \tan x | + c \qquad \blacksquare$$

除了上面的證法外，我們還可用下列的證法：

$$\int \sec x dx = \int \sec x \cdot (\frac{\sec x + \tan x}{\sec x + \tan x}) dx$$

$$= \int \frac{\sec^2 x + \sec x \tan x}{\sec x + \tan x} dx$$

取 $u = \sec x + \tan x$　則 $du = (\sec x \tan x + \sec^2 x) dx$

$$= \int \frac{du}{u} = \ln|u| + c$$

$$= \ln|\sec x + \tan x| + c \qquad \blacksquare$$

例 5. 求 $\int \frac{\cos 2x}{\cos x + \sin x} dx = ?$

解　$\int \frac{\cos 2x}{\cos x + \sin x} dx = \int \frac{\cos^2 x - \sin^2 x}{\cos x + \sin x} dx = \int (\cos x - \sin x) dx$

$$= \sin x + \cos x + c$$

例 6. 求 $\int \sin^2 \frac{x}{2} dx = ?$

解　$\int \sin^2 \frac{x}{2} dx = \int \frac{1 - \cos x}{2} dx = \frac{1}{2} \int dx - \frac{1}{2} \int \cos x \, dx$

$$= \frac{x}{2} - \frac{1}{2} \sin x + c$$

　　三角函數積分方法比較多樣化，因此我們在本章其餘各節中還會繼續說明。

5.1.4 雙曲函數之反導數公式

定理 E

(1) $\int \cosh x\, dx = \sinh x + c$

(2) $\int \sinh x\, dx = \cosh x + c$

(3) $\int \operatorname{sech}^2 x\, dx = \tanh x + c$

(4) $\int \operatorname{csch}^2 x\, dx = -\coth x + c$

(5) $\int \operatorname{sech} x \tanh x\, dx = -\operatorname{sech} x + c$

(6) $\int \operatorname{csch} x \coth x\, dx = -\operatorname{csch} x + c$

證明

$$\int \sinh x\, dx = \int \frac{1}{2}(e^x - e^{-x})dx = \frac{1}{2}(e^x + e^{-x}) + c = \cosh x + c$$

$$\int \cosh x\, dx = \int \frac{1}{2}(e^x + e^{-x})dx = \frac{1}{2}(e^x - e^{-x}) + c = \sinh x + c$$

∎

讀者請自行由雙曲函數之定義證明定理 E 之其餘部分。

例 7. 求 $\dfrac{d}{dx}\tan^{-1}(\sinh x)$，並以此結果求 $\int \dfrac{\cosh x}{1 + \sinh^2 x}\, dx$。

解

$$\frac{d}{dx}\tan^{-1}(\sinh x) = \frac{\frac{d}{dx}\sinh x}{1 + (\sinh x)^2} = \frac{\cosh x}{1 + \sinh^2 x}$$

$$\therefore \int \frac{\cosh x}{1 + \sinh^2 x}\, dx = \int \frac{d}{dx}\tan^{-1}(\sinh x) = \tan^{-1}(\sinh x) + c$$

5.1.5　微分方程式的簡介

微分方程式（Differential Equations）顧名思義是含有導數、偏導數的方程式，只含導數之微分方程式稱為**常微分方程式**（Ordinary Differential Equations），如 $y' + 2y'' + y = 3e^x$，$\dfrac{dx}{dy} + xy = e^x$ 等均是。

- 微分方程式的解

在初等代數學中，我們知道 $2x + 1 = 3$ 的解為 $x = 1$，這是因為當 $x = 1$ 時 $2x + 1 = 3$，同樣的道理，例如：$y' = x^2$ 的解可透過反導數求得 $y = \int x^2\,dx = \dfrac{x^3}{3} + c$。因為 $y = \dfrac{x^3}{3} + c$，c 為一任意常數，滿足 $y' = x^2$，因而 $y = \dfrac{x^3}{3} + c$ 是 $y' = x^2$ 之一個解。如果我們給定一個條件，如 $y(0) = 1$，$y(0) = 1$ 稱為**初始條件**（Initial Condition）。這表示 $x = 0$ 時 $y = 1$，因此初始條件便可決定 $y = \dfrac{x^3}{3} + c$ 中之常數 c：$\because 1 = 0 + c$，$\therefore c = 1$，因而 $y = \dfrac{x^3}{3} + 1$。在本例中 $y = \dfrac{x^3}{3} + c$ 稱為**通解**（General Solution），而 $y = \dfrac{x^3}{3} + 1$ 稱為**特解**（Particular Solution）。

例 8.　若 $y'' = 0$，$y(0) = y'(1) = 1$，求 $y = ?$

解　$y'' = 0$　$\therefore y' = c$

$y' = c$　$\therefore y = \int c\,dx = cx + p$（$c, p$ 均為待定）

(1) $x = 0$ 時 $y = 1$

　　$\therefore p = 1$

(2) $x = 1$ 時，$y' = 1$

　　$\therefore c = 1$

由 (1)、(2)：$y = x + 1$ 是為所求

例9. 曲線 c 之斜率函數為 $m = x^3$，若此曲線過$(1, 1)$，求
$f(3) = ?$

解 $f'(x) = x^3$

$\therefore f(x) = \int x^3 dx = \dfrac{x^4}{4} + c$

$y = \dfrac{x^4}{4} + c$ 過$(1, 1)$ $\therefore c = \dfrac{3}{4}$，即 $y = \dfrac{1}{4}(x^4 + 3)$

$f(3) = \dfrac{3^4}{4} + \dfrac{3}{4} = \dfrac{84}{4} = 21$

5.1.6 分段定義函數之不定積分常數問題

★例10. 求 $\int |x - 1| dx$

解 $f(x) = |x - 1| = \begin{cases} x - 1 \text{，} x \geq 1 \\ 1 - x \text{，} x < 1 \end{cases}$

$\therefore \int |x - 1| dx = \begin{cases} \dfrac{x^2}{2} - x + c_1 \text{，} x > 1 \\ x - \dfrac{x^2}{2} + c_2 \text{，} x < 1 \end{cases}$ (1)

因 $f(x)$ 在 $x = 1$ 處為連續，因此

$\lim\limits_{x \to 1^+} \left(\dfrac{x^2}{2} - x + c_1 \right) = \lim\limits_{x \to 1^-} \left(x - \dfrac{x^2}{2} + c_2 \right)$

得 $-\dfrac{1}{2} + c_1 = \dfrac{1}{2} + c_2$

$\therefore c_1 = 1 + c_2$ (2)

代(2)入(1)得

$\int |x - 1| dx = \begin{cases} \dfrac{x^2}{2} - x + 1 + c_2 \text{ ，} x \geq 1 \\ x - \dfrac{x^2}{2} + c_2 \text{ ，} x < 1 \end{cases}$

 **習題 5-1**

1. 求下列各題之值：

(1) $\int (x^2 + 3x + 1)\,dx$ (2) $\int (x + \dfrac{1}{x^2})\sqrt{x\sqrt{x}}\,dx$

(3) $\int \dfrac{(1+x)^3}{x}\,dx$ (4) $\dfrac{dx}{1 + \cos 2x}$

(5) $\int \dfrac{(\sqrt[3]{x} - 1)^3}{\sqrt{x}}\,dx$ (6) $\int \sqrt[3]{\sqrt[5]{x}}\,(1 - x)\,dx$

(7) $\int (x^2 + x + 1)(x^2 - x + 1)\,dx$ (8) $\int 5^x\,dx$

    （提示：$(x^2 + x + 1)(x^2 - x + 1)$

            $= x^4 + x^2 + 1$）

2. 試解下列微分方程式：

(1) $y' = x^2$ (2) $y' = \sec^2 x + \sin x$，$f(0) = 2$

(3) $y' = 3^{x+1}e^x$ (4) $y' = \dfrac{\cos 2x}{\cos^2 x \sin^2 x}$

3. 給定 $f''(x)$，求 $f(x)$。

(1) $f''(x) = 3x + 1$，求 $f(x)$

(2) $f''(x) = \sqrt{x}$，求 $f(x)$

4. 求證：

$\int f^{p-1}(x)g^{q-1}(x)\,[q f(x)g'(x) + p g(x)f'(x)]\,dx = f^p(x)g^q(x) + c$

5. 計算

(1) $\int \dfrac{e^x}{1 + e^x}\,dx$ (2) $\int \dfrac{1}{1 + e^x}\,dx$

(3) $\int \dfrac{e^x - e^{-x}}{e^x + e^{-x}}\,dx$ (4) $\int \dfrac{e^x}{1 + e^{2x}}\,dx$

(5) $\int \dfrac{\cos x}{1 + \sin x} dx$ (6) $\int \dfrac{3^x + 3^{-x}}{3^x - 3^{-x}} dx$

(7) $\int \dfrac{\sin^2 x \cos x \, dx}{1 + \sin^2 x}$ ★(8) $\int x^5 \sqrt{x^3 + 1} \, dx$

(9) $\int \tan^2 x \, dx$ ⑽ $\int \dfrac{\cos x \, dx}{\sec x + \tan x}$

★6. $f(x) = \begin{cases} x^2 & , x \leq 0 \\ \sin x & , x > 0 \end{cases}$ ，求 $\int f(x) \, dx$ ， $f(x)$ 為連續函數

解

1.(1) $\dfrac{x^3}{3} + \dfrac{3}{2}x^2 + x + c$ (2) $\dfrac{4}{11}x^{\frac{11}{4}} - 4x^{-\frac{1}{4}} + c$

(3) $\ln |x| + 3x + \dfrac{3}{2}x^2$ (4) $\dfrac{1}{2}\tan x + c$

  $+ \dfrac{1}{3}x^3 + c$

(5) $\dfrac{2}{3}x^{\frac{3}{2}} - \dfrac{18}{7}x^{\frac{7}{6}} + \dfrac{18}{5}x^{\frac{5}{6}} - 2x^{\frac{1}{2}} + c$ (6) $\dfrac{15}{16}x^{\frac{16}{15}} - \dfrac{15}{31}x^{\frac{31}{15}} + c$

(7) $\dfrac{x^5}{5} + \dfrac{x^3}{3} + x + c$ (8) $\dfrac{1}{\ln 5}5^x + c$

2.(1) $y = \dfrac{1}{3}x^3 + c$ (2) $y = \tan x - \cos x + 3$

(3) $y = \dfrac{3^{x+1}e^x}{1 + \ln 3} + c$ (4) $y = -\cot x - \tan x + c$

3.(1) $\dfrac{1}{2}x^3 + \dfrac{1}{2}x^2 + c_1 x + c_2$

(2) $\dfrac{4}{15}x^{\frac{5}{2}} + c_1 x + c_2$

5.(1) $\ln(1 + e^x) + c$ (2) $x - \ln(1 + e^x) + c$

(3) $\ln(e^x + e^{-x}) + c$ (4) $\tan^{-1}e^x + c$

(5) $\ln(1 + \sin x) + c$ (6) $\dfrac{1}{\ln 3}\ln(3^x - 3^{-x}) + c$

(7) $\sin x - \tan^{-1}\sin x + c$ (8) $\dfrac{2}{15}(x^3 + 1)^{\frac{5}{2}} - \dfrac{2}{9}(x^3 + 1)^{\frac{3}{2}} + c$

(9) $\tan x - x + c$ ⑽ $x + \cos x + c$

6. $\begin{cases} \dfrac{1}{3}x^3 + c & , x \leq 0 \\ -\cos x + 1 + c & , x > 0 \end{cases}$

5.2 定積分

5.2.1 定積分之幾何意義

將區間 $[a,b]$ 用 $a = x_0 < x_1 < x_2 \cdots\cdots < x_n = b$ 諸點劃分成 n 個子區間 （Sub-interval），並選出 n 個點 ε_k，$x_{k-1} \leqq \varepsilon_k \leqq x_k$，$k = 1, 2, \cdots\cdots n$。令 $\delta = \max(x_1 - x_0, x_2 - x_1, \cdots\cdots, x_n - x_{n-1})$。若 $\lim\limits_{\delta \to 0} \sum\limits_{k=1}^{n} f(\varepsilon_k)(x_k - x_{k-1})$ 存在，則定義 $\int_a^b f(x)\,dx = \lim\limits_{\delta \to 0} \sum\limits_{k=1}^{n} f(\varepsilon_k)(x_k - x_{k-1}) = \lim\limits_{\delta \to 0} \sum\limits_{k=1}^{n} f(\varepsilon_k) \triangle x_k$，$\triangle x_k = x_k - x_{k-1}$。

通常我們是在 $[a,b]$ 中取 n 個等長區間，則 $\lim\limits_{\delta \to 0} \sum\limits_{k=1}^{n} f(\varepsilon_k) \triangle x_k \approx$ $\lim\limits_{n \to \infty} \dfrac{b-a}{n} \sum\limits_{k=1}^{n} f(x_k) = \lim\limits_{n \to \infty} \sum\limits_{k=1}^{n} f(x_k) \triangle x_k \approx \int_a^b f(x)\,dx$ *****

式 ***** 是一個重要之結果。

上面之定義相當於將 x 軸之區間 $[a, b]$ 中分成幾個子區間，其分割點為 $a = x_0 < x_1 < x_2 \cdots\cdots < x_{n-1} < x_n = b$ 而形成 n 個小的矩形。

在下圖 I 中，以第 k 個矩形而言，它的面積是 $(x_k - x_{k-1})f(x_k)$，所以 $y = f(x)$ 在 $[a, b]$ 中與 x 軸所夾區域之面積近似為 $\sum\limits_{k=1}^{n} (x_k - x_{k-1})f(x_k) \cdots\cdots(1)$。

圖Ⅱ中 $y = f(x)$ 在 $[a, b]$ 中與 x 軸所夾區域之面積近似為

$$\sum_{k=1}^{n} (x_k - x_{k-1}) f(x_{k-1}) \cdots\cdots (2)。$$

當 n 個子區間為等長度且 $n \to \infty$ 時(1),(2)之面積是相等的。

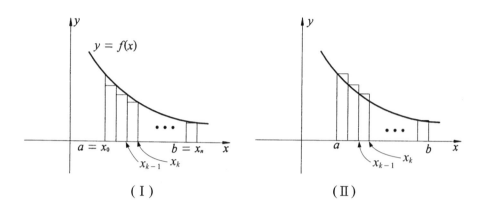

（Ⅰ）　　　　　　　（Ⅱ）

例 **1.** 　求 $y = x$ 在 $x = 0$，$x = 2$ 與 x 軸所夾之面積。

　　(1)用圖(Ⅰ)之方式　(2)用圖(Ⅱ)之方式

解 　將 $[0, 2]$ 分割成 n 個子區間

$$0 = x_0 < x_1 < x_2 \cdots < x_n = 2$$

$$\Delta x = \frac{2}{n}$$

$$(1) \; A(R_n) = \sum_{i=1}^{n} f(x_{i-1}) \Delta x$$

$$= (f(x_0) + f(x_1) + f(x_2)$$

$$+ \cdots\cdots + f(x_n)) \Delta x$$

$$= \left(0 + \frac{2}{n} + \frac{4}{n} + \cdots\cdots \frac{2(n-1)}{n} \right) \frac{2}{n}$$

$$= \frac{4}{n^2} (1 + 2 + \cdots\cdots + (n-1))$$

$$= \frac{4}{n^2} \cdot \frac{(n-1) \cdot n}{2} = \frac{2(n-1)}{n}$$

$$\therefore A(R) = \lim_{n \to \infty} A(R_n) = \lim_{n \to \infty} \frac{2(n-1)}{n} = 2$$

(2)$A(R_n) = \sum\limits_{i=1}^{n} f(x_i)\Delta x$

$\qquad = (f(x_1) + f(x_2)$

$\qquad + \cdots\cdots + f(x_n))\,\Delta x$

$\qquad = \left(\dfrac{2}{n} + \dfrac{4}{n} + \cdots\cdots + \dfrac{2n}{n}\right)\dfrac{2}{n}$

$\qquad = \dfrac{4}{n^2}(1 + 2 + \cdots\cdots + n)$

$\qquad = \dfrac{4}{n^2}\dfrac{n(n+1)}{2}$

$\qquad = \dfrac{2(n+1)}{n}$

$\therefore A(R) = \lim\limits_{n\to\infty} A(R_n) = \lim\limits_{n\to\infty} \dfrac{2(n+1)}{n} = 2$

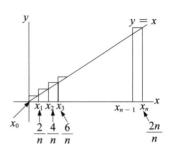

若 $f(x)$ 為一可積分函數，現考慮將 $[a, b]$ 作 n 等分，取 $\Delta x_k = \dfrac{b-a}{n}$，則 $\varepsilon_k = a + \dfrac{k}{n}(b-a)$，$k = 1$，$2\cdots n$，則

$\lim\limits_{n\to\infty} \dfrac{b-a}{n} \sum\limits_{k=1}^{n} f\left(a + \dfrac{k}{n}(b-a)\right) = \int_a^b f(x)dx$

當 $a = 0$，$b = 1$ 則

$\lim\limits_{n\to\infty} \dfrac{1}{n}\left[f\left(\dfrac{1}{n}\right) + f\left(\dfrac{2}{n}\right) + \cdots + f\left(\dfrac{n}{n}\right)\right] = \int_0^1 f(x)dx$

例 2. 用定積分表示 $\lim\limits_{n\to\infty} \sum\limits_{i=1}^{n} \dfrac{i^6}{n^7}$ 。

解 $\lim\limits_{n\to\infty} \sum\limits_{i=1}^{n} \dfrac{i^6}{n^7} = \lim\limits_{n\to\infty} \dfrac{1}{n} \sum\limits_{i=1}^{n} \left(\dfrac{i}{n}\right)^6 = \int_0^1 x^6\,dx$

例 3. 用定積分表示 $\lim\limits_{n\to\infty} \sum\limits_{i=1}^{n} \dfrac{1}{(2n+i)}$ 。

解
$$\lim_{n\to\infty}\sum_{i=1}^{n}\left(2+\frac{i}{n}\right)^{-1}\cdot\frac{1}{n}=\lim_{n\to\infty}\frac{1}{n}\sum_{i=1}^{n}\frac{1}{\left(2+\dfrac{i}{n}\right)}=\int_{2}^{3}\frac{dx}{x}$$

例 4. 用定積分表示 $\displaystyle\lim_{n\to\infty}6n\sum_{i=1}^{n}\frac{1}{(n+3i)^2}$。

解
$$\lim_{n\to\infty}6n\sum_{i=1}^{n}\frac{1}{(n+3i)^2}=\lim_{n\to\infty}\frac{3}{n}\sum_{i=1}^{n}\frac{2}{\left(1+\dfrac{3i}{n}\right)^2}=\int_{1}^{4}\frac{2}{x^2}dx$$

5.2.2 定積分之性質

本節前幾個例題告訴我們一個經驗，透過分割、取樣、求積和、取極限構建了用面積求定積分之架構，利用此架構我們可導出若干定積分之性質。

定理 A
若 $a<b$，試證：
$$\left|\int_{a}^{b}f(x)\,dx\right|\leq\int_{a}^{b}|f(x)|\,dx，f(x)\text{ 在 }[a,b]\text{ 中連續。}$$

證明
$$\left|\sum_{k=1}^{n}f(x_k)\Delta x_k\right|\leq\sum_{k=1}^{n}\left|f(x_k)\Delta x_k\right|=\sum_{k=1}^{n}\left|f(x_k)\right|\Delta x_k$$

當 $n\to\infty$，$\Delta x_k\to0$ 時取極限即得
$$\left|\int_{a}^{b}f(x)\,dx\right|\leq\int_{a}^{b}|f(x)|\,dx \qquad\blacksquare$$

定理 B
若 $f(x)$ 在 $[a,b]$ 中恆為正值連續函數，則 $\int_{a}^{b}f(x)dx\geq0$，且 $\int_{a}^{b}f(x)\,dx=0$ 時 $f(x)=0$。

證明 $\because f(x_k) \geq 0$，$\forall x_k \in [a, b]$

$\therefore \sum\limits_{k=1}^{n} f(x_k) \Delta x_k \geq 0$

當 $n \to \infty$，$\Delta x_k \to 0$ 時取極限即得 ∎

$f(x)$ 在 $[a, b]$ 中為正值連續函數，若 $\int_a^b f(x)dx = 0$，則 $f(x) = 0$ 對所有 $x \in [a, b]$ 均成立，證明見第 4 題。

定理 C 若 $f(x), g(x)$ 在 $[a, b]$ 中均為連續且 $f(x) \geq g(x)$，則 $\int_a^b f(x)dx \geq \int_a^b g(x)dx$

證明 $\because f(x_k) - g(x_k) \geq 0$，$\forall x_k \in [a, b]$

$\therefore \sum\limits_{k=1}^{n} (f(x_k) - g(x_k)) \Delta x_k \geq 0$

$\Rightarrow \sum\limits_{k=1}^{n} f(x_k) \Delta x_k - \sum\limits_{k=1}^{n} g(x_k) \Delta x_k \geq 0$

即 $\sum\limits_{k=1}^{n} f(x_k) \Delta x_k \geq \sum\limits_{k=1}^{n} g(x_k) \Delta x_k$

當 $n \to \infty$，$\Delta x_k \to 0$ 時兩邊同時取極限即得

$\int_a^b f(x)\, dx \geq \int_a^b g(x)\, dx$ ∎

例 5. 試證 $\left| \int_0^{2\pi} f(x)\cos 3x\, dx \right| \leq \int_0^{2\pi} |f(x)|\, dx$。

解 $\left| \int_0^{2\pi} f(x)\cos 3x\, dx \right| \leq \int_0^{2\pi} |f(x)\cos 3x|\, dx$

$= \int_0^{2\pi} |f(x)| \cdot |\cos 3x|\, dx \leq \int_0^{2\pi} |f(x)|\, dx$

例 6. 試證 $\int_0^{\frac{\pi}{4}} \sin^3 x\, dx \leq \int_0^{\frac{\pi}{4}} \sin x\, dx$。

解 在 $\dfrac{\pi}{4} \geq x \geq 0$ 之條件下，$\sin x - \sin^3 x = \sin x(1 - \sin^2 x)$

$= \sin x\cos^2 x \geq 0$，即 $\sin x \geq \sin^3 x$

$\therefore \int_0^{\frac{\pi}{4}} \sin x\, dx \geq \int_0^{\frac{\pi}{4}} \sin^3 x\, dx$

 習題 5-2

1.用本節例 1 之兩種方法分別計算 $A(R_n)$：

　$f(x)= x^2$，$x\in [0, 1]$

2.計算下列各題：

　(1)若 $n\leq x<n + 1$，則 $[x] = n$，求 $\int_0^3 [x]\, dx= ?$

　(2)若 $f(x)= \begin{cases}1，0\leq x\leq 1\\ x，1\leq x\leq 2\end{cases}$，求 $\int_0^2 f(x)dx= ?$

3.試用定積分表示：

　(1)$\lim\limits_{n\to \infty} \sum\limits_{i = 1}^n \left(\sqrt{\dfrac{4i}{n}}\right)\dfrac{4}{n}$

　(2)$\lim\limits_{n\to \infty}\left[\sum\limits_{i = 1}^n \left(1 +\dfrac{2i}{n}\right)^2\right]\dfrac{2}{n}$

　(3)$\lim\limits_{n\to \infty}\left[\sum\limits_{i = 1}^n \sin\left(\dfrac{2}{n}i\right)\right]\cdot \dfrac{2}{n}$

★4.$f(x) \geq 0$ 且 $\int_a^b f(x)\, dx= 0$，試證：$f(x)= 0$ 對所有 $x\in [a, b]$ 均成立。

5.試證 $\left|\int_0^1 \dfrac{\sin x}{x + 1}dx\right| \leq \ln 2$

6.用定積分性質證

　(1)$\int_1^2 \sqrt{1 + x^4}dx \geq \dfrac{7}{3}$　　　　(2)$\int_0^{\frac{\pi}{2}} x\sin x\,dx \leq \dfrac{\pi^2}{8}$

解

1.$\dfrac{1}{3}$

2.(1) 3（提示：繪出 $f(x)=[x], 0\leq x\leq 3$ 之圖形，然後將各矩形面積加總）

(2) $\dfrac{5}{2}$

3.(1) $\displaystyle\int_0^4 \sqrt{x}\,dx$

  (2) $\displaystyle\int_1^3 x^2\,dx$

  (3) $\displaystyle\int_0^2 \sin x\,dx$

5.3 微積分基本定理及積分均值定理

5.3.1 微積分基本定理

用上節方法求函數 $y = f(x)$ 在 $[a,\,b]$ 中與 x 軸所夾之區域面積，顯然不是很有效率，下面的微積分基本定理（Fundamental Theorem of Calculus）提供了我們一條捷徑。

定理 A　（微積分基本定理）若 $f(x)$ 在 $[a,\,b]$ 中為連續，$F(x)$ 為 $f(x)$ 之任何一個反導數，則 $\displaystyle\int_a^b f(x)\,dx = F(b) - F(a)$。

令 $a = x_0 < x_1 < x_2 \cdots\cdots < x_n = b$ 是 $[a,\,b]$ 中之任意一種分割，則 $F(b) - F(a) = [F(x_n) - F(x_{n-1})] + [F(x_{n-1}) - F(x_{n-2})]$

$+\; [F(x_{n-2}) - F(x_{n-3})] + \cdots\cdots + [F(x_1) - F(x_0)]$

$= \displaystyle\sum_{k=1}^{n} [F(x_k) - F(x_{k-1})]$

由微分學之均值定理：

$$F(x_k) - F(x_{k-1}) = F'(\varepsilon_k)(x_k - x_{k-1}) = F'(\varepsilon_k)\triangle x_k$$

$$= f(\varepsilon_k)\triangle x_k \text{，} x_k > \varepsilon_k > x_{k-1}$$

$$\therefore F(b) - F(a) = \sum_{k=1}^{n} f(\varepsilon_k)\triangle x_k$$

再令 $\delta = \max(x_n - x_{n-1}, x_{n-1} - x_{n-2}, \cdots\cdots, x_1 - x_0)$

$$\therefore \lim_{\delta \to 0}(F(b) - F(a)) = \lim_{\delta \to 0}\sum_{k=1}^{n} f(\varepsilon_k)\triangle x_k = \int_a^b f(x)\,dx$$

因此 $\int_a^b f(x)dx = F(b) - F(a)$ ∎

我們舉一些例子說明之。

例 1. 求 $\int_0^{\ln 3} e^x dx = ?$

解 $\int_0^{\ln 3} e^x dx = e^x \Big]_0^{\ln 3} = e^{\ln 3} - e^0 = 3 - 1 = 2$

例 2. 求 $\int_{-1}^3 |x^2 - 2x|\,dx$

解 $f(x) = |x^2 - 2x| = \begin{cases} x^2 - 2x \text{，} x \geq 2 \text{ 或 } x \leq 0 \\ 2x - x^2 \text{，} 2 > x > 0 \end{cases}$

$$\therefore \int_{-1}^3 |x^2 - 2x|\,dx = \int_{-1}^0 (x^2 - 2x)\,dx + \int_0^2 (2x - x^2)\,dx$$

$$+ \int_2^3 (x^2 - 2x)\,dx$$

$$= \left(\frac{x^3}{3} - x^2\right)\Big]_{-1}^0 + \left(x^2 - \frac{x^3}{3}\right)\Big]_0^2$$

$$+ \left(\frac{x^3}{3} - x^2\right)\Big]_2^3 = 4 \text{（讀者驗證之）}$$

定理 B $f(x)$ 在 $[a, b]$ 中為連續則

1. $\int_b^a f(x)dx = -\int_a^b f(x)dx$

2. $\int_a^a f(x)dx = 0$

3. $\int_a^b f(x)dx = \int_a^c f(x)dx + \int_c^b f(x)dx$，$c$ 為 $[a,b]$ 中之一點

4. $\dfrac{d}{dx}\int_a^x f(z)dz = f(x)$

證明

$\int_a^b f(x)dx = F(b) - F(a)$

$\int_b^a f(x)dx = F(a) - F(b) = -(F(b) - F(a)) = -\int_a^b f(x)dx$

$\therefore \int_b^a f(x)dx = -\int_a^b f(x)dx$ ■

其餘讀者可自行仿證。

推論 B 1　$\dfrac{d}{dx}\int_0^{g(x)} f(t)dt = f(g(x))g'(x)$，$g(x)$ 為 x 之可微分函數。

例 3.　驗證 $\dfrac{d}{dx}\int_0^x t^5 dt = x^5$。

解

方法一　$\because \int_0^x t^5 dt = \dfrac{1}{6}t^6 \big]_0^x = \dfrac{1}{6}x^6$

$\therefore \dfrac{d}{dx}\int_0^x t^5 dt = \dfrac{d}{dx}(\dfrac{1}{6}x^6 + c) = x^5$

方法二　直接用定理 B：

$\dfrac{d}{dx}\int_0^x t^5 dt = x^5$

例 4.　求 $\lim\limits_{x \to 1} \dfrac{x^2}{x-1}\int_1^x \dfrac{e^t}{t}dt$。

解　$\lim\limits_{x \to 1} \dfrac{x^2}{x-1}\int_1^x \dfrac{e^t}{t}dt$

$$=\lim_{x\to 1} x^2 \lim_{x\to 1} \frac{1}{x-1} \int_1^x \frac{e^t}{t}\,dt \text{，取 } f(t)=\frac{e^t}{t}$$

$$=\lim_{x\to 1} \frac{F(x)-F(1)}{x-1}$$

$$=\lim_{x\to 1} f(x)= \lim_{x\to 1} \frac{e^x}{x}= e$$

例 5. 求 $\displaystyle\lim_{x\to\infty} x\int_0^x e^{t^2-x^2}dt$。

解 $\displaystyle\lim_{x\to\infty} x\int_0^x e^{t^2-x^2}dt$

$$=\lim_{x\to\infty} x\,e^{-x^2}\int_0^x e^{t^2}dt \text{，} f(t)= e^{t^2}$$

$$=\lim_{x\to\infty} \frac{x\int_0^x e^{t^2}\,dt}{e^{x^2}}=\lim_{x\to\infty} \frac{x(F(x)-F(0))}{e^{x^2}}$$

$$=\lim_{x\to\infty} \frac{F(x)-F(0)+xf(x)}{2xe^{x^2}} \qquad（\text{L'Hospital 法則}）$$

$$=\lim_{x\to\infty} \frac{f(x)+(f(x)+xf'(x))}{2e^{x^2}+4x^2e^{x^2}}=\lim_{x\to\infty}\frac{e^{x^2}+(e^{x^2}+2x^2e^{x^2})}{2(1+2x^2)e^{x^2}}$$

$$=\lim_{x\to\infty} \frac{2(1+x^2)e^{x^2}}{2(1+2x^2)e^{x^2}}=\lim_{x\to\infty}\frac{1+x^2}{1+2x^2}=\frac{1}{2}$$

★例 6. 若 $F(x)=\int_0^x f(t)\,dt$，$f(t)=\int_0^{t^2} \frac{\sqrt{1+u^2}}{u}\,du$，求 $F''(1)$。

解 原題 $F(x)$ 相當於

$$F(x)=\int_0^x \left(\int_0^{t^2} \frac{\sqrt{1+u^2}}{u}\,du\right)dt$$

$$F'(x)=\int_0^{x^2} \frac{\sqrt{1+u^2}}{u}\,du$$

$$\therefore F''(x)= 2x \cdot \frac{\sqrt{1+x^4}}{x^2}=\frac{2}{x}\sqrt{1+x^4}$$

$$F''(1)= 2\sqrt{2}$$

5.3.2 積分方程式

★例 7. f 為連續函數，若 f 滿足 $\int_0^x f(t)\,dt = e^x \sin x + \int_0^x \frac{f(t)}{1+t^2}\,dt$，求 $f(x)$。

解 這是積分方程式，乍看之下很難解，若我們將方程式兩邊同時微分，便可柳暗花明又一村：

$$\frac{d}{dx}\Big[\int_0^x f(t)\,dt\Big] = \frac{d}{dx}\Big[e^x \sin x + \int_0^x \frac{f(t)}{1+t^2}\,dt\Big]$$

$$y = e^x \sin x + e^x \cos x + \frac{y}{1+x^2}\,;\ y = f(x)$$

移項：

$$\frac{x^2}{1+x^2}y = e^x(\sin x + \cos x)$$

$$\therefore y = f(x) = \frac{(1+x^2)}{x^2}e^x(\sin x + \cos x)$$

★例 8. 若 $\int_0^x t f(t)\,dt = xe^x + \int_0^x e^t f(t)\,dt$，求 $f(x)$。

解 仿例 7，兩邊同時對 x 微分：

$$x f(x) = e^x + xe^x + e^x f(x)$$

移項：

$$f(x) = \frac{(1+x)e^x}{x - e^x}$$

$\int_a^b f(x)dx$ 是個常值，這個簡單又直覺之想法在解某些帶有定積分之方程式有很大之功用。

★例 9. $f(x)$ 為連續函數，且 $f(x) = x^2 + x \int_0^1 f(x)dx$，求 $f(x)$

解 令 $\int_0^1 f(x)dx = c$，則 $f(x) = x^2 + cx$，代此結果入
$f(x) = x^2 + x \int_0^1 f(x)dx$ 則

$$x^2 + cx = x^2 + x \int_0^1 (x^2 + cx)dx = x^2 + \left(\frac{1}{3} + \frac{c}{2}\right)x$$

比較二邊係數 $c = \frac{1}{3} + \frac{c}{2}$ $\therefore c = \frac{2}{3}$

即 $f(x) = x^2 + \frac{2}{3}x$

5.3.3 積分均值定理

和微分一樣，積分也有一個均值定理，在證明定理（積分均值定理）前，我們先證定理 C。

定理 C　$f(x)$ 在 $[a, b]$ 中滿足 $m \le f(x) \le M$，則：

$$m(b-a) \le \int_a^b f(x)\,dx \le M(b-a)$$

證明　$\because m \le f(x) \le M$

$\therefore \int_a^b m\,dx \le \int_a^b f(x)\,dx \le \int_a^b M dx$

即 $m(b-a) \le \int_a^b f(x)\,dx \le M(b-a)$ ∎

例 10.　試證 $2\sqrt{2} \ge \int_{-1}^1 \sqrt{1 + x^2}\,dx \ge 2$。

解　$1 \ge x \ge -1$ 得 $1 \ge x^2 \ge 0 \Rightarrow \sqrt{2} \ge \sqrt{1 + x^2} \ge 1$

$\therefore \int_{-1}^1 \sqrt{2}\,dx \ge \int_{-1}^1 \sqrt{1 + x^2}\,dx \ge \int_{-1}^1 1\,dx$

$\Rightarrow 2\sqrt{2} \ge \int_{-1}^1 \sqrt{1 + x^2}\,dx \ge 2$

定理 D　（積分中值定理）$f(x)$ 在 $[a, b]$ 中為連續函數，則在 $[a, b]$ 中存在一個 c，使得 $\int_a^b f(x)\,dx = (b - a)f(c)$。

證明

由定理 2-6F：$f(x)$ 在 $[a, b]$ 中為連續，則 f 在 $[a, b]$ 中存在一個極大值 M 與極小極 m 滿足：

$m \leq f(x) \leq M$

$\therefore \int_a^b m dx \leq \int_a^b f(x)\,dx \leq \int_a^b M dx$

即 $(b - a)m \leq \int_a^b f(x)\,dx \leq M(b - a)$

或 $m \leq \dfrac{1}{b - a}\int_a^b f(x)\,dx \leq M$

因為 $\dfrac{1}{b - a}\int_a^b f(x)\,dx$ 介於 m, M 間，

由第二章介值定理知在 $[a, b]$ 中存在一個 c 使得

$\dfrac{1}{b - a}\int_a^b f(x)\,dx = f(c)$

即 $\int_a^b f(x)\,dx = (b - a)f(c)$ ∎

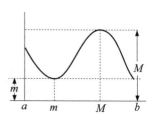

例 11. 函數 f, g 在 $[a, b]$ 在為連續且滿足 $\int_a^b f(x)\,dx = \int_a^b g(x)\,dx$，試證存在一個 $c \in [a, b]$ 使得 $f(c) = g(c)$。

解 取 $h(x) = f(x) - g(x)$，則由積分中值定理（定理 D）知存在一個 $c \in [a, b]$ 使得：

$\int_a^b h(x)\,dx = (b - a)h(c) = (b - a)[f(c) - g(c)] \cdots\cdots(1)$

但 $\int_a^b h(x)\,dx = \int_a^b (f(x) - g(x))\,dx$
$\qquad = \int_a^b f(x)\,dx - \int_a^b g(x)\,dx = 0 \cdots\cdots\cdots(2)$

$\therefore f(c) = g(c)，c \in [a, b]$

 **習題 5-3**

1.計算下列各題：

   (1) $\int_0^1 (x^2 + a^2)x\,dx$　　(2) $\int_0^1 (x + 2)^2 dx$　　(3) $\int_0^2 |x - 1|\,dx$

   (4) $\int_2^3 |x^2 - 4x|\,dx$　　(5) $\int_0^2 \max(1, x)dx$　　(6) $\int_{-2}^3 10^x dx$

   (7) $\int_{-2}^5 |x^2 - 2x - 3|\,dx$

2.計算下列各題：

   (1) $\dfrac{d}{dx} \int_0^{x^2} \sqrt{1 + z^3}\,dz$　　　　(2) $\dfrac{d}{dx} \int_0^1 \dfrac{1}{z} 2^z dz$

   (3) $\dfrac{d}{dx} \int_0^x |t|\,dt$　　　　(4) $\dfrac{d}{dx} \int_0^{x^2} t\,e^{t^3}\,dt$

   (5) $\dfrac{d}{dx} \int_{\cos x}^{\sin x} \dfrac{dt}{1 - t^2}$　　　　(6) $\dfrac{d}{dx} \int_{\sqrt{x}}^{2\sqrt{x}} \sin^2 t\,dt$

3.計算：

   (1)$\displaystyle\lim_{n \to \infty} \dfrac{1}{n} \left(\sqrt{\dfrac{1}{n}} + \sqrt{\dfrac{2}{n}} + \cdots + \sqrt{\dfrac{n}{n}} \right)$

   (2)$\displaystyle\lim_{n \to \infty} \sum_{k=1}^n \dfrac{4k}{n^2}$

   (3)$\displaystyle\lim_{n \to \infty} \dfrac{1^p + 2^p + \cdots\cdots + n^p}{n^{p+1}}$ ，$p > -1$

   (4)$\displaystyle\lim_{n \to \infty} \left(\dfrac{n}{n^2 + 1^2} + \dfrac{n}{n^2 + 2^2} + \cdots\cdots + \dfrac{n}{n^2 + n^2} \right)$

4.若 $f(x) = \int_0^x \sqrt[3]{1 + t^4}\,dt$ ，

   (1)說明 $f(x)$ 在 $(-\infty, \infty)$ 中有反函數。

   (2)求 $\dfrac{d}{dx} (f^{-1}(x)) \big|_{x=0}$ 。

5.試證 $y = \int_0^x \dfrac{t}{\sqrt{a^2 + t^2}}\,dt$ 為上凹。

6.求 $\displaystyle\lim_{x \to 0} \dfrac{\int_0^{x^3} (e^{t^2} + 2)\,dt}{(\sin x)^3}$ 。

7.試證 $f(x) = \int_0^x \dfrac{dt}{1+t^2} + \int_0^{\frac{1}{x}} \dfrac{1}{1+t^2}\,dt$ 為一常數函數。

★8. f 為連續，試證 $\int_0^x (x-u)\,f(u)\,du = \int_0^x \left(\int_0^u f(t)\,dt \right) du$。

9.求：

$$\begin{cases} x = \int_0^t (1 - \cos u)\,du \\ y = \int_0^t \sin u\,du \end{cases} \text{之 } \dfrac{dy}{dx}$$

10. $f(x) = \int_0^x x\cos(t^2)\,dt$，求 $f''(o)$

★11. 「$\int_0^{\frac{\pi}{2}} \sqrt{1 - \sin 2x}\,dx = \int_0^{\frac{\pi}{2}} \sqrt{(\sin x - \cos x)^2}\,dx$

$= -(\cos x + \sin x) \Big]_0^{\frac{\pi}{2}} = 0$」之解法中有何錯處？應如何改正？

★12.試證：

$$\sin^{-1}(\tanh x) = \tan^{-1}(\sinh x)$$

解

1.(1) $\dfrac{1}{4} + \dfrac{a^2}{2}$　(2) $\dfrac{19}{3}$　(3) 1　(4) $\dfrac{11}{3}$　(5) $\dfrac{5}{2}$　(6) $\dfrac{1}{\ln 10}(10^3 - 10^{-2})$

(7) $\dfrac{71}{3}$

2.(1) $\sqrt{1+x^6} \cdot 2x$　(2) 0　(3) $|x|$　(4) $2x^3 e^{x^6}$　(5) $\dfrac{1}{\cos x} + \dfrac{1}{\sin x}$

(6) $\dfrac{1}{\sqrt{x}}\left((\sin 2\sqrt{x})^2 - \dfrac{1}{2}(\sin\sqrt{x})^2 \right)$

3.(1) $\dfrac{2}{3}$　(2) 2　(3) $\dfrac{1}{p+1}$　(4) $\dfrac{\pi}{4}$

4.(2) 1

6. 3

9. $\cot\dfrac{t}{2}$

10. 2

11. $2(\sqrt{2} - 1)$

12.提示：應用 $f'(x) = g'(x)$ 則 $f(x) = g(x) + c$，又若 $f(0) = g(0)$

　　$\therefore f(x) = g(x)$。

5.4　不定積分之變數變換法

5.4.1　基本變數變換法

定理A　（不定積分之變數變換）若 g 為一可微分函數，F 為 f 之反導數則 $\int f(g(x))g'(x)dx = F(g(x)) + c$。

證明

$$\because \frac{d}{dx}[F(g(x)) + c]$$

$$= F'(g(x))g'(x)$$

$$= f(g(x))g'(x)$$

$$\therefore \int f(g(x))g'(x)dx = F(g(x)) + c \quad \blacksquare$$

例 1.　求 $\int \sqrt{3x + 5}dx = ?$

解

方法一　令 $3x + 5 = u$，則 $3dx = du$

$$\therefore \int \sqrt{3x + 5}dx = \int \sqrt{u}\frac{1}{3}du$$

$$= \frac{1}{3}\int u^{\frac{1}{2}}du = \frac{1}{3} \cdot \frac{2}{3}u^{\frac{3}{2}} + c$$

$$= \frac{2}{9}u^{\frac{3}{2}} + c = \frac{2}{9}(3x + 5)^{\frac{3}{2}} + c$$

方法二 令 $\sqrt{3x+5}=u$ ，則 $u^2=3x+5$

$\therefore 2udu = 3dx$，$dx = \dfrac{2}{3}udu$

得 $\int \sqrt{3x+5}\,dx = \int u \cdot \dfrac{2}{3}u\,du$

$= \dfrac{2}{3} \cdot \dfrac{1}{3}u^3 + c = \dfrac{2}{9}(3x+5)^{\frac{3}{2}} + c$

例2. 求 $\int x\sqrt{3x+5}\,dx = ?$

解

方法一 取 $3x+5=u$ ，則 $\begin{cases} 3dx = du \quad dx = \dfrac{1}{3}du \\ x = \dfrac{1}{3}(u-5) \end{cases}$

$\int x\sqrt{3x+5}\,dx$

$= \int \dfrac{1}{3}(u-5) \cdot u^{\frac{1}{2}} \cdot \dfrac{1}{3}du$

$= \dfrac{1}{9}\int (u^{\frac{3}{2}} - 5u^{\frac{1}{2}})\,du$

$= \dfrac{1}{9}[\dfrac{2}{5}u^{\frac{5}{2}} - \dfrac{10}{3}u^{\frac{3}{2}}] + c$

$= \dfrac{2}{45}(3x+5)^{\frac{5}{2}} - \dfrac{10}{27}(3x+5)^{\frac{3}{2}} + c$

方法二 令 $\sqrt{3x+5}=u$ ，則 $3x+5=u^2$

$\therefore \begin{cases} 3dx = 2udu \ 得 \ dx = \dfrac{2}{3}udu \\ x = \dfrac{1}{3}(u^2-5) \end{cases}$

$\therefore \int x\sqrt{3x+5}\,dx = \int \dfrac{1}{3}(u^2-5) \cdot u\dfrac{2}{3}udu$

$= \dfrac{2}{9}\int (u^4 - 5u^2)\,du = \dfrac{2}{9}[\dfrac{1}{5}u^5 - \dfrac{5}{3}u^3] + c$

$$=\frac{2}{45}u^5-\frac{10}{27}u^3+c=\frac{2}{45}(3x+5)^{\frac{5}{2}}-\frac{10}{27}(3x+5)^{\frac{3}{2}}+c$$

例 1、2 所述方法是一般微積分教材之標準解法，對熟練代換法之讀者而言，我們可用下述方法列式計算：

例 3. $\displaystyle\int\sqrt{3x+5}\,dx=\int(3x+5)^{\frac{1}{2}}d(3x+5)\cdot\frac{1}{3}=\frac{1}{3}\int(3x+5)^{\frac{1}{2}}$
$$d(3x+5)$$
$$=\frac{1}{3}\cdot\frac{2}{3}(3x+5)^{\frac{3}{2}}+c=\frac{2}{9}(3x+5)^{\frac{3}{2}}+c$$

例 4. $\displaystyle\int x\sqrt{3x+5}\,dx=\frac{1}{3}\int(3x+5-5)(3x+5)^{\frac{1}{2}}\,dx$
$$=\frac{1}{3}\int(3x+5)^{\frac{3}{2}}\,dx-\frac{5}{3}\int(3x+5)^{\frac{1}{2}}\,dx$$
$$=\frac{1}{3}\int(3x+5)^{\frac{3}{2}}\,d\frac{1}{3}(3x+5)$$
$$\quad-\frac{5}{3}\int(3x+5)^{\frac{1}{2}}\,d\frac{1}{3}(3x+5)$$
$$=\frac{1}{9}\int(3x+5)^{\frac{3}{2}}\,d(3x+5)-\frac{5}{9}\int(3x+5)^{\frac{1}{2}}$$
$$d(3x+5)$$
$$=\frac{1}{9}\cdot\frac{2}{5}(3x+5)^{\frac{5}{2}}-\frac{5}{9}\cdot\frac{2}{3}(3x+5)^{\frac{3}{2}}+c$$
$$=\frac{2}{45}(3x+5)^{\frac{5}{2}}-\frac{10}{27}(3x+5)^{\frac{3}{2}}+c$$

5.4.2 冪法則之一般化

若 $u=g(x)$ 為可微分函數，$r\neq-1$，則
$$\frac{d}{dx}\left(\frac{u^{r+1}}{r+1}\right)=u^r\cdot\frac{d}{dx}u=(g(x))^r\cdot g'(x)$$
因此 $\displaystyle\int(g(x))^r g'(x)dx=\frac{1}{r+1}(g(x))^{r+1}+c$

此為積分之變數變換法之特例。

例 5. 求 $\int (x^3 + 2x)(x^4 + 4x^2 + 1)^{30} dx = ?$

解 令 $u = x^4 + 4x^2 + 1$ 則 $du = (4x^3 + 8x)dx = 4(x^3 + 2x)dx$

即 $(x^3 + 2x)dx = \dfrac{1}{4}du$

$\therefore \int (x^3 + 2x)(x^4 + 4x^2 + 1)^{30} dx$

$= \int \dfrac{1}{4} u^{30} du = \dfrac{1}{4} \cdot \dfrac{1}{31} u^{31} + c = \dfrac{1}{124}(x^4 + 4x^2 + 1)^{31} + c$

或

$\int (x^3 + 2x)(x^4 + 4x^2 + 1)^{30} dx$

$= \int (x^4 + 4x^2 + 1)^{30} d\dfrac{1}{4}(x^4 + 4x^2 + 1)$

$= \dfrac{1}{4} \cdot \dfrac{1}{31}(x^4 + 4x^2 + 1)^{31} + c$

$= \dfrac{1}{124}(x^4 + 4x^2 + 1)^{31} + c$

5.4.3 有關變數變換法在分式函數、指數函數等之應用

若 $\int \dfrac{g(x)dx}{(f(x))^p}$ 之 $g(x) = kf'(x)$，k 為某個異於 0 之常數，則可取 $u = f(x)$。

例 6. 求：(1) $\int \dfrac{x^3 + 2x}{x^4 + 4x^2 + 1} dx = ?$ (2) $\int \dfrac{x^3 + 2x}{(x^4 + 4x^2 + 1)^3} dx = ?$

解 令 $u = x^4 + 4x^2 + 1$，$du = 4(x^3 + 2x)dx$，$\dfrac{1}{4}du = (x^3 + 2x)dx$

(1) $\int \dfrac{x^3 + 2x}{x^4 + 4x^2 + 1} dx = \int \dfrac{du}{4u}$

$\quad = \dfrac{1}{4}\ln |u| + c = \dfrac{1}{4}\ln(x^4 + 4x^2 + 1) + c$

或 $\displaystyle\int \frac{x^3+2x}{x^4+4x^2+1} = \int \frac{d\frac{1}{4}(x^4+4x^2+1)}{x^4+4x^2+1} = \frac{1}{4}\ln(x^4+4x^2+1)+c$

(2) $\displaystyle\int \frac{x^3+2x}{(x^4+4x^2+1)^3}dx = \int \frac{du}{4u^3} = \frac{1}{4}(\frac{1}{-2})u^{-2}+c$

$\displaystyle = -\frac{1}{8}u^{-2}+c = -\frac{1}{8(x^4+4x^2+1)^2}+c$

或 $\displaystyle\int \frac{x^3+2x}{(x^4+4x^2+1)^3}dx = \int \frac{d\frac{1}{4}(x^4+4x^2+1)}{(x^4+4x^2+1)^3}$

$\displaystyle = -\frac{1}{8(x^4+4x^2+1)^2}+c$

若 $\displaystyle\int g(x)\,e^{f(x)}dx$ 之 $g(x)=kf'(x)$，k 為某個異於 0 之常數，則可取 $u=f(x)$。

例 7. 求：$\displaystyle\int (x+1)\,e^{(x^2+2x+3)}dx = ?$

解 令 $u=x^2+2x+3$，則 $du=(2x+2)dx=2(x+1)dx$

$\therefore (x+1)dx = \frac{1}{2}du$

$\therefore \displaystyle\int (x+1)\,e^{x^2+2x+3}dx = \int e^u \frac{1}{2}du = \frac{1}{2}e^u+c$

$\displaystyle = \frac{1}{2}e^{(x^2+2x+3)}+c$

或 $\displaystyle\int (x+1)\,e^{(x^2+2x+3)}dx = \int e^{(x^2+2x+3)}d\frac{1}{2}(x^2+2x+3)$

$\displaystyle = \frac{1}{2}e^{(x^2+2x+3)}+c$

變數變換法也可用在某些形式三角函數之積分法：如 $\displaystyle\int g(x)\sin(f(x))dx$ 若 $f'(x)=kg(x)$，k 為某個異於 0 之常數，則取 cos $\vdots$

$u=f(x)$

例 8. 求 $\int (x^2 + 2x + 1) \cos(x^3 + 3x^2 + 3x + 4) dx = ?$

解 令 $u = x^3 + 3x^2 + 3x + 4$ ，則 $du = 3(x^2 + 2x + 1) dx$

$\therefore \int (x^2 + x + 1) \cos(x^3 + 3x^2 + 3x + 4) dx$

$= \int \frac{1}{3} \cos u \, du = \frac{1}{3} \sin u + c$

$= \frac{1}{3} \sin(x^3 + 3x^2 + 3x + 4) + c$

或

$\int (x^2 + x + 1) \cos(x^3 + 3x^2 + 3x + 4) dx$

$= \int \cos(x^3 + 3x^2 + 3x + 4) d \frac{1}{3}(x^3 + 3x^2 + 3x + 4)$

$= \frac{1}{3} \sin(x^3 + 3x^2 + 3x + 4) + c$

例 9. 求：$\int \sin^{10} x \cos x \, dx$

解 令 $u = \sin x$ ，則 $du = \cos x \, dx$

$\therefore \int \sin^{10} x \cos x \, dx = \int u^{10} du$

$= \frac{1}{11} u^{11} + c = \frac{1}{11} \sin^{11} x + c$

或 $\int \sin^{10} x \cos x \, dx = \int \sin^{10} x \, d \sin x$

$= \frac{1}{11} \sin^{11} x + c$

 **習題 5-4**

1. 求下列各題積分：

(1) $\int x \sin(x^2 + 1) dx$

(2) $\int \frac{\sin \sqrt{x}}{\sqrt{x}} dx$

(3) $\int e^{2x} \sin e^{2x} dx$

(4) $\int \frac{\sin 2x}{1 + \sin^2 x} dx$

(5) $\int \cos x \, (1 + 2\sin x)^{10} dx$　　　(6) $\int \dfrac{x}{\sqrt{x + 4}} dx$

(7) $\int \dfrac{\sin(\ln x)}{x} dx$　　　★(8) $\int \dfrac{dx}{x\sqrt{\log x}}$

(9) $\int \sqrt[3]{\tan x} \, \sec^2 x \, dx$　　　(10) $\int \dfrac{dx}{x^2\left(1 + \dfrac{1}{x}\right)^5}$

2. 求 $\int \dfrac{dx}{x - x^{2/3}}$（提示：$x - x^{\frac{2}{3}} = \sqrt{x^2} - \sqrt[3]{x^2}$，令 $\sqrt[6]{x^2} = y$）

解

1.(1) $\dfrac{-1}{2} \cos(x^2 + 1) + c$　　　(2) $-2\cos\sqrt{x} + c$

(3) $\dfrac{-1}{2} \cos e^{2x}$　　　(4) $\ln(1 + \sin^2 x) + c$

(5) $\dfrac{1}{22}(1 + 2\sin x)^{11} + c$　　　(6) $\dfrac{2}{3}(x + 4)^{\frac{3}{2}} - 8(x + 4)^{\frac{1}{2}} + c$

(7) $-\cos(\ln x) + c$　　　(8) $2\sqrt{\ln 10 \ln x} + c$

(9) $\dfrac{3}{4}(\tan x)^{\frac{4}{3}} + c$　　　(10) $\dfrac{1}{4\left(1 + \dfrac{1}{x}\right)^4} + c$

2. $3\ln|\sqrt[3]{x} - 1| + c$

5.5　定積分之變數變換

定理 A　g' 在 $[a, b]$ 中為可微分且在 $[a, b]$ 中為連續，f 在 g 之值域中為連續，則：

$$\int_a^b f(g(x))\,g'(x)\,dx = \int_{g(a)}^{g(b)} f(u)\,du$$

證明

F為f之反導函數，則由微積分基本定理：

$$\int_{g(a)}^{g(b)} f(u)\,du = [F(u)]_{g(a)}^{g(b)}$$
$$= F(g(b)) - F(g(a))$$

另：$\int f(g(x))g'(x)dx = F(g(x)) + c$

由微積分基本定理：

$$\int_a^b f(g(x))\,g'(x)\,dx = F(g(b)) - F(g(a))$$

因此我們有：

$$\int_a^b f(g(x))\,g'(x)\,dx = \int_{g(a)}^{g(b)} f(u)\,du \qquad \blacksquare$$

例 1. 求：(1) $\int_1^e \dfrac{\ln x}{x}\,dx$ (2) $\int_0^{\ln 2} e^x \sqrt{1 + e^x}\,dx$

解 (1)取 $u = \ln x$，則 $du = \dfrac{1}{x}\,dx$，$\int_1^e \longrightarrow \int_0^1$

$$\therefore \int_1^e \frac{\ln x}{x}\,dx = \int_0^1 u\,du = \frac{u^2}{2}\Big]_0^1 = \frac{1}{2}$$

(2)取 $u = 1 + e^x$，則 $du = e^x dx$，$\int_0^{\ln 2} \longrightarrow \int_2^3$

$$\therefore \int_0^{\ln 2} e^x \sqrt{1 + e^x}\,dx = \int_2^3 u^{\frac{1}{2}}\,du = \frac{2}{3}u^{\frac{3}{2}}\Big]_2^3 = \frac{2}{3}\left(3^{\frac{3}{2}} - 2^{\frac{3}{2}}\right)$$

在上例，若我們不變數變換（即整個積分過程都是x）：

(1') $\int_1^e \dfrac{\ln x}{x}\,dx = \int_1^e \ln x\,d\ln x = \frac{1}{2}(\ln x)^2\Big]_1^e = \frac{1}{2}(1 - 0) = \frac{1}{2}$

(2') $\int_0^{\ln 2} e^x \sqrt{1 + e^x}\,dx = \int_0^{\ln 2}(1 + e^x)^{\frac{1}{2}}\,d(1 + e^x)$

$$= \frac{2}{3}(1 + e^x)^{\frac{3}{2}}\Big]_0^{\ln 2} = \frac{2}{3}\left(3^{\frac{3}{2}} - 2^{\frac{3}{2}}\right)$$

務請讀者比較(1)與(1')，(2)與(2')之積分界限，何時改變何時不變，只有變數變換時才會改變積分上下限。

例 2. 求：(1) $\int_4^9 \frac{1}{\sqrt{x}} \sin\sqrt{x}\, dx$　(2) $\int_4^9 \frac{1}{\sqrt{x}} e^{\sqrt{x}}\, dx$

解 取 $u = \sqrt{x}$，則 $du = \frac{dx}{2\sqrt{x}}$（或 $\frac{1}{\sqrt{x}} dx = 2du$），$\int_4^9 \longrightarrow \int_2^3$

(1) $\int_4^9 \frac{1}{\sqrt{x}} \sin\sqrt{x}\, dx = \int_2^3 2\sin u\, du = -2(\cos u)]_2^3$

$$= -2\cos 3 + 2\cos 2$$

(2) $\int_4^9 \frac{1}{\sqrt{x}} e^{\sqrt{x}}\, dx = 2\int_2^3 e^u du = 2(e^u)]_2^3 = 2(e^3 - e^2)$

在上例若我們不採變數變換

(1') $\int_4^9 \frac{1}{\sqrt{x}} \sin\sqrt{x}\, dx = 2\int_4^9 \sin\sqrt{x}\, d\sqrt{x} = -2\cos\sqrt{x}]_4^9$

$$= 2(-\cos 3 + \cos 2)$$

(2') $\int_4^9 \frac{1}{\sqrt{x}} e^{\sqrt{x}}\, dx = 2\int_4^9 e^{\sqrt{x}}\, d\sqrt{x} = 2e^{\sqrt{x}}]_4^9 = 2(e^3 - e^2)$

例 3. 設 f, g 均為連續函數，試證：
$$\int_0^t f(t - x)\, g(x)dx = \int_0^t f(x)\, g(t - x)dx$$

解 取 $u = t - x$，則 $du = -dx$　$\int_0^t \longrightarrow \int_t^0$

$\therefore \int_0^t f(t - x)\, g(x)\, dx = \int_t^0 f(u)\, g(t - u)d(-u)$

$$= -\int_t^0 f(u)\, g(t - u)du = \int_0^t f(u)\, g(t - u)du$$

$$= \int_0^t f(x)\, g(t - x)\, dx$$

注意：積分之變數屬啞變數，亦即 $\int_b^a f(x)dx = \int_b^a f(t)dt$。

例 4. 求證 $\int_0^{\frac{\pi}{2}} \sin^m x\, dx = \int_0^{\frac{\pi}{2}} \cos^m x\, dx$，$m$ 為正整數。

解 取 $u = \frac{\pi}{2} - x$，則 $du = -dx$，$\int_0^{\frac{\pi}{2}} \longrightarrow \int_{\frac{\pi}{2}}^0$

$$\therefore \int_0^{\frac{\pi}{2}} \sin^m x\, dx = \int_{\frac{\pi}{2}}^0 \sin^m\left(\frac{\pi}{2} - u\right) d(-u)$$

$$= -\int_{\frac{\pi}{2}}^0 \cos^m u\, du = \int_0^{\frac{\pi}{2}} \cos^m u\, du = \int_0^{\frac{\pi}{2}} \cos^m x\, dx$$

變數變換法不僅可簡化積分計算，有時可解決一些無法用正規方法解出的定積分問題，如下例：

★例 5.　求 $\int_0^\pi \dfrac{x\sin x}{1 + \cos^2 x}\, dx$。

解　取 $u = \pi - x$，則 $du = -dx$，$\int_0^\pi \longrightarrow \int_\pi^0$

$$\int_0^\pi \frac{x\sin x}{1 + \cos^2 x}\, dx = \int_\pi^0 \frac{(\pi - u)\sin(\pi - u)}{1 + \cos^2(\pi - u)}(-du)$$

$$= -\int_\pi^0 \frac{(\pi - u)\sin u}{1 + \cos^2 u}\, du$$

$$= \int_0^\pi \frac{\pi \sin u}{1 + \cos^2 u}\, du - \int_0^\pi \frac{u\sin u}{1 + \cos^2 u}\, du$$

$$\therefore 2\int_0^\pi \frac{x\sin x}{1 + \cos^2 x}\, dx = \pi\int_0^\pi \frac{\sin u}{1 + \cos^2 u}\, du$$

$$= -\pi\int_0^\pi \frac{d\cos u}{1 + \cos^2 u}$$

$$= -\pi \tan^{-1}\cos u\,]_0^\pi = \frac{\pi^2}{2}$$

$$\therefore \int_0^\pi \frac{x\sin x}{1 + \cos^2 x}\, dx = \frac{\pi^2}{4}$$

定理 B　設 $f(x)$ 在 $[-a, a]$ 中為一連續函數，

(1)若 $f(x)$ 為偶函數，即 $f(-x) = f(x)$，對所有 $x \in [-a, a]$ 均成立，則 $\int_{-a}^a f(x)\, dx = 2\int_0^a f(x)\, dx$

(2)若 $f(x)$ 為奇函數，即 $f(-x) = -f(x)$，對所有 $x \in [a, a]$ 均成立，則 $\int_{-a}^a f(x)\, dx = 0$

證明

（我們只證(1)，(2)留作習題）

$$\int_{-a}^{a} f(x)\, dx = \int_{-a}^{0} f(x)\, dx + \int_{0}^{a} f(x)\, dx$$

現在我們只需證明 $\int_{-a}^{0} f(x)\, dx = \int_{0}^{a} f(x)\, dx$ 即可：

取 $t = -x$，則

$$\int_{-a}^{0} f(x)\, dx = \int_{a}^{0} f(-t)\, d(-t) = -\int_{a}^{0} f(-t)\, dt$$

$$= \int_{0}^{a} f(-t)\, dt = \int_{0}^{a} f(t)\, dt \qquad (\because f(x) \text{ 為偶函數})$$

$$\therefore \int_{-a}^{a} f(x)\, dx = 2\int_{0}^{a} f(x)\, dx \qquad\blacksquare$$

例 6. 求 $\displaystyle\int_{-2}^{2} \frac{x}{1 + x^2 + x^4}\, dx$。

解 取 $f(x) = \dfrac{x}{1 + x^2 + x^4}$

因 $f(-x) = \dfrac{(-x)}{1 + (-x)^2 + (-x)^4} = \dfrac{-x}{1 + x^2 + x^4} = -f(x)$

$\therefore \displaystyle\int_{-2}^{2} \frac{x}{1 + x^2 + x^4}\, dx = 0\ (\because f \text{ 為奇函數})$

例 7. 求 $\displaystyle\int_{-\frac{\pi}{2}}^{\frac{\pi}{2}} \frac{x^2 \sin x}{1 + x^4}\, dx$。

解 取 $f(x) = \dfrac{x^2 \sin x}{1 + x^4}$

因 $f(-x) = \dfrac{(-x)^2 \sin(-x)}{1 + (-x)^4} = \dfrac{(-x)^2 \sin(-x)}{1 + (-x)^4}$

$\qquad = \dfrac{-x^2 \sin x}{1 + x^4} = -f(x)$

$\therefore \displaystyle\int_{-\frac{\pi}{2}}^{\frac{\pi}{2}} \frac{x^2 \sin x}{1 + x^4}\, dx = 0$

例 8. $f(x)$ 在 $(-\infty, \infty)$ 中為連續函數，若 $f(x)$ 為偶函數，試證

$\int_0^x f(t)\,dt$ 為奇函數。

解　令 $h(x) = \int_0^x f(t)\,dt$，現在我們要證明的是 $h(-x) = -h(x)$：

$h(-x) = \int_0^{-x} f(t)\,dt$

$y = -t = \int_0^x f(-y)\,d(-y) = -\int_0^x f(y)\,dy = -h(x)$

$\therefore \int_0^x f(t)\,dt$ 為奇函數

習題 5-5

1.計算：

(1) $\int_0^1 (1 + \sqrt{x})^n\,dx$

(2) $\int_0^1 \dfrac{dx}{1 + \sqrt[3]{x}}$

(3) $\int_0^9 \dfrac{3\,dx}{\sqrt{\sqrt{x}+1}}$

(4) $\int_{-1}^1 \dfrac{x^2\,dx}{(x^3 + 9)^2}$

(5) $\int_1^2 \dfrac{dx}{x[1 + (\ln x)^2]}$

(6) $\int_1^e \dfrac{dx}{x\sqrt{1 + \ln x}}$

(7) $\int_{-2}^2 x\sqrt{x + 2}\,dx$

2.試證：

(1) $\int_0^1 x^m(1-x)^n\,dx = \int_0^1 x^n(1-x)^m\,dx$

(2) $\int_a^b f(x)\,dx = \int_a^b f(a + b - x)\,dx$，但 $f(x)$ 在 $a \le x \le b$ 中為連續

★(3)若 f 在 $0 \le x \le \pi$ 中為連續，則：

$\int_0^\pi x f(\sin x)\,dx = \dfrac{\pi}{2}\int_0^\pi f(\sin x)\,dx$

3.m, n 為正整數，試證：

(1) $\int_{-\pi}^{\pi} \sin mx \sin nx\,dx = \begin{cases} 0 , & n \ne m \\ \pi , & n = m \end{cases}$

(2) $\int_{-\pi}^{\pi} \cos mx \sin nx\,dx = 0$

(3) $\int_{-\pi}^{\pi} \cos mx \cos nx \, dx = \begin{cases} 0 \,, \, m \neq n \\ \pi \,, \, m = n \end{cases}$

4. 若 $f(x)$ 是週期為 T 之連續函數，即 $f(x + T) = f(x)$，對所有 $x \in R$ 均成立，試證 $\int_{T}^{a+T} f(x) \, dx = \int_{o}^{a} f(x) \, dx$

★ 5. 若 $f(x) = \int_{1}^{x} \frac{dt}{t}$，試證(1)$f(\frac{1}{x}) = -f(x)$

(2)$f(x) + f(y) = f(xy)$，$x > 0$，$y > 0$

★ 6. $\int_{0}^{a} \frac{e^x}{e^x + e^{a-x}} dx$

7. f 為一連續函數，$F(x) = \int_{0}^{x} (2t-x)f(t) \, dt$，試證：(1)$f(x)$ 為偶函數則 $F(x)$ 亦為偶函數。(2)$f(x)$ 為單調遞減則 $F'(x)$ 亦為單調遞減。

解

1.(1) $2\left(\dfrac{2^{n+2}-1}{n+2} - \dfrac{2^{n+1}-1}{n+1}\right)$ (2) $3(\ln 2 - \dfrac{1}{2})$ (3) 16 (4)$\dfrac{1}{120}$

(5) $\tan^{-1}(\ln 2)$ (6) $2(\sqrt{2}-1)$ (7)$\dfrac{32}{15}$

6.$\dfrac{a}{2}$

7.提示：

$F(x) = 2 \int_{0}^{x} tf(t) \, dx - x \int_{0}^{x} f(t) \, dt$

5.6 分部積分法

5.6.1 分部積分之基本解法

由微分之乘法法則得知：若 u，v 為 x 之函數，則有：

$$\frac{d}{dx}uv = u\frac{d}{dx}v + v\frac{d}{dx}u \quad \therefore u\frac{d}{dx}v = \frac{d}{dx}uv - v\frac{d}{dx}u$$

兩邊同時對 x 積分可得 $\int udv = uv - \int vdu$。

分部積分之架構雖然簡單，但在實作上，何者當 u，何者當 v，往往需靠經驗。

例 1. 求 $\int xe^x dx = ?$

解 $\int xe^x dx = \int xde^x = xe^x - \int e^x dx = xe^x - e^x + c$

若題目改為 $\int xe^{x^2} dx$，則可用變數變換（取 $u = x^2$）求解，而無須用分部積分。

因此，解 $\int g(x)e^{f(x)}dx$ 這類問題時，首應先判斷是否可用變數變換法求解，如果變數變換法可行的話，那麼就應優先使用變數變換法。

例 2. 求 $\int xe^{3x}dx = ?$

解

方法一 $\int xe^{3x}dx = \int xd\frac{1}{3}e^{3x} = \frac{1}{3}xe^{3x} - \int \frac{1}{3}e^{3x}dx$

$$= \frac{1}{3}xe^{3x} - \frac{1}{9}e^{3x} + c$$

方法二 我們可令 $u = 3x$，則 $\frac{1}{3}du = dx$

$$\therefore \int xe^{3x}dx = \int \frac{u}{3}e^u \cdot \frac{1}{3}du = \frac{1}{9}\int ue^u du = \frac{1}{9}\int ude^u$$

$$= \frac{1}{9}(ue^u - \int e^u du) = \frac{1}{9}(ue^u - e^u) + c$$

$$= \frac{1}{9}(3xe^{3x} - e^{3x}) + c = \frac{x}{3}e^{3x} - \frac{1}{9}e^{3x} + c$$

例 3. 求：(1) $\int x\ln x dx =$? (2) $\int \ln x dx =$?

解 (1) $\int x\ln x dx = \int \ln x d\frac{x^2}{2}$

$$= \frac{x^2}{2}\ln x - \int \frac{x^2}{2}d\ln x = \frac{x^2}{2}\ln x - \int \frac{x^2}{2} \cdot \frac{1}{x}dx$$

$$= \frac{x^2}{2}\ln x - \int \frac{x}{2}dx$$

$$= \frac{x^2}{2}\ln x - \frac{x^2}{4} + c$$

(2) $\int (\ln x) dx = x\ln x - \int x d(\ln x)$

$$= x\ln x - \int x \cdot \frac{1}{x}dx = x\ln x - \int 1 dx$$

$$= x\ln x - x + c$$

例 4. 求 $\int x\ln 2x dx =$?

解 $\int x\ln 2x dx = \int x(\ln 2 + \ln x) dx$

$$= \ln 2 \int x dx + \int x\ln x dx$$

$$= (\frac{1}{2}\ln 2)x^2 + \frac{x^2}{2}\ln x - \frac{x^2}{4} + c \text{（由例 3.(1)）}$$

例 5. 求 $\int x^2\sin x\, dx =$?

解 $\int x^2\sin x\, dx = \int x^2 d(-\cos x)$

$$= -x^2\cos x - \int (-\cos x) dx^2$$

$$= -x^2\cos x + \int 2x\cos x\, dx$$

$$= -x^2\cos x + 2\int x d\sin x$$

$$= -x^2\cos x + 2[x\sin x - \int \sin x dx]$$

$$= -x^2\cos x + 2(x\sin x + \cos x) + c$$

$$= -x^2\cos x + 2x\sin x + 2\cos x + c$$

例 6. 求 $\int x\sin^2 x\, dx=$ ？

解 $\sin^2 x = \dfrac{1-\cos 2x}{2}$

$$
\begin{aligned}
\int x\sin^2 x\, dx &= \int x \cdot \frac{1-\cos 2x}{2}\, dx \\
&= \int \frac{x}{2}\, dx - \frac{1}{2}\int x\cos 2x\, dx \\
&= \frac{x^2}{4} - \frac{1}{2}\int x\, d\frac{1}{2}\sin 2x \\
&= \frac{x^2}{4} - \frac{1}{4}\left(x\sin 2x - \int \sin 2x\, dx\right) \\
&= \frac{x^2}{4} - \frac{1}{4}x\sin 2x + \frac{1}{4}\left(-\frac{1}{2}\cos 2x\right)+ c \\
&= \frac{x^2}{4} - \frac{1}{4}x\sin 2x - \frac{1}{8}\cos 2x + c
\end{aligned}
$$

例 7. 求 $\int \cos \ln x\, dx$。

解
$$
\begin{aligned}
\int \cos \ln x\, dx &= x\cos \ln x - \int x\, d\cos \ln x \\
&= x\cos \ln x - \int x \cdot \frac{1}{x}(-\sin \ln x)\, dx \\
&= x\cos \ln x + \int \sin \ln x\, dx \\
&= x\cos \ln x + x\sin \ln x - \int x\, d\sin \ln x \\
&= x\cos \ln x + x\sin \ln x - \int x\left(\frac{1}{x}\right)\cos \ln x\, dx \\
&= x\cos \ln x + x\sin \ln x - \int \cos \ln x\, dx
\end{aligned}
$$
$$
\therefore \int \cos \ln x\, dx = \frac{1}{2}x(\cos \ln x + \sin \ln x)+ c
$$

例 8. 求 $\int e^x \sin 2x\, dx$。

解

方法一 （令 $v = e^x$）
$$
\int e^x \sin 2x\, dx = \int \sin 2x\, de^x = e^x \sin 2x - \int e^x\, d\sin 2x
$$

$$= e^x \sin 2x - 2 \int e^x \cos 2x \, dx$$

$$= e^x \sin 2x - 2 \int \cos 2x \, de^x$$

$$= e^x \sin 2x - 2 \left[e^x \cos 2x - \int e^x d \cos 2x \right]$$

$$= e^x \sin 2x - 2e^x \cos 2x + 2 \int e^x (-2\sin 2x) dx$$

$$= e^x \sin 2x - 2e^x \cos 2x - 4 \int e^x \sin 2x \, dx$$

$$\therefore \int e^x \sin 2x \, dx = \frac{1}{5} (e^x \sin 2x - 2e^x \cos 2x) + c$$

方法二 （令 $v = \sin 2x$）

$$\int e^x \sin 2x \, dx = \int e^x d \frac{-1}{2} \cos 2x$$

$$= -\frac{1}{2} e^x \cos 2x - \int \frac{-1}{2} \cos 2x \, de^x$$

$$= -\frac{1}{2} e^x \cos 2x + \frac{1}{2} \int e^x \cos 2x \, dx$$

$$= -\frac{1}{2} e^x \cos 2x + \frac{1}{2} \int e^x d \frac{1}{2} \sin 2x$$

$$= -\frac{1}{2} e^x \cos 2x + \frac{1}{4} e^x \sin 2x - \frac{1}{4} \int \sin 2x \, de^x$$

$$= -\frac{1}{2} e^x \cos 2x + \frac{1}{4} e^x \sin 2x - \frac{1}{4} \int e^x \sin 2x \, dx$$

$$\therefore \int e^x \sin 2x \, dx = \frac{4}{5} \left(-\frac{1}{2} e^x \cos 2x + \frac{1}{4} e^x \sin 2x \right) + c$$

$$= \frac{1}{5} (e^x \sin 2x - 2e^x \cos 2x) + c$$

★ 方法三 我們可以用複變數函數，$\sin ax = e^{iax}$ 之虛部（即 $\sin ax = I_m(e^{iax})$），$\cos ax = e^{iax}$ 之實部（即 $\cos ax = Re(e^{iax})$）之原理來解：

$$\int e^x \sin 2x \, dx = I_m \left\{ \int e^x e^{2ix} dx \right\} + c$$

$$= I_m \left\{ \int e^{(2i+1)x} dx \right\} + c$$

$$=\text{I}_m\left\{\frac{1}{2i+1}e^{(2i+1)x}\right\}+c$$

$$=\text{I}_m\left\{\frac{1-2i}{5}e^x(\cos2x+i\sin2x)\right\}+c$$

$$=\frac{-2}{5}e^x\cos2x+\frac{1}{5}e^x\sin2x+c$$

5.6.2　漸化式

漸化式（Reduction Formula）就是積分之遞迴式，漸化式可簡化求積分之過程。

例 9.　試證 $\int x^n e^x\,dx = x^n e^x - n\int x^{n-1}e^x dx$，並據此求 $\int x^3 e^x\,dx$

解　$\int x^n e^x\,dx = \int x^n\,de^x = x^n e^x - \int e^x dx^n$

$$=x^n e^x - \int nx^{n-1}e^x\,dx$$

$$=x^n e^x - n\int x^{n-1}e^x\,dx$$

令 $I_n = \int x^n e^x dx$，則由上式我們有

$I_n = x^n e^x - nI_{n-1}$

$\therefore I_3 = x^3 e^x - 3I_2 = x^3 e^x - 3(x^2 e^x - 2I_1)$

$$=x^3 e^x - 3x^2 e^x + 6I_1$$

$$=x^3 e^x - 3x^2 e^x + 6(xe^x - I_0)$$

$$=x^3 e^x - 3x^2 e^x + 6xe^x - 6e^x + c$$

若讀者不習慣這種解法，亦可：

$\int x^3 e^x\,dx = x^3 e^x - 3\int x^2 e^x dx$

$$=x^3 e^x - 3\left(x^2 e^x - 2\int xe^x dx\right)$$

$$=x^3 e^x - 3x^2 e^x + 6xe^x - 6\int e^x\,dx$$

$$=x^3 e^x - 3x^2 e^x + 6xe^x - 6e^x + c$$

5.6.3 分部積分之速解法

一些特殊之積分式（如 $\int x^n e^{bx} dx$，……），我們便可用所謂的速解法。

給定一個積分題 $\int fg \, dx$（暫時忘了 $\int u \, dv$ 那個公式），其積分表是由二個直欄組成，左欄是由 f, f', f''…… 直到 $f^{(k)} = 0$ 為止（$f^{(k-1)} \neq 0$），右欄是由 g 開始不斷地積分，Ig 表示 $\int g$ 但積分常數不計，$I^2 g = I(Ig)$……$I^{k-1} g, I^k g$，k 通常到 $f^{(k)} = 0$ 時為止。如此，我們可由積分表讀出各項式（在下表之斜線部分表示相乘，連續之＋，－號表示乘積之正負號，可看出是由＋號開始正負相間），同時由微分經驗可知，例如：
$\int x^n e^{bx} dx$，$n \in Z^+$，這類問題 f 一定是擺 x^n，g 擺 e^{bx}。

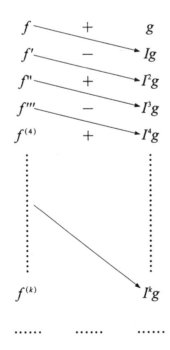

我們舉一些簡單的例子來說明。

註：Z^+：正整數。

例 10. 以速解法，求(1) $\int xe^x dx$（例 1.）(2) $\int xe^{3x}dx$（例 **2.**）

解 (1) $\int xe^x dx$

$= xe^x - e^x + c$

(2) $\int xe^{3x}dx$

$= \dfrac{1}{3}xe^{3x} - \dfrac{1}{9}e^{3x} + c$

例 11. 求 $\int_e^{e^2}(\ln x)^2 dx$

解 取 $y = \ln x$，則 $x = e^y$

$dx = e^y dy$，$\int_e^{e^2} \xrightarrow{\;y=\ln x\;} \int_1^2$

$\therefore \int_e^{e^2}(\ln x)^2 dx$

$= \int_1^2 y^2 e^y dy$

$= (y^2 - 2y + 2)e^y]_1^2 = 2e^2 - e$

若例 11 以常規解法，則：

$\int_e^{e^2}(\ln x)^2 dx = x(\ln x)^2]_e^{e^2} - \int_e^{e^2} x\, d(\ln x)^2$

$= (4e^2 - e) - \int_e^{e^2} x \cdot \dfrac{2}{x}\ln x\, dx$

$= (4e^2 - e) - 2\int_e^{e^2}\ln x\, dx$

$= (4e^2 - e) - 2x\ln x]_e^{e^2} + \int_e^{e^2}2\, dx$

$= (4e^2 - e) - (4e^2 - 2e) + 2e^2 - 2e = 2e^2 - e$

讀者應比較二種作法。

例 12. 用速解法求 $\int x(\ln x)^2\, dx$。

解 取 $y = \ln x$，$x = e^y$ $dx = e^y$

dy，則

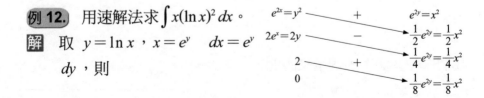

$$\int x(\ln x)^2 \, dx = \int e^y \cdot y^2 \cdot e^y \, dy$$
$$= \int y^2 e^{2y} \, dy$$
$$= \frac{x^2}{2} e^{2x} - \frac{x^2}{2} e^x + \frac{1}{4} x^2 + c$$

最後我們以一個精彩的例子作為本節之結束，在這個例子中，我們可看出如何應用分部積分法解 $\int uvw\,dx$，其中 u，v，w 均為 x 之可微分函數。

★例13. 若已知 $\int e^x \sin x \, dx = \frac{1}{2} e^x (\sin x - \cos x) + c$，及 $\int e^x \cos x \, dx$
$= \frac{1}{2} e^x (\sin x + \cos x) + c$ 試據此結果求 $\int xe^x \sin x \, dx$。

解 $\int xe^x \sin x \, dx = \int x \, d\left(\frac{1}{2} e^x (\sin x - \cos x) \right)$

$= \frac{x}{2} e^x (\sin x - \cos x) - \frac{1}{2} \int e^x (\sin x - \cos x) \, dx$

$= \frac{x}{2} e^x (\sin x - \cos x) - \frac{1}{4} \left(e^x (\sin x - \cos x) + \frac{1}{4} e^x (\sin x + \cos x) \right) + c$

$= \frac{x}{2} e^x (\sin x - \cos x) + \frac{1}{2} e^x \cos x + c$

$= e^x \left(\frac{x}{2} \sin x + \frac{1}{2} (1 - x) \cos x \right) + c$

5.6.4 二個有用的積分公式

本節我們推薦二個公式，讀者不妨記憶取用：

1. $\int e^{ax} \cos bx \, dx = \frac{e^{ax}}{a^2 + b^2} (a \cos bx + b \sin bx) + c$

2. $\int e^{ax} \sin bx \, dx = \frac{e^{ax}}{a^2 + b^2} (a \sin bx - b \cos bx) + c$

 **習題 5-6**

1.計算：

(1) $\int x^2(\ln x)\,dx$　　(2) $\int x^2 e^x\,dx$　　(3) $\int_0^1 \sin^{-1} x\,dx$

(4) $\int x^2\cos x\,dx$　　(5) $\int_0^\pi e^{3x}\sin 2x\,dx$　　(6) $\int \dfrac{\sin^2 x}{e^x}\,dx$

2.計算

(1) $\int (\ln x)^4\,dx$　　(2) $\int x^2(\ln x)^3\,dx$　　(3) $\int \sqrt{x}e^{\sqrt{x}}\,dx$

(4) $\int e^{\sqrt{x}}\,dx$　　(5) $\int \tan^{-1}\sqrt{x}\,dx$　　(6) $\int \sqrt{x}\ln x\,dx$

(7) $\int x^3 e^{x^2}\,dx$　　(8) $\int x\sin^2 x\,dx$　　(9) $\int \ln(x+\sqrt{1+x^2})\,dx$

3.求：$\int \sec^3 x\,dx$

★4.試證：(1) $\int \sec^n x\,dx = \dfrac{\sec^{n-2}x\,\tan x}{n-1} + \dfrac{n-2}{n-1}\int \sec^{n-2}x\,dx$，並以此

結果求 $\int \sec^5 x\,dx$

5.(1)試證：$\int (\ln x)^n\,dx = x(\ln x)^n - n\int (\ln x)^{n-1}\,dx$，$n \ne -1$

(2)利用(1)重做第 2 題(1)

6. $\int (x^2+a^2)^n\,dx = \dfrac{x(x^2+a^2)^n}{2n+1} + \dfrac{2na^2}{2n+1}\int (x^2+a^2)^{n-1}\,dx$，$n \ne -\dfrac{1}{2}$

解

1.

(1) $\dfrac{x^3}{3}\ln x - \dfrac{x^3}{3} + c$　　　　　(2) $(x^2-2x+2)e^x + c$

(3) $\dfrac{\pi}{2} - 1$　　　　　　　　　(4) $x^2\sin x + 2x\cos x - 2\sin x + c$

(5) $\dfrac{2}{13}(1-e^{3\pi})$

(6) $-\dfrac{1}{2}e^{-x}(1+\dfrac{2}{5}\sin 2x - \dfrac{1}{5}\cos 2x) + c$

2.

(1)$x(\ln^4 x - 4\ln^3 x + 12\ln^2 x - 24\ln x + 24) + c$

(2)$\dfrac{x^3}{3}(\ln x)^3 - \dfrac{x^3}{3}(\ln x)^2 + \dfrac{2}{9}x^3(\ln x) - \dfrac{2}{27}x^3 + c$

(3) $2\,(x - 2\sqrt{x} + 2)e^{\sqrt{x}} + c$ 　　　　(4) $2\,(\sqrt{x} - 1)e^{\sqrt{x}} + c$

(5)$x\tan^{-1}\sqrt{x} - \sqrt{x} + \tan^{-1}\sqrt{x} + c$ 　(6)$\dfrac{2}{3}x^{\frac{3}{2}}\ln x - \dfrac{4}{9}x^{\frac{3}{2}} + c$

(7)$\dfrac{1}{2}\,(x^2 - 1)\,e^{x^2} + c$ 　　　　(8)$\dfrac{x^2}{4} - \dfrac{x}{4}\sin 2x - \dfrac{1}{8}\cos 2x + c$

(9)$x\ln(x + \sqrt{1 + x^2}) - \sqrt{1 + x^2} + c$

3.$\dfrac{1}{2}(\sec x \tan x + \ln\,|\,\sec x + \tan x\,|\,)$

4.(2)$\dfrac{1}{4}\sec^3 x \tan x + \dfrac{3}{8}(\sec x \tan x + \ln\,|\,\sec x + \tan x\,|\,) + c$

5.7　部分分式積分法

求 $\int \dfrac{f(x)}{g(x)}dx$ 時，其中

$$f(x) = a_n x^n + a_{n-1}x^{n-1} + \cdots\cdots + a_1 x + a_0$$
$$g(x) = b_m x^m + b_{m-1}x^{m-1} + \cdots\cdots + b_1 x + b_0$$

可將 $\dfrac{f(x)}{g(x)}$ 化為部分分式後再逐項積分。其分解之步驟大致如下：

(1)若 $f(x)$ 的次數較 $g(x)$ 為高，則化 $\dfrac{f(x)}{g(x)} = h(x) + \dfrac{t(x)}{g(x)}$。

(2)將 $g(x)$ 因式分解成一連串不可化約式（Irreducible Factors）之積，例如：

• 分項之分母為 $(a + bx)^k$ 時：

$$\frac{A_1}{a + bx} + \frac{A_2}{(a + bx)^2} + \cdots\cdots + \frac{A_k}{(a + bx)^k}$$

• 分項之分母為 $(a + bx + cx^2)^p$ 時：

$$\frac{B_1x + C_1}{a + bx + cx^2} + \frac{B_2x + C_2}{(a + bx + cx^2)^2} + \cdots\cdots + \frac{B_px + C_p}{(a + bx + cx^2)^p}$$

以此類推其餘。

(3)用 $g(x)$ 遍乘 $\dfrac{f(x)}{g(x)} = h(x) + \dfrac{r(x)}{g(x)}$ 之兩邊，由比較兩邊係數或綜合除法或二邊同時微分（如 $g(x)$ 之分母為$(a + bx)^n$形式）而得到一個較易於積分之結果。

為了便於說明計算，我們假設 $\dfrac{f(x)}{(x - \alpha)(x - \beta)}$ 之情況，然後再看一些較複雜之情形。

令 $\dfrac{f(x)}{(x - \alpha)(x - \beta)} = \dfrac{A}{x - \alpha} + \dfrac{B}{x - \beta}$，兩邊同乘 $(x - \alpha)(x - \beta)$ 得

$f(x) = A(x - \beta) + B(x - \alpha)$

令 $x = \alpha$ 得 $A = \dfrac{f(\alpha)}{\alpha - \beta}$

令 $x = \beta$ 得 $B = \dfrac{f(\beta)}{\beta - \alpha}$

由上面的結果，我們可有下列之視察法：

$$\frac{f(x)}{(x - \alpha)(x - \beta)} = \frac{A}{x - \alpha} + \frac{B}{x - \beta}$$

$A = \dfrac{f(\alpha)}{\alpha - \beta}$ 相當於代 $x = \alpha$ 入 $\dfrac{f(x)}{\boxed{}(x - \beta)}$

$B = \dfrac{f(\beta)}{(\beta - \alpha)}$ 相當於代 $x = \beta$ 入 $\dfrac{f(x)}{(x - \alpha)\boxed{}}$

設

$$\frac{f(x)}{g(x)} = \frac{f(x)}{(x - \alpha)(x - \beta)(x - \gamma)} = \frac{A}{x - \alpha} + \frac{B}{x - \beta} + \frac{C}{x - \gamma}$$

$\therefore A(x - \beta)(x - \gamma) + B(x - \alpha)(x - \gamma) + C(x - \alpha)(x - \beta) = f(x)$

$$f(\alpha)=A(\alpha-\beta)(\alpha-\gamma)$$

$$\therefore A=\frac{f(\alpha)}{(\alpha-\beta)(\alpha-\gamma)}$$

$$f(\beta)=B(\beta-\alpha)(\beta-\gamma)\quad\therefore B=\frac{f(\beta)}{(\beta-\alpha)(\beta-\gamma)}$$

$$f(\gamma)=C(\gamma-\alpha)(\gamma-\beta)\quad\therefore C=\frac{f(\gamma)}{(\gamma-\alpha)(\gamma-\beta)}$$

因此我們可將 A，B，C 圖解如下：

A：$\dfrac{f(x)}{\boxed{}(x-\beta)(x-\gamma)}\leftarrow$ 代 $x=\alpha$

B：$\dfrac{f(x)}{(x-\alpha)\boxed{}(x-\gamma)}\leftarrow$ 代 $x=\beta$

C：$\dfrac{f(x)}{(x-\alpha)(x-\beta)\boxed{}}\leftarrow$ 代 $x=\gamma$

若 $\dfrac{f(x)}{(ax+b)(x-\beta)(x-\gamma)}=\dfrac{A}{ax+b}+\cdots$時，代 $x=-\dfrac{b}{a}$ 入

$\dfrac{f(x)}{\boxed{}(x-\beta)(x-\gamma)}$ 即得 A。同法以推其餘。

在此，我們強調的是解有理分式積分，部分分式僅是其中之一種方法，若可直接積分時，自然以直接積分為便，如 $\int\dfrac{x}{x^2-1}dx$ $=\dfrac{1}{2}\ln|x^2-1|+c$

例 1. 求 $\int\dfrac{x+3}{(x+1)(x-2)}dx$。

解

$$\frac{x+3}{(x+1)(x-2)}=\frac{A}{x+1}+\frac{B}{x-2}$$

A：代 x $=-1$ 入 $\dfrac{x+3}{\boxed{}(x-2)}$ 得 $A=-\dfrac{2}{3}$

B：代 x $=2$ 入 $\dfrac{x+3}{(x+1)\boxed{}}$ 得 $B=\dfrac{5}{3}$

$$\therefore \int \frac{x+3}{(x+1)(x-2)}dx = -\frac{2}{3}\int \frac{dx}{x+1}+\frac{5}{3}\int \frac{dx}{x-2}$$

$$= -\frac{2}{3}\ln|x+1|+\frac{5}{3}\ln|x-2|+C$$

例 2. 求 $\int \frac{dx}{(x-1)^2(x-2)}$ 。

解 令 $\dfrac{1}{(x-1)^2(x-2)} = \dfrac{A}{x-1}+\dfrac{B}{(x-1)^2}+\dfrac{C}{x-2}$

C : 代 $x=2$ 入 $\dfrac{1}{(x-1)^2\boxed{}}$ 中得 $C=1$

$$\therefore \frac{A}{x-1}+\frac{B}{(x-1)^2} = \frac{1}{(x-1)^2(x-2)}-\frac{1}{x-2}$$

$$= \frac{1-(x-1)^2}{(x-1)^2(x-2)} = \frac{-x(x-2)}{(x-1)^2(x-2)}$$

$$= \frac{-x+1-1}{(x-1)^2} = -\frac{1}{x-1}-\frac{1}{(x-1)^2}$$

即 $\dfrac{1}{(x-1)^2(x-2)} = \dfrac{-1}{x-1}+\dfrac{-1}{(x-1)^2}+\dfrac{1}{x-2}$

故 $\displaystyle\int \frac{dx}{(x-1)^2(x-2)} = \int \left(\frac{-1}{x-1}+\frac{-1}{(x-1)^2}+\frac{1}{x-2} \right)dx$

$$= -\ln|x-1|+\frac{1}{x-1}+$$

$$\ln|x-2|+c$$

$$= \ln\left|\frac{x-2}{x-1}\right|+\frac{1}{x-1}+c$$

例 3. 求 $\int_4^9 \frac{dx}{x-\sqrt{x}}$ 。

解 取 $u=x^{\frac{1}{2}}$ 則 $x=u^2$ $\therefore dx=2udu$, $\displaystyle\int_4^9 \xrightarrow{u=\sqrt{x}} \int_2^3$

則 $\displaystyle\int_4^9 \frac{dx}{x-\sqrt{x}} = \int_2^3 \frac{2udu}{u^2-u} = \int_2^3 \frac{2du}{u-1} = 2\ln|u-1|\Big]_2^3 = 2\ln 2$

例 4. 求 $\int \dfrac{\sin x}{\cos^3 x + \cos x}\, dx$。

解 令 $u = \cos x$ 則

$$\int \frac{\sin x}{\cos^3 x + \cos x}\, dx = \int \frac{-du}{u^3 + u} = -\int \frac{du}{u(u^2 + 1)} \qquad *$$

令 $\dfrac{1}{u(u^2 + 1)} = \dfrac{A}{u} + \dfrac{Bu + C}{u^2 + 1}$

由視察法 $A = 1$

$$\therefore \frac{Bu + C}{u^2 + 1} = \frac{1}{u(u^2 + 1)} - \frac{1}{u} = \frac{1 - (u^2 + 1)}{u(u^2 + 1)} = \frac{-u}{u^2 + 1}$$

$$* = -\int \frac{du}{u(u^2 + 1)} = -\int \frac{1}{u}\, du + \int \frac{u}{u^2 + 1}\, du$$

$$= -\ln |\, u \,| + \frac{1}{2}\ln(1 + u^2) + c$$

$$= -\ln |\, \cos x \,| + \frac{1}{2}\ln(1 + \cos^2 x) + c$$

例 4 之 $*$ ，我們在決定 $\dfrac{1}{u(u^2 + 1)} = \dfrac{A}{u} + \dfrac{Bu + C}{u^2 + 1}$ 之 A，B，C 時，由視察法，首先可得出 $A = 1$，然後移項，從而求得 B，C 這是一個很有效的方法，也是我很喜歡的作法，畢竟我們進行部分分式之目的在解出積分。如何決定各分式之係數應是不拘一格的。

我們在例 2 也曾用同樣的方法。

例 5. 求 (1) $\int \dfrac{e^x}{\sqrt{1 + e^x}}\, dx$ 及 (2) $\int \dfrac{dx}{\sqrt{1 + e^x}}$。

解 (1) $\displaystyle \int \frac{e^x}{\sqrt{1 + e^x}}\, dx = \int \frac{d(1 + e^x)}{\sqrt{1 + e^x}} = 2(1 + e^x)^{\frac{1}{2}} + c$

(2) $\displaystyle \int \frac{dx}{\sqrt{1 + e^x}}$ 可先用變數變換：取 $u = \sqrt{1 + e^x}$ 則 $e^x = u^2 - 1$

又 $x = \ln(u^2 - 1)$ $\therefore dx = \dfrac{2u}{u^2 - 1}\, du$

原式 $= \displaystyle \int \frac{1}{u} \cdot \frac{2u}{u^2 - 1}\, du$

$$=2\int \frac{du}{u^2-1}=\int \left(\frac{1}{u-1}-\frac{1}{u+1}\right)du$$

$$=\ln \left| \frac{u-1}{u+1} \right| +c = \ln \left| \frac{\sqrt{1+e^x}-1}{\sqrt{1+e^x}+1} \right| +c$$

$\int \dfrac{dx}{(x-a)(x+a)}=\dfrac{1}{2a}\ln \left| \dfrac{x-a}{x+a} \right| +c$ 是一個很有用的公式。

習題 5-7

1.計算：

(1) $\int \dfrac{x^2+1}{(x-1)(x+1)^2}dx$

(2) $\int \dfrac{4x+16}{(x+1)^2(x-5)}dx$

(3) $\int \dfrac{x}{(x-1)(x-2)(x-3)}dx$

(4) $\int \dfrac{x}{x^4-2x^2-3}dx$

(5) $\int \dfrac{dx}{1-x^4}$

★(6) $\int \dfrac{x^4+1}{x(x^2+1)^2}dx$

(7) $\int \left(\dfrac{x+2}{x-1}\right)^2 \dfrac{1}{x}dx$

(8) $\int \dfrac{dx}{e^{6x}+5e^{3x}+6}$

★2.求 $\int \dfrac{x^3}{(x-1)^{100}}dx$。

3.求 $\int \dfrac{dx}{x(x^n+1)}$。

★4.求 $\int \dfrac{dx}{(x^2-1)^2}$。

解

1.(1) $\dfrac{1}{2}\ln |x^2-1| +\dfrac{1}{x+1}+c$

(2) $\ln \left| \dfrac{x-5}{x+1} \right| +\dfrac{2}{x+1}+c$

(3) $\dfrac{1}{2}\ln |x-1| -2\ln |x-2| +\dfrac{3}{2}\ln |x-3| +c$

(4) $\dfrac{1}{8}\ln \left| \dfrac{x^2-3}{x^2+1} \right| +c$

(5) $\dfrac{1}{2}\tan^{-1}x+\dfrac{1}{4}\ln \left| \dfrac{x+1}{x-1} \right| +c$

(6) $\ln|x| + \dfrac{1}{x^2+1} + c$ (7) $\ln\left|\dfrac{x^4}{(x-1)^3}\right| - \dfrac{9}{x-1} + c$

(8) $-\dfrac{1}{6}\ln(1+2e^{-3x}) + \dfrac{1}{9}\ln(1+3e^{-3x}) + c$

2. $-\dfrac{1}{96}\dfrac{1}{(x-1)^{96}} - \dfrac{3}{97}\dfrac{1}{(x-1)^{97}} - \dfrac{3}{98}\dfrac{1}{(x-1)^{98}} - \dfrac{1}{99}\dfrac{1}{(x-1)^{99}} + c$

（提示：先從 $\dfrac{x^3}{x-1} = x^2 + x + 1 + \dfrac{1}{x-1}$ 著手 $\Rightarrow \dfrac{x^3}{(x-1)^2} = \dfrac{x^2+x+1}{(x-1)}$

$+ \dfrac{1}{(x-1)^2} = x - 2 + \dfrac{3}{x-1} + \dfrac{1}{(x-1)^2} \cdots\cdots \Rightarrow \dfrac{x^3}{(x-1)^{100}} = ?$）

3. $\dfrac{1}{n}\ln\left|\dfrac{x^n}{1+x^n}\right| + c$ （提示：原式 $= \displaystyle\int \dfrac{x^{n-1}}{x^n(x^n+1)}dx$，取 $t = x^n$）

4. $\dfrac{1}{4}\ln\left|\dfrac{x+1}{x-1}\right| - \dfrac{x}{2(x^2-1)} + c$

5.8 三角函數積分法

本節對三角函數積分問題作一分類討論，下節再談三角代換法。

5.8.1 基本三角恆等式之應用

例 1. 求：(1) $\displaystyle\int \sin^2 x\, dx$ 、(2) $\displaystyle\int \sin^3 x\, dx$

解 (1) $\displaystyle\int \sin^2 x\, dx = \int \dfrac{1-\cos 2x}{2}dx = \dfrac{1}{2}\int dx - \dfrac{1}{2}\int \cos 2x\, dx$

$\qquad\qquad\qquad = \dfrac{x}{2} - \dfrac{1}{4}\sin 2x + c$

(2) $\int \sin^3 x dx = \int \sin^2 x \cdot \sin x dx$

$\qquad = \int (1 - \cos^2 x) \cdot \sin x dx = -\int (1 - \cos^2 x) d\cos x$

$\qquad = -\cos x + \dfrac{1}{3}\cos^3 x + c$

別解　$\sin 3x = 3\sin x - 4\sin^3 x$

$\qquad \therefore \sin^3 x = \dfrac{3}{4}\sin x - \dfrac{1}{4}\sin 3x$

$\qquad \int \sin^3 x dx = \int \left(\dfrac{3}{4}\sin x - \dfrac{1}{4}\sin 3x \right) dx$

$\qquad\qquad = -\dfrac{3}{4}\cos x + \dfrac{1}{12}\cos 3x + c$

$\qquad\qquad = -\dfrac{3}{4}\cos x + \dfrac{1}{12}(4\cos^3 x - 3\cos x)$

$\qquad\qquad = -\cos x + \dfrac{1}{3}\cos^3 x + c$

例 2.　求(1) $\int \sin^3 x \cos^2 x dx$ 及(2) $\int \sin^3 x \cos^3 x dx$ 。

解　(1) $\int \sin^3 x \cos^2 x dx = \int (1 - \cos^2 x)\sin x \cos^2 x dx$

$\qquad\qquad = \int (1 - \cos^2 x)\cos^2 x d(-\cos x)$

$\qquad\qquad = \int (-\cos^2 x + \cos^4 x) d\cos x$

$\qquad\qquad = -\dfrac{1}{3}\cos^3 x + \dfrac{1}{5}\cos^5 x + c$

(2) $\int \sin^3 x \cos^3 x dx = \int (1 - \cos^2 x)\sin x \cdot \cos^3 x dx$

$\qquad\qquad = \int (\cos^3 x - \cos^5 x) d(-\cos x)$

$\qquad\qquad = -\dfrac{1}{4}\cos^4 x + \dfrac{1}{6}\cos^6 x + c$

或

$\int \sin^3 x \cos^3 x dx = \int \sin^3 x (1 - \sin^2 x)\cos x dx$

$\qquad\qquad = \int (\sin^3 x - \sin^5 x) d\sin x$

$$=\frac{1}{4}\sin^4x-\frac{1}{6}\sin^6x+c$$

三角函數之積化和差公式

$2\sin\alpha\cos\beta=\sin(\alpha+\beta)+\sin(\alpha-\beta)$

$2\cos\alpha\sin\beta=\sin(\alpha+\beta)-\sin(\alpha-\beta)$

$2\cos\alpha\cos\beta=\cos(\alpha+\beta)+\cos(\alpha-\beta)$

$2\sin\alpha\sin\beta=-\cos(\alpha+\beta)+\cos(\alpha-\beta)$

例 3. 求 $\int\sin2x\sin4xdx$，$\int\sin2x\cos4xdx$ 及 $\int\cos2x\cos4xdx$。

解 (1) $\int\sin2x\sin4xdx=\int\frac{1}{2}(-\cos6x+\cos(-2x))dx$

$$=\int\frac{1}{2}(-\cos6x+\cos2x)dx$$

$$=\frac{-1}{12}\sin6x+\frac{1}{4}\sin2x+c$$

(2) $\int\sin2x\cos4xdx=\int\frac{1}{2}(\sin6x+\sin(-2x))dx$

$$=\frac{1}{2}\int(\sin6x-\sin2x)dx$$

$$=-\frac{1}{12}\cos6x+\frac{1}{4}\cos2x+c$$

(3) $\int\cos2x\cos4xdx=\int\frac{1}{2}(\cos6x+\cos(-2x))dx$

$$=\frac{1}{2}\int(\cos6x+\cos2x)dx$$

$$=\frac{1}{12}\sin6x+\frac{1}{4}\sin2x+c$$

5.8.2 Wallis 公式

Wallis 公式可用做計算 $\int_0^{\frac{\pi}{2}} \sin^n x dx$ 或 $\int_0^{\frac{\pi}{2}} \cos^m x dx$，$m, n$ 為正整數。在導出 Wallis 公式前先證明下列預備定理。

預備定理 a

$\int \sin^n x dx = -\frac{1}{n} \cos x \sin^{n-1} x + \frac{n-1}{n} \int \sin^{n-2} x dx$，$n$ 為正整數，$n \geq 2$

證明

$$\int \sin^n x dx = \int \sin^{n-1} x d(-\cos x)$$

$$= -\cos x \sin^{n-1} x + \int \cos x d\sin^{n-1} x$$

$$= -\cos x \sin^{n-1} x + \int \cos^2 x (n-1)\sin^{n-2} x dx$$

$$= -\cos x \sin^{n-1} x + \int (1 - \sin^2 x)(n-1)\sin^{n-2} x dx$$

$$= -\cos x \sin^{n-1} x + (n-1)\int \sin^{n-2} x dx$$

$$-(n-1)\int \sin^n x dx$$

移項得

$$\int \sin^n x dx = -\frac{1}{n}\cos x \sin^{n-1} x + \frac{n-1}{n}\int \sin^{n-2} x dx \quad \blacksquare$$

定理 A

（Wallis 公式）

$$\int_0^{\frac{\pi}{2}} \sin^n x dx = \begin{cases} \dfrac{1 \cdot 3 \cdot 5 \cdots\cdots (n-1)}{2 \cdot 4 \cdot 6 \cdots\cdots n} \cdot \dfrac{\pi}{2}, & n \text{ 為偶數} \\[3mm] \dfrac{2 \cdot 4 \cdot 6 \cdots\cdots (n-1)}{1 \cdot 3 \cdot 5 \cdots\cdots n}, & n \text{ 為奇數} \end{cases}$$

證明

由預備定理 a 得：

$$\int_0^{\frac{\pi}{2}} \sin^n x\, dx = -\frac{1}{n}\cos x \sin^{n-1} x \Big]_0^{\frac{\pi}{2}} + \frac{n-1}{n}\int_0^{\frac{\pi}{2}} \sin^{n-2} x\, dx$$

$$= \frac{n-1}{n}\int_0^{\frac{\pi}{2}} \sin^{n-2} x\, dx \,，\, n \geq 2$$

取 $I_n = \int_0^{\frac{\pi}{2}} \sin^n x\, dx$，則有遞迴式 $I_n = \frac{n-1}{n} I_{n-2}$；$n \geq 2$

又 $I_2 = \int_0^{\frac{\pi}{2}} \sin^2 x\, dx = \frac{\pi}{4} = \frac{1}{2} \cdot \frac{\pi}{2}$，$I_3 = \int_0^{\frac{\pi}{2}} \sin^3 x\, dx = \frac{2}{3}$（讀者驗證之）

利用 $I_n = \frac{n-1}{n} I_{n-2}$：

$$I_4 = \frac{3}{4} I_2 = \frac{3 \cdot 1}{4 \cdot 2} \frac{\pi}{2}$$

$$I_5 = \frac{4}{5} I_3 = \frac{4}{5} \cdot \frac{2}{3}$$

$$I_6 = \frac{5}{6} I_4 = \frac{5 \cdot 3 \cdot 1}{6 \cdot 4 \cdot 2} \frac{\pi}{2}$$

……

可得

$$\int_0^{\frac{\pi}{2}} \sin^n x\, dx = \begin{cases} \dfrac{1 \cdot 3 \cdot 5 \cdots (n-1)}{2 \cdot 4 \cdot 6 \cdots n} \cdot \dfrac{\pi}{2} \,，\, n \text{ 為偶數} \\[4mm] \dfrac{2 \cdot 4 \cdot 6 \cdots (n-1)}{1 \cdot 3 \cdot 5 \cdot 7 \cdots n} \quad\quad\,，\, n \text{ 為奇數} \end{cases}$$ ∎

推論 A1　$\int_0^{\frac{\pi}{2}} \cos^n x\, dx = \int_0^{\frac{\pi}{2}} \sin^n x\, dx$

證明

令 $y = \dfrac{\pi}{2} - x$，則

$$\int_0^{\frac{\pi}{2}} \cos^n x\, dx = \int_{\frac{\pi}{2}}^0 \cos^n\left(\frac{\pi}{2} - y\right)(-\,dy) = -\int_{\frac{\pi}{2}}^0 \sin^n y\, dy$$

$$= \int_0^{\frac{\pi}{2}} \sin^n y\, dy \qquad\qquad ■$$

附帶一提的是，Wallis 公式其實是 Beta 函數之特例，關於這點可參考高等微積分。

因此

$$\int_0^{\frac{\pi}{2}} \cos^n x\, dx = \int_0^{\frac{\pi}{2}} \sin^n x\, dx$$

$$= \begin{cases} \dfrac{1 \cdot 3 \cdot 5 \cdots\cdots (n-1)}{2 \cdot 4 \cdot 6 \cdots\cdots n} \cdot \dfrac{\pi}{2}, & n \text{ 為偶數} \\[4mm] \dfrac{2 \cdot 4 \cdot 6 \cdots\cdots (n-1)}{1 \cdot 3 \cdot 5 \cdot 7 \cdots\cdots n}, & n \text{ 為奇數} \end{cases}$$

例 4. 求 $\int_0^{\frac{\pi}{2}} \sin^4 x\, dx$，$\int_0^{\frac{\pi}{2}} \sin^5 x\, dx$，$\int_{-\frac{\pi}{2}}^{\frac{\pi}{2}} \sin^4 x\, dx$ 及 $\int_{-\frac{\pi}{2}}^{\frac{\pi}{2}} \cos^5 x\, dx$。

解 $\int_0^{\frac{\pi}{2}} \sin^4 x\, dx = \dfrac{1 \cdot 3}{2 \cdot 4} \cdot \dfrac{\pi}{2} = \dfrac{3}{16}\pi$

$\int_0^{\frac{\pi}{2}} \cos^5 x\, dx = \dfrac{2 \cdot 4}{3 \cdot 5} = \dfrac{8}{15}$

$\int_{-\frac{\pi}{2}}^{\frac{\pi}{2}} \sin^4 x\, dx = 2\int_0^{\frac{\pi}{2}} \sin^4 x\, dx = 2 \cdot \dfrac{3}{16}\pi = \dfrac{3}{8}\pi$

$\int_{-\frac{\pi}{2}}^{\frac{\pi}{2}} \cos^5 x\, dx = 0 \quad (\because f(x) = \cos^5 x \text{ 為奇函數})$

 **習題 5-8**

1. 計算：

(1) $\int \cos^2 x\, dx$ 　　　　　　　　　　(2) $\int \dfrac{\sin^2 \sqrt{x}}{\sqrt{x}}\, dx$

(3) $\int \sin^3 x \cos^5 x \, dx$

(4) $\int \dfrac{\sin x + \sec x}{\tan x} dx$

(5) $\int \cot x \, \ln(\sin x) dx$

(6) $\int \dfrac{dx}{1 + \sin x}$

(7) $\int \dfrac{dx}{\sin^2 x \cos^2 x}$

(8) $\int (\sin^{-1} x + \cos^{-1} x) dx$

(9) $\int \cos^3 x \, dx$

(10) $\int \sin^5 x \, dx$

(11) $\int \tan^4 x \, dx$

(12) $\int_1^{-1} x^6 \sin x \, dx$

2.計算：

(1) $\int \sin 3x \cos 5x \, dx$

(2) $\int \sin 3x \cos x \, dx$

(3) $\int \cos 2x \sin x \, dx$

(4) $\int \sin \dfrac{x}{2} \cos \dfrac{3x}{2} dx$

3.計算：

(1) $\int_{\frac{\pi}{6}}^{\frac{\pi}{3}} \sin^2 \theta \, d\theta$

★(2) $\int \dfrac{1 - \sin x}{1 + \cos x} dx$

★(3) $\int \dfrac{\sin^2 x}{\cos^6 x} dx$

★(4) $\int \dfrac{\sin x \cos x}{\sin^4 x + \cos^4 x} dx$

★(5) $\int \dfrac{\cos 2x \cdot \sec x}{\sin x + \sec x} dx$

(6) $\int \dfrac{\cos x \, dx}{\sec x + \tan x}$

★4.試證漸化式

$$\int \sin^n x \cos^m x \, dx = -\dfrac{\sin^{n-1} x \cos^{m+1} x}{n + m} + \dfrac{n - 1}{n + m} \int \sin^{n-2} x \cos^m x \, dx \text{ ,}$$

$m \neq n$

★5.$I_n = \int_0^{\frac{\pi}{2}} \sin^n x \, dx$ ，試證：

(1) $I_{2n+2} \leq I_{2n+1} \leq I_{2n}$

(2) $\dfrac{I_{2n+2}}{I_{2n}} = \dfrac{2n + 1}{2n + 2} \leq \dfrac{I_{2n+1}}{I_{2n}} \leq 1$

(3) $\lim\limits_{n \to \infty} \dfrac{I_{2n+1}}{I_{2n}} = 1$

解

1.(1)$\dfrac{x}{2}+\dfrac{1}{4}\sin2x + c$ (2)$\sqrt{x}-\dfrac{1}{2}\sin(2\sqrt{x})+ c$

(3)$\dfrac{1}{4}\sin^4x - \dfrac{1}{3}\sin^6x +\dfrac{1}{8}\sin^8x + c$

(4)$\sin x + \ln |\csc x - \cot x| + c$

(5)$\dfrac{1}{2}(\ln \sin x)^2+c$ (6)$\tan x - \sec x + c$

(7)$\tan x - \cot x + c$ (8)$\dfrac{\pi}{2}x + c$

(9)$\sin x -\dfrac{1}{3}\sin^3x + c$ (10)$-\cos x +\dfrac{2}{3}\cos^3x -\dfrac{1}{5}\cos^5x+c$

(11)$\dfrac{1}{3}\tan^3x - \tan x + x + c$

（提示：$\int \tan^4x\,dx = \int(\sec^2x - 1)\tan^2x\,dx\cdots$）

(12) 0 （提示：$f(x)= x^6 \sin x$ 為奇函數）

2.(1)$-\dfrac{1}{16}\cos8x +\dfrac{1}{4}\cos2x + c$

(2)$-\dfrac{1}{4}\cos2x -\dfrac{1}{8}\cos4x + c$

(3)$-\dfrac{1}{6}\cos3x +\dfrac{1}{2}\cos x + c$

(4)$\dfrac{1}{2}\cos x -\dfrac{1}{4}\cos2x + c$

3.(1)$\dfrac{\pi}{12}+\dfrac{\sqrt{3}}{4}$

(2)$-\cot x + \csc x + \ln(1 + \cos x)+ c$

(3)$\dfrac{1}{3}\tan^3x +\dfrac{1}{5}\tan^5x + c$

（提示：積分式之分子 $\sin^2x = \sin^2x(\sin^2x + \cos^2x)^2$）

(4)$-\dfrac{1}{2}\tan^{-1}\cos2x + c$

(5) $\ln(1 +\dfrac{1}{2}\sin2x)+ c$

(6) $x + \cos x + c$

5.9 三角代換法

本節之三角代換法基本上有 2 個子節，5.9.1 節是以 $\int f(a^2 \pm x^2)\,dx$ 為主，這類積分問題用某種大致制式之三角代換即可解決，此外像 $\int f(a + bx + cx^2)\,dx$ 可透過湊項而得 $\int f(c^2 \pm u^2)\,du$，因此亦可用三角代換法而得解，5.9.2 節是積分式本身為三角函數，透過 $z = \tan\dfrac{x}{2}$ 變數變換求解，但讀者在應用 $z = \tan\dfrac{x}{2}$ 代換前仍應考慮是否能用其它方法如三角恆等式積分法等解決。

5.9.1 $\int f(a^2 \pm x^2)dx$ 或 $\int f(x^2 - a^2)dx$

1. $\int f(a^2 - x^2)dx$：可令 $x = a\sin y \Rightarrow \begin{cases} y = \sin^{-1}\dfrac{x}{a} \\ dx = a\cos y\,dy \end{cases}$

2. $\int f(a^2 + x^2)dx$：可令 $x = a\tan y \Rightarrow \begin{cases} y = \tan^{-1}\dfrac{x}{a} \\ dx = a\sec^2 y\,dy \end{cases}$

3. $\int f(x^2 - a^2)dx$：可令 $x = a\sec y \Rightarrow \begin{cases} y = \sec^{-1}\dfrac{x}{a} \\ dx = a\sec y\tan y\,dy \end{cases}$

這類題型之積分問題，大抵可用上述代換底定，但如果能用定理 A，在解題上就能有更大的簡化了。

定理 A　(1) $\displaystyle\int \sqrt{u^2 \pm a^2}\,du = \frac{u}{2}\sqrt{u^2 \pm a^2} + \frac{a^2}{2}\ln\mid u + \sqrt{u^2 \pm a^2}\mid + c$

(2) $\displaystyle\int \frac{du}{\sqrt{u^2 \pm a^2}} = \ln\mid u + \sqrt{u^2 \pm a^2}\mid + c$

(3) $\int \sqrt{a^2 - u^2}\,du = \dfrac{u}{2}\sqrt{a^2 - u^2} + \dfrac{a^2}{2}\sin^{-1}\dfrac{u}{a} + c$

(4) $\int \dfrac{1}{\sqrt{a^2 - u^2}}\,du = \sin^{-1}\dfrac{u}{a} + c$

(5) $\int \dfrac{du}{a^2 + u^2} = \dfrac{1}{a}\tan^{-1}\dfrac{u}{a} + c$

證明 (1) $\int \sqrt{u^2 + a^2}\,du$（取 $u = a\tan y$ 即 $\tan y = \dfrac{u}{a}$，

$du = a\sec^2 y\,dy$）

$\quad = \int \sqrt{a^2\tan^2 y + a^2}\,(a\sec^2 y)dy$

$\quad = a^2 \int \sec^3 y\,dy$

（(1)、(2)之示意圖）

$\quad = a^2\left(\dfrac{1}{2}\sec y\tan y + \dfrac{1}{2}\ln \mid \sec y + \tan y \mid\right) + c'$

$\quad = a^2\left(\dfrac{1}{2}\dfrac{\sqrt{a^2 + u^2}}{a} \cdot \dfrac{u}{a} + \dfrac{1}{2}\ln \left| \dfrac{\sqrt{a^2 + u^2}}{a} + \dfrac{u}{a} \right|\right) + c'$

$\quad = \dfrac{u}{2}\sqrt{a^2 + u^2} + \dfrac{a^2}{2}\ln \mid \sqrt{a^2 + u^2} + u \mid + c$ ■

(2) 取 $u = a\tan y$，$du = a\sec^2 y\,dy$，則

$\quad \int \dfrac{du}{\sqrt{u^2 + a^2}} = \int \dfrac{a\sec^2 y\,dy}{\sqrt{a^2\tan^2 y + a^2}} = \int \sec y\,dy$

$\qquad = \ln \mid \sec y + \tan y \mid + c'$ 　　　（＊）

$\because u = a\tan y$

$\therefore \tan y = \dfrac{u}{a}$，$\sec y = \sqrt{1 + \tan^2 y} = \sqrt{1 + \dfrac{u^2}{a^2}} = \dfrac{\sqrt{a^2 + u^2}}{a}$

代以上結果入＊得

$\quad \int \dfrac{du}{\sqrt{u^2 + a^2}} = \ln \mid \sec y + \tan y \mid + c'$

$\qquad = \ln \left| \dfrac{\sqrt{a^2 + u^2}}{a} + \dfrac{u}{a} \right| + c'$

$\qquad = \ln \mid \sqrt{a^2 + u^2} + u \mid + c$ ■

(3) $\int \sqrt{a^2 - u^2}\,du$ （取$u = a\sin y$ 即 $\sin y = \dfrac{u}{a}$　$du = a\cos y\,dy$）

$= \int \sqrt{a^2 - (a\sin y)^2}\, a\cos y\,dy$

$= a^2 \int \cos^2 y\,dy = a^2 \int \dfrac{\cos 2y + 1}{2}\,dy = \dfrac{a^2}{2}\left[y + \dfrac{1}{2}\sin 2y\right] + c$

$= \dfrac{a^2}{2}y + \dfrac{a^2}{2} \cdot \sin y \cos y + c$

$= \dfrac{a^2}{2} \cdot \sin^{-1}\left(\dfrac{u}{a}\right) + \dfrac{a^2}{2}\dfrac{u}{a} \cdot \sqrt{1 - \left(\dfrac{u}{a}\right)^2} + c$

$= \dfrac{u}{2}\sqrt{a^2 - u^2} + \dfrac{a^2}{2}\sin^{-1}\dfrac{u}{a} + c$ ∎

（(3)、(4)之示意圖）

(4) $\dfrac{du}{\sqrt{a^2 - u^2}}$ （$u = a\sin y$，$du = a\cos y\,dy$）

$= \int \dfrac{a\cos y\,dy}{\sqrt{a^2 - a^2\sin^2 y}} = \int dy = y + c = \sin^{-1}\dfrac{u}{a} + c$ ∎

例 1. 求 $\int \dfrac{dx}{x^2\sqrt{4 - x^2}}$。

解 $\int \dfrac{dx}{x^2\sqrt{4 - x^2}} \xlongequal{x = 2\sin\theta} \int \dfrac{2\cos\theta\,d\theta}{4\sin^2\theta\sqrt{4 - 4\sin^2\theta}}$

$= \int \dfrac{2\cos\theta\,d\theta}{4\sin^2\theta\,2\cos\theta}$

$= \dfrac{1}{4}\int \csc^2\theta\,d\theta = \dfrac{-1}{4}\cot\theta + c$

$= -\dfrac{1}{4} \cdot \dfrac{\sqrt{4 - x^2}}{x} + c$

在例 2，令 $x = 2\sin\theta$ ∴ $\sin\theta = \dfrac{x}{2}$，因此，我們在示意圖以 2 為斜邊，對邊為 x，從而另一邊為 $\sqrt{4 - x^2}$。善用像例 2 這樣的示意圖，對用到三角代換之積分問題很有幫助。

例 2. 求 $\int \dfrac{\sqrt{x^2-4}}{x} dx$ 。

解 $\int \dfrac{\sqrt{x^2-4}}{x} dx \xrightarrow{\;x=2\sec\theta\;} = \int \dfrac{2\tan\theta}{2\sec\theta} \cdot 2\sec\theta\tan\theta\, d\theta$

$\qquad\qquad = \int 2\tan^2\theta\, d\theta$

$\qquad\qquad = 2\int(\sec^2\theta - 1)d\theta$

$\qquad\qquad = 2\tan\theta - 2\theta + c$

$\qquad\qquad = 2\left(\dfrac{1}{2}\sqrt{x^2-4}\right) - 2\sec^{-1}\dfrac{x}{2} + c$

$\qquad\qquad = \sqrt{x^2-4} - 2\sec^{-1}\dfrac{x}{2} + c$

在例 3，令 $x = 2\sec\theta$，即 $\cos\theta = \dfrac{2}{x}$，因此，我們在示意圖以 x 為斜邊，以 2 為鄰邊，從而對邊為 $\sqrt{x^2-4}$。

例 3. 求 $\int x\sqrt{x^2+a^2}\, dx$

解 $\int x\sqrt{x^2+a^2}\, dx = \int \sqrt{x^2+a^2}\, d\dfrac{1}{2}(x^2+a^2)$

$\qquad\qquad = \dfrac{1}{2} \cdot \dfrac{2}{3}(x^2+a^2)^{\frac{3}{2}} + c$

$\qquad\qquad = \dfrac{1}{3}(\sqrt{x^2+a^2})^3 + c$

例 4. 求 $\int \dfrac{dx}{\sqrt{5-4x-x^2}}$ 及 $\int \dfrac{x\,dx}{\sqrt{5-4x-x^2}}$ 。

解 (1) $\int \dfrac{dx}{\sqrt{5-4x-x^2}} = \int \dfrac{dx}{\sqrt{9-(4+4x+x^2)}}$

$\qquad\qquad\qquad = \int \dfrac{dx}{\sqrt{9-(x+2)^2}}$

$$\xlongequal{u=x+2} \int \frac{du}{\sqrt{9-u^2}} = \sin^{-1}\frac{u}{3} + c$$

$$= \sin^{-1}\left(\frac{x+2}{3}\right) + c$$

(2) $\displaystyle\int \frac{xdx}{\sqrt{5-4x-x^2}} = \int \frac{xdx}{\sqrt{9-(x+2)^2}}$

$$= \int \left[\frac{(x+2)-2}{\sqrt{9-(x+2)^2}}\right]dx$$

$$= \int \frac{x+2}{\sqrt{9-(x+2)^2}}dx - 2\int \frac{dx}{\sqrt{9-(x+2)^2}}$$

$$\xlongequal{u=x+2} \int \frac{u}{\sqrt{9-u^2}}du - 2\int \frac{du}{\sqrt{9-u^2}}$$

$$= \frac{-1}{2}\int \frac{d(9-u^2)}{\sqrt{9-u^2}} - 2 \cdot \sin^{-1}\frac{u}{3}$$

$$= -\sqrt{9-u^2} - 2\sin^{-1}\frac{u}{3} + c$$

$$= -\sqrt{5-4x-x^2} - 2\sin^{-1}\left(\frac{x+2}{3}\right) + c$$

例 5. 求 $\displaystyle\int e^x\sqrt{1+e^{2x}}\,dx$

解 得 $\displaystyle\int e^x\sqrt{1+e^{2x}}dx \xlongequal{u=e^x} \int \sqrt{1+u^2}\,du$

$$= \frac{1}{2}\left(u\sqrt{1+u^2} + \ln\mid u+\sqrt{1+u^2}\mid\right) + c$$

$$= \frac{1}{2}\left(e^x\sqrt{1+e^{2x}} + \ln\mid e^x+\sqrt{1+e^{2x}}\mid\right) + c$$

5.9.2　正弦、餘弦之有理函數積分法

　　若積分式為有理函數且只含有 $\sin x$，$\cos x$ 或可化簡成只含 $\sin x$，$\cos x$ 時，我們可考慮用 $z = \tan\dfrac{x}{2}$，$-\dfrac{\pi}{2} < \dfrac{x}{2} < \dfrac{\pi}{2}$ 來變數變換：

令 $z = \tan\dfrac{x}{2}$，由右圖易得：

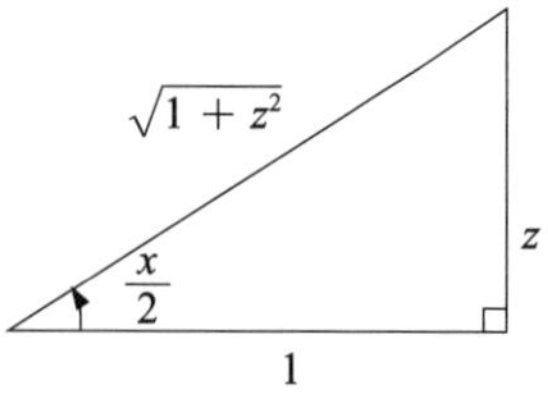

$\sin\dfrac{x}{2} = \dfrac{z}{\sqrt{1+z^2}}$

$\cos\dfrac{x}{2} = \dfrac{1}{\sqrt{1+z^2}}$

$\therefore (1)\sin x = \sin\left(2 \cdot \dfrac{x}{2}\right) = 2\sin\dfrac{x}{2}\cos\dfrac{x}{2}$

$\qquad = 2 \cdot \dfrac{z}{\sqrt{1+z^2}} \cdot \dfrac{1}{\sqrt{1+z^2}} = \dfrac{2z}{1+z^2}$

$(2)\cos x = \cos\left(2 \cdot \dfrac{x}{2}\right) = 2\cos^2\dfrac{x}{2} - 1$

$\qquad = 2\left(\dfrac{1}{\sqrt{1+z^2}}\right)^2 - 1 = \dfrac{1-z^2}{1+z^2}$

$(3)z = \tan\dfrac{x}{2}$，得 $x = 2\tan^{-1}z$　$\therefore dx = \dfrac{2}{1+z^2}dz$

綜上，我們得到下列結果：

定理 B f 為包含 $\sin x$，$\cos x$ 之有理函數，若以 $z = \tan\dfrac{x}{2}$，$-\dfrac{\pi}{2} < \dfrac{x}{2} < \dfrac{\pi}{2}$ 變數變換時，有 $\sin x = \dfrac{2z}{1+z^2}$，$\cos x = \dfrac{1-z^2}{1+z^2}$，$dx = \dfrac{2dz}{1+z^2}$。

我們要注意的是若積分式為含三角函數之有理函數時，在計算時，最好先行化簡並判斷是否能優先用三角恆等式關係或變數變換法未獲得解答。

例 6. 求 $\displaystyle\int \dfrac{dx}{1 + \sin x + \cos x}$。

解 取 $z = \tan\dfrac{x}{2}$，則 $\sin x = \dfrac{2z}{1+z^2}$，$\cos x = \dfrac{1-z^2}{1+z^2}$，$dx = \dfrac{2dz}{1+z^2}$

則原式

$$= \int \frac{\dfrac{2dz}{1+z^2}}{1 + \left(\dfrac{2z}{1+z^2}\right) + \left(\dfrac{1-z^2}{1+z^2}\right)} = \int \frac{dz}{1+z} = \ln \mid 1+z \mid + c$$

$$= \ln \left| 1 + \tan\frac{x}{2} \right| + c$$

例 7. 求 $\int \dfrac{1}{1 - \sin x} dx$。

解 取 $z = \tan\dfrac{x}{2}$，則

$$\int \frac{1}{1-\sin x}dx \xlongequal{z=\tan\frac{x}{2}} \int \frac{\dfrac{2}{1+z^2}dz}{1 - \dfrac{2z}{1+z^2}} = \int \frac{2dz}{(1-z)^2} = \frac{2}{1-z} + c$$

$$= \frac{2}{1 - \tan\dfrac{x}{2}} + c$$

習題 5-9

1.計算

(1) $\int \dfrac{x^2}{\sqrt{4-x^2}}dx$

(2) $\int \dfrac{dx}{x\sqrt{x^2+4}}$

(3) $\int \left(\dfrac{1}{\sqrt{1-x^2}}\right)^3 dx$

(4) $\int \dfrac{dx}{x\sqrt{1-x^2}}$

(5) $\int \dfrac{x^2}{\sqrt{1-x^2}}dx$

★(6) $\int x^2\sqrt{4-x^2}dx$

(7) $\int \dfrac{\sqrt{x^2-1}}{x}dx$

(8) $\int \dfrac{dx}{x^2\sqrt{x^2+1}}$

(9) $\int \dfrac{dx}{x^2\sqrt{x^2-9}}$

(10) $\int \sqrt{\dfrac{1+x}{1-x}}dx$

(11) $\int \dfrac{x^3}{\sqrt{1+x^2}}dx$　　　　　★(12) $\int (1-x^2)^{\frac{3}{2}}dx$

2.計算

(1) $\int \dfrac{x}{x^2+2x+2}dx$　　　　(2) $\int \sqrt{2x-x^2}\,dx$

(3) $\int \sqrt{\dfrac{x}{1-x}}\,dx$　　　　(4) $\int \dfrac{e^x dx}{\sqrt{1-e^{2x}}}$

(5) $\int \dfrac{x}{1-x^2+\sqrt{1-x^2}}dx$

3.計算

(1) $\int \dfrac{dx}{3\sin x+2\cos x+2}$　　　(2) $\int_0^{\frac{\pi}{2}} \dfrac{\cos x}{1+\cos x+\sin x}dx$

(3) $\int_0^{\frac{\pi}{2}} \dfrac{1+\sin x}{1+\sin x+\cos x}dx$　★(4) $\int \sqrt{\dfrac{1+\sin x}{1+\cos x}}\,dx$

(5) $\int_0^{\frac{\pi}{2}} \dfrac{dx}{1+\cos x}$　　　　(6) $\int_0^{\frac{\pi}{2}} \dfrac{dx}{\sin x+\cos x}$

4. $I_n = \int_0^1 (1-x^2)^n dx$，$n$ 為正整數，試證 $I_n = \dfrac{2n}{2n+1}I_{n-1}$。

解

1.(1) $2\sin^{-1}\dfrac{x}{2} - \dfrac{x}{2}\sqrt{4-x^2} + c$

(2) $\dfrac{1}{2}\ln\left|\sqrt{1+\left(\dfrac{2}{x}\right)^2}-\dfrac{2}{x}\right| + c$ 或 $\dfrac{1}{2}\ln\left|\dfrac{\sqrt{x^2+4}-2}{x}\right| + c$

(3) $\dfrac{x}{\sqrt{1-x^2}} + c$

(4) $-\ln\left|\dfrac{1+\sqrt{1-x^2}}{x}\right| + c$ 或 $\ln\left|\dfrac{1-\sqrt{1-x^2}}{x}\right| + c$

(5) $-\dfrac{x}{2}\sqrt{1-x^2} + \dfrac{1}{2}\sin^{-1}x + c$

(6) $2\sin^{-1}\dfrac{x}{2} + \dfrac{x}{4}\sqrt{4-x^2}(x^2-2) + c$

(7) $\sqrt{x^2-1} - \sec^{-1}x + c$

$(8)\dfrac{-\sqrt{x^2+1}}{x}+c$ $\qquad$ $(9)\dfrac{\sqrt{x^2-9}}{9x}+c$

$(10)\sin^{-1}x-\sqrt{1-x^2}+c$ $\qquad$ $(11)\dfrac{1}{3}(\sqrt{1+x^2})^3-\sqrt{1+x^2}+4$

$(12)\dfrac{3}{8}\sin^{-1}x+\dfrac{x}{8}\sqrt{1-x^2}(5-2x^2)+c$

2.$(1)-\tan^{-1}(x+1)+\dfrac{1}{2}\ln(x^2+2x+2)+c$

$\quad(2)\dfrac{x-1}{2}\sqrt{2x-x^2}+\dfrac{1}{2}\cos^{-1}(1-x)+c$ 或 $\dfrac{x-1}{2}\sqrt{2x-x^2}+$

$\qquad \dfrac{1}{2}\sin^{-1}(x-1)+c$

$\quad(3)\sqrt{x-x^2}+\dfrac{1}{2}\sin^{-1}(2x-1)+c$

$\quad(4)\sin^{-1}e^x+c$

$\quad(5)-\ln|1+\sqrt{1-x^2}|+c$

3.$(1)\dfrac{1}{3}\ln\left|3\tan\dfrac{x}{2}+2\right|+c$

$\quad(2)\dfrac{\pi}{4}-\dfrac{1}{2}\ln2$

$\quad(3)\dfrac{\pi}{4}+\dfrac{1}{2}\ln2$

$\quad(4)\dfrac{\sqrt{2}}{2}x+\sqrt{2}\ln\left|\sec\dfrac{x}{2}\right|+c$ 或 $\dfrac{\sqrt{2}}{2}x-\sqrt{2}\ln\left|\cos\dfrac{x}{2}\right|+c$

$\quad(5)\ 1$

$\quad(6)\sqrt{2}\ln(1+\sqrt{2})$

4.提示：$\displaystyle\int_0^1(1-x^2)^n\,dx$ 中令 $x=\sin y$

5.10 瑕積分

5.10.1 瑕積分之意義

> **定義** 若(1)積分式 $f(x)$ 在積分範圍 $[a, b]$ 內有一點不連續或(2)至少有一個積分界限是無窮大,則稱 $\int_a^b f(x)\,dx$ 為**瑕積分**或**廣義積分**（Improper Integral）。

例 1. 以下均為瑕積分之例子:

(1) $\int_0^1 \dfrac{e^x}{\sqrt{x}}\,dx$: $x = 0$ 時,$f(x) = e^x / \sqrt{x}$ 為不連續

(2) $\int_0^3 \dfrac{1}{3-x}\,dx$: $x = 3$ 時,$f(x) = \dfrac{1}{3-x}$ 為不連續

(3) $\int_{-1}^1 \dfrac{dx}{x^{\frac{4}{5}}}$: $x = 0$ 時,$f(x) = x^{-\frac{4}{5}}$ 為不連續

(4) $\int_{-\infty}^{\infty} e^{-2x}\,dx$: 兩個積分界限均為無窮大

> **定義** (1)若函數 f 在半開區間 $[a, b)$ 可積分,則
> $$\int_a^b f(x)\,dx = \lim_{t \to b^-} \int_a^t f(x)\,dx \quad（若極限存在）$$
> (2)若 f 在半開區間 $(a, b]$ 可積分,則
> $$\int_a^b f(x)\,dx = \lim_{s \to a^+} \int_s^b f(x)\,dx \quad（若極限存在）$$

(3)若 f 在 $[a, b]$ 內除了 c 點以外的每一點都連續，
$a < c < b$，則 $\int_a^b f(x)\,dx = \int_a^c f(x)\,dx + \int_c^b f(x)\,dx$
（若右式兩瑕積分都存在）

在上述定義中，若極限存在，則稱瑕積分**收斂**（Convergent）否則為**發散**（Divergent）。

例 2. 求 $\int_0^2 \dfrac{dx}{2-x} = $ ？

解 $f(x) = \dfrac{1}{2-x}$ 在 $x = 2$ 處不連續，所以這是一個瑕積分

$\int_0^2 \dfrac{dx}{2-x} = \lim\limits_{t \to 2^-} \int_0^t \dfrac{dx}{2-x}$

$= \lim\limits_{t \to 2^-} \ln\dfrac{1}{|t-2|} \Big]_0^t = \lim\limits_{t \to 2^-} (\ln\dfrac{1}{|t-2|} - \ln\dfrac{1}{2})$

但 $\lim\limits_{t \to 2^-} \ln\dfrac{1}{|t-2|}$ 不存在 $\therefore \int_0^2 \dfrac{dx}{2-x}$ 發散

定義 (1)若函數 $f(x)$ 在閉區間 $[a, t]$ 連續，則

$\int_a^\infty f(x)\,dx = \lim\limits_{t \to \infty} \int_a^t f(x)\,dx$（若極限存在）

(2)若 $f(x)$ 在 $[s, b]$ 連續，則

$\int_{-\infty}^b f(x)\,dx = \lim\limits_{s \to -\infty} \int_s^b f(x)\,dx$（若極限存在）

(3)若 $f(x)$ 在 $[s, t]$ 連續，則

$\int_{-\infty}^\infty f(x)\,dx = \lim\limits_{t \to \infty} \int_a^t f(x)\,dx + \lim\limits_{s \to -\infty} \int_s^a f(x)\,dx$

（若右端兩極限都存在）

許多讀者往往把 $\int_{-\infty}^{\infty} f(x)\,dx$ 誤認為 $\lim_{t \to \infty} \int_{-t}^{t} f(x)\,dx$，這是不對的，應特別注意。

例 3. 求 $\int_{1}^{\infty} \dfrac{dx}{x^2} = ?$

解 $\displaystyle \int_{1}^{\infty} \frac{dx}{x^2} = \lim_{t \to \infty} \int_{1}^{t} \frac{dx}{x^2} = \lim_{t \to \infty} \frac{-1}{x} \Big]_{1}^{t}$

$\displaystyle = \lim_{t \to \infty} 1 - \frac{1}{t} = 1$

例 4. 求 $\int_{0}^{1} \dfrac{dx}{\sqrt{1-x}} = ?$

解 $\displaystyle \int_{0}^{1} \frac{dx}{\sqrt{1-x}} \xrightarrow{u=1-x} -\int_{1}^{0} u^{-\frac{1}{2}}\,du = \int_{0}^{1} u^{-\frac{1}{2}}\,du = 2u^{\frac{1}{2}} \Big]_{0}^{1} = 2$

例 5. 討論 $\int_{1}^{\infty} \dfrac{dx}{x^p}$ 的斂散性。

解 $p=1$，$\displaystyle \int_{1}^{\infty} \frac{1}{x}\,dx = \lim_{t \to \infty} \int_{1}^{t} \frac{1}{x}\,dx = \lim_{t \to \infty} \ln|t| = \infty$

$p \neq 1$，$\displaystyle \int_{1}^{\infty} \frac{dx}{x^p} = \lim_{t \to \infty} \int_{1}^{t} \frac{1}{x^p}\,dx = \lim_{t \to \infty} \frac{x^{1-p}}{1-p} \Big]_{1}^{t}$

$\displaystyle = \lim_{t \to \infty} \frac{t^{1-p}-1}{1-p} = \begin{cases} \infty & \text{若 } p < 1 \\[2mm] \dfrac{1}{p-1} & \text{若 } p > 1 \end{cases}$

故 $\int_{1}^{\infty} \dfrac{dx}{x^p}$ 當 $p > 1$ 時為收斂，當 $p \leqq 1$ 時為發散

例 5 是個重要結果，讀者不妨把它記住。

5.10.2 Gamma 函數

定義 Gamma 函數以 $\Gamma(n)$ 表示，$\Gamma(n)$ 定義為：
$$\Gamma(n) = \int_0^\infty x^{n-1}e^{-x}dx，n > 0$$

定理 A 若 n 為正整數，則
$$\Gamma(n) = (n-1)!$$
$$[(n-1)! = (n-1)(n-2)\cdots\cdots 3 \cdot 2 \cdot 1]$$

證明
$$\Gamma(n) = \int_0^\infty x^{n-1}e^{-x}dx = \int_0^\infty x^{n-1}d(-e^{-x})$$
$$= -x^{n-1}e^{-x}]_0^\infty + \int_0^\infty e^{-x}d(x^{n-1})$$
$$= \int_0^\infty (n-1)x^{n-2}e^{-x}dx = (n-1)\Gamma(n-1)$$

利用上述遞迴關係，可得：

$$\Gamma(n) = (n-1)\Gamma(n-1)$$
$$= (n-1)(n-2)\Gamma(n-2)$$
$$= (n-1)(n-2)(n-3)\Gamma(n-3)$$
$$\cdots\cdots$$
$$= (n-1)! \qquad\blacksquare$$

定理 A，n 為非負整數時 $\int_0^\infty x^n e^{-x}dx = n!$，左式 x 之冪次與階乘符號連在一起即為 Gamma 函數之結果，似乎更好記，更好算且不易做錯。

例 6. 求 $\int_0^\infty x^2 e^{-x} dx = ?$

解 $\int_0^\infty x^2 e^{-x} dx = 2! = 2 \cdot 1 = 2$

例 7. 求 $\int_0^\infty x^4 e^{-x} dx = ?$

解 $\int_0^\infty x^4 e^{-x} dx = 4! = 4 \cdot 3 \cdot 2 \cdot 1 = 24$

推論 A1 $\int_0^\infty x^m e^{-nx} dx = \dfrac{m!}{n^{m+1}}$ ，m 為非負整數， $n > 0$ 。

證明 取 $y = nx$ ， $dy = ndx$ ，即 $dx = \dfrac{1}{n} dy$

$$\therefore \int_0^\infty x^m e^{-nx} dx = \int_0^\infty \left(\frac{y}{n}\right)^m e^{-y} \cdot \frac{1}{n} dy$$

$$= \frac{1}{n^{m+1}} \int_0^\infty y^m e^{-y} dy = \frac{\Gamma(m+1)}{n^{m+1}} = \frac{m!}{n^{m+1}}$$ ∎

例 8. 求 $\int_0^\infty x^3 e^{-2x} dx = ?$

解 $\int_0^\infty x^3 e^{-2x} dx = \dfrac{3!}{2^{3+1}} = \dfrac{6}{16} = \dfrac{3}{8}$

例 9. 求 $\int_0^\infty x e^{-\frac{x}{2}} dx = ?$

解
$$\int_0^\infty x e^{-\frac{x}{2}} dx \xlongequal{y = \frac{x}{2}} \int_0^\infty 2y e^{-y} (2dy)$$
$$= 4 \int_0^\infty y e^{-y} dy = 4 \cdot \Gamma(2) = 4 \cdot 1 = 4$$

 **習題 5-10**

1.判斷下列瑕積分何者為收斂？何者為發散？若為收斂則進一步求出它的值。

    (1) $\int_0^1 \dfrac{\ln x}{x}\,dx$ (2) $\int_{-5}^2 \dfrac{1}{x^6}\,dx$ (3) $\int_0^2 \dfrac{dx}{(x-1)^3}$

    (4) $\int_0^1 \dfrac{1}{\sqrt[3]{x}}\,dx$ (5) $\int_2^4 \dfrac{dx}{\sqrt{x-2}}$ (6) $\int_0^\infty e^{-x}\,dx$

    (7) $\int_1^\infty \dfrac{1}{x}\,dx$ (8) $\int_1^2 \dfrac{dx}{\sqrt[3]{x-1}}$

2.計算下列各題：

    (1) $\int_0^\infty xe^{-x}\,dx$ (2) $\int_0^\infty x^3 e^{-x}\,dx$ (3) $\int_0^\infty x^3 e^{-3x}\,dx$ (4) $\int_0^\infty x(xe^{-x})^3\,dx$

3.討論 $\int_2^\infty \dfrac{dx}{x(\ln x)^r}$ 之斂散性

4.計算：

    (1) $\int_0^\infty e^{-x}\sin x\,dx$ (2) $\int_0^1 x\ln x\,dx$ (3) $\displaystyle\lim_{t\to\infty}\int_{-t}^t \dfrac{1+x}{1+x^2}\,dx$

★5.求證 $\int_0^\infty \dfrac{\ln x}{1+x^2}\,dx = 0$

解   1.(1)發散   (2)發散   (3)發散   (4)$\dfrac{3}{2}$ (5)$2\sqrt{2}$

    (6) 1   (7)發散   (8)$\dfrac{3}{2}$

    2.(1) 1   (2) 6   (3)$\dfrac{2}{27}$ (4)$\dfrac{8}{81}$

    3.$r > 1$ 時收斂；$0 < r \le 1$ 時發散

    4.(1) $\dfrac{1}{2}$ (2)$-\dfrac{1}{4}$ (3)π（提示 $f(x)=\dfrac{x}{1+x^2}$ 是奇函數）。

    5.提示：取 $x = \dfrac{1}{t}$

第 **6** 章

積分應用

　　本章我們將介紹一些定積分在平面面積、曲線長度、旋轉體體積及表面積求算上之應用。

6.1 平面面積

6.1.1 直角坐標系之面積

　　本節先討論 $y = f(x)$ 在 $[a, b]$ 與 x 軸所夾之面積，以及 $y = f_1(x)$ 與 $y = f_2(x)$ 在 $[a, b]$ 所夾之面積。

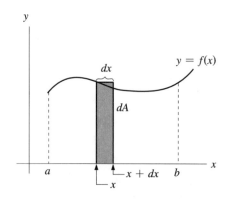

(I)　$y = f(x)$ 在 $[a, b]$ 與 x 軸所夾之面積

　　我們將 $[a, b]$ 分成 n 個小區間，$[x, x + dx]$ 為其中任一區間，則該區間近似於高為 $f(x)$，底為 $(x + dx) - x = dx$ 之矩形，所以面積為 $f(x)\, dx$，故得面積元素 dA 為

$$dA = f(x)dx$$
$$\therefore A = \int_a^b f(x)\, dx$$

例 **1.** 求 $y = x - x^2$ 與 x 軸所圍成
區域之面積。

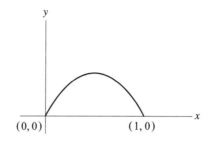

解 $\because y = x - x^2$ 與 x 軸之交點為
$(0, 0), (1, 0)$

$\therefore A = \int_0^1 (x - x^2)\, dx$

$= \dfrac{x^2}{2} - \dfrac{x^3}{3}\Big]_0^1 = \dfrac{1}{6}$

例 **2.** 求 $y = x^2 - 7x + 5$ 與 x 軸所夾之面積。

解 $\because x^2 - 7x + 5 = 0$ ，$x = \dfrac{7 \pm \sqrt{29}}{2}$

$\therefore y = x^2 - 7x + 5$ 與 x 軸交於 $(\dfrac{7 + \sqrt{29}}{2}, 0)$ 及 $(\dfrac{7 - \sqrt{29}}{2}, 0)$

二點，取 $q = \dfrac{7 + \sqrt{29}}{2}$ ，$p = \dfrac{7 - \sqrt{29}}{2}$ ，則

$A = \int_p^q -(x^2 - 7x + 5)\, dx = \dfrac{-x^3}{3} + \dfrac{7}{2}x^2 - 5x\Big]_p^q$

$= \dfrac{-1}{3}(q^3 - p^3) + \dfrac{7}{2}(q^2 - p^2) - 5(q - p)$

$= \dfrac{-1}{3}(q - p) \cdot [(q + p)^2 - pq] + \dfrac{7}{2}(q - p)(q + p) - 5(q - p)$

$= (q - p)[\dfrac{-1}{3}(q + p)^2 + \dfrac{1}{3}pq + \dfrac{7}{2}(q + p) - 5]$

$= \sqrt{29}[\dfrac{-1}{3}(7)^2 + \dfrac{1}{3}(5) + \dfrac{7}{2}(7) - 5] = \dfrac{29}{6}\sqrt{29}$

例 3 中，我們應用一元二次方程式根與係數之關係以簡化計算。

(II) $y = f_1(x)$ 與 $y = f_2(x)$ 在 $[a,b]$ 與 x 軸所夾之面積：仿 I，右圖陰影部分相當近似於高為 $f_2(x) - f_1(x)$，底為 dx 之矩形，故得面積元素 dA 為

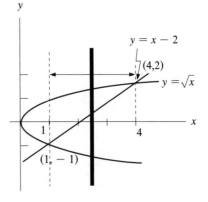

$$dA = [f(x_2) - f(x_1))]\,dx$$

$$\therefore A = \int_a^b (f(x_2) - f(x_1))\,dx$$

　　$y = f(x_1)$ 與 $y = f(x_2)$ 在 $[a,b]$ 與 x 軸所夾之面積在計算上，若 $y = f(x_1)$ 與 $y = f(x_2)$ 無交點時可用上述結果直接算出，但 $y = f(x_1)$ 與 $y = f(x_2)$ 有交點時，必須先求出交點，必要時需分段積分。

例 3. 求 $y = \sqrt{x}$ 與 $y = x - 2$ 所夾之面積。

解　1° 先繪出概圖如左

2° 求 $y = \sqrt{x}$ 與 $y = x - 2$ 之交點：

$$\sqrt{x} = x - 2$$

$$x^2 - 4x + 4 = x$$

$$x^2 - 5x + 4 = (x - 1)(x - 4)$$

$$= 0$$

$$\therefore x = 1, 4$$

　$x = 1$ 時，$y = -1$

　$x = 4$ 時，$y = 2$

即 $y = \sqrt{x}$ 與 $y = x - 2$ 之交點為 $(1, -1), (4, 2)$

　$\therefore$ 所求之面積為

$$A = \int_1^4 (\sqrt{x} - (x - 2)) \, dx = \frac{2}{3} x^{\frac{3}{2}} - \frac{1}{2} x^2 + 2x \Big]_1^4 = \frac{19}{6}$$

例 **4.** 求 $y = x$ 與 $y = x^3$ 所夾區域之面積。

解 先求 $y = x$ 與 $y = x^3$ 之交點：

∵ $x = x^3 \Rightarrow x(x - 1)(x + 1) = 0$

得 $x = 0, x = 1, x = -1$

∴ $y = x$ 與 $y = x^3$ 之交點為

$(0, 0), (1, 1), (-1, -1)$ 其

概圖如右

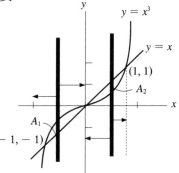

$A = A_1 + A_2$

$\quad = \int_{-1}^0 (x^3 - x) dx + \int_0^1 (x - x^3) \, dx$

$\quad = \frac{x^4}{4} - \frac{x^2}{2} \Big]_{-1}^0 + \frac{x^2}{2} - \frac{x^4}{4} \Big]_0^1 = \frac{1}{4} + \frac{1}{4} = \frac{1}{2}$

　　例 4 圖中有二條粗線，我們可把這二條粗線視為垂直 x 軸之動線，它在積分範圍內游走全程：當粗線由 $x = -1$ 移到 $x = 0$ 時，粗線經過之圖形是 $y = x^3$（上）與 $y = x$（下），但粗線到了 $x = 0$ 到 $x = 1$ 間，粗線交到的是 $y = x$（上）與 $y = x^3$（下），因此我們必須將積分區域作一分割（其分割點自然是 $x = 0$），這種動線法在積分應用、爾後之重積分乃至未來機率都很有幫助。

例 **5.** 求 $y^2 = x$ 與 $y^2 = \dfrac{x}{2} + 2$ 所夾

區域之面積。

解 本例以對 y 積分較為方便，且

解題時應注意到圖形對稱 x 軸

$y^2 = \dfrac{x}{2} + 2$ 與 $y^2 = x$ 之交點為

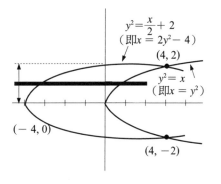

$$\frac{x}{2} + 2 = x \quad \therefore x = 4,\, y = \pm 2$$

即 $(4, 2)$ 與 $(4, -2)$ 二點

$$A = 2\int_0^2 (y^2 - (2y^2 - 4))\, dy$$

$$= 2\int_0^2 (-y^2 + 4))\, dy$$

$$= 2(4y - \frac{1}{3}y^3)\Big]_0^2 = \frac{32}{3}$$

★6.1.2 極坐標系下面積求算

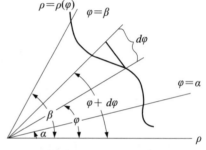

設曲線 $y = f(x)$ 之極坐標方程式為 $\rho = \rho(\varphi)$，現我們要導出曲線 $\rho = \rho(\varphi)$ 與射線 $\varphi = \alpha$，$\varphi = \beta$ 圍成區域之面積。

設曲線 $\rho = \rho(\varphi)$（$\rho(\varphi)$ 在 $[\alpha, \beta]$ 間為連續函數）與 $\varphi = \alpha$，$\varphi = \beta$ 圍成如上圖之扇形區域，現在我們要求此扇形區域之面積。

因為 $\rho = \rho(\varphi)$，即 φ 在 $[\alpha, \beta]$ 變動時，$\rho = \rho(\varphi)$ 亦隨之改變，在此情況下，我們不能用扇形面積公式 $A = \frac{1}{2}r^2\varphi$ 來計算，因此我們取 φ 為積分變數，並在 φ 之範圍 $[\alpha, \beta]$ 取一小區間 $[\varphi, \varphi + d\varphi]$，在此區間內之扇形面積近似於半徑為 $\rho(\varphi)$ 而中心角為 $d\varphi$ 之圓扇形面積，因此得到此扇形之面積元素：

$$dA = \frac{1}{2}[\rho(\varphi)]^2 d\varphi$$

所以我們可得下列定理：

定理
A
極坐標方程式 $\rho=\rho(\varphi)$ 在 $[\alpha,\beta]$ 內為連續函數，則 $\rho=\rho(\varphi)$，$\alpha \le \varphi \le \beta$ 之面積為

$$A = \int_\alpha^\beta \frac{1}{2}\,[\rho(\varphi)]^2 d\varphi$$

在求極坐標面積時應注意到對稱性之應用。

例 6. 求雙紐線（Lemniscate）$r^2 = a^2 \cos 2\theta$ 所圍區域的面積。

解 $r^2 = a^2\cos 2\theta$ 對稱於極軸與 $\theta = \pm\dfrac{\pi}{4}$

$$\therefore A = 4\left[\frac{1}{2}\int_0^{\frac{\pi}{4}} a^2\cos 2\theta\, d\theta\right]$$

$$= a^2\sin 2\theta\Big]_0^{\frac{\pi}{4}} = a^2$$

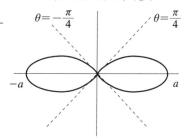

雙紐線在直角坐標系之方程式為 $(x^2+y^2)^2 = a^2(x^2-y^2)$，$a > 0$，因此，在求 $(x^2+y^2)^2 = a^2(x^2-y^2)$ 之面積時，應用極坐標面積公式比較容易計算。

例 7. 求 $r = 5\sin\theta$ 所圍區域之面積。

解 $A = 2\int_0^{\frac{\pi}{2}} \frac{1}{2}r^2 d\theta = \int_0^{\frac{\pi}{2}} (5\sin\theta)^2 d\theta$

$$= 25\int_0^{\frac{\pi}{2}} \sin^2\theta\, d\theta = 25\cdot\frac{1}{2}\cdot\frac{\pi}{2}$$

$$= \frac{25\pi}{4} \text{（Wallis 公式）}$$

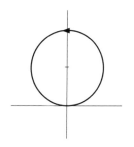

例 7，$r = 5\sin\theta$，$r^2 = 5r\sin\theta$，所以對應直角坐標 $x^2+y^2 = 5y$，可得 $x^2+\left(y-\dfrac{5}{2}\right)^2 = \dfrac{25}{4}$，即圓心為 $(0, \dfrac{5}{2})$、半徑為 $\dfrac{5}{2}$ 之圓，故面

積為 $\pi\left(\dfrac{5}{2}\right)^2=\dfrac{25}{4}\pi$。

例 8. 求 $r = 1 + \cos\theta$ 所圍區域之面積。

解 $\begin{aligned} A &= 2\int_0^\pi \frac{1}{2}(1+\cos\theta)^2 d\theta \\ &= \int_0^\pi (1 + 2\cos\theta + \cos^2\theta)d\theta \\ &= \int_0^\pi \left(1 + 2\cos\theta + \frac{\cos2\theta+1}{2}\right)d\theta \\ &= \frac{3}{2}\theta + 2\sin\theta + \frac{1}{4}\sin2\theta\Big]_0^\pi = \frac{3}{2}\pi \end{aligned}$

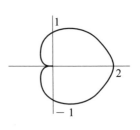

下一例子說明如何計算二個極坐標曲線所夾之面積。

例 9. 求 $r = 1 + \cos\theta$ 外部與 $r = 3\cos\theta$ 內部所圍之區域。

解 先求 $r = 1 + \cos\theta$ 與 $r = 3\cos\theta$ 之交點：

$1 + \cos\theta = 3\cos\theta$

$\therefore\cos\theta = \dfrac{1}{2}$ 解之： $\theta = \dfrac{\pi}{3}, \dfrac{-\pi}{3}$ ，應用對稱性：

$\begin{aligned} A &= 2\int_0^{\frac{\pi}{3}} \left[\frac{1}{2}(3\cos\theta)^2 - \frac{1}{2}(1+\cos\theta)^2\right]d\theta \\ &= \int_0^{\frac{\pi}{3}} (9\cos^2\theta - (1 + 2\cos\theta + \cos^2\theta))d\theta \\ &= \int_0^{\frac{\pi}{3}} (8\cos^2\theta - 2\cos\theta - 1)d\theta \\ &= \int_0^{\frac{\pi}{3}} \left(8 \cdot \frac{1+\cos2\theta}{2} - 2\cos\theta - 1\right)d\theta \\ &= \int_0^{\frac{\pi}{3}} (3 + 4\cos2\theta - 2\cos\theta)d\theta \\ &= 3\theta + 2\sin2\theta - 2\sin\theta\Big]_0^{\frac{\pi}{3}} \\ &= \pi + 2 \cdot \frac{\sqrt{3}}{2} - 2 \cdot \frac{\sqrt{3}}{2} = \pi \end{aligned}$

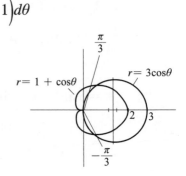

6.1.3 雙曲函數曲線之一個性質

考 慮 $x^2 - y^2 = 1$ 上 一 點 P（$\cosh t$, $\sinh t$），則 P 與原點之連線和曲線，x 軸 間所夾之面積 $A(t)$ 為 $A(t) = \dfrac{1}{2}\sinh t\cosh t - \displaystyle\int_1^{\cosh t}\sqrt{x^2-1}\,dx$，我們將上式對 t 微分：

$$A'(t) = \frac{1}{2}(\cosh^2 t + \sinh^2 t) - \sqrt{\cosh^2 t - 1}\cdot\sinh t$$

$$= \frac{1}{2}(\cosh^2 t + \sinh^2 t) - \sinh^2 t$$

$$= \frac{1}{2}(\cosh^2 t - \sinh^2 t) = \frac{1}{2}$$

$$\therefore A(t) = \frac{t}{2} + c$$

又 $A(0) = \dfrac{1}{2}\sinh t\cosh t - \displaystyle\int_1^{\cosh t}\sqrt{x^2-1}\,dx\Big|_{t=0} = 0$，從而 $c = 0$

$$（\because \sinh(0) = 0 \,,\, \cosh(0) = 1）$$

得 $A(t) = \dfrac{t}{2}$

 **習題 6-1**

1.求下列指定區域之面積：

(1) $y = x^2$ 與 $y = x + 6$ 所圍成區域

(2) $y = \dfrac{1}{x}$，$y = x$ 與 $x = 4$ 所圍成區域

(3) $y^2 = 2x$ 與 $x^2 = 2y$ 所圍成區域

(4) $y = 1 - x^2$，$1 \geq x \geq 0$ 與 x 軸、y 軸圍成之區域被 $y = ax^2$ 分割成面積相等之二個區域，求 a（$a > 0$）

(5) $y = \sin x$ 與 $x = 0$，$x = \dfrac{3}{2}\pi$，x 軸所圍成區域

(6) $\sqrt{x} + \sqrt{y} = 1$ 與 x 軸所圍成區域

(7)$\sqrt{x}+\sqrt{y}=1$ 與 $x+y=1$ 所圍成區域

(8)$y=\ln x$，y 軸與 $y=\ln a$，$y=\ln b$　($b>a>0$)所圍成區域

★2.求 $y=|x^2+2x-1|$ 在 $x=1$ 與二軸所夾區域之面積。

★3.

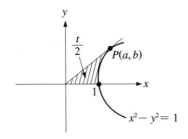

若左圖陰影部分之面積 $A=\dfrac{t}{2}$，

試證 $(a,b)=(\cosh t,\ \sinh t)$

★4.求下列極坐標所示圖形之面積：

(1)$r=2(1+\cos\theta)$　　　　　　(2)$r=2+\cos\theta$

(3)$r=4\sin 2\theta$　　　　　　　　(4)$r^2=a^2\cos 2\theta$

(5)$r=1+\cos\theta$ 之外部且在 $r=\sqrt{3}\sin\theta$ 內部區域之面積

(6)$r=4\cos\theta$ 之內部且在 $r=2$ 外部區域之面積

解

1.

　(1)$\dfrac{125}{6}$　　(2)$\dfrac{15}{2}-\ln 4$　　(3)$\dfrac{4}{3}$　　(4) 3

　(5) 3 （提示：$\displaystyle\int_0^\pi y\,dx+\int_\pi^{\frac{3\pi}{2}} y\,dx$）

　(6)$\dfrac{1}{6}$　　(7)$\dfrac{1}{3}$　　(8)$a-b$

2.$\dfrac{8\sqrt{2}}{3}-3$

3.(1)6π　　(2)$\dfrac{9}{2}\pi$　　(3)2π　　(4)a^2　　(5)$\dfrac{3\sqrt{3}}{4}$

　(6)$2\sqrt{3}+\dfrac{4}{3}\pi$

6.2 弧長

6.2.1 直角坐標系與參數方程之弧長

本節討論：給定 $y = f(x)$ 在 $[a, b]$ 為連續之函數，現要求 $y = f(x)$ 在 $[a, b]$ 間之弧長。

我們還是用分割→加總→求極限之老辦法：

1. 將 $[a, b]$ 分割成 n 等份：

   $[a, x_1], [x_1, x_2]\cdots\cdots[x_{i-1}, x_i]\cdots\cdots[x_{n-1}, b]$

2. 取第 i 個區間之線段 (x_{i-1}, y_{i-1}) 至 (x_i, y_i) 之長度為

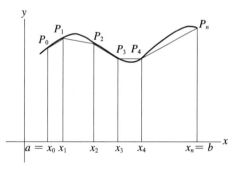

$$\sqrt{(x_i - x_{i-1})^2 + (y_i - y_{i-1})^2}$$
$$= \sqrt{(\Delta x_i)^2 + (\Delta y_i)^2}$$
$$= \sqrt{1 + \left(\frac{\Delta y_i}{\Delta x_i}\right)^2} \cdot \Delta x_i$$

$\therefore y = f(x)$ 在 $[a, b]$ 之長度

L 為：

$$L \approx \sum_{i=1}^{n} \sqrt{1 + \left(\frac{\Delta y_i}{\Delta x_i}\right)^2} \cdot \Delta x_i$$

但 $\Delta y_i = f(x_i) - f(x_{i-1}) = f'(u_i)(x_i - x_{i-1}) = f'(u_i)\Delta x_i$, $x_i > u_i > x_{i-1}$

（微分學均值定理）

$\therefore \dfrac{\Delta y_i}{\Delta x_i} = f'(u_i)$ ，代入 L 後取 Riemann 和，得

$$L \approx \int_a^b \sqrt{1 + (y')^2}\, dx$$

因此我們可有下列定理：

> **定理 A** $y = f(x)$ 在 $[a, b]$ 為連續函數,則 $y = f(x)$ 在 $[a, b]$ 之弧長 L 為
> $$L = \int_a^b \sqrt{1 + (y')^2}\,dx$$

例 1. 求 $y = x^{\frac{3}{2}}$ 自 $x = 0$ 至 $x = 1$ 之弧長。

解
$$L = \int_0^1 \sqrt{1 + (y')^2}\,dx = \int_0^1 \sqrt{1 + \left(\frac{3}{2}x^{\frac{1}{2}}\right)^2}\,dx = \int_0^1 \sqrt{1 + \frac{9}{4}x}\,dx$$
$$= \frac{4}{9} \cdot \frac{2}{3}\left(1 + \frac{9}{4}x\right)^{\frac{3}{2}}\Big|_0^1 = \frac{8}{27}\left(\left(\frac{13}{4}\right)^{\frac{3}{2}} - 1\right) = \frac{13\sqrt{13} - 8}{27}$$

例 2. 求 $y = \ln \cos x$ 在 $0 \le x \le \dfrac{\pi}{4}$ 間之弧長。

解
$$L = \int_0^{\frac{\pi}{4}} \sqrt{1 + (y')^2}\,dx = \int_0^{\frac{\pi}{4}} \sqrt{1 + \left(\frac{-\sin x}{\cos x}\right)^2}\,dx$$
$$= \int_0^{\frac{\pi}{4}} \sec x\,dx = \ln|\sec x + \tan x|\,\Big|_0^{\frac{\pi}{4}} = \ln(1 + \sqrt{2})$$

例 3. 求 $y = \int_{-\frac{\pi}{2}}^x \sqrt{\cos u}\,du$ 在 $-\dfrac{\pi}{2} \le x \le \dfrac{\pi}{2}$ 間之弧長。

解
$$L = \int_{-\frac{\pi}{2}}^{\frac{\pi}{2}} \sqrt{1 + (y')^2}\,dx$$
$$= \int_{-\frac{\pi}{2}}^{\frac{\pi}{2}} \sqrt{1 + (\sqrt{\cos x})^2}\,dx = \int_{-\frac{\pi}{2}}^{\frac{\pi}{2}} \sqrt{1 + \cos x}\,dx$$
$$= 2\int_0^{\frac{\pi}{2}} \sqrt{1 + \cos x}\,dx$$
$$= 2\int_0^{\frac{\pi}{2}} \sqrt{1 + \cos\frac{2}{2}x}\,dx$$
$$= 2\int_0^{\frac{\pi}{2}} \sqrt{1 + \left(2\cos^2\frac{x}{2} - 1\right)}\,dx$$
$$= 2\sqrt{2}\int_0^{\frac{\pi}{2}} \cos\frac{x}{2}\,dx = 2\sqrt{2} \cdot 2\sin\frac{x}{2}\Big|_0^{\frac{\pi}{2}} = 4$$

推論 A1　若連續平滑曲線Γ之參數方程式為 $x = f(t)$，$y = g(t)$，$a \le t \le b$，則曲線在 $c \le t \le d$，（$[c, d] \subset [a, b]$）之弧長 L 為

$$L = \int_c^d \sqrt{\left(\frac{dx}{dt}\right)^2 + \left(\frac{dy}{dt}\right)^2}\, dt$$

證明

讀者可自行推證之

例 4.　求參數方程式 $x = a\cos\theta$，$y = a\sin\theta$，$a > 0$，$2\pi \ge \theta \ge 0$ 之周長。

解　這是圓心為 $(0, 0)$、半徑為 a 之圓，因此，我們知整個弧長是 $2\pi a$，現在我們用積分來求算：

$$L = 4\int_0^{\pi/2} \sqrt{\left(\frac{dx}{d\theta}\right)^2 + \left(\frac{dy}{d\theta}\right)^2}\, d\theta$$

$$= 4\int_0^{\frac{\pi}{2}} \sqrt{(-a\sin\theta)^2 + (a\cos\theta)^2}\, d\theta$$

$$= 4a\int_0^{\frac{\pi}{2}} d\theta = 2\pi a$$

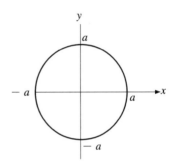

例 5.　求參數方程式 $x = \cos^3\theta$，$y = \sin^3\theta$ 之周長。

解　這是有名的「星線」（Astroid），它的直角坐標方程式為 $x^{\frac{2}{3}} + y^{\frac{2}{3}} = 1$，它的一般式是 $x^{\frac{2}{3}} + y^{\frac{2}{3}} = a^{\frac{2}{3}}$

$$L = 4\int_0^{\frac{\pi}{2}} \sqrt{\left(\frac{dx}{d\theta}\right)^2 + \left(\frac{dy}{d\theta}\right)^2}\, d\theta$$

$$= 4\int_0^{\frac{\pi}{2}} \sqrt{(-3\cos^2\theta\sin\theta)^2 + (3\sin^2\theta\cos\theta)^2}\, d\theta$$

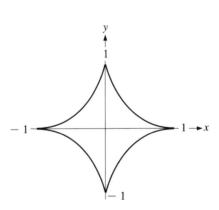

$$= 12 \int_0^{\frac{\pi}{2}} \cos\theta\sin\theta d\theta = 12 \int_0^{\frac{\pi}{2}} \sin\theta d\sin\theta = 6\sin^2\theta\Big]_0^{\frac{\pi}{2}}$$

$$= 6$$

6.2.2 極坐標系之弧長

設曲線由極坐標 $\rho = \rho(\varphi)$ $(\alpha \le \rho \le \varphi)$ 所表示，$\rho(\varphi)$ 在 $[\alpha, \beta]$ 為可微分，現在我們要導出 $\rho = \rho(\varphi)$ 在 $\alpha \le \rho \le \beta$ 之弧長。

由直角坐標與極坐標之關係：

$$\begin{cases} x = \rho(\varphi)\cos\varphi \\ y = \rho(\varphi)\sin\varphi \end{cases}, \ \alpha \le \rho \le \beta$$

則 $(dx)^2 + (dy)^2 = \rho^2(\varphi) + (\rho'(\varphi))^2$

∴弧長元素 $d\ell$ 為

$$d\ell = \sqrt{(dx)^2 + (dy)^2}\, d\varphi = \sqrt{\rho^2(\varphi) + (\rho'(\varphi))^2}\, d\varphi$$

得 $L = \int_\alpha^\beta \sqrt{\rho^2(\varphi) + (\rho'(\varphi))^2}\, d\varphi$

例 6. 求心臟線 $\rho = a(1 + \cos\theta)$ 之周長，$a \ge 0$。

解
$$L = 2\int_0^\pi \sqrt{\rho^2 + (\rho')^2}\, d\theta$$

$$= 2\int_0^\pi \sqrt{[a(1 + \cos\theta)]^2 + [a(-\sin\theta)]^2}\, d\theta$$

$$= 2a\int_0^\pi \sqrt{2 + 2\cos\theta}\, d\theta$$

$$= 2a\int_0^\pi \sqrt{2 + 2\left(2\cos^2\frac{\theta}{2} - 1\right)}\, d\theta$$

$$= 4a\int_0^\pi \cos\frac{\theta}{2}\, d\theta$$

$$= 4a\left(2\sin\frac{\theta}{2}\right)\Big]_0^\pi = 8a$$

例 7. 求對數螺線 $\rho = e^{2\theta}$，$\theta = 0$ 到 $\theta = 2\pi$ 間之弧長。

解
$$L = \int_0^{2\pi} \sqrt{\rho^2 + (\rho')^2}\, d\theta$$

$$= \int_0^{2\pi} \sqrt{(e^{2\theta})^2 + (2e^{2\theta})^2} \, d\theta$$

$$= \sqrt{5} \int_0^{2\pi} e^{2\theta} \, d\theta$$

$$= \frac{\sqrt{5}}{2} (e^{4\pi} - 1)$$

 習題 **6-2**

1. 求下列各題之弧長：

(1) $y = \ln \sec x$ 在 $\frac{\pi}{3} \geq x \geq 0$ 間之弧長

★(2) $y = \ln x$ 在 $\sqrt{3} \leq x \leq \sqrt{8}$ 間之弧長

(3) $y = \left(\frac{4}{9}x^2 + 1\right)^{\frac{3}{2}}$ 在 $0 \leq x \leq 2$ 間之弧長

(4) $y = \frac{a}{2}(e^{\frac{x}{a}} + e^{-\frac{x}{a}})$ 在 $0 \leq x \leq b$

2. 求下列各題之弧長：

(1) $\begin{cases} x = e^{-t}\cos t \\ y = e^{-t}\sin t \end{cases}$, $a \leq t \leq b$

(2) $\begin{cases} x = a(t - \sin t) \\ y = a(1 - \cos t) \end{cases}$
　　一拱之長度（如右圖）

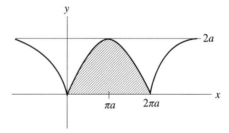

(3) $\begin{cases} x = f''(t)\cos t + f'(t)\sin t \\ y = -f''(t)\sin t + f'(t)\cos t \end{cases}$, $a \leq t \leq b$

(4) $r = a(1 - \sin\theta)$ 之周長

解

1.

(1) $\ln(2 + \sqrt{3})$　(2) $1 + \frac{1}{2}\ln\frac{3}{2}$　(3) $\frac{118}{27}$　(4) $a(\frac{e^{\frac{b}{a}} - e^{-\frac{b}{a}}}{2})$

2.

(1) $\sqrt{2}(e^{-a} - e^{-b})$　(2) $8a$　(3) $f''(b) + f(b) - f''(a) - f(a)$　(4) $8a$

6.3 旋轉體之體積

　　$y = f(x)$ 繞著平面上之一條直線（最簡單也最常見的就是 x 軸、y 軸）旋轉一周所成之立體稱為旋轉體或固體（Solid）有固體自然有體積。旋轉體體積之基本算法有二：一是圓盤法（Disk Method）、一是剝殼法（Shell Mehod）

圓盤法

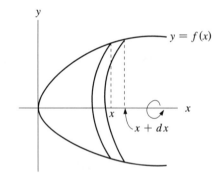

　　$y = f(x)$ 在 $[a,b]$ 為一連續之可微分函數，$f(x)$ 在 $[a,b]$ 中任取一區間 $[x, x + dx]$，繞 x 軸旋轉，可得一個以 $|f(x)|$ 為半徑，dx 為高之圓柱體，故可得體積元素 dV 為：

$$dV = \pi [f(x)]^2 \, dx$$
$$\therefore V = \int_a^b \pi (f(x))^2 \, dx$$

此即 $y = f(x)$ 繞 x 軸旋轉一周所成之旋轉體體積。

　　若 $y = f(x)$ 在 $c \le y \le d$ 在繞 y 軸旋轉一周所成之旋轉體體積 V 為：

$$V = \int_c^d \pi (h(y))^2 \, dy \text{ ；其中 } x = h(y)$$

剝殼法

　　旋轉體體積之第二種求法是剝殼法。旋轉體體積有時很難用

圓盤法求算，便可考慮用剝殼法。剝殼法原理如下：

第一步：

考慮兩個同心圓柱體，若它們的半徑分別為 r_1，r_2（$r_2 > r_1$），高為 h，則此二圓柱體所夾之體積 V 為：

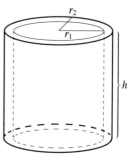

$$V = \pi r_2^2 h - \pi r_1^2 h$$
$$= 2\pi h\left(\frac{r_2^2 - r_1^2}{2}\right) = 2\pi h\left(\frac{r_1 + r_2}{2}\right)(r_2 - r_1)$$

上式之 $\dfrac{r_1 + r_2}{2}$ 為半徑之平均值，$r_2 - r_1$ 為厚度。

第二步：

將 $[a, b]$ 分割成 n 個小區間 $[a, x_1]$，$[x_1, x_2]$，……$[x_{n-1}, b]$，那麼第 i 個子區間 $[x_{i-1}, x_i]$ 之 $\Delta x_i = x_i - x_{i-1}$，$u_i = \dfrac{1}{2}(x_{i-1} + x_i)$

$\therefore V_i \approx 2\pi u_i h(u_i) \Delta x_i$

$$V = \lim_{\|P\| \to 0} \sum_{i=1}^{n} 2\pi u_i h(u_i) \Delta x_i，\dot{P} = \max(x_1 - x_0, x_2 - x_1, \cdots\cdots, x_n - x_{n-1})$$

$$V = \int_a^b 2\pi x h(x)\, dx$$

其中 $h(x)$ 為 $f(x)$ 與 $g(x)$ 圍成之區域且 $h(x) = f(x) - g(x)$

上述公式是在 $a \le x \le b$ 間繞 y 軸旋轉之體積，若是繞 x 軸在 $c \le y \le d$ 間旋轉之體積便為 $\int_c^d 2\pi y h(y)\, dy$，$x = h(y)$

對初學者而言，圓盤法或剝殼法可參考下列解題線索：

(1)不論圓盤法或剝殼法，二者所得之旋轉體積應是相同的，所差的只是計算之繁易。

(2)用剝殼法時應注意到：

(a)對 x 軸旋轉時對 y 積分；對 y 軸旋轉時對 x 積分。

(b)用剝殼法時 $h(x)$ 一定是兩個函數之差，其中一個是 $f(x)$ 而另一個是 $g(x)$ 或者一個是 $f(x)$ 而另一個是積分區域之上、下界。

例 1. $y = \sqrt{x}$，$0 \le x \le 1$ 繞 x 軸旋轉所成之體積。

解

方法一（圓盤法）

$$V = \int_0^1 \pi(\sqrt{x})^2 \, dx$$
$$= \int_0^1 \pi x \, dx = \frac{\pi}{2}$$

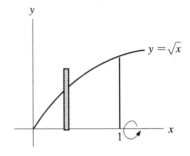

方法二（剝殼法）

$$V = \int_0^1 2\pi y (1 - y^2) dy$$
$$= 2\pi \left(\frac{y^2}{2} - \frac{y^4}{4} \right) \Big]_0^1 = \frac{\pi}{2}$$

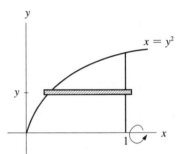

例 2. $y = x$ 及 $y = \sqrt{x}$ 圍成區域繞 x 軸旋轉所成之體積。

解

方法一 （圓盤法）

$$V = \int_0^1 \pi((\sqrt{x})^2 - x^2) dx$$
$$= \int_0^1 \pi(x - x^2) dx = \frac{\pi}{6}$$

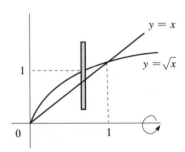

方法二 （剝殼法）

$$V = \int_0^1 2\pi y (y - y^2) dy$$
$$= 2\pi \left(\frac{y^3}{3} - \frac{y^4}{4} \right) \Big]_0^1 = \frac{\pi}{6}$$

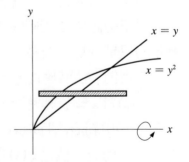

例 3. $\dfrac{x^2}{a^2} + \dfrac{y^2}{b^2} = 1$　$a > 0, b > 0$ 繞 x 軸旋轉所成之體積，並求

繞 y 軸旋轉所成之體積。

解 (1) 繞 x 軸旋轉：

$$y = \frac{b}{a}\sqrt{a^2 - x^2}, \; -a \le x \le a$$

$$\therefore V = \int_{-a}^{a} \pi f^2(x)\, dx$$

$$= \int_{-a}^{a} \pi \left(\frac{b}{a}\sqrt{a^2 - x^2} \right)^2 dx$$

$$= \frac{2b^2\pi}{a^2} \int_0^a (a^2 - x^2)\, dx$$

$$= \frac{2\pi b^2}{a^2}\left(a^2 x - \frac{x^3}{3}\right)\Big]_0^a = \frac{4}{3}\pi ab^2$$

(2) 繞 y 軸旋轉：

$$x = \frac{a}{b}\sqrt{b^2 - y^2}\,, \; -b \le y \le b$$

$$\therefore V = \int_{-b}^{b} \pi g^2(y)\, dy$$

$$= \int_{-b}^{b} \pi \left(\frac{a}{b}\sqrt{b^2 - y^2} \right)^2 dy$$

$$= \frac{a^2\pi}{b^2} \int_{-b}^{b} (b^2 - y^2)\, dy$$

$$= \frac{2a^2\pi}{b^2} \int_0^b (b^2 - y^2)\, dy$$

$$= \frac{2a^2\pi}{b^2}\left(b^2 y - \frac{1}{3}y^3\right)\Big]_0^b = \frac{4}{3}\pi a^2 b$$

★例 4. $x^2 + y^2 = 9$，$y = 1$，$y = 3$，$x = 0$ 圍成區域繞 y 軸旋轉所

得旋轉體體積。

解

方法一 圓盤法：

$$V = \pi \int_1^3 (9 - y^2)\, dy$$

$$= \pi \cdot \left(9y - \frac{1}{3}y^3\right)\Big]_1^3 = \frac{28}{3}\pi$$

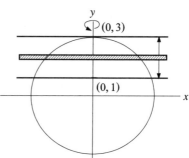

方法二 剝殼法：

$$V = 2\pi \int_0^{\sqrt{8}} x\left(\sqrt{9-x^2} - 1\right) dx$$

$$= 2\pi \left[-\frac{1}{3}(9-x^2)^{\frac{3}{2}} - \frac{1}{2}x^2 \right]\Bigg|_0^{\sqrt{8}}$$

$$= \frac{28}{3}\pi$$

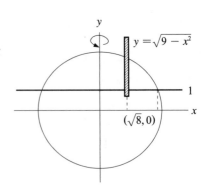

在上例，有許多讀者將剝殼法誤算為：

$$V = 2\pi \int_0^{\sqrt{8}} x\sqrt{9-x^2}\, dx，你能指出錯在哪裡嗎？$$

例 5. $y = x^3$，y軸與 $y = 3$ 圍成區域繞 y 軸旋轉所得之旋轉體體積。

解

方法一 圓盤法：

$$V = \pi \int_0^3 x^2\, dy$$

$$= \pi \int_0^3 (y^{\frac{1}{3}})^2\, dy$$

$$= \pi \cdot \frac{3}{5} y^{\frac{5}{3}} \Big]_0^3$$

$$= \frac{3}{5}\pi (3)^{5/3}$$

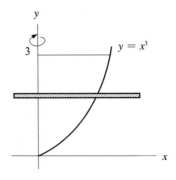

方法二 剝殼法：

$$V = 2\pi \int_0^{\sqrt[3]{3}} x(3 - x^3)\, dx$$

$$= \frac{3}{5}\pi (3)^{\frac{5}{3}}$$

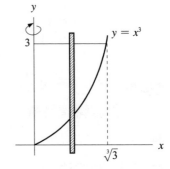

下面是二個經典問題：

★例 6. 一平面通過半徑為 r 之圓柱體之底圓中心，且與底面之交角為 α（如下圖），求此平面截圓柱體所得之立體體積。

解 為便於計算，且不失一般性，我們可令此平面與圓柱底面之交線為 x 軸，且 y 軸為底面上過圓心且垂直 x 軸之直線。設底圓之方程式為 $x^2 + y^2 = r^2$，考慮其中任一切片，例如 $\triangle ABC$，這是一個以 $\overline{AB}$ 為底，$\overline{AC}$，$\overline{BC}$ 為 π 之等腰三角形，令 $\overline{AB}$ 距圓心 O 為 α，則由圖 b，若 B 之座標為 (x, y)，因 B 位於標準單位圓 $x^2 + y^2 = r^2$ 上 $\therefore B$ 之座標 $(x, \sqrt{r^2 - x^2})$ 而 $AB = 2y = 2\sqrt{r^2 - x^2}$，再看圖 c，等腰三角形之高為 $y \tan \alpha = \sqrt{r^2 - x^2} \tan \alpha$ $\therefore$ 截面為直角三角形之面積 $A(x)$ 為

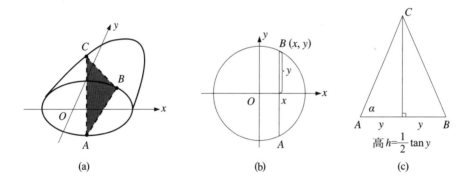

(a)   (b)   (c)

$$A(x) = \frac{1}{2}\sqrt{r^2 - x^2} \cdot \sqrt{r^2 - x^2} \tan \alpha$$

$$= \frac{1}{2}(r^2 - x^2) \tan \alpha \,,\, -r < x < r$$

$$\therefore V = \int_{-r}^{r} A(x)\, dx$$

$$= \int_{-r}^{r} \frac{1}{2}(r^2 - x^2) \tan \alpha \, dx$$

$$= \frac{1}{2}\tan \alpha \int_{-r}^{r} (r^2 - x^2)\, dx = \tan \alpha \int_{0}^{r} (r^2 - x^2)\, dx$$

$$= \tan \alpha \cdot \left(r^2 x - \frac{1}{3}x^3 \right)\Big]_{0}^{r} = \frac{2}{3} r^3 \tan \alpha$$

★例7. 將半徑為 a 之半球體注滿水，然後將其傾斜 $30°$，求水流出的體積。

解 如果我們將半球體剖面，可知斜線部分為傾斜 $30°$ 後留下之水，而半圓其餘部分即流出之水，因此原題相當於一個在 x 軸下方之半球體積 $\frac{2}{3}\pi a^3$ 減去斜線部份繞 y 軸之

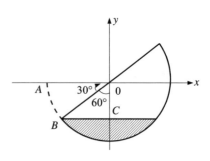

旋轉固體體積，現我們要求斜線部分繞 y 軸旋轉之體積 V_1：

$0C = OB\cos60° = \dfrac{a}{2}$，即 C 之坐標為 $\left(0, -\dfrac{a}{2}\right)$

$V_1 = \pi \displaystyle\int_{-a}^{-\frac{a}{2}} (a^2 - y^2)\, dy = \dfrac{5}{24}\pi a^3$

$\therefore$ 流出水之體積為 $\dfrac{1}{2} \cdot \dfrac{4}{3}\pi a^3 - \dfrac{5}{24}\pi a^3 = \dfrac{11}{24}\pi a^3$

習題 6-3

1. 計算下列旋轉體之體積：

(1) $x = 4$ 與 $y^2 = x$ 圍成區域繞 x 軸旋轉

(2) $y^2 = 4x$ 與 $x = 1$ 所圍成之區域繞 x 軸旋轉

(3) $\sqrt{x} + \sqrt{y} = 1$，$x = 0$，$y = 0$，所圍成區域繞 x 軸旋轉

(4) $y = x^2 + 2x$，$x = 0$，$x = 1$ 與 $y = 0$ 圍成區域繞 y 軸旋轉

(5) $y = x^2$ 與 $y = x$ 圍成區域繞 y 軸旋轉

(6) $x = 2$，$x = y^2$ 圍成區域繞 x 軸旋轉

(7) $y = x^3$，$y = 3$ 與 y 軸所圍成區域繞 y 軸旋轉

(8) $y = \sin x$，$0 \le x \le \pi$ 與 x 軸所圍成區域繞 x 軸旋轉

(9) $y = \sin(x^2)$，$y = \cos(x^2)$ 與 $x = 0$ 所圍成區域繞 y 軸旋轉

(10) $y = xe^x$，$x = 1$，x 軸所圍成區域繞 x 軸旋轉

★⑾$y = e^x \sin x$ 由 $x = 0$ 至 $x = \pi$ 繞 x 軸旋轉

解

1.

  (1)8π　　(2)2π　　(3)$\dfrac{\pi}{15}$　　(4)$\dfrac{11}{6}\pi$

  (5)$\dfrac{\pi}{6}$　　(6)2π　　(7)$\dfrac{9\sqrt[3]{9}}{5}\pi$　　(8)$\dfrac{\pi^2}{2}$

  (9)$(\sqrt{2} - 1)\pi$　　⑽$\dfrac{\pi}{4}(e^2 - 1)$　　⑾$\dfrac{\pi}{8}(e^{2\pi} - 1)$

★ *6.4*　旋轉體之表面積

　　$y = f(x)$ 繞 x 軸旋轉，那麼它旋轉固體在 $a \le x \le b$ 之表面積之求法是將 $a \le x \le b$ 分割成 n 段，而形成 n 個圓錐臺（Furstum），然後將這些圓錐臺之側表面積加總，即可得 $y = f(x)$ 繞 x 軸旋轉之固體在 $a \le x \le b$ 間之表面積。$y = f(x)$ 繞 y 軸旋轉之情形也是一樣的。

圓錐臺側表面積

　　將一線段之一個端點固定，另一端點沿著一圓旋轉，即成一個直角錐。

　　下圖右邊是一個直角錐，它的底是半徑為 r 之圓，它的斜高（Slant Height）是 l。我們把它切開攤平可形成一個半徑是 l，扇形角為 θ 之扇形，而扇形之弧長恰是 $2\pi r$。

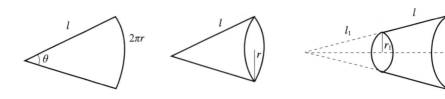

扇形弧長公式為 $S = r\theta$，（θ為扇形角，r為扇形半徑）

$\therefore 2\pi r = l\theta$　$\therefore \theta = \dfrac{2\pi r}{l}$，易得扇形面積為 $A = \pi l^2 \cdot \dfrac{2\pi r/l}{2\pi} = \pi r l$

$\therefore$圓錐臺之側表面積為：

$$\pi r_2 (l_1 + l) - \pi r_1 l_1 = \pi l_1 (r_2 - r_1) + \pi l r_2 \tag{1}$$

現考慮右圖之直角三角形：

$$\frac{l + l_1}{r_2} = \frac{l_1}{r_1}$$

解之：

$$l_1 = \frac{r_1}{r_2 - r_1} l \tag{2}$$

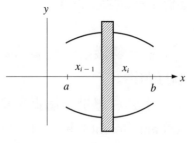

代(2)入(1)得：

圓錐臺之側表面積為

$\pi l_1 (r_2 - r_1) + \pi l r_2$

$= \pi \left(\dfrac{r_1}{r_2 - r_1} \right) l (r_2 - r_1) + \pi l r_2$

$$= \pi l (r_1 + r_2) \tag{3}$$

有了上述結果，我們便可求旋轉固體之側表面積：

第一步　將 $[a, b]$ 分成 n 個等份，則形成 n 個圓錐臺，我們要求的 $y = f(x)$ 繞 x 軸旋轉在 $a \le x \le b$ 之側表面積，相當於此 n 個圓錐臺之側表面積之和：

第二步　書出第 i 個圓錐臺之側表面積：

$$A_i = \pi l \, (y_{i-1} + y_i)$$

$$= \pi \sqrt{(x_{i-1} - x_i)^2 + (y_{i-1} - y_i)^2} \cdot (y_{i-1} + y_i)$$

$$= \pi (y_{i-1} + y_i) \sqrt{1 + \left(\frac{y_{i-1} - y_i}{x_{i-1} - x_i}\right)^2} \cdot \underbrace{(x_{i-1} - x_i)}_{= \Delta x_i}$$

$$= 2\pi (y_i^*) \sqrt{1 + \left(\frac{y_{i-1} - y_i}{x_{i-1} - x_i}\right)^2} \cdot \Delta x_i \qquad (1)$$

在(1)，由微分學之均值定理：存在一個 x_i^*，$x_{i-1} < x_i^* < x_i$ 使得：

$$\frac{y_i - y_{i-1}}{x_i - x_{i-1}} = \frac{f(x_i) - f(x_{i-1})}{x_i - x_{i-1}} = f'(x_i^*) \qquad (2)$$

代(2)入(1)得：

$$A = 2\pi (y_i^*) \sqrt{1 + (f'(x_i^*)^2} \cdot \Delta x_i$$

第三步

$$A \doteq \lim_{n \to \infty} \sum_{i=1}^{n} 2\pi (y_i^*) \sqrt{1 + (f'(x_i^*)^2} \Delta x$$

$$= 2\pi \int_a^b f(x) \sqrt{1 + (f'(x))^2} \, dx$$

因此，我們得到以下定理：

定理 A $y = f(x)$ 在 $a \leq x \leq b$ 為一連續函數，$y = f(x)$ 繞 x 軸旋轉所成圓體在 $a \leq x \leq b$ 之側表面積 A 為：

$$A = 2\pi \int_a^b f(x) \sqrt{1 + (f'(x))^2} \, dx$$

例 1. 求 $y = \sqrt{4 - x^2}$，$0 \leq x \leq \frac{1}{4}$ 繞 x 軸旋轉所得圓體之側表面積。

解

$$A = 2\pi \int_0^{\frac{1}{4}} \sqrt{4 - x^2} \sqrt{1 + [(\sqrt{4 - x^2})']^2} \, dx$$

$$= 2\pi \int_0^{\frac{1}{4}} \sqrt{4 - x^2} \sqrt{1 + \left(\frac{x}{\sqrt{4 - x^2}}\right)^2} \, dx$$

$$= 2\pi \int_0^{\frac{1}{4}} \sqrt{4 - x^2} \sqrt{\frac{4}{4 - x^2}} \, dx$$

$$= 2\pi \int_0^{\frac{1}{4}} 2 \, dx = \pi$$

定理 B （參數式）若曲線 C，$x = x(t)$，$y = y(t)$，$a \leq t \leq b$，繞 x 軸旋轉所得固體之側表面積 A 為：

$$A = 2\pi \int_a^b t \sqrt{\left(\frac{dx}{dt}\right)^2 + \left(\frac{dy}{dt}\right)^2} \, dt$$

讀者應還記得周長 L 公式，其與參數式旋轉體側表面積公式非常類似，只不過側表面積積分式中多了個 t

例 2. 曲線 C 之參數方程式為
$$\begin{cases} x(t) = t^2 \\ y(t) = t \end{cases}, \quad 1 \geq t \geq 0$$
繞 x 軸旋轉，求旋轉固體之側表面積。

解
$$A = 2\pi \int_0^1 t \sqrt{\left(\frac{d}{dt} t^2\right)^2 + \left(\frac{d}{dt} t\right)^2} \, dt$$

$$= 2\pi \int_0^1 t \sqrt{4t^2 + 1} \, dt$$

$$= 2\pi \, \frac{1}{12} (4t^2 + 1)^{\frac{3}{2}} \Big]_0^1 = \frac{\pi}{6} (5^{\frac{3}{2}} - 1)$$

定理 C （極坐標）若曲線 $r = f(\theta)$，$\alpha \leq \theta \leq \beta$ 旋轉所得固體之側表面積 A 為：

$$A = 2\pi \int_\alpha^\beta f(\theta) \sin\theta \sqrt{(f(\theta))^2 + (f'(\theta))^2} \, d\theta$$

證明

$r = f(\theta)$，取參數式：

$x(\theta) = f(\theta)\cos\theta$，$y(\theta) = f(\theta)\sin\theta$

$\dfrac{d}{d\theta}x(\theta) = f'(\theta)\cos\theta - f(\theta)\sin\theta$

$\dfrac{d}{d\theta}y(\theta) = f'(\theta)\sin\theta + f(\theta)\cos\theta$

$\left(\dfrac{d}{d\theta}x(\theta)\right)^2 + \left(\dfrac{d}{d\theta}y(\theta)\right)^2 = f^2(\theta) + (f'(\theta))^2$

由定理 B，$A = 2\pi\displaystyle\int_\alpha^\beta f(\theta)\sin\theta\sqrt{f^2(\theta) + (f'(\theta))^2}\,d\theta$ ∎

例 3. 求 $r = a$，$0 \le \theta \le \dfrac{\pi}{4}$ 旋轉所得固體之表面積。

解 $r = f(\theta) = a$ $\qquad f^2(\theta) = a^2$，$(f'(\theta))^2 = 0$

$\therefore A = 2\pi\displaystyle\int_0^{\frac{\pi}{4}} a\sin\theta\sqrt{a^2 + 0}\,d\theta$

$\qquad = 2a^2\pi\displaystyle\int_0^{\frac{\pi}{4}}\sin\theta\,d\theta = 2a^2\pi(-\cos\theta)\Big]_0^{\frac{\pi}{4}}$

$\qquad = (2 - \sqrt{2})\pi a^2$

例 4. 證明半徑為 a 之球的表面積為 $4\pi a^2$。

解 我們設

$\begin{cases} x = a\cos\theta\text{，}0 < \theta < \pi & \dfrac{d}{d\theta}x = -a\sin\theta \\[2mm] y = a\sin\theta\text{，}0 < \theta < \pi & \dfrac{d}{d\theta}y = a\cos\theta \end{cases}$

$\therefore A = 2\pi\displaystyle\int_0^\pi a\sin\theta\sqrt{(-a\sin\theta)^2 + (a\cos\theta)^2}\,d\theta$

$= 2\pi a^2\displaystyle\int_0^\pi\sin\theta\,d\theta = 2\pi a^2(-\cos\theta)\Big]_0^\pi = 4\pi a^2$

習題 6-4

1. 計算：

(1) $y = e^{-x}$，$x \geq 0$ 繞 x 軸旋轉所得固體之表面積

(2) $x^2 + y^2 = 9$，$-2 \leq y \leq 2$ 繞 y 軸旋轉所得固體之表面積

(3) 曲線 $x^{\frac{2}{3}} + y^{\frac{2}{3}} = a^{\frac{2}{3}}$，$a > 0$ 繞 x 軸旋轉所得固體之表面積（提示：取 $x = a\cos^3\theta$，$y = a\sin^3\theta$，$a > 0$，$\frac{\pi}{2} \geq \theta \geq 0$）

(4) $r = \sin\theta$，$0 \leq \theta \leq \frac{\pi}{2}$ 旋轉所得固體之表面積

2. 證明：$y = \dfrac{a}{2}(e^{\frac{x}{a}} + e^{-\frac{x}{a}})$，$a \geq x \geq 0$ 繞 x 軸旋轉所得固體之表面積為 $\dfrac{\pi}{4}a^2(e^2 - e^{-2}) + \pi a^2$

解

(1) $(\sqrt{2} + \ln(1 + \sqrt{2}))\pi$ (2) 24π (3) $\dfrac{12}{5}a^2\pi$ (4) $\dfrac{\pi^2}{2}$

第 **7** 章

無窮級數

7.1 數列

本章我們討論的課題是**無窮級數**（Infinite Series），是由**數列**（Sequence）發展出來，因此，我們先由數列談起。

7.1.1 數列

> 定義　數列是定義域為正整數之函數。

例 **1.** 　若已知 $a_n = \dfrac{n+1}{2n^2+1}$ ，請寫出前五項。

解　$a_1 = \dfrac{(1)+1}{2(1)^2+1} = \dfrac{2}{3}$ ， $a_2 = \dfrac{2+1}{2(2)^2+1} = \dfrac{1}{3}$

$a_3 = \dfrac{3+1}{2(3)^2+1} = \dfrac{4}{19}$ ，

$a_4 = \dfrac{4+1}{2(4)^2+1} = \dfrac{5}{33}$ ，

$a_5 = \dfrac{5+1}{2(5)^2+1} = \dfrac{2}{17}$

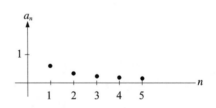

例 **2.** 　若 $a_n = (-1)^n$ ，請寫出前五項。

解　$a_1 = (-1)^1 = -1$ ， $a_2 = (-1)^2 = 1$ ， $a_3 = (-1)^3 = -1$

$a_4 = (-1)^4 = 1$ ， $a_5 = (-1)^5 = -1$

因為 $a_n = \begin{cases} 1 & ，n \text{ 為正偶數} \\ -1 & ，n \text{ 為正奇數} \end{cases}$

它在 1 與 -1 相互振盪，因此

它是**交錯**（Alternate）

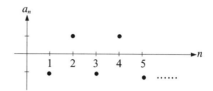

在例 1，如果我們列表，可看

出 $n \to \infty$ 時 $a_n \to 0$

n	1	2	3	4	5	$\cdots$	10	$\cdots$	50	$\cdots$	100	$\to \infty$
$\dfrac{n+1}{2n^2+1}$	0.667	0.333	0.211	0.152	0.118	$\cdots$	0.055		0.010	$\cdots$	0.005	$\to 0$

但在例 2，$n \to \infty$ 時便無法趨近一個定值

n	1	2	3	4	$\cdots\cdots\cdots\cdots\cdots\cdots\cdots\cdots\cdots\cdots\cdots\cdots\cdots\cdots\cdots$	∞
$(-1)^n$	-1	1	-1	1		?

由例 1，2 便產生了數列**收斂**（Converge）之概念。

定義 $\{a_n\}$ 為一**無窮數列**，l 為一實數，若對任意給定 $\varepsilon < 0$，若存
在一個正整數 N，使得對所有 $n > N$ 均有

$|a_n - l| < \varepsilon$

則稱數列 $\{a_n\}$ 收斂到 l（$\{a_n\}$ Converges to l）

許多數列之定理均由上述定義導出，但囿於本書之水準，我
們只將部分定理作一推導，不作過多論證之動作。由定義
「$\lim\limits_{n \to \infty} a_n = l$ 意指 $\{a_n\}$ 收斂至 l」。

一般而言，$\{a_n\}$ 收斂至某個數 l，則稱此數列 $\{a_n\}$ 為收斂，否
則為**發散**（Divergent）。

收斂數列之有關定理

定理 A 若$\{a\}$，$\{b\}$為二個收斂數列，且k為任意常數，則

(1)$\displaystyle\lim_{n\to\infty} ka_n = k\lim_{n\to\infty} a_n$

(2)$\displaystyle\lim_{n\to\infty}(a_n \pm b_n) = \lim_{n\to\infty} a_n \pm \lim_{n\to\infty} b_n$

(3)$\displaystyle\lim_{n\to\infty}(a_n \cdot b_n) = \lim_{n\to\infty} a_n \cdot \lim_{n\to\infty} b_n$

(4)$\displaystyle\lim_{n\to\infty}\frac{a_n}{b_n} = \frac{\displaystyle\lim_{n\to\infty} a_n}{\displaystyle\lim_{n\to\infty} b_n}$，但$\displaystyle\lim_{n\to\infty} b_n \neq 0$

(5)$\displaystyle\lim_{n\to\infty} a_n$存在，則其為唯一

我們在此證明(2)及(5)：

(2)設$\displaystyle\lim_{n\to\infty} a_n = A$，$\displaystyle\lim_{n\to\infty} b_n = B$，則

$| (a_n + b_n) - (A + B) |$

$= | (a_n - A) + (b_n - B) | \leq | a_n - A | + | b_n - B |$ (i)

$\because \displaystyle\lim_{n\to\infty} a_n = A$

$\therefore | a_n - A | < \dfrac{1}{2}\varepsilon$，$\varepsilon > 0$對所有$n > N_1$均成立   (ii)

又$\displaystyle\lim_{n\to\infty} b_n = B$

$\therefore | b_n - B | < \dfrac{1}{2}\varepsilon$，$\varepsilon > 0$對所有$n > N_2$均成立   (iii)

由(i)，(ii)，(iii)

$| (a_n + b_n) - (A + B) | < \dfrac{1}{2}\varepsilon + \dfrac{1}{2}\varepsilon = \varepsilon$對所有$n > N$均成立

其中$N = \max\{N_1，N_2\}$ ■

(5)設$\displaystyle\lim_{n\to\infty} a_n = l_1$且$\displaystyle\lim_{n\to\infty} a_n = l_2$，現要證$l_1 = l_2$：

∵$\lim\limits_{n\to\infty}a_n$ 存在，對任意 $\varepsilon>0$ 均可找到 N 使得：

$n>N$ 時 $|a_n-l_1|<\dfrac{1}{2}\varepsilon$

$n>N$ 時 $|a_n-l_2|<\dfrac{1}{2}\varepsilon$

∴$|l_1-l_2|=|-(a_n-l_1)+(a_n-l_2)|$

$\leq|a_n-l_1|+|a_n-l_2|<\dfrac{1}{2}\varepsilon+\dfrac{1}{2}\varepsilon=\varepsilon$

即 $|l_1-l_2|$ 小於任意正數 ε（不論 ε 有多小）∴$l_1=l_2$　■

前幾章之無窮大極限之解法技巧均適用本章。

例 3. $\left\{\dfrac{2n^3-3n+5}{3n^3+7n^2+2n+1}\right\}$ 是否收斂？

解 ∵$\lim\limits_{x\to\infty}\dfrac{2x^3-3x+5}{3x^3+7x^2+2x+1}=\dfrac{2}{3}$ ∴$\lim\limits_{n\to\infty}\dfrac{2n^3-3n+5}{3n^3+7n^2+2n+1}=\dfrac{2}{3}$

即數列 $\left\{\dfrac{2n^3-3n+5}{3n^3+7n^2+2n+1}\right\}$ 收斂於 $\dfrac{2}{3}$

在求一些無窮級數如 $a_n=\dfrac{\ln n}{n}$ 之無窮大極限時，因為 $\dfrac{\ln n}{n}$ 中的 n 為正整數，所以我們無法直接應用 L' Hospital 法則來求 $\lim\limits_{n\to\infty}\dfrac{\ln n}{n}$，因此用下列方式求極限：

若 $\lim\limits_{x\to\infty}f(x)=l$，則 $\lim\limits_{n\to\infty}f(n)=l$

例 4. 數列 $\left\{\left(1+\dfrac{2}{n}\right)^{3n}\right\}$ 是否收斂？

解 ∵$\lim\limits_{x\to\infty}\left(1+\dfrac{2}{x}\right)^{3x}=\exp\left\{\lim\limits_{x\to\infty}\left[\left(1+\dfrac{2}{x}\right)-1\right]3x\right\}=e^6$

$\lim\limits_{n\to\infty}\left(1+\dfrac{2}{n}\right)^{3n}=e^6$ ∴數列 $\left\{\left(1+\dfrac{2}{n}\right)^{3n}\right\}$ 收斂至 e^6

例 5. 數列 $\left\{\dfrac{\sin n}{n^2}\right\}$ 是否收斂？

解 $\because 1 \geq \sin x \geq -1$

$\therefore \dfrac{1}{x^2} \geq \dfrac{\sin x}{x^2} \geq -\dfrac{1}{x^2}$

由擠壓定理：$\lim\limits_{x \to \infty} \dfrac{1}{x^2} = \lim\limits_{x \to \infty} \dfrac{-1}{x^2} = 0$

$\therefore \lim\limits_{x \to \infty} \dfrac{\sin x}{x^2} = 0$，從而 $\lim\limits_{n \to \infty} \dfrac{\sin n}{n^2} = 0$

即數列 $\left\{\dfrac{\sin n}{n^2}\right\}$ 收斂至 0

例 6. $\left\{\dfrac{\ln n}{n}\right\}$ 是否收斂？

解 $\lim\limits_{x \to \infty} \dfrac{\ln x}{x} = \lim\limits_{x \to \infty} \dfrac{\frac{1}{x}}{1} = 0$　$\therefore$ 數列 $\left\{\dfrac{\ln n}{n}\right\}$ 收斂於 0

　　因為一個數列之收斂與否和數列前幾項無關，因此，在判斷數列是否收斂時，常可將數列前幾項忽略不計。

定理 B $\{a_n\}$ 與 $\{b_n\}$ 為二無窮數列

(1)若 $\{a_n\}$，$\{b_n\}$ 收斂，則 $\{a_n + b_n\}$ 亦為收斂

(2)若 $k \neq 0$，$\{a_n\}$ 為收斂，則 $\{ka_n\}$ 亦為收斂

(3)若 $\{a_n\}$ 收斂，$\{b_n\}$ 發散，則 $\{a_n + b_n\}$ 為發散

(4)若 $\{a_n\}$，$\{b_n\}$ 發散，則 $\{a_n + b_n\}$ 未必發散

★例 7. 若 $a_1 = \sqrt{2}$，且 $a_{n+1} = \sqrt{2 + a_n}$，求 $\lim\limits_{n \to \infty} a_n$。

解 這是一個特殊的數列，$a_1 = \sqrt{2}$，$a_2 = \sqrt{2 + a_1} = \sqrt{2 + \sqrt{2}}$，$a_3$

$=\sqrt{2+a_2}=\sqrt{2+\sqrt{2+\sqrt{2}}}$，我們可「想像」如果這個數列收斂（事實上，可證明它是收斂），那麼 n 很大時 a_{n+1} 與 a_n 應該近似相同，利用這個想法，我們可得這類問題之解法：

$\{a_n\}$ 收斂，若 $\lim\limits_{n\to\infty} a_n = u$，則 $\lim\limits_{n\to\infty} a_{n+1} = u$

$\because a_{n+1} = \sqrt{2+a_n}$

$\therefore n\to\infty$ 時 $u = \sqrt{2+u}$，$u^2 = 2+u$，即 $(u-2)(u+1) = 0$

得 $u = 2$ 或 -1（不合）

即 $\lim\limits_{n\to\infty} a_n = 2$

★7.1.2　數列之有界性與單調性（註）

數列之有界性

定義　若且惟若存在一個正數 K 使得 $|a_n| \le K$ 對所有 n 均成立，則稱數列 $\{a_n\}$ 為有界（Bounded）。

定理 C　若 $\{a_n\}$ 為收斂數列，則其必為有界。

註：7.1.2 理論性較高，初學者可略之。

證明

$\because \{a_n\}$ 為收斂，設 $\lim\limits_{n \to \infty} a_n = A$

則存在一正數 K 使得 $|a_n| \leq K$ 對所有 n 均成立

$\therefore$ 對任意 $\varepsilon > 0$ 均可找到 N 使得 $n > N$ 時，$|a_n - A| < \varepsilon$

$\Rightarrow |a_n| = |a_n - A + A| \leq |a_n - A| + |A|$

$$< \varepsilon + |A| = K \qquad \blacksquare$$

數列之單調性

若 $a_{n+1} \geq a_n$，則此數列為單調遞增（Monotonic Increasing），若 $a_{n+1} > a_n$，則稱此數列為嚴格遞增（Strictly Increasing），同理若 $a_{n+1} \leq a_n$，則此數列為單調遞減（Monotonic Decreasing），若 $a_{n+1} < a_n$，則此數列為嚴格遞減（Strictly Decreasing）。若一數列滿足上述四個條件之一者稱為單調（Monotonic）

我們有三種方法來判斷一數列是遞增還是遞減（Z^+ 表正整數）：

1. 減法：

    (1) $a_{n+1} - a_n > 0$ 對所有 $n \in Z^+$ 均成立，則 $\{a_n\}$ 遞增

    (2) $a_{n+1} - a_n < 0$ 對所有 $n \in Z^+$ 均成立，則 $\{a_n\}$ 遞減

2. 比率法

    (1) 若 $a_n > 0$ 且 $\dfrac{a_{n+1}}{a_n} > 1$ 對所有 $n \in Z^+$ 均成立，則 $\{a_n\}$ 遞增

    (2) 若 $a_n > 0$ 且 $\dfrac{a_{n+1}}{a_n} < 1$ 對所有 $n \in Z^+$ 均成立，則 $\{a_n\}$ 遞減

3. 微分法

    $\dfrac{d}{dn} a_n > 0$ 對所有 $n \in Z^+$ 均成立，則 $\{a_n\}$ 遞增

    $\dfrac{d}{dx} a_x < 0$ 對所有 $n \in Z^+$ 均成立，則 $\{a_n\}$ 遞減

（在此，我們將 n 視作實數處理）

以上三種方法視數列之代數形式作靈活運用。

例 **8.** 判斷下列三個數列是遞增抑或遞減：

$(1)\{a_n\} = \left\{\dfrac{n}{n+1}\right\}$　$(2)\{a_n\} = \left\{\dfrac{2^n}{n!}\right\}$　$(3)\{a_n\} = \{e^{n^2}\}$

解 (1)方法一：減法

$$\therefore a_{n+1} - a_n = \frac{n+1}{(n+1)+1} - \frac{n}{n+1} = \frac{1}{(n+2)(n+1)} > 0$$

對所有 $n \in Z^+$ 均成立，知 $\{a_n\}$ 為遞增

方法二：比率法

$$\frac{a_{n+1}}{a_n} = \frac{\dfrac{n+1}{n+2}}{\dfrac{n}{n+1}} = \frac{(n+1)^2}{n(n+2)} = 1 + \frac{1}{n(n+2)} > 1$$

$\therefore \{a_n\}$ 為遞增

方法三：微分法

$$\frac{d}{dx}\left(\frac{x}{x+1}\right) = \frac{(x+1) \cdot 1 - x \cdot 1}{(x+1)^2} = \frac{1}{(x+1)^2} > 0$$

$\therefore \{a_n\}$ 為遞增

$(2)a_n = \dfrac{2^n}{n!}$　$\therefore \dfrac{a_{n+1}}{a_n} = \dfrac{\dfrac{2^{n+1}}{(n+1)!}}{\dfrac{2^n}{n!}} = \dfrac{2}{n+1} < 1$

對所有 $n > 1$ 均成立，知 $\{a_n\}$ 為遞減

$(3)\dfrac{d}{dx}e^{x^2} = 2xe^{x^2} > 0$

$\therefore \{a_n\}$ 為遞增

★例 **9.** 若 $a_1 > 0$，$b_1 > 0$ 為二實數，且 $a_i > b_i \forall i$，定義二個數列

$\{a_n\}$，$\{b_n\}$ 為：$a_{n+1} = \dfrac{a_n + b_n}{2}$，$b_{n+1} = \sqrt{a_n b_n}$

試證：$a_1 > b_{n+1} > b_n$，對所有 $n \in Z^+$ 均成立。

解 (1) $b_{n+1} = \sqrt{a_n b_n} > \sqrt{b_n b_n} = b_n$

(2)利用二正數之算術平均數 ≥ 幾何平均數

$$b_{n+1} = \sqrt{a_n b_n} < \frac{a_n + b_n}{2} < \frac{a_n + a_n}{2} = a_n$$

及 $a_n = \dfrac{a_{n-1} + b_{n-1}}{2} < \dfrac{a_{n-1} + a_{n-1}}{2} = a_{n-1}$

$$= \frac{a_{n-2} + b_{n-2}}{2} < \frac{a_{n-2} + a_{n-2}}{2} = a_{n-2} \cdots\cdots < a_1$$

$\therefore a_1 > b_{n+1}$

從而 $a_1 > b_{n+1} > b_n$

習題 7-1

1. 判斷下列數列之斂散性，若收斂並求其值：

(1)$\left\{\dfrac{3n}{n^2 + 1}\right\}$　(2)$\{\sqrt{n}\}$　(3)$\left\{n\sin\dfrac{1}{n}\right\}$　(4)$\left\{\dfrac{e^n}{3^n}\right\}$

(5)$\{\sqrt[n]{n}\}$　(6)$\left\{\left(1 + \dfrac{2}{n}\right)^{3n}\right\}$　(7)$\{1 + 2^n\}$　(8)$\left\{\dfrac{\ln n}{n}\right\}$

2. 計算（提示：應用例 7 之想法）

(1)$a_1 = 1$，$a_{n+1} = \sqrt{1 + a_n}$，求 $\lim\limits_{n \to \infty} a_n = ?$

(2)$a_{n+1} = \sin a_n$，求 $\lim\limits_{n \to \infty} a_n = ?$

(3)$a_1 = \sqrt{6}$，$a_{n+1} = \sqrt{6 + a_n}$，求 $\lim\limits_{n \to \infty} a_n = ?$

3. 若 $\lim\limits_{n \to \infty} a_n = 0$ 且 $\{b_n\}$ 為有界，試證 $\lim\limits_{n \to \infty} a_n b_n = 0$。

★4. $a_n = \dfrac{1}{\sqrt{5}}\left[\left(\dfrac{1 + \sqrt{5}}{2}\right)^n - \left(\dfrac{1 - \sqrt{5}}{2}\right)^n\right]$，試證 a_n 滿足遞迴公式：

$a_{n+2} = a_{n+1} + a_n$，$a_1 = a_2 = 1$

又 $\lim\limits_{n \to \infty} \dfrac{a_{n+1}}{a_n} = ?$（希臘人稱此數為黃金比例 Golden Ratio）

解

1.

   (1)收斂，0　(2)發散　(3)收斂，1　(4)收斂，0　(5)收斂，1

   (6)收斂，e^6　(7)發散　(8)收斂，0

2.

   (1)$\dfrac{1+\sqrt{5}}{2}$　(2) 0（$x=\sin x \Rightarrow x=0$）　(3) 3

4.$\dfrac{1+\sqrt{5}}{2}$

7.2　無窮級數

7.2.1　無窮級數之簡介

定義　若$\{a_k\}=\{a_1,a_2,\cdots\cdots,a_k,\cdots\cdots k\in N\}$，$a_n$ 為其第 n 項，則

$\displaystyle\sum_{k=1}^{\infty} a_k = a_1+a_2+\cdots\cdots+a_k+\cdots\cdots$

稱為一無窮級數（Infinite Sequence）簡稱級數。

$S_n = \displaystyle\sum_{k=1}^{n} a_k = a_1+a_2+\cdots\cdots+a_n$，$n=1,2,3\cdots\cdots$

稱為該無窮級數的部分和（Partial Sum）。

若 $\displaystyle\lim_{n\to\infty} S_n = \lim_{n\to\infty}\sum_{k=1}^{n} a_k = A$（常數），則稱無窮級數 $\displaystyle\sum_{k=1}^{\infty} a_k$ **收斂**

（Convergent），而 A 為該收斂級數的和。

若級數不收斂即為**發散**（Divergent）。

由定義

$S_1 = a_1$

$S_2 = a_1 + a_2$

$S_3 = a_1 + a_2 + a_3$

……

$S_n = a_1 + a_2 + a_3 + \cdots + a_n = \sum\limits_{i=1}^{n} a_i$

因此一個數列之部分和 S_n 已知時，我們可利用 $a_n = S_n - S_{n-1}$ 求出 a_n。

例 1. 若 $\{a_n\}$ 之 $S_n = \dfrac{n-1}{n+1}$，求 a_n。

解 $a_1 = S_1 = 0$

$a_n = S_n - S_{n-1} = \dfrac{n-1}{n+1} - \dfrac{(n-1)-1}{(n-1)+1}$

$= \dfrac{2}{n(n+1)}$

定理 A M 為常數，若：(1)$S_n \leq S_{n+1}$，$S_n \leq M$，$n = 1, 2\cdots\cdots$，或 (2)$S_{n+1} \leq S_n$ 且 $M \leq S_n$，$n = 1, 2\cdots\cdots$，則 $\lim\limits_{n \to \infty} S_n$ 存在。

上述定理之證明超過本書範圍，故證明從略。

定理C清楚地說明了，若數列之部分和為單調（Monotonic；它可能是遞增或遞減）且為有界，則$\{a_n\}$收斂。

例 2. $S_n = \dfrac{1}{1!} + \dfrac{1}{2!} + \dfrac{1}{3!} + \cdots + \dfrac{1}{n!}$，試證$\{a_n\}$收斂。

解 $\because S_{n+1} = \dfrac{1}{1!} + \dfrac{1}{2!} + \cdots + \dfrac{1}{n!} + \dfrac{1}{(n+1)!}$

$= S_n + \dfrac{1}{(n+1)!} > S_n$，$S_n$ 為遞增

又 $\dfrac{1}{n!} = \dfrac{1}{1 \cdot 2 \cdot 3 \cdots n} < \underbrace{\dfrac{1}{2 \cdot 2 \cdots 2}}_{n-1 \text{ 個}} < \dfrac{1}{2^{n-1}}$

$S_n = \dfrac{1}{1!} + \dfrac{1}{2!} + \dfrac{1}{3!} + \cdots + \dfrac{1}{n!} < 1 + \dfrac{1}{2} + \dfrac{1}{2^2} + \cdots + \dfrac{1}{2^{n-1}}$

$= 2\left[1 - \left(\dfrac{1}{2}\right)^n\right] < 2$，$S_n$ 為有界

$\therefore \{a_n\}$ 為收斂

例 3 之別證請參考第 5 題。

★例 3. $S_n = \dfrac{1 \cdot 3 \cdot 5 \cdots (2n-1)}{2 \cdot 4 \cdot 6 \cdots (2n)}$，試證 $\{a_n\}$ 收斂。

解 $S_{n+1} = \dfrac{1 \cdot 3 \cdot 5 \cdots (2n-1)}{2 \cdot 4 \cdot 6 \cdots (2n)} \dfrac{2n+1}{2n+2}$

$= \dfrac{2n+1}{2n+2} S_n < S_n$，$S_n$ 為遞減

$\therefore S_{n+1} < S_n < S_{n-1} \cdots\cdots < S_2 < S_1 = \dfrac{1}{2}$

即 $0 < S_n < \dfrac{1}{2}$（即 $M = \dfrac{1}{2}$）

$\therefore$ 數列為有界，故 $\{a_n\}$ 收斂

7.2.2 Σ 技巧

例 4. 求 $\displaystyle\sum_{k=1}^{n} \dfrac{1}{k^2 + k}$，並利用此結果求 $\displaystyle\sum_{k=1}^{\infty} \dfrac{1}{k^2 + k}$。

解 $\displaystyle\sum_{k=1}^{n} \dfrac{1}{k^2 + k} = \sum_{k=1}^{n} \dfrac{1}{k(1+k)}$

$= \displaystyle\sum_{k=1}^{n} \left(\dfrac{1}{k} - \dfrac{1}{k+1}\right)$

$$= \left(1 - \frac{1}{2}\right) + \left(\frac{1}{2} - \frac{1}{3}\right) + \cdots\cdots$$

$$+ \left(\frac{1}{n} - \frac{1}{n+1}\right)$$

$$= 1 - \frac{1}{n+1} = \frac{n}{n+1} = S_n$$

$$\therefore \sum_{k=1}^{\infty} \frac{1}{k^2+k} = \lim_{n\to\infty} S_n = \lim_{n\to\infty} \frac{n}{n+1} = 1$$

（附圖(a)）

例 5. 求 $\displaystyle\sum_{k=1}^{n} \frac{1}{k(k+1)(k+2)}$。

解 $\dfrac{1}{k(k+1)(k+2)} = \dfrac{1}{2}\left[\dfrac{1}{k(k+1)} - \dfrac{1}{(k+1)(k+2)}\right]$ 　　　(1)

$$\because \sum_{k=1}^{n} \frac{1}{k(k+1)} = \sum_{k=1}^{n}\left(\frac{1}{k} - \frac{1}{k+1}\right) = \frac{n}{n+1} \quad （由例 4） \qquad (2)$$

$$\therefore \sum_{k=1}^{n} \frac{1}{(k+1)(k+2)} = \sum_{k=1}^{n}\left(\frac{1}{k+1} - \frac{1}{k+2}\right)$$

$$= \frac{1}{2} - \frac{1}{n+2} = \frac{n}{2(n+2)} \quad （參考附圖(b)） \qquad (3)$$

代(2)，(3)入

$$\sum_{k=1}^{n} \frac{1}{k(k+1)(k+2)} = \sum_{k=1}^{n} \frac{1}{2}\left(\frac{1}{k(k+1)}\right) -$$

$$\sum_{k=1}^{n} \frac{1}{2}\left(\frac{1}{(k+1)(k+2)}\right)$$

$$= \frac{1}{2}\left[\frac{n}{n+1} - \frac{n}{2(n+2)}\right]$$

$$= \frac{n(n+3)}{4(n+1)(n+2)}$$

$$\therefore \sum_{k=1}^{\infty} \frac{1}{k(k+1)(k+2)} = \lim_{n\to\infty}\sum_{k=1}^{n} \frac{1}{k(k+1)(k+2)}$$

$$= \lim_{n\to\infty} \frac{n(n+3)}{4(n+1)(n+2)} = \frac{1}{4}$$

（附圖(b)）

★例6. 求 $\sum\limits_{k=1}^{n} \dfrac{2^k}{(2^{k+1}-1)(2^k-1)}$ 。

解 $\because \dfrac{2^k}{(2^{k+1}-1)(2^k-1)} = \dfrac{1}{2^k-1} - \dfrac{1}{2^{k+1}-1}$

$\therefore \sum\limits_{k=1}^{n} \dfrac{2^k}{(2^{k+1}-1)(2^k-1)} = \sum\limits_{k=1}^{n}\left(\dfrac{1}{2^k-1} - \dfrac{1}{2^{k+1}-1}\right)$

$= \left(\dfrac{1}{1} - \dfrac{1}{3}\right) + \left(\dfrac{1}{3} - \dfrac{1}{7}\right) + \left(\dfrac{1}{7} - \dfrac{1}{15}\right) + \cdots\cdots\left(\dfrac{1}{2^n-1} - \dfrac{1}{2^{n+1}-1}\right)$

$= 1 - \dfrac{1}{2^{n+1}-1}$

$\therefore \sum\limits_{k=1}^{\infty} \dfrac{2^k}{(2^{k+1}-1)(2^k-1)} = \lim\limits_{n\to\infty} \sum\limits_{k=1}^{n} \dfrac{2^k}{(2^{k+1}-1)(2^k-1)}$

$= \lim\limits_{n\to\infty}\left(1 - \dfrac{1}{2^{n+1}-1}\right) = 1$

例7. 求 $\sum\limits_{k=1}^{\infty} \dfrac{k}{(k+1)!}$ 。

解 $\dfrac{k}{(k+1)!} = \dfrac{(k+1)-1}{(k+1)!} = \dfrac{1}{k!} - \dfrac{1}{(k+1)!}$

$\therefore \sum\limits_{k=1}^{n} \dfrac{k}{(k+1)!} = \sum\limits_{k=1}^{n}\left(\dfrac{1}{k!} - \dfrac{1}{(k+1)!}\right)$

$= \left(1 - \dfrac{1}{2!}\right) + \left(\dfrac{1}{2!} - \dfrac{1}{3!}\right) + \cdots\cdots\left(\dfrac{1}{n!} - \dfrac{1}{(n+1)!}\right)$

$= 1 - \dfrac{1}{(n+1)!}$

$\sum\limits_{k=1}^{\infty} \dfrac{k}{(k+1)!} = \lim\limits_{n\to\infty} \sum\limits_{k=1}^{n} \dfrac{k}{(k+1)!} = \lim\limits_{n\to\infty}\left(1 - \dfrac{1}{(n+1)!}\right) = 1$

7.2.3 無窮等比級數求和

定理 A $1 + r + r^2 + \cdots\cdots + r^n + \cdots\cdots = \dfrac{1}{1-r}$，$|r| < 1$

證明

令 $S_n = 1 + r + \cdots\cdots + r^{n-1}$

則 $S_n = \dfrac{1(1-r^n)}{1-r} = \dfrac{1-r^n}{1-r}$

$\because |r| < 1 \quad \therefore \lim\limits_{n \to \infty} S_n = \lim\limits_{n \to \infty} \dfrac{1-r^n}{1-r} = \dfrac{1}{1-r}$

例 8. 若已知 $a_n = \left(\dfrac{1}{3}\right)^n$，(1)求前 n 項和 S_n；

(2)$\lim\limits_{n \to \infty} S_n$；(3)此無窮級數是否收斂？

解 (1)$S_n = \dfrac{1}{3} + \dfrac{1}{3^2} + \cdots\cdots + \dfrac{1}{3^n} = \dfrac{1}{3}\left(1 + \dfrac{1}{3} + \cdots\cdots + \dfrac{1}{3^{n-1}}\right)$

$$= \dfrac{\dfrac{1}{3}\left(1 - \left(\dfrac{1}{3}\right)^n\right)}{1 - \left(\dfrac{1}{3}\right)} = \dfrac{1}{2}\left(1 - \left(\dfrac{1}{3}\right)^n\right)$$

(2)$\lim\limits_{n \to \infty} S_n = \lim\limits_{n \to \infty} \dfrac{1}{2}\left(1 - \left(\dfrac{1}{3}\right)^n\right) = \dfrac{1}{2}$

(3)$\because \lim\limits_{n \to \infty} S_n = \dfrac{1}{2} \quad \therefore$ 此無窮級數收斂

例 9. 求 $1 + \dfrac{2}{3} + \dfrac{4}{9} + \dfrac{8}{27} + \cdots\cdots + \left(\dfrac{2}{3}\right)^n + \cdots\cdots$。

解 這是 $r = \dfrac{2}{3}$ 之無窮等比級數

$$\therefore 1 + \frac{2}{3} + \frac{4}{9} + \cdots\cdots + \left(\frac{2}{3}\right)^n + \cdots\cdots = \frac{1}{1 - \frac{2}{3}} = 3$$

例 10.　求：(1) $0.\overline{3}$　(2) $0.9\overline{7}$

解　(1) $0.\overline{3} = 0.333\cdots\cdots$

$$= \frac{3}{10} + \frac{3}{100} + \frac{3}{1000} + \cdots\cdots$$

$$= \frac{3}{10}\left[1 + \frac{1}{10} + \frac{1}{100} + \cdots\cdots\right] = \frac{3}{10} \cdot \frac{1}{1 - \frac{1}{10}}$$

$$= \frac{3}{10} \times \frac{10}{9} = \frac{1}{3}$$

(2) 令 $S = 0.9\overline{7}$

則 $10S = 9.\overline{7} = 9 + 0.\overline{7} = 9 + \left(\frac{7}{10} + \frac{7}{100} + \cdots\right)$

$$= 9 + \frac{\frac{7}{10}}{1 - \frac{1}{10}} = 9\frac{7}{9} = \frac{88}{9}$$

$$\therefore S = \frac{88}{90} = \frac{44}{45}$$

★例 11.　求 $\displaystyle\sum_{k=1}^{\infty} \frac{k}{2^k}$ 及 $\displaystyle\sum_{k=1}^{\infty} \frac{k^2}{2^k}$。

解　(1) 令 $S_n = \displaystyle\sum_{k=1}^{n} \frac{k}{2^k}$，則

$$S_n = \frac{1}{2} + \frac{2}{2^2} + \frac{3}{2^3} + \cdots\cdots + \frac{n}{2^n}$$

$$-)\ \frac{1}{2}S_n = \quad\quad \frac{1}{2^2} + \frac{2}{2^3} + \cdots\cdots + \frac{n-1}{2^n} + \frac{n}{2^{n+1}}$$

$$\overline{\frac{1}{2}S_n = \frac{1}{2} + \frac{1}{2^2} + \frac{1}{2^3} + \cdots\cdots + \frac{1}{2^n} - \frac{n}{2^{n+1}}}$$

$$\therefore S_n = 1 + \frac{1}{2} + \frac{1}{2^2} + \cdots\cdots + \frac{1}{2^{n-1}} - \frac{n}{2^n}$$

$$= \frac{1\left(1 - \left(\frac{1}{2}\right)^n\right)}{1 - \left(\frac{1}{2}\right)} - \frac{n}{2^n} = 2\left(1 - \left(\frac{1}{2}\right)^n\right) - \frac{n}{2^n}$$

$$\lim_{n \to \infty} S_n = \lim_{n \to \infty} \left[2\left(1 - \left(\frac{1}{2}\right)^n\right) - \frac{n}{2^n}\right] = 2$$

(2)令 $S_n = \sum\limits_{k=1}^{n} \dfrac{k^2}{2^k}$，則

$$S_n = \frac{1}{2} + \frac{2^2}{2^2} + \frac{3^2}{2^3} + \frac{4^2}{2^4} + \cdots\cdots + \cdots\cdots + \cdots\cdots + \frac{n^2}{2^n}$$

$$-)\ \frac{1}{2}S_n = \qquad \frac{1}{2^2} + \frac{2^2}{2^3} + \frac{3^2}{2^4} + \cdots\cdots + \frac{(n-1)^2}{2^n}$$

$$\frac{1}{2}S_n = \frac{1}{2} + \frac{3}{2^2} + \frac{5}{2^3} + \frac{7}{2^4} + \cdots\cdots + \frac{2n-1}{2^n}$$

$$= \sum_{k=1}^{n} \frac{2k-1}{2^k}$$

$$= 2\sum_{k=1}^{\infty} \frac{k}{2^k} - \sum_{k=1}^{\infty} \frac{1}{2^k} = 2(2) - 1 = 3 \ （由(1)）$$

$$\Rightarrow \lim_{n \to \infty} S_n = 6$$

7.2.4　調和級數

> **定義**　無窮級數 $1 + \dfrac{1}{2} + \dfrac{1}{3} + \cdots\cdots + \dfrac{1}{n} + \cdots\cdots$
>
> 稱為**調和級數**（Harmonic Series）。

例 12.　試證：調和級數發散。

解　$S_n = 1 + \dfrac{1}{2} + \dfrac{1}{3} + \dfrac{1}{4} + \dfrac{1}{5} + \cdots\cdots + \cdots\cdots$

$$= 1 + \frac{1}{2} + (\underbrace{\frac{1}{3} + \frac{1}{4}}_{2 \text{項}}) + (\underbrace{\frac{1}{5} + \frac{1}{6} + \frac{1}{7} + \frac{1}{8}}_{4 \text{項}}) +$$

$$(\underbrace{\frac{1}{9} + \frac{1}{10} + \cdots + \frac{1}{16}}_{8 \text{項}}) + \cdots + \cdots + \frac{1}{n}$$

$$\geq 1 + \frac{1}{2} + \frac{2}{4} + \frac{4}{8} + \frac{8}{16} + \cdots$$

$$= 1 + \frac{1}{2} + \frac{1}{2} + \cdots + \frac{1}{2} + \cdots \cdots \to \infty$$

∴調和級數為發散

 **習題 7-2**

1.求：

   (1) $0.\overline{63}$ (2) $0.4\overline{31}$ (3) $0.60\overline{3}$ (4) $0.\overline{23} + 0.\overline{32}$

2.求：

   (1) $\sum\limits_{n=0}^{\infty} e^{-3n}$ (2) $\sum\limits_{n=2}^{\infty} \frac{1}{n^2 - 1}$

   (3) $\sum\limits_{n=1}^{\infty} \frac{1}{4n^2 - 1}$ (4) $\sum\limits_{n=1}^{\infty} \left(\frac{1}{(4n-3)(4n+1)} \right)$

   (5) $\sum\limits_{n=1}^{\infty} \frac{1}{n(n+2)}$ ★(6) $\sum\limits_{n=1}^{\infty} \frac{1}{n!(n+2)}$

★3. 設 $S_n = \frac{1}{\sqrt{n^2+1}} + \frac{1}{\sqrt{n^2+2}} + \cdots + \frac{1}{\sqrt{n^2+n}}$，$n \in Z^+$，試證

   $\left(1 + \frac{1}{n}\right)^{-\frac{1}{2}} \leq S_n \leq 1$，並求 $\lim\limits_{n \to \infty} S_n$。

★4. $a_n = \int_0^1 x^2(1-x)^n dx$，若 $\sum\limits_{n=1}^{\infty} a_n$ 收斂於 A，求 $A = ?$

5.求 $\sum\limits_{k=1}^{\infty} \frac{1}{k(k+1)(k+2)(k+3)}$

6. 若 $S_n = \prod\limits_{i=1}^{n} a_n = \left(1 - \frac{1}{4}\right)\left(1 - \frac{1}{9}\right) \cdots \cdots \left(1 - \frac{1}{n^2}\right)$，$n \geq 2$，試證 $\{a_n\}$

收斂。

7. 若 $S_n = \sum\limits_{i=1}^{n} a_n = 1 + \dfrac{1}{2!} + \dfrac{1}{3!} + \cdots\cdots + \dfrac{1}{n!}$ ，試證 $S_n \leq \dfrac{1 - \left(\dfrac{1}{2}\right)^{n+1}}{1 - \dfrac{1}{2}}$ ，

從而 $\{a_n\}$ 收斂。

解

1. (1) $\dfrac{7}{11}$ (2) $\dfrac{427}{990}$ (3) $\dfrac{181}{300}$ (4) $\dfrac{5}{9}$

2. (1) $\dfrac{e^3}{e^3 - 1}$ (2) $\dfrac{3}{4}$ (3) $\dfrac{1}{2}$ (4) $\dfrac{1}{4}$ (5) $\dfrac{3}{4}$ (6) $\dfrac{1}{2}$

3. 1

4. $\dfrac{1}{6}$

5. $\dfrac{1}{18}$

6. $\left(\lim\limits_{n\to\infty} S_n = \dfrac{1}{2}\right)$

7. $\left(\lim\limits_{n\to\infty} S_n = 2\right)$

7.3　正項級數

定義　設 Σa_k 為一無窮級數，若對所有的 k ， $a_k > 0$ ，則稱 Σa_k 為一正項級數（Positive Series）。

 1. 判斷下列何者為正項級數？

(1) $1 + \dfrac{1}{2} + \dfrac{1}{4} + \dfrac{1}{8} + \cdots\cdots + \dfrac{1}{2^n} + \cdots\cdots$ (2) $\displaystyle\sum_{k=1}^{\infty} \dfrac{\sin(\dfrac{k}{2}\pi)}{2^k}$

解 (1)對任一項 $\dfrac{1}{2^k}$ 而言

   $\because \dfrac{1}{2^k} > 0$ $\therefore \displaystyle\sum_{n=0}^{\infty} \dfrac{1}{2^n}$ 為正項級數

   (2)對任一項 $\dfrac{\sin(\dfrac{k}{2}\pi)}{2^k}$ 而言

   $\because k = 3, 7, 11\cdots\cdots$ 時為負 $\therefore$ 不為正項級數

定理 A 設 Σa_k 為一正項級數，且部分和 S_n 所構成的數列 $\{S_n\}$ 為有界，則 Σa_k 收斂，亦即正項級數 $\displaystyle\sum_{i=1}^{\infty} a_i$ 之 每一個部分和 $S_n = \displaystyle\sum_{i=1}^{n} a_i \leq m$，對所有 n 均成立，則 $\displaystyle\sum_{i=1}^{\infty} a_i$ 為收斂。

證明

$S_{n+1} - S_n = \displaystyle\sum_{i=1}^{n+1} a_i - \sum_{i=1}^{n} a_i = a_{n+1} > 0$

又 $S_n \leq m$，$\forall n$ 均成立，即 S_n 為有界且為嚴格遞增

$\therefore \displaystyle\lim_{n\to\infty} S_n$ 存在，即 $\displaystyle\sum_{i=1}^{\infty} a_i$ 收斂 ■

定理 B 若級數 $\displaystyle\sum_{n=1}^{\infty} a_n$ 收斂，則 $\displaystyle\lim_{n\to\infty} a_n = 0$。

證明

令 $S_n = a_1 + a_2 + \cdots\cdots + a_n$，則 $a_n = S_n - S_{n-1}$，令 $\lim\limits_{n\to\infty} S_n = \ell$

則 $\lim\limits_{n\to\infty} a_n = \lim\limits_{n\to\infty}(S_n - S_{n-1}) = \lim\limits_{n\to\infty} S_n - \lim\limits_{n\to\infty} S_{n-1} = \ell - \ell = 0$ ∎

如果把定理 B 用另一種等值敘述：若 $\lim\limits_{k\to\infty} a_k \neq 0$ 則級數 $\sum\limits_{k=1}^{\infty} a_k$ 發散，那它的功能便很突出。只要是正項級數，判斷其斂散性時之第一關便是要通過定理 B 之檢驗。

例 2. 判斷無窮級數 $\sum\limits_{n=1}^{\infty}(1 + \dfrac{1}{n})^{2n}$ 是否收斂？

解 $\because \lim\limits_{n\to\infty} a_n = \lim\limits_{n\to\infty}(1 + \dfrac{1}{n})^{2n} = e^2 \neq 0$

$\therefore \sum\limits_{n=1}^{\infty}(1 + \dfrac{1}{n})^{2n}$ 發散

例 3. 若 $\sum\limits_{n=1}^{\infty} a_n$ 為收斂，試證 $\sum\limits_{n=1}^{\infty} \dfrac{1}{a_n}$ 必為發散。

解 $\because \sum\limits_{n=1}^{\infty} a_n$ 收斂 $\therefore \lim\limits_{n\to\infty} a_n = 0$ 從而 $\lim\limits_{n\to\infty} \dfrac{1}{a_n} \neq 0$

即 $\sum\limits_{n=1}^{\infty} \dfrac{1}{a_n}$ 為發散

定理 C （比較審斂法）

$\sum\limits_{i=1}^{\infty} a_i$，$\sum\limits_{i=1}^{\infty} b_i$ 均為正項級數：

(1)若 $a_i \leq b_i$，$\forall i$，且若 $\sum\limits_{i=1}^{\infty} b_i$ 收斂，則 $\sum\limits_{i=1}^{\infty} a_i$ 收斂。

(2)若 $a_i \geq b_i$，$\forall i$，且若 $\sum\limits_{i=1}^{\infty} b_i$ 發散，則 $\sum\limits_{i=1}^{\infty} a_i$ 發散。

證明

(1)令 $S_n = \sum\limits_{i=1}^{n} a_i$，$T_n = \sum\limits_{i=1}^{n} b_i$，因 $0 < a_i \leq b_i$，$\forall i$

$S_n = \sum\limits_{i=1}^{n} a_i \leq \sum\limits_{i=1}^{n} b_i = T_n \leq \sum\limits_{i=1}^{\infty} b_i$

又 $\sum\limits_{i=1}^{\infty} b_i$ 為收斂，故令 $\sum\limits_{i=1}^{n} b_i = t$

即 $S_n \leq t$　$\therefore S_n$ 為有界，又 S_n 為遞增

由定理 7.2C 知 $\sum\limits_{i=1}^{\infty} a_i$ 收斂

(2)利用反證法：由(1)，若 $\sum\limits_{i=1}^{\infty} a_i$ 為收斂，則 $\sum\limits_{i=1}^{\infty} b_i$ 必為收斂

此與已知 $\sum\limits_{i=1}^{\infty} b_i$ 為發散之假設不合　$\therefore \sum\limits_{i=1}^{\infty} a_i$ 為發散　■

　　在應用比較審斂法時有一些不等式很有幫助，如 $x \geq \sin x$，
$x \geq \cos x$，$x \geq \ln(1 + x)$，$x \geq \ln x$，$e^x \geq x$，$x \geq \tan^{-1} x$……（讀者可由
微分均值定理來證明）。

定理 D　（積分審斂法）
說 $f(x)$ 在 $[1, \infty]$ 中為連續的正項非遞增函數，$a_n = f(n)$，
$\forall n \in Z^+$，則 $\sum\limits_{n=1}^{\infty} a_n$ 收斂之充要條件為 $\int_1^{\infty} f(x)\,dx < \infty$。

證明　如下圖 a 中，$y = f(x)$ 在 $[1, n]$ 內之面積為
$a_2 + a_3 \cdots\cdots + a_n \leq \int_1^n f(x)\,dx \cdots\cdots\cdots\cdots\cdots\cdots\cdots\cdots\cdots*$

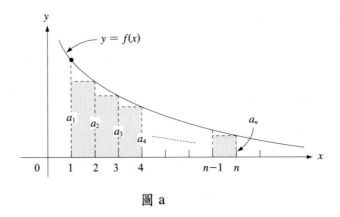

圖 a

同理，在圖 b 中，$y=f(x)$ 在 $[1, n]$ 內之面積為

$$a_1+a_2+\cdots\cdots+a_n \geq \int_1^n f(x)dx \cdots\cdots\cdots\cdots\cdots\cdots\cdots**$$

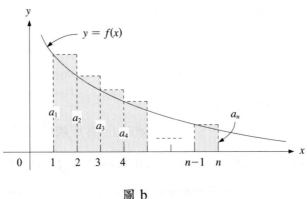

圖 b

(1)若 $\int_1^\infty f(x)\,dx < \infty$，則 $\sum\limits_{n=1}^\infty a_n$ 收斂之證明：

由*：$\sum\limits_{i=2}^n a_i \leq \int_1^n f(x)\,dx \leq \int_1^\infty f(x)\,dx = M$

$\therefore S_n = \sum\limits_{i=1}^n a_i = a_1 + \sum\limits_{i=2}^n a_i \leq a_1 + M$（即 S_n 為有界）

得 $\sum\limits_{i=1}^\infty a_i$ 為收斂

(2)若 $\int_1^\infty f(x)\,dx = \infty$，則 $\displaystyle\lim_{n\to\infty}\int_1^n f(x)\,dx \to \infty$

由**

$$\int_1^n f(x)\,dx = a_1 + a_2 + \cdots\cdots + a_{n-1} = S_{n-1}$$

$$\therefore S_{n-1} \to \infty \Rightarrow S_n = a_n + S_{n-1} \to \infty$$

即 $\displaystyle\sum_{i=1}^\infty a_i$ 為發散 ∎

例 **4.** 判斷 $\displaystyle\sum_{n=2}^\infty \frac{1}{n\ln n}$ 之斂散性。

解 $\because f(x)$ 在 $[2,\infty)$ 為連續之正項非遞增函數，又

$$\int_2^\infty \frac{dx}{x\ln x} = \lim_{t\to\infty}\int_2^t \frac{dx}{x\ln x} = \lim_{t\to\infty}\int_2^t \frac{d\ln x}{\ln x}$$

$$= \lim_{t\to\infty} \ln\ln x\Big]_2^t \to \infty$$

$\therefore$ 由積分審斂法知 $\displaystyle\sum_{n=2}^\infty \frac{1}{n\ln n}$ 為發散

定理 E （p 級數審斂法）

$$\sum_{n=1}^\infty \frac{1}{n^p} = \frac{1}{1^p} + \frac{1}{2^p} + \frac{1}{3^p} + \cdots\cdots，若$$

(1) $p > 1$，則 $\displaystyle\sum_{n=1}^\infty \frac{1}{n^p}$ 收斂

(2) $0 < p \le 1$，則 $\displaystyle\sum_{n=1}^\infty \frac{1}{n^p}$ 發散

證明

設 $p > 1$，令 $p = 1 + a$，$a > 0$，我們將

$$\sum_{n=1}^\infty \frac{1}{n^p} = \underbrace{\frac{1}{2^p}}_{2^0\text{項}} + \underbrace{\frac{1}{2^p} + \frac{1}{3^p}}_{2^1\text{項}} + \underbrace{\frac{1}{4^p} + \frac{1}{5^p} + \frac{1}{6^p} + \frac{1}{7^p}}_{2^2\text{項}} +$$

$$\underbrace{\frac{1}{8^p}+\frac{1}{9^p}+\cdots+\frac{1}{15^p}}_{2^3 \text{項}}+\cdots\underbrace{\frac{1}{(2^k)^p}+\frac{1}{(2^k+1)^p}+\cdots+\frac{1}{(2^{k+1}-1)^p}}_{2^k \text{項}}+\cdots$$

對任一組而言

$$\underbrace{\frac{1}{(2^k)^p}+\frac{1}{(2^k+1)^p}+\cdots+\frac{1}{(2^{k+1}-1)^p}}_{2^k \text{項}}<2^k\cdot\frac{1}{(2^k)^p}=\frac{1}{(2^k)^{p-1}}$$

$$=\frac{1}{(2^k)^a}=\frac{1}{(2^a)^k}\quad k=1，2\cdots，a=p-1$$

$$\therefore\sum_{n=1}^{\infty}\frac{1}{n^p}<\sum_{n=1}^{\infty}\frac{1}{(2^a)^k}=\frac{1}{1-\dfrac{1}{2^a}}$$

故 $p>1$ 時 $\displaystyle\sum_{n=1}^{\infty}\frac{1}{n^p}$ 收斂。

又 $0<p\leq1$ 時，$\dfrac{1}{n^p}\geq\dfrac{1}{n}$，而 $\displaystyle\sum_{n=1}^{\infty}\frac{1}{n}$ 發散（7.2.3 節例 10），由定理 C 知 $p\leq1$ 時 $\displaystyle\sum_{n=1}^{\infty}\frac{1}{n^p}$ 發散。 ∎

例 5. 判斷 $\displaystyle\sum_{n=1}^{\infty}\sin\left(\frac{1}{n^2}\right)$ 之斂散性。

解 $\because\sin\left(\dfrac{1}{n^2}\right)\leq\dfrac{1}{n^2}$，$\displaystyle\sum_{n=1}^{\infty}\frac{1}{n^2}$ 收斂 $\therefore\displaystyle\sum_{n=1}^{\infty}\sin\left(\frac{1}{n^2}\right)$ 收斂

例 6. 判斷 $\displaystyle\sum_{n=1}^{\infty}\ln\left(1+\frac{1}{n^2}\right)$ 之斂散性。

解 $\ln\left(1+\dfrac{1}{n^2}\right)\leq\dfrac{1}{n^2}$，$\displaystyle\sum_{n=1}^{\infty}\frac{1}{n^2}$ 收斂 $\therefore\displaystyle\sum_{n=1}^{\infty}\ln\left(1+\frac{1}{n^2}\right)$ 收斂

例 7. 問 $\displaystyle\sum_{k=2}^{\infty}\frac{1}{k^2}\sin\left(\frac{\pi}{k}\right)$ 之斂散性為何？

解 $\because\dfrac{1}{k^2}\sin\left(\dfrac{\pi}{k}\right)\leq\dfrac{1}{k^2}$

$\therefore\displaystyle\sum_{k=2}^{\infty}\frac{1}{k^2}\sin\left(\frac{\pi}{k}\right)$ 收斂

例 **8.** 問 $\sum\limits_{n=3}^{\infty}\dfrac{1}{\ln n}$ 之斂散性為何？

解 $\because \ln n < n$ $\therefore \dfrac{1}{\ln n} > \dfrac{1}{n}$ ， $\sum\limits_{n=3}^{\infty}\dfrac{1}{n}$ 發散

$\therefore \sum\limits_{n=3}^{\infty}\dfrac{1}{\ln n}$ 發散

例 **9.** 判斷 $\sum\limits_{n=1}^{\infty}\dfrac{1}{1+n^2}$ 之斂散性。

解

方法一 $\dfrac{1}{1+n^2} < \dfrac{1}{n^2}$ ， $\sum\limits_{n=1}^{\infty}\dfrac{1}{n^2}$ 為收斂

$\therefore \sum\limits_{n=1}^{\infty}\dfrac{1}{1+n^2}$ 為收斂

方法二 $f(x)=\dfrac{1}{1+x^2}$ 在$[1, \infty]$中為連續的正值非遞增函數

又 $\displaystyle\int_1^{\infty}\dfrac{dx}{1+x^2}=\lim_{m\to\infty}\tan^{-1}x]_1^m=\dfrac{\pi}{4}$

$\therefore \sum\limits_{n=1}^{\infty}\dfrac{1}{1+n^2}$ 為收斂

定理 F $\sum\limits_{n=1}^{\infty}a_n$ ， $\sum\limits_{n=1}^{\infty}b_n$ 均為正項級數，若$\lim\limits_{n\to\infty}\dfrac{a_n}{b_n}=c$，$c$ 為定值，則 $\sum\limits_{n=1}^{\infty}a_n$ 與 $\sum\limits_{n=1}^{\infty}b_n$ 同為收斂或發散。

推論 F1 $\sum\limits_{n=1}^{\infty}a_n$ 為正項級數，$\lim\limits_{n\to\infty}n^p a_n=$ 有限值，若$p\leq 1$ 則 $\sum\limits_{n=1}^{\infty}a_n$ 為發散，$p>1$ 則 $\sum\limits_{n=1}^{\infty}$ 收斂。

例 10. $\sum\limits_{n=1}^{\infty} \dfrac{2n}{n^2+3n+1}$ 是否收斂？

解 在用 p 級數於極限比較法時，我們往往可由 a_n 之分母與分子最高項之冪次差，作為 p 值，在本例 $p=1$：

$a_n = \dfrac{2n}{n^2+3n+1}$，$\lim\limits_{n\to\infty} n \cdot \dfrac{2n}{n^2+3n+1} = 2$，$p=1$

$\therefore \sum\limits_{n=1}^{\infty} \dfrac{2n}{n^2+3n+1}$ 發散

例 11. $\sum\limits_{n=1}^{\infty} \dfrac{n^2+1}{\sqrt{n^7+n+1}}$ 是否收斂？

解 $\because \lim\limits_{n\to\infty} n^{\frac{3}{2}} \cdot \dfrac{n^2+1}{\sqrt{n^7+n+1}} = 1$，$p = \dfrac{3}{2} > 1$

$\therefore \sum\limits_{n=1}^{\infty} \dfrac{n^2+1}{\sqrt{n^7+n+1}}$ 收斂

定理 G （比值審斂法）

設 $\sum a_k$ 為一正項級數，且 $\lim\limits_{n\to\infty} \dfrac{a_{n+1}}{a_n} = \ell$，若 $\ell < 1$ 則 $\sum\limits_{k=1}^{\infty} a_k$ 收斂；$\ell > 1$ 則為發散；若 $\ell = 1$，無法判定斂散性。

證明

我們可選擇一個夠大的 N，使得 $n \geq N$ 時均有 $\dfrac{a_{n+1}}{a_n} < r$

（$1 > r > \ell$）則

$a_{N+1} < r a_N$

$a_{N+2} < r a_{N+1} < r^2 a_N$

$a_{N+3} < r a_{N+2} < r^2 a_{N+1} < r^3 a_N$

……

$\therefore a_{N+1} + a_{N+2} + a_{N+3} + \cdots < r a_N + r^2 a_N + r^3 a_N + \cdots$

但 $ra_N + r^2a_N + r^3a_N + \cdots\cdots$ ，為 $|r| < 1$ 之等比級數

由比較審斂法得 $\ell < 1$ 時， $\displaystyle\sum_{n=1}^{\infty} a_n$ 收斂， $\ell > 1$ 時為發散　■

在 a_n 為連乘積或有階乘時往往可由比值審斂法判斷其斂散性。

例 12.　問 $\displaystyle\sum_{n=1}^{\infty} \frac{2^n(n!)^2}{(2n)!}$ 之斂散性為何？

解

$$\lim_{n\to\infty}\frac{a_{n+1}}{a_n} = \lim_{n\to\infty}\frac{\dfrac{2^{n+1}((n+1)!)^2}{(2n+2)!}}{\dfrac{2^n(n!)^2}{(2n)!}}$$

$$= \lim_{n\to\infty}\frac{2(n+1)^2}{(2n+2)(2n+1)} = \frac{1}{2} < 1$$

$$\therefore \sum_{n=1}^{\infty} \frac{2^n(n!)^2}{(2n)!} \text{ 收斂}$$

例 13.　問 $\displaystyle\sum_{n=1}^{\infty} \frac{n!}{1\cdot3\cdot5\cdots\cdots(2n-1)}$ 之斂散性為何？

解

$$\lim_{n\to\infty}\frac{a_{n+1}}{a_n} = \frac{\dfrac{(n+1)!}{1\cdot3\cdot5\cdots\cdots(2n-1)(2n+1)}}{\dfrac{n!}{1\cdot3\cdot5\cdots\cdots(2n-1)}} = \lim_{n\to\infty}\frac{n+1}{2n+1} = \frac{1}{2} < 1$$

$$\therefore \sum_{n=1}^{\infty} \frac{n!}{1\cdot3\cdot5\cdots\cdots(2n-1)} \text{ 收斂}$$

定理 H　（根審斂法）

$\displaystyle\sum_{n=1}^{\infty} a_n$ 為正項級數， $\displaystyle\lim_{n\to\infty}\sqrt[n]{a_n} = R$ ，若 $R > 1$ 則 $\displaystyle\sum_{n=1}^{\infty} a_n$ 發散，

$R < 1$ 則 $\displaystyle\sum_{n=1}^{\infty} a_n$ 收斂， $R = 1$ 則無法判斷 $\displaystyle\sum_{n=1}^{\infty} a_n$ 之斂散性。

例 14. $\sum\limits_{n=1}^{\infty}\left(\dfrac{n}{5n+3}\right)^n$ 是否收斂？

解 $\lim\limits_{n\to\infty}\sqrt[n]{\left(\dfrac{n}{5n+3}\right)^n}=\lim\limits_{n\to\infty}\left(\dfrac{n}{5n+3}\right)=\dfrac{1}{5}<1 \quad \therefore \sum\limits_{n=1}^{\infty}\left(\dfrac{n}{5n+3}\right)^n$ 收斂

正項級數斂散審斂之有關定理很多，讓初學者眼花撩亂，在此將一般規則摘述如下：

1. $\lim\limits_{n\to\infty}a_n\neq 0$，則級數發散

2. a_n 含 $n!$，r^n，n^n 連乘積……用比值審斂法

3. a_n 為 n 之有理分式，可用推論 F1

4. 比較審斂法配合不等式應用，如 $x>\ln x$，$\sin x$，$\cos x$，$\ln x$，$\sin^{-1}x$，$\cos^{-1}x$，$\tan^{-1}x$，$\ln(1+x)$……

5. 積分審斂法適用連續的正項非遞增函數且便於積分者

6. 如有 n 次方者可試用根審斂法

總之，正項級數審斂在解題時是很活躍的，因此，試誤是常有的事。

習題 7-3

1. 判斷下列正項級數之斂散性：

(1) $\sum\limits_{n=1}^{\infty}\dfrac{2n^2+3}{n^3+3n+1}$

(2) $\sum\limits_{n=1}^{\infty}\dfrac{n}{(n+1)(n+2)(n+3)}$

(3) $\sum\limits_{n=0}^{\infty}\dfrac{n!}{(1000)^n}$

(4) $\sum\limits_{n=1}^{\infty}\dfrac{n!\,n!}{(2n)!}$

(5) $\sum\limits_{n=1}^{\infty}\dfrac{2^n+1}{3^n}$

(6) $\sum\limits_{n=1}^{\infty}\sin^3\left(\dfrac{1}{n}\right)$

(7) $\sum\limits_{n=1}^{\infty}\ln\left(1+\dfrac{1}{n}\right)$

(8) $\sum\limits_{n=1}^{\infty}\dfrac{n^2+n+1}{(n+1)\sqrt{n^3+2}}$

(9) $\sum\limits_{n=1}^{\infty} \dfrac{\tan^{-1}n}{n}$ 　　　　　　(10) $\sum\limits_{n=2}^{\infty} \dfrac{1}{n(\ln n)^2}$

(11) $\sum\limits_{n=1}^{\infty} \dfrac{n^3}{3^n}$ 　　　　　　　　(12) $\sum\limits_{n=1}^{\infty} \sin\dfrac{1}{n}$

(13) $\sum\limits_{n=1}^{\infty} \left(\dfrac{1}{3}+\dfrac{1}{n}\right)^n$ 　　　　　(14) $\sum\limits_{n=1}^{\infty} \dfrac{1+\cos n}{n^3}$

(15) $\sum\limits_{n=1}^{\infty} \tan\left(\dfrac{1}{n}\right)$ 　　　　　(16) $\sum\limits_{n=1}^{\infty} \left(1-\cos\dfrac{\pi}{n}\right)$

2.判斷下列正項級數之斂散性：

(1) $\sum\limits_{n=1}^{\infty} (\sqrt{n^2+1}-n)$ 　　　　(2) $\sum\limits_{n=1}^{\infty} \dfrac{1}{3^n-2^n}$

★(3) $\sum\limits_{n=2}^{\infty} \dfrac{1}{(\ln n)^{\ln n}}$ 　　　　★(4) $\sum\limits_{n=1}^{\infty} \int_0^{\frac{1}{n}} \dfrac{\sqrt{x}}{1+x^2}dx$

★3.若 $a_n > 0$ 且 Σa_n 為收斂，試證：

　　(1)Σa_n^2 為收斂 　　　　　(2)$\Sigma\ln(1+a_n)$ 為收斂

4.若 $a_n > 0$，且 $\lim\limits_{n\to\infty} na_n \neq 0$，試證 Σa_n 為發散。

5. $\sum\limits_{n=3}^{\infty} \dfrac{1}{n(\ln n)^p}$ 為收斂，求 p 之範圍。

解

1.除(1)，(2)，(4)，(5)，(6)，(10)，(11)，(13)，(14)，(16)收斂外，餘發散

2.(1)發散　(2)收斂　(3)收斂　(4)收斂

5.$p > 1$

7.4 交錯級數

7.4.1 交錯級數定義與審斂

定義 無窮級數之連續項成正負交錯出現者，稱為**交錯級數**（Alternating Series）。其通式為 $\sum_{n=1}^{\infty} (-1)^{n-1} a_n = a_1 - a_2 + a_3 \cdots\cdots + (-1)^{n-1} a_n + \cdots\cdots, a_1, a_2 \cdots\cdots a_n > 0$

例如 $a_n = \left(-\dfrac{1}{2}\right)^n$，則 $\sum_{n=1}^{\infty} a_n = \left(-\dfrac{1}{2}\right) + \dfrac{1}{4} + \left(-\dfrac{1}{8}\right) + \left(\dfrac{1}{16}\right) + \cdots\cdots$ 為一交錯級數。

定義 設 Σa_k 為任意級數，若 $\Sigma |a_k|$ 收斂，則稱 Σa_k 為**絕對收斂**（Absolutely Convergent）；若 Σa_k 收斂而 $\Sigma |a_k|$ 發散，則稱 Σa_k 為**條件收斂**（Conditionally Convergent）。

定理 A 若(1) $a_{n+1} \leq a_n$，$\forall n$（即 a_n 遞減），且(2) $\lim\limits_{n \to \infty} a_n = 0$ 則交錯級數 $\sum_{n=1}^{\infty} a_n$ 收斂。

證明

令 $S_1 = a_1$

$S_2 = a_1 - a_2 = S_1 - a_2$

$S_3 = a_1 - a_2 + a_3 = S_1 - (a_2 - a_3) \le S_1$

$S_4 = a_1 - a_2 + a_3 - a_4 = S_2 + (a_3 - a_4) \ge S_2$

$S_5 = a_1 - a_2 + a_3 - a_4 + a_5 = S_3 - (a_4 - a_5) \le S_3$

$S_6 = a_1 - a_2 + a_3 - a_4 + a_5 - a_6 = S_4 + (a_5 - a_6) \ge S_4$

……

顯然 $S_2 \le S_4 \le S_6 \cdots\cdots$ ，且 $S_1 \ge S_3 \ge S_5 \ge \cdots\cdots$

又 $S_2, S_4, S_6 \cdots\cdots$ 為遞增， $S_1, S_3, S_5 \cdots\cdots$ 為遞減，且二者均為有界，故二個數列分別收斂於 S' 及 S''

S', S'' 均介於 S_n 與 S_{n+1} 間， $n = 1, 2 \cdots\cdots$

$\therefore |S'' - S'| \le |S_{n+1} - S_n| = a_{n+1}$

當 $n \to \infty$ 時， $a_{n+1} \to 0$ ，得 $S' = S''$

即交錯數列 $\sum\limits_{n=1}^{\infty} a_n$ 收斂 ∎

例 1. 判斷 $\sum\limits_{k=1}^{\infty} \dfrac{(-1)^{k-1}}{k^2} = 1 - \dfrac{1}{2^2} + \dfrac{1}{3^2} - \dfrac{1}{4^2} + \cdots\cdots$ 之斂散性。

解 $a_k = \dfrac{1}{k^2}$ 滿足

(1) $a_{k+1} = \dfrac{1}{(k+1)^2} < \dfrac{1}{k^2} = a_k$ （遞減）

(2) $\lim\limits_{k\to\infty} a_k = \lim\limits_{k\to\infty} \dfrac{1}{k^2} = 0$

由定理 A $\sum\limits_{k=1}^{\infty} \dfrac{(-1)^{k-1}}{k^2}$ 為收斂

又 $\sum\limits_{k=1}^{\infty} \dfrac{1}{k^2}$ 為收斂

$$\therefore \sum_{k=1}^{\infty} \frac{(-1)^{k-1}}{k^2} \text{為絕對收斂}$$

例 2. 判斷 $\sum\limits_{k=2}^{\infty} (-1)^{k-1}/\ln k$ 之斂散性。

解 $a_k = \dfrac{1}{\ln k}$

(1) $a_{k+1} = \dfrac{1}{\ln(k+1)} < \dfrac{1}{\ln k} = a_k$

(2) $\lim\limits_{k \to \infty} a_k = \lim\limits_{k \to \infty} \dfrac{1}{\ln k} = 0$

由定理 A $\sum\limits_{k=2}^{\infty} \dfrac{(-1)^{k-1}}{\ln k}$ 為收斂

又 $\dfrac{1}{\ln k} > \dfrac{1}{k}$

$\sum\limits_{k=2}^{\infty} \dfrac{1}{k}$ 發散 $\Rightarrow \sum\limits_{k=2}^{\infty} \dfrac{1}{\ln k}$ 發散

$\therefore \sum\limits_{k=1}^{\infty} \dfrac{(-1)^{k-1}}{\ln k}$ 為條件收斂

定理 B
（極限檢定法）
若 $\lim\limits_{n \to \infty} n^p a_n = A$（常數），$p > 1$ 時 $\sum\limits_{n=1}^{\infty} a_n$ 絕對收斂。

定理 C
若 Σa_n 為絕對收斂，則 Σa_n 為收斂，即 $\Sigma |a_n|$ 為收斂，則 Σa_n 為收斂。

證明

$\because 0 \leq a_n + |a_n| \leq 2|a_n|$

又 $\Sigma |a_n|$ 為收斂

$\therefore \Sigma 2|a_n|$ 為收斂，由比較審斂法知 $\Sigma (a_n + |a_n|)$ 為收斂

$\therefore \Sigma a_n = \Sigma (a_n + |a_n|) - \Sigma |a_n|$ 為收斂　　　　■

以下我們將敘述出一些基本的交錯級數審斂定理。

定理 D　（比值檢定法）

$$\lim_{n \to \infty} \left| \frac{a_{n+1}}{a_n} \right| = \ell$$

(1)若 $\ell > 1$，則 $\displaystyle\sum_{n=1}^{\infty} a_n$ 發散

(2)若 $\ell < 1$，則 $\displaystyle\sum_{n=1}^{\infty} a_n$ 絕對收斂

(3)若 $\ell = 1$，無法判定斂散性

例 3.　判斷 $\displaystyle\sum_{n=1}^{\infty} (-1)^{n+1} \frac{n^2}{2^n}$ 之斂散性。

解

$$\lim_{n \to \infty} \left| \frac{a_{n+1}}{a_n} \right| = \lim_{n \to \infty} \left| \frac{(-1)^{n+1} \dfrac{(n+1)^2}{2^{n+1}}}{(-1)^n \dfrac{n^2}{2^n}} \right|$$

$$= \lim_{n \to \infty} \frac{\dfrac{(n+1)^2}{2^{n+1}}}{\dfrac{n^2}{2^n}} = \lim_{n \to \infty} \frac{1}{2} \cdot \frac{(n+1)^2}{n^2} = \frac{1}{2} < 1$$

$\therefore \displaystyle\sum_{n=1}^{\infty} (-1)^{n-1} \frac{n^2}{2^n}$ 為絕對收斂

例 4. 判斷 $\sum\limits_{n=1}^{\infty} \dfrac{(-1)^n n!}{e^n}$ 為絕對收斂、條件收斂或發散。

解 由比值檢定法

$$\lim_{n\to\infty}\left|\frac{a_{n+1}}{a_n}\right|=\lim_{n\to\infty}\left|\frac{\dfrac{(-1)^{n+1}(n+1)!}{e^{n+1}}}{\dfrac{(-1)^n n!}{e^n}}\right|=\lim_{n\to\infty}\left|\frac{n+1}{e}\right|=\infty$$

$$\therefore \sum_{n=1}^{\infty}\frac{(-1)^n n!}{e^n} \text{ 發散}$$

定理 E （根值檢定法）

若 $\lim\limits_{n\to\infty}\sqrt[n]{|a_n|}=\ell$

(1)若 $\ell > 1$，則 $\sum\limits_{n=1}^{\infty} a_n$ 發散

(2)若 $\ell < 1$，則 $\sum\limits_{n=1}^{\infty} a_n$ 絕對收斂

(3)若 $\ell = 1$，無法判定斂散性

習題 7-4

1.判斷下列交錯數列發散、絕對收斂或條件收斂：

(1) $\sum\limits_{n=1}^{\infty} \dfrac{\cos n}{n^2}$

(2) $\sum\limits_{n=1}^{\infty} (-1)^n \dfrac{\ln n}{n}$

(3) $\sum\limits_{n=1}^{\infty} (-1)^{n-1} \dfrac{n}{e^n}$

(4) $\sum\limits_{n=1}^{\infty} \dfrac{(-1)^n n!}{10^n}$

(5) $\sum\limits_{n=1}^{\infty} (-1)^n \dfrac{n^{0.8}}{n^3+n+1}$

(6) $\sum\limits_{n=1}^{\infty} (-1)^n\left(1-\cos\dfrac{b}{n}\right)$

2.若 $\dfrac{1}{n} \ge a_n \ge 0$，$n=1，2\cdots$，試證 $\sum\limits_{n=1}^{\infty} (-1)^n a_n^2$ 為絕對收斂

3.若 $\sum\limits_{n=1}^{\infty} a_n^2$ 與 $\sum\limits_{n=1}^{\infty} b_n^2$ 為收斂，試證 $\sum\limits_{n=1}^{\infty} a_n b_n$ 為絕對收斂

解

1.

　(1)絕對收斂　(2)條件收斂　(3)絕對收斂　(4)發散　(5)絕對收斂
　(6)絕對收斂

7.5　冪級數

7.5.1　冪級數之收斂區間

定義 設 $\{a_n : n \geq 0\}$ 為一實數數列，則

$$\sum_{n=0}^{\infty} a_n (x - c)^n = a_0 + a_1 (x - c) + a_2 (x - c)^2 + \cdots\cdots$$

稱為 $(x - c)$ 的冪級數（Power Series in $x - c$）。

及 $\sum\limits_{n=0}^{\infty} a_n x^n = a_0 + a_1 x + a_2 x^2 + a_3 x^3 + \cdots\cdots$

稱為 x 的冪級數（Power Series in x）。

　　定理 A（Abel 定理）是冪級數之最重要定理，由定理 A，我
們可容易地決定出冪級數之歛區間。

定理 A　（Abel 定理）：(1)若冪級數 $\sum\limits_{n=0}^{\infty} a_n x^n$ 在 $x=x_0$，$x_0 \neq 0$ 為收斂，則滿足 $|x| < |x_0|$ 之所有 x 均為絕對收斂。同時，(2)若冪級數 $\sum\limits_{n=0}^{\infty} a_n x^n$ 在 $x = x_0$，$x_0 \neq 0$ 處發散則滿足 $|x| > |x_0|$ 之所有 x 均為發散。

證明

(1)若 $\sum\limits_{n=0}^{\infty} a_n x^n$ 在 $x = x_0, x_0 \neq 0$ 為收斂，則 $\lim\limits_{n \to \infty} a_n x^n = 0$

$\therefore$ 存在一個 $M > 0$ 使得 $|a_n x^n| \leq M$，$n = 0, 1, 2 \cdots\cdots$

從而 $|a^n x^n| = \left| a_n x_0^n \cdot \dfrac{x^n}{x_0^n} \right| = |a_n x_0^n| \left| \dfrac{x}{x_0} \right|^n \leq M \left| \dfrac{x}{x_0} \right|^n$

在 $|x| < |x_0|$ 時 $\sum\limits_{n=0}^{\infty} M \left| \dfrac{x}{x_0} \right|^n$ 為 $r = \left| \dfrac{x}{x_0} \right|$ 之等比級數，$r < 1$

$\therefore \sum\limits_{n=0}^{\infty} |a_n x^n|$ 收斂，即 $\sum\limits_{n=0}^{\infty} a_n x^n$ 為絕對收斂。

(2)（利用反證法）若 $\sum\limits_{n=0}^{\infty} a_n x^n$ 在 $x = x_0$，$x_0 \neq 0$ 為發散，且若存在一個 x_1，x_1 滿足 $|x_1| > |x_0|$ 時 $\sum\limits_{n=0}^{\infty} a_n x_1^n$ 收斂，則由

(1) $\sum\limits_{n=0}^{\infty} a_n x_0^n$ 收斂，而與 $\sum\limits_{n=0}^{\infty} a_n x_0^n$ 發散之假設矛盾。　∎

收斂區間與收斂半徑

若冪級數在 $|x| < r$ 時收斂，$|x| > r$ 時發散，則常數 R 為此冪級數 $\Sigma a_k x^k$ 的收斂半徑（Radius of Convergence）。

一冪級數 $\Sigma a_k x^k$，其收斂半徑 R 有三種可能：

1. 冪級數只對 $x = 0$ 這點收斂，以 $R = 0$ 表示。
2. 冪級數只對一切的 $|x| < b$ 為絕對收斂，而對一切的 $|x| > b$

為發散；在 $x = b$ 及 $x = -b$ 時，可能收斂或發散（∴需做端點檢驗），此時 $R = b$。

3. 冪級數對一切的 $x \in (-\infty, \infty)$ 都絕對收斂，以 $R = \infty$ 表示。

若冪級數在一區間內收斂，則稱此區間為該冪級數的**收斂區間**（Interval of Convergence）。

通常是用比值法，求冪級數之收斂區間與收斂半徑，即令 $\lim\limits_{n \to \infty} \left| \dfrac{a_{n+1}}{a_n} \right| < 1$ 解出 $|x| < r$，然後再討論端點之斂散性。如此可定出收斂區間（若只求收斂半徑則不必討論端點之斂散性，因端點之收斂與否不影響收斂半徑之長度）。

$\sum a_n x^n$ 之 $\lim\limits_{n \to \infty} \left| \dfrac{a_{n+1}}{a_n} \right| = l$，或 $\lim\limits_{n \to \infty} \sqrt[n]{|a_n|} = l$（$l$ 可為 ∞），則收斂半徑 R 為 $R = \dfrac{1}{l}$。

例 1. 求級數 $\sum\limits_{n=1}^{\infty} \dfrac{(x-3)^n}{n}$ 之收斂區間。

解

$$\lim_{n \to \infty} \left| \frac{a_{n+1}}{a_n} \right| = \lim_{n \to \infty} \left| \frac{\dfrac{(x-3)^{n+1}}{n+1}}{\dfrac{(x-3)^n}{n}} \right| = |x-3| < 1 \cdots\cdots\cdots\cdots①$$

由①：$|x-3| < 1$ 時級數收斂

即 $2 < x < 4$ 時原級數收斂

其次考慮端點之斂散性：

(1) $x = 2$ 時

$\sum\limits_{n=1}^{\infty} \dfrac{(2-3)^n}{n} = \sum\limits_{n=1}^{\infty} \dfrac{(-1)^n}{n}$ 為收斂（∵ $|a_n| = \left| \dfrac{(-1)^n}{n} \right| = \dfrac{1}{n}$ 為遞減且 $\lim\limits_{n \to \infty} |a_n| = 0$）

(2) $x = 4$ 時

$\sum\limits_{n=1}^{\infty} \dfrac{(4-3)^n}{n} = \sum\limits_{n=1}^{\infty} \dfrac{1}{n}$ 為發散

∴收斂區間為 $2 \leq x < 4$

例2. 求冪級數 $\sum\limits_{k=0}^{\infty} \dfrac{(4x)^k}{3^k}$ 之收斂區間。

解

$$\lim_{k \to \infty}\left|\dfrac{a_{k+1}}{a_k}\right| = \lim_{k \to \infty}\left|\dfrac{\dfrac{(4x)^{k+1}}{3^{k+1}}}{\dfrac{(4x)^k}{3^k}}\right| = \left|\dfrac{4x}{3}\right| < 1$$

∴ $|x| < \dfrac{3}{4}$，即 $-\dfrac{3}{4} < x < \dfrac{3}{4}$ 為收斂

現考慮端點之斂散性：

(1) $x = \dfrac{3}{4}$ 時，級數 $\sum\limits_{k=0}^{\infty}\dfrac{(4x)^k}{3^k} = \sum\limits_{k=0}^{\infty}\dfrac{\left(4 \cdot \dfrac{3}{4}\right)^k}{3^k} = \sum\limits_{k=0}^{\infty} 1 = \infty$（發散）

(2) $x = -\dfrac{3}{4}$ 時，級數 $\sum\limits_{k=0}^{\infty}\dfrac{(4x)^k}{3^k} = \sum\limits_{k=0}^{\infty}\dfrac{\left(4 \cdot \left(-\dfrac{3}{4}\right)\right)^k}{3^k} = \sum\limits_{k=0}^{\infty}(-1)^k$

（發散）

∴收斂區間為 $\dfrac{-3}{4} < x < \dfrac{3}{4}$

例3. 求 $\sum\limits_{n=1}^{\infty}\dfrac{n!}{n^n}x^n$ 收斂區間。

解

$$\lim_{n \to \infty}\left|\dfrac{a_{n+1}}{a_n}\right| = \lim_{n \to \infty}\left|\dfrac{(n+1)!\,x^{n+1}}{(n+1)^{n+1}} \cdot \dfrac{n^n}{n!\,x^n}\right|$$

$$= \lim_{n \to \infty}|x| \cdot \dfrac{n^n}{(n+1)^n} = \dfrac{|x|}{e} < 1$$

$$\left(\because \lim_{n \to \infty}\dfrac{n^n}{(n+1)^n} = \lim_{n \to \infty}\dfrac{1}{(1+\dfrac{1}{n})^n} = e^{-1}\right)$$

∴ $-e < x < e$ 時 Σa_n 收斂

$x = e$ 時，$a_n = \dfrac{n!\,e^n}{n^n}$ 為發散

$x = -e$ 時，$\sum\limits_{n=1}^{\infty}\dfrac{(-1)^n n!\,e^n}{n^n}$ 亦為發散

∵收斂區間為 $-e < x < e$

讀者請驗證例 3 之 $x = \pm e$ 時 $\sum\limits_{n=1}^{\infty} \dfrac{n!}{n^n} x^n$ 發散

> **定理 B**　若 $\sum\limits_{n=0}^{\infty} a_n x^n = f(x)$，$\sum\limits_{n=0}^{\infty} b_n x^n = g(x)$ 分別在收斂區間 $(-R_1, R_1)$，$(-R_2, R_2)$，設 $R = \min(R_1, R_2)$ 則
>
> (1) $\sum\limits_{n=0}^{\infty} a_n x^n \pm \sum\limits_{n=0}^{\infty} b_n x^n = \sum\limits_{n=0}^{\infty} (a_n \pm b_n) x^n = f(x) \pm g(x)$
>
> (2) $\sum\limits_{n=0}^{\infty} a_n x^n \cdot \sum\limits_{n=0}^{\infty} b_n x^n = f(x) g(x)$
>
> (3) $\sum\limits_{n=0}^{\infty} a_n x^n \Big/ \sum\limits_{n=0}^{\infty} b_n x^n = f(x) / g(x)$

7.5.2　函數之冪級數表示（Representations of functions as power series）

下列是二個有關冪級數之重要定理：

> **定理 C**　若 $S(x) = a_0 + a_1 x + a_2 x^2 + a_3 x^3 + \cdots\cdots$，$x$ 為區間 I 之一點，則：
>
> (1) $S'(x) = a_1 + 2a_2 x + 3a_3 x^2 + \cdots\cdots$
>
> (2) $\displaystyle\int_0^x S(t)\,dt = a_0 x + \frac{1}{2} a_1 x^2 + \frac{1}{3} a_2 x^2 + \frac{1}{4} a_3 x^3 + \cdots\cdots$

上述定理指出 S 為可微分性、可積分性，它的微分、積分與一般函數之微分、積分無異，微分、積分後之收斂區間與原冪級數之收斂區間相同。

例 4. 將 $f(x) = \dfrac{1}{1+x^2}$ 展成 x 之冪級數表示法，並求 $g(x) = \dfrac{x}{1+x^2}$ 之冪級數表示法。

解 (1) $f(x) = \dfrac{1}{1+x^2} = \dfrac{1}{1-(-x^2)}$

$\quad\quad\quad = 1 + (-x^2) + (-x^2)^2 + (-x^2)^3 + \cdots\cdots + (-x^2)^n + \cdots\cdots$

$\quad\quad\quad = 1 - x^2 + x^4 - x^6 + \cdots\cdots$

這是無窮等比級數，它的公比是 $-x^2$，故級數收斂之條件為

$|-x^2| = |x^2| < 1$，即 $-1 < x < 1$

(2) $g(x) = x\left(\dfrac{1}{1+x^2}\right) = x(1 - x^2 + x^4 - x^6 + \cdots\cdots)$

$\quad\quad\quad = x - x^3 + x^5 - x^7 + \cdots\cdots$

收斂區間為 $(-1, 1)$

例 5. 求 $f(x) = \dfrac{1}{x+3}$ 之冪級數表示法。

解 $f(x) = \dfrac{1}{x+3} = \dfrac{1}{3}\,\dfrac{1}{1+\left(\dfrac{x}{3}\right)} = \dfrac{1}{3}\left(1 - \dfrac{x}{3} + \dfrac{x^2}{9} - \dfrac{x^3}{27} + \cdots\cdots\right)$

例 6. 由 $\dfrac{1}{1-x} = 1 + x + x^2 + \cdots\cdots$，$-1 < x < 1$，導出 (1) $\dfrac{1}{(1-x)^2}$

(2) $\ln(1-x)$ 之冪級數。

$\dfrac{1}{1-x} = 1 + x + x^2 + \cdots\cdots + x^n + \cdots\cdots \quad\quad -1 < x < 1$

$\therefore (1)\ \dfrac{1}{(1-x)^2} = 1 + 2x + 3x^2 + \cdots + nx^{n-1} + \cdots\cdots\ -1 < x < 1$

$(2)\ \ln(1-x) = -\displaystyle\int_0^x \dfrac{dt}{1-t}$

$\quad\quad\quad\quad = -\displaystyle\int_0^x (1 + t + t^2 + \cdots\cdots + t^n + \cdots\cdots)\,dt$

$\quad\quad\quad\quad = -\left(x + \dfrac{x^2}{2} + \dfrac{x^3}{3} + \cdots\cdots\right) \quad\quad -1 < x < 1$

進一步的例子將在下節討論。

 **習題 7-5**

1.求下列各題之收斂區間：

(1) $\sum\limits_{k=0}^{\infty} \dfrac{(3x)^k}{2^k}$ 　　　　　(2) $\sum\limits_{n=1}^{\infty} \left(\dfrac{n}{2^n}\right)x^n$

(3) $\sum\limits_{k=1}^{\infty} \dfrac{(x-3)^k}{k}$ 　　　　(4) $\sum\limits_{n=0}^{\infty} \dfrac{x^n}{n!}$

(5) $\sum\limits_{n=0}^{\infty} \dfrac{x^n}{(n+1)2^n}$ 　　　(6) $\sum\limits_{n=1}^{\infty} (-1)^{n+1}(x-2)^n$

(7) $\sum\limits_{n=0}^{\infty} x^n$

2.(1)將$f(x)=\dfrac{1}{x-a}$展成 x 之冪級數。$a\neq 0$

　(2)將$f(x)=\dfrac{1}{x}$展成 $x-3$ 之冪級數

解

1.

(1)$-\dfrac{2}{3}<x<\dfrac{2}{3}$ 　　　　(2)$-2<x<2$

(3)$2\leq x<4$ 　　　　　　(4)$-\infty<x<\infty$

(5)$-2\leq x<2$ 　　　　　(6)$1<x<3$

(7)$-1<x<1$

2.

(1)$-\dfrac{1}{a}-\dfrac{x}{a^2}-\dfrac{x^2}{a^3}-\cdots\cdots-\dfrac{x^n}{a^{n+1}}+$

(2)$\dfrac{1}{3}\sum\limits_{n=0}^{\infty}(-1)^n\dfrac{1}{3^n}(x-3)^n$

7.6 泰勒級數與二項級數

7.6.1 泰勒級數

設函數 f 在 $x = c$ 點之 n 階導數 $f^{(n)}$ 存在，則稱 x 的 n 次多項式

$$P_n(x) = f(c) + f'(c)(x-c) + \frac{f''(c)}{2!}(x-c)^2 + \cdots\cdots$$
$$+ \frac{f^{(n)}(c)}{n!}(x-c)^2 + \cdots\cdots$$

為函數 f 在 c 點的 **n 次泰勒多項式**（nth-degree Taylor's Polynomial）。

若 $c = 0$，則

$$\sum_{k=0}^{\infty} \frac{f^{(k)}(0)}{k!}x^k = f(0) + \frac{f'(0)}{1!}x + \frac{f''(0)}{2!}x^2 + \cdots\cdots +$$
$$\frac{f^{(n)}(0)}{n!}x^n + \cdots\cdots$$

為 $f(x)$ 的**麥克勞林級數**（Maclaurin's Series）。

定理 A 若 $f(x)$ 與 $f'(x)$，$f''(x)$，$\cdots\cdots$，$f^{(n)}(x)$ 在 $[a,b]$ 中存在且連續，而 $f^{(n+1)}(x)$ 在 (a,b) 存在，則

$$f(x) = f(a) + f'(a)(x-a) + \frac{f''(a)}{2!}(x-a)^2 + \cdots\cdots$$
$$+ \frac{f^{(n)}(a)}{n!}(x-a)^n + R_n$$

R_n 稱為**餘式**（Remainder）

$$R_n = \frac{f^{(n+1)}(\xi)}{(n+1)!}(x-a)^{n+1}，\xi 介於 a, x 之間$$

例 1. 寫出 $f(x) = \sin x$，之 x 展開式，並求餘式 R_n

解 　$f(x) = \sin x$ 　　　　　 $f(0) = 0$

　　　$f'(x) = \cos x$ 　　　　　 $f'(0) = 1$

　　　$f''(x) = -\sin x$ 　　　　 $f''(0) = 0$

　　　$f'''(x) = -\cos x$ 　　　　 $f'''(0) = -1$

　　　$\cdots\cdots\cdots\cdots\cdots$

　　　$f^{(n)}(x) = \sin\left(x + \dfrac{n\pi}{2}\right)$

　　得　$f(x) = \sin x = x - \dfrac{x^3}{3!} + \dfrac{x^5}{5!} - \dfrac{x^7}{7!} + \cdots\cdots$

　　　$f^{(n+1)}(x) = \sin\left(x + \dfrac{n+1}{2}\pi\right) = \sin\left(x + \dfrac{n}{2}\pi + \dfrac{\pi}{2}\right)$

　　　　　　　　 $= \cos\left(x + \dfrac{n}{2}\pi\right)$，餘式為 $R_n(x) = \dfrac{f^{(n+1)}(\xi)}{(n+1)!} x^{n+1}$

例 2. 求 $f(x) = e^x$ 之 x 展開式，並求餘式 R_n。

解 　$f(x) = e^x$ 　　　 $\therefore f(0) = 1$

　　　$f'(x) = e^x$ 　　　 $f'(0) = 1$

　　　$f''(x) = e^x$ 　　　 $f''(0) = 1$

　　　$f^{(n)}(x) = e^x$，$f^{(n)}(0) = 1$

　　　$f^{(n+1)}(x) = e^x$

　　因此 $e^x = 1 + x + \dfrac{x^2}{2!} + \dfrac{x^3}{3!} + \dfrac{x^4}{4!} + \cdots\cdots + \dfrac{x^n}{n!} + \cdots\cdots$，餘式為

　　$R_n(x) = \dfrac{f^{(n+1)}(\xi)}{(n+1)!} x^{n+1}$

7.6.2　常用之麥克勞林級數

　　1. $e^x = 1 + x + \dfrac{x^2}{2!} + \dfrac{x^3}{3!} + \cdots\cdots x \in R$

　　2. $\sin x = x - \dfrac{x^3}{3!} + \dfrac{x^5}{5!} - \dfrac{x^7}{7!} + \cdots\cdots x \in R$

3. $\cos x = 1 - \dfrac{x^2}{2!} + \dfrac{x^4}{4!} - \dfrac{x^6}{6!} + \cdots\cdots x \in R$

4. $(1+x)^n = 1 + nx + \dfrac{n(n-1)}{2!}x^2 + \cdots\cdots +$

$\qquad \dfrac{n(n-1)\cdots\cdots(n-k+1)}{k!}x^k + \cdots\cdots$

5. $\ln(1+x) = x - \dfrac{x^2}{2} + \dfrac{x^3}{3} - \dfrac{x^4}{4} + \cdots\cdots 1 \geq x > -1$

6. $\dfrac{1}{1+x} = 1 - x + x^2 - x^3 + x^4 - \cdots\cdots \; |x| < 1$

我們將舉一些例子以說明麥克勞林級數之求法。

例 3. 求 $\ln\dfrac{1+x}{1-x}$ 之麥克勞林級數。

解 $\ln(1+x) = x - \dfrac{x^2}{2} + \dfrac{x^3}{3} - \dfrac{x^4}{4} + \dfrac{x^5}{5} - \dfrac{x^6}{6} + \cdots\cdots\cdots\cdots\cdots\cdots$①

現求：$\ln(1-x)$ 之麥克勞林級數，在①中以 $-x$ 取代 x 得

$\ln(1-x) = (-x) - \dfrac{(-x)^2}{2} + \dfrac{(-x)^3}{3} - \dfrac{(-x)^4}{4} + \dfrac{(-x)^5}{5} - \dfrac{(-x)^6}{6}$

$\qquad + \cdots\cdots$

$\qquad = -x - \dfrac{x^2}{2} - \dfrac{x^3}{3} - \dfrac{x^4}{4} - \dfrac{x^5}{5} + \cdots\cdots\cdots\cdots\cdots\cdots$②

①－②得

$\ln\dfrac{1+x}{1-x} = \ln(1+x) - \ln(1-x) = 2x + \dfrac{2}{3}x^3 + \dfrac{2}{5}x^5 + \dfrac{2}{7}x^7$

$\qquad + \cdots\cdots\cdots\cdots\cdots\cdots\cdots\cdots$

例 4. 求 $\tan^{-1}x$ 的麥克勞林級數，並以之證明 $\displaystyle\sum_{n=0}^{\infty} \dfrac{(-1)^n}{2n+1} = \dfrac{\pi}{4}$。

解 $\dfrac{d}{dx}\tan^{-1}x = \dfrac{1}{1+x^2} = 1 - x^2 + x^4 - x^6 + \cdots\cdots$

$\therefore \tan^{-1}x = \displaystyle\int_0^x \dfrac{dt}{1+t^2} = \int_0^x (1 - t^2 + t^4 - t^6 + \cdots\cdots)dt$

$\qquad = x - \dfrac{x^3}{3} + \dfrac{x^5}{5} - \dfrac{x^7}{7} + \cdots\cdots \qquad\qquad\qquad (1)$

在(1)取 $x=1$ 即得

例 5. 求 e^{-x^2} 的麥克勞林級數前四項。

解 $e^y = 1 + y + \dfrac{y^2}{2!} + \dfrac{y^3}{3!} + \dfrac{y^4}{4!} + \cdots\cdots$

$\therefore e^{-x^2} = 1 + (-x^2) + \dfrac{(-x^2)^2}{2!} + \dfrac{(-x^2)^3}{3!} + \dfrac{(-x^2)^4}{4!} + \cdots\cdots$

$= 1 - x^2 + \dfrac{x^4}{2!} - \dfrac{x^6}{3!} + \dfrac{x^8}{4!} - \cdots\cdots$

例 6. 求 $f(x) = e^x \cos x$ 之麥克勞林級數之前四項。

解 $e^x \cos x = \left(1 + x + \dfrac{x^2}{2!} + \dfrac{x^3}{3!} + \cdots\cdots\right)\left(1 - \dfrac{x^2}{2!} + \dfrac{x^4}{4!} + \cdots\cdots\right)$

$= 1 + x - \dfrac{x^3}{3} - \dfrac{x^4}{6} + \cdots\cdots$

例 7. 定義 $\cosh x = \dfrac{e^x + e^{-x}}{2}$ ，求 $\cosh x$ 之麥克勞林級數之前四項。

解 $\cosh x = \dfrac{1}{2}(e^x + e^{-x})$

$= \dfrac{1}{2}\Big[\left(1 + x + \dfrac{x^2}{2!} + \dfrac{x^3}{3!} + \cdots\cdots\right) +$

$\left(1 + (-x) + \dfrac{(-x)^2}{2!} + \dfrac{(-x)^3}{3!} + \cdots\cdots\right)\Big]$

$= \dfrac{1}{2}\Big[\left(1 + x + \dfrac{x^2}{2!} + \dfrac{x^3}{3!} + \cdots\cdots\right) +$

$\left(1 - x + \dfrac{x^2}{2!} - \dfrac{x^3}{3!} + \cdots\cdots\right)\Big]$

$= 1 + \dfrac{x^2}{2!} + \dfrac{x^4}{4!} + \dfrac{x^6}{6!} + \cdots\cdots$

例 8. 若 $h(x) = \cos x^3$ ，求 $h^{(12)}(0)$ 。

解 $\cos y = 1 - \dfrac{y^2}{2!} + \dfrac{y^4}{4!} \cdots\cdots$

$\therefore \cos x^3 = 1 - \dfrac{(x^3)^2}{2!} + \dfrac{(x^3)^4}{4!} \cdots\cdots$

$\qquad\quad = 1 - \dfrac{x^6}{2} + \dfrac{x^{12}}{24} \cdots\cdots$

$\therefore h^{(12)}(0) = \dfrac{12!}{24}$

以下我們將用兩個例子說明：如何用給定之馬克勞林級數，透過某種變數換以求泰勒級數。

例 9. 求 $f(x) = \ln x$ 展為 $x - 1$ 的泰勒級數。

解 $f(x) = \ln x$

$f(1) = 0$

$f'(1) = \dfrac{1}{x}\Big|_{x=1} = 1$

$f''(1) = \dfrac{1}{x^2}\Big|_{x=1} = -1$

$f'''(1) = \dfrac{2}{x^3}\Big|_{x=1} = 2$

$\therefore \ln x = 0 + 1(x-1) + \dfrac{(-1)}{2!}(x-1)^2 + \dfrac{2}{3!}(x-1)^3 + \cdots\cdots$

$\qquad\quad = (x-1) - \dfrac{(x-1)^2}{2} + \dfrac{1}{3}(x-1)^3 - \cdots\cdots$

但一種更為簡便的方法是透過馬克勞林級數：

$\ln x = \ln[1 + (x-1)] = \ln(1+y) \ （取\ y = x-1）$

$\qquad = y - \dfrac{y^2}{2} + \dfrac{y^3}{3} - \dfrac{y^4}{4} + \cdots\cdots$

$\qquad = (x-1) - \dfrac{(x-1)^2}{2} + \dfrac{(x-1)^3}{3} - \dfrac{(x-1)^4}{4} + \cdots\cdots$

例 10. 將 $f(x) = e^{-x}$ 展為 $(x-3)$ 之泰勒級數。

解 $e^{-(x-3)-3} = e^{-3-(x-3)} = e^{-3}e^{-(x-3)}$

但 $e^y = 1 + y + \dfrac{y^2}{2!} + \dfrac{y^2}{3!} + \cdots$　取 $y = -(x-3)$

$\qquad = 1 + [-(x-3)] + \dfrac{[-(x-3)]^2}{2!} + \dfrac{[-(x-3)]^3}{3!} + \cdots$

$\qquad = 1 - (x-3) + \dfrac{(x-3)^2}{2!} - \dfrac{(x-3)^3}{3!} + \cdots$

$\therefore e^{-x} = e^{-3}\left(1 - (x-3) + \dfrac{(x-3)^2}{2!} - \dfrac{(x-3)^3}{3!}\right) + \cdots$

7.6.3　二項級數

在初等代數中我們學到了二項式定理：

$(a+b)^m = a_m + \dbinom{m}{1}a^{m-1}b + \dbinom{m}{2}a^{m-2}b^2 + \cdots + \dbinom{m}{k}a^{m-k}b^k + \cdots$

$\qquad + b^m,\ m \in N$

在此 $\dbinom{m}{k} = \dfrac{m!}{k!(m-k)!} = \dfrac{m(m-1)\cdots(m-k+1)}{k!}$, $\dbinom{m}{0} = 1$

例 11.　求 $(x+2y)^3$ 之二項展開式。

解　$(x+2y)^3 = x^3 + \dbinom{3}{1}x^2(2y) + \dbinom{3}{2}x(2y)^2 + (2y)^3$

$\qquad = x^3 + 6x^2y + 12xy^2 + 8y^3$

在微積分裡，我們對 $a=1$，$b=x$ 之特例，即 $(1+x)^m$，特別感興趣，由二項式定理我們有下列定理：

定理 B　$(1+x)^m = 1 + mx + \dfrac{m(m-1)}{2!}x^2 + \dfrac{m(m-1)(m-2)}{3!}x^2 +$

$\qquad \cdots,\ m \in R$

證明

取 $f(x)=(1+x)^m$，則其 Maclaurin 級數為：

$f(x)=(1+x)^m$　$f(0)=1$

$f'(x)=m(1+x)^{m-1}$　$f'(0)=m$

$f''(x)=m(m-1)(1+x)^{m-2}$　$f''(0)=m(m-1)$

$\therefore (1+x)^m = 1+mx+\dfrac{m(m-1)}{2!}x^2+\dfrac{m(m-1)(m-2)}{3!}x^2$

$+\cdots\cdots$ ■

例 12. 求 $f(x)=\sqrt{1+x}$ 之 Maclaurine 級數。

解 $f(x)=\sqrt{1+x}=(1+x)^{\frac{1}{2}}$

$$=1+\frac{1}{2}x+\frac{\frac{1}{2}\left(\frac{1}{2}-1\right)}{2!}x^2+\frac{\frac{1}{2}\left(\frac{1}{2}-1\right)\left(\frac{1}{2}-2\right)}{3!}x^3+$$

$$\frac{\frac{1}{2}\left(\frac{1}{2}-1\right)\left(\frac{1}{2}-2\right)\left(\frac{1}{2}-3\right)}{4!}x^4+\cdots\cdots$$

$$=1+\frac{x}{2}-\frac{x^2}{8}+\frac{x^3}{16}-\frac{5}{128}x^4+\cdots\cdots$$

例 13. 求 $f(x)=\dfrac{1}{\sqrt{1-x^2}}$ 之 Maclaurine 級數之前四項。

解 $f(x)=\dfrac{1}{\sqrt{1-x^2}}=(1-x^2)^{\frac{-1}{2}}$

$$=1+\left(-\frac{1}{2}\right)(-x^2)+\frac{\left(-\frac{1}{2}\right)\left(-\frac{1}{2}-1\right)}{2!}(-x^2)^2$$

$$+\frac{\left(-\frac{1}{2}\right)\left(-\frac{1}{2}-1\right)\left(-\frac{1}{2}-2\right)}{3!}(-x^2)^3+\cdots\cdots$$

$$=1+\frac{x^2}{2}+\frac{3}{8}x^4+\frac{5}{16}x^6+\cdots\cdots$$

7.6.4 誤差問題

本子節主要是討論若交錯級數為收斂，那麼它的前 n 項部分和與「真正」之級數和差距有多少？

定理 C 已知交錯級數 $a_1 - a_2 + a_3 - a_4 + \cdots$，若滿足(1) $0 \leq a_{n+1} \leq a_n$ 及(2) $\lim\limits_{t \to \infty} a_n = 0$ 則此級數為收斂，且任何項終止所造成之誤差不大於次一項之絕對值，亦即設 $\sum\limits_{k=1}^{\infty} a_k$ 為收斂且 $S = \sum\limits_{k=1}^{\infty} a_k$，令 $S_n = \sum\limits_{k=1}^{n} a_k$（即交錯級數之前 n 項和），則 $|S - S_n| \leq |a_{n+1}|$。

證明

（略）

讀者應特別注意的是上述定理是在交錯級數上方成立。

例 14. $\sum\limits_{n=1}^{\infty} \dfrac{(-1)^{n+1}}{(3n+1)}$ 為收斂，求(a)若此級數展開至第 5 項造成最大誤差為何？(b)若此級數展開至第 6 項，則最大誤差為何？(c)若誤差之絕對值不超過 0.001 需此級數多少項？

解 (a)此級數展開至第 5 項：$\dfrac{1}{4} - \dfrac{1}{7} + \dfrac{1}{10} - \dfrac{1}{13} + \dfrac{1}{16}$ 則誤差小於第 6 項 $-\dfrac{1}{19}$ 之絕對值，即 $\dfrac{1}{19}$

(b)此級數展開至第 6 項則誤差小於第 7 項之絕對值即 $\left| \dfrac{1}{22} \right| = \dfrac{1}{22}$

(c)M 項終止後之誤差小於第 $M+1$ 項之絕對值：

$$\left|\frac{(-1)^{M+2}}{3(M+1)+1}\right|=\frac{1}{3M+4}\le\frac{1}{1000}$$

$3M+4\ge 1000$，$M\ge 332$，即至少需 332 項

例 15. 求 $\int_0^1\frac{1-e^{-x^2}}{x^2}dx$，到二位小數準確度（即誤差小於 0.001）

解 先求 $\int_0^1\frac{1-e^{-x^2}}{x^2}dx$ 之馬克勞林展開式：

$$e^x=1+x+\frac{x^2}{2!}+\frac{x^3}{3!}+\cdots\cdots$$

$$e^{-x^2}=1+(-x^2)+\frac{(-x^2)^2}{2!}+\frac{(-x^2)^3}{3!}+\cdots\cdots$$

$$=1-x^2+\frac{x^4}{2!}-\frac{x^6}{3!}+\cdots\cdots$$

$$\Rightarrow\frac{1-e^{-x^2}}{x^2}=\frac{1-\left(1-x^2+\frac{x^4}{2!}-\frac{x^6}{3!}+\cdots\cdots\right)}{x^2}$$

$$=1-\frac{x^2}{2!}+\frac{x^4}{3!}-\frac{x^6}{4!}+\cdots\cdots$$

$$\therefore\int_0^1\frac{1-e^{-x^2}}{x^2}dx=\int_0^1\left(1-\frac{x^2}{2!}+\frac{x^4}{3!}-\frac{x^6}{4!}+\cdots\cdots\right)dx$$

$$=x-\frac{x^3}{3\cdot 2!}+\frac{x^5}{5\cdot 3!}-\frac{x^7}{7\cdot 4!}+\cdots\cdots\bigg|_0^1$$

$$=1-\frac{1}{3\cdot 2!}+\frac{1}{5\cdot 3!}-\frac{1}{7\cdot 4!}+\frac{1}{9\cdot 5!}$$

$$=1-0.1667+0.0333-0.0059+\underline{0.0009}-\cdots\cdots$$

$$=0.867 \qquad\qquad\qquad 小於 0.001\rightarrow故取至此項$$

　　在上例，我們以計算器取小數點後四位，讀者若取小數點後更多位數，可能結果會有小許不同，本例之重點，在根據題給要求之準確度，找到一項（如第 n 項）比準確度小，但第 5 項比準確度小，那麼從第 1 到第 4 項之和便是所求。

例 16. 驗證交錯調和級數 $1 - \dfrac{1}{2} + \dfrac{1}{3} - \dfrac{1}{4} + \cdots\cdots$ 為收斂，若 S 為此級數之和，問要取多少項，方能使此部份和 S_n 與 S 之誤差小於 0.01。

解 (1)判斷 $1 - \dfrac{1}{2} + \dfrac{1}{3} - \dfrac{1}{4} + \cdots\cdots$ 為收斂

　　$|a_n| = \dfrac{1}{n}$，則 $|a_n| = \dfrac{1}{n} > \dfrac{1}{n+1} = |a_{n+1}|$

　　$\therefore a_n$ 為遞減

　　又 $\lim\limits_{n \to \infty} |a_n| = \lim\limits_{n \to \infty} \dfrac{1}{n} = 0$

　　知 $1 - \dfrac{1}{2} + \dfrac{1}{3} - \dfrac{1}{4} + \cdots\cdots$ 為收斂

(2) $|S - S_n| < |a_{n+1}| = \dfrac{1}{n+1} \leq 0.01$　　$\therefore n \geq 99$

例 17. 驗證 $\sum\limits_{n=1}^{\infty} (-1)^n \dfrac{1}{n!}$ 為收斂，若 S_n 為此交錯級數前 n 項之和，求 $|S - S_6|$ 之最大誤差。

解 (1)判斷 $\sum\limits_{n=1}^{\infty} (-1)^n \dfrac{1}{n!}$ 為收斂

　　$|a_n| = \dfrac{1}{n!} > \dfrac{1}{(n+1)!} = |a_{n+1}|$

　　$\lim\limits_{n \to \infty} |a_n| = \lim\limits_{n \to \infty} \dfrac{1}{n!} = 0$

　　知 $\sum\limits_{n=1}^{\infty} (-1)^n \dfrac{1}{n!}$ 為收斂

(2) $S = 1 - \dfrac{1}{1!} + \dfrac{1}{2!} - \dfrac{1}{3!} + \dfrac{1}{4!} - \dfrac{1}{5!} + \dfrac{1}{6!} - \dfrac{1}{7!} + \cdots\cdots$

　　$= 1 - 1 + \dfrac{1}{2} - \dfrac{1}{6} + \dfrac{1}{24} - \dfrac{1}{120} + \dfrac{1}{720} - \dfrac{1}{5040} + \cdots\cdots$

　　$|S - S_6| < |a_7| = \dfrac{1}{5040} < \dfrac{1}{5000} = 0.0002$

習題 7-6

1.求馬克勞林級數前三項：

   (1)求 $e^x \sin x$ (2) $\tan x$

   (3) $\ln(1+x^2)$ (4) e^{-2x^2}

   (5) $e^{-x^2}\cos x$ (6) $\int_0^x \dfrac{\ln(1+u)}{u}du$

   (7) $\dfrac{1}{1+x+x^2}$ (8) $\left(\dfrac{1}{1-x}\right)^3$

2.證明：

   (1) $-\dfrac{\ln(1-x)}{1-x}=x+\left(1+\dfrac{1}{2}\right)x^2+\left(1+\dfrac{1}{2}+\dfrac{1}{3}\right)x^3+\cdots\cdots$

   (2) $\int_0^x e^{-t^2}dt=x-\dfrac{x^3}{3\cdot 1!}+\dfrac{x^5}{5\cdot 2!}-\dfrac{x^7}{7\cdot 3!}+\cdots\cdots$ ，$n\in R$

3.驗證：

   ★(1) $e^{\sin^{-1}x}=1+x+\dfrac{x^2}{2}+\dfrac{x^3}{3}+\cdots\cdots$

   ★(2) $e^{\cos x}=e\left(1-\dfrac{x^2}{2!}+\dfrac{4x^4}{4!}-\cdots\cdots\right)$

4.求 $\int_0^1 \dfrac{\sin x}{x}dx$ 之近似值，誤差 $<10^{-4}$

5.解下列近似估計問題：S_n 為前 n 項和，S 為級數總和，$|S_n-S|=$ 誤差

   (1) $\sum\limits_{n=1}^{\infty} \dfrac{(-1)^{n-1}}{n^2}$，問取若干項使得誤差 $<\dfrac{1}{100}$

   (2) $\sum\limits_{n=1}^{\infty} \dfrac{(-1)^n}{n!}$，問取若干項使得誤差 $<\dfrac{1}{100}$

解

1.(1) $x+x^2+\dfrac{x^3}{3}+\cdots\cdots$ (2) $x+\dfrac{x^3}{3}+\dfrac{2}{15}x^5+\cdots\cdots$

   (3) $x^2-\dfrac{x^4}{2}+\dfrac{x^6}{3}-\cdots\cdots$

(4) $1 - 2x^2 + \dfrac{(-2x^2)^2}{2!} + \cdots\cdots$ 或 $1 - 2x^2 + 2x^4 + \cdots\cdots$

(5) $1 - \dfrac{3}{2}x^2 + \dfrac{25}{24}x^4 + \cdots\cdots$ (6) $x - \dfrac{x^2}{2^2} + \dfrac{x^3}{3^2} - \cdots\cdots$

(7) $1 - x + x^3 - x^4 + \cdots\cdots$ (8) $1 + 3x + 6x^2 + \cdots\cdots$

3.提示：$y' = \dfrac{1}{\sqrt{1 - x^2}}\sin^{-1}x$ $\therefore y = \sqrt{1 - x^2}\,y'\cdots\cdots$

4. 0.9461

5.(1) 10   (2) 5

第 **8** 章

偏導數及其應用

8.1 二變數函數

8.1.1 二變數函數

　　本書前幾章討論的是單一變數函數之微分與積分，而本章則以二變數函數為主。設 D 為 xy 平面上之一集合，對 D 中所有有序配對（Ordered Pair）(x, y) 而言，都能在集合 R 中找到惟一之元素與之對應，這種對應元素所成之集合為像（Image），而 D 稱為函數 f 之定義域。

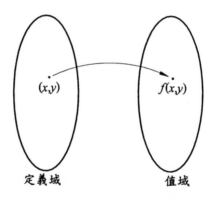

定義域　　　　　　值域

例 **1.** 若 $f(x, y) = \sqrt{1 - x^2 - y^2}$，求 f 之定義域＝？

解　$f(x, y)$ 之定義域為 $1 - x^2 - y^2 \geq 0$ 或 $x^2 + y^2 \leq 1$

　　即以原點為圓心，半徑為 1 之圓形區域（含圓周）

例 **2.** $f(x, y) = \sqrt{xy}$ 與 $g(x, y) = \sqrt{x}\sqrt{y}$ 之定義域各為何？

解　$f(x, y) = \sqrt{xy}$ 之定義域為 $\{(x, y) \mid xy \geq 0\}$

　　$g(x, y) = \sqrt{x} \cdot \sqrt{y}$ 之定義域為 $\{(x, y) \mid x \geq 0, y \geq 0\}$

因 $f(x, y)$ 與 $g(x, y)$ 之定義域不同，所以 f, g 為二不同函數。

8.1.2 多變數函數之極限

定義 令 f 為一二變數函數，x_0，y_0 及 l 為實數，若給定任何 $\varepsilon >$ 0，均存在一個 $\delta > 0$ 使得

當 $0 < \sqrt{(x - x_0)^2 + (y - y_0)^2} < \delta$ 時均有 $\mid f(x, y) - l \mid < \varepsilon$

則我們稱極限為 l，以 $\lim\limits_{(x, y) \to (x_0, y_0)} f(x, y) = l$ 表之。

用 $\varepsilon - \delta$ 方法證明 $\lim\limits_{(x, y) \to (x_0, y_0)} f(x, y) = l$ 時，以下三個基本不等式在證明過程中常被用到：

(1) $2 \mid ab \mid \leq a^2 + b^2$

(2) $\mid a \mid + \mid b \mid \leq \sqrt{2} \sqrt{a^2 + b^2}$

(3) $\mid a \mid \leq \sqrt{a^2 + b^2}$

★例 **4.** 求證 $\lim\limits_{(x, y) \to (0, 0)} \dfrac{2x^3 - y^3}{x^2 + y^2} = 0$。

解 由定義，對任一正數 ε，我們需證明能找到另一個正數 δ（δ 依 ε 而定），使得當 $\delta > \sqrt{x^2 + y^2} > 0$ 時有

$$\left| \frac{2x^3 - y^3}{x^2 + y^2} - 0 \right| = \left| \frac{2x^3 - y^3}{x^2 + y^2} \right| :$$

$$\because \mid 2x^3 - y^3 \mid \leq 2 \mid x^3 \mid + \mid y^3 \mid = 2 \mid x \mid x^2 + \mid y \mid y^2$$

$$\leq 2\sqrt{x^2 + y^2} \cdot x^2 + \sqrt{x^2 + y^2} \cdot y^2$$

$$= (\sqrt{x^2 + y^2})(2x^2 + y^2) \leq \sqrt{x^2 + y^2}(2x^2 + 2y^2) \leq 2(x^2 + y^2)^{\frac{3}{2}}$$

即 $\left| \dfrac{2x^3 - y^3}{x^2 + y^2} \right| \leq 2\sqrt{x^2 + y^2} < \varepsilon$

取 $\delta = \dfrac{\varepsilon}{2} > 0$，則 $0 < \sqrt{x^2 + y^2} < \delta$ 時，

$\left| \dfrac{2x^3 - y^3}{x^2 + y^2} - 0 \right| \leq 2\sqrt{x^2 + y^2} \leq 2\delta = 2\left(\dfrac{\varepsilon}{2}\right) = \varepsilon$

$\therefore \lim\limits_{(x \, , \, y) \to (0 \, , \, 0)} \dfrac{2x^3 - y^3}{x^2 + y^2} = 0$

★例 5. 求證 $\lim\limits_{(x \, , \, y) \to (0 \, , \, 0)} \dfrac{xy(x^2 - y^2)}{x^2 + y^2} = 0$。

解 $\because \left| \dfrac{xy(x^2 - y^2)}{x^2 + y^2} - 0 \right| = \left| \dfrac{xy(x^2 - y^2)}{x^2 + y^2} \right|$，但

$\left| xy(x^2 - y^2) \right| \leq \left| x \right| \left| y \right| (\left| x^2 \right| + \left| y^2 \right|)$

$\leq (x^2 + y^2)(x^2 + y^2) = (x^2 + y^2)^2$

$\left(\because \left| x \right| \leq \sqrt{x^2 + y^2} \, , \, \left| y \right| \leq \sqrt{x^2 + y^2} \right)$

即 $\left| \dfrac{xy(x^2 - y^2)}{x^2 + y^2} \right| \leq (x^2 + y^2) < \varepsilon$

取 $\delta = \sqrt{\varepsilon} > 0$，則 $0 < \sqrt{x^2 + y^2} < \delta$ 時，

$\left| \dfrac{xy(x^2 - y^2)}{x^2 + y^2} - 0 \right| \leq (x^2 + y^2) = (\sqrt{x^2 + y^2})^2 \leq (\sqrt{\varepsilon})^2 = \varepsilon$

$\therefore \lim\limits_{(x \, , \, y) \to (0 \, , \, 0)} \dfrac{xy(x^2 - y^2)}{x^2 + y^2} = 0$

以下兩個例子說明的是，如何應用單一變數函數求極限之方法到二變數函數之極限問題：

例 6. 求證 $\lim\limits_{(x \, , \, y) \to (0 \, , \, 0)} \dfrac{\sin(x^2 + y^2)}{x^2 + y^2} = 1$。

解 令 $t = x^2 + y^2$，則 $(x, y) \to (0, 0)$ 時 $t \to 0$

$\therefore \lim\limits_{(x \, , \, y) \to (0 \, , \, 0)} \dfrac{\sin(x^2 + y^2)}{x^2 + y^2} = \lim\limits_{t \to 0} \dfrac{\sin t}{t} = 1$

★例 **7.** 　求 $\displaystyle\lim_{(x,y)\to(0,\frac{1}{2})}\frac{\ln(1+xy)}{x}$ 。

解　$\displaystyle\lim_{(x,y)\to(0,\frac{1}{2})}\frac{\ln(1+xy)}{x}=\lim_{(x,y)\to(0,\frac{1}{2})}\frac{\ln(1+xy)}{xy}\cdot y$

$$\xlongequal{t=xy}\lim_{t\to 0}\frac{\ln(1+t)}{t}\lim_{y\to\frac{1}{2}}y=\lim_{t\to 0}\frac{1}{1+t}\lim_{y\to\frac{1}{2}}y=1\cdot\frac{1}{2}=\frac{1}{2}$$

　　單變數函數之極限 $\displaystyle\lim_{x\to a}f(x)=l$ 存在之條件是 $\displaystyle\lim_{x\to a}f(x)=l_1$，$\displaystyle\lim_{x\to a}f(x)=l_2$，$l_1$, l_2 存在且相等。但在求二變數函數極限時，要考慮 $(x,y)\to(x_0,y_0)$ 之各種途徑，若存在一條途徑之極限不為 l 時，$\displaystyle\lim_{(x,y)\to(x_0,y_0)}f(x,y)=l$ 便不成立。

　　例 8、9 是證明兩變數函數極限不存在之常用解法。

例 **8.** 　問 $\displaystyle\lim_{\substack{x\to 0\\y\to 0}}\frac{xy}{x^2+y^2}$ 是否存在？

解　令 $y=mx$ 　∴$\displaystyle\lim_{x\to 0}\frac{x(mx)}{x^2+(mx)^2}=\frac{m}{1+m^2}$

即原式之極限隨 m 之不同而改變，故極限不存在

例 **9.** 　問 $\displaystyle\lim_{\substack{x\to 0\\y\to 0}}\frac{x^2-y^2}{x^2+y^2}$ 是否存在？

解　令 $y=mx$ 　∴$\displaystyle\lim_{x\to 0}\frac{x^2-(mx)^2}{x^2+(mx)^2}=\lim_{x\to 0}\frac{1-m^2}{1+m^2}=\frac{1-m^2}{1+m^2}$

即原式之極限隨 m 不同而改變，故極限不存在

在例 9 中我們亦可用下列方法證明極限不存在：

$$\lim_{x\to 0}\left(\lim_{y\to 0}\frac{x^2-y^2}{x^2+y^2}\right)=\lim_{x\to 0}1=1$$

又 $\displaystyle\lim_{y\to 0}\left(\lim_{x\to 0}\frac{x^2-y^2}{x^2+y^2}\right)=\lim_{y\to 0}(-1)=-1$

$$\because \lim_{x\to 0}\lim_{y\to 0}\frac{x^2-y^2}{x^2+y^2} \neq \lim_{y\to 0}\lim_{x\to 0}\frac{x^2-y^2}{x^2+y^2}$$

$$\therefore \lim_{\substack{x\to 0\\y\to 0}}\frac{x^2-y^2}{x^2+y^2}\text{ 不存在}$$

要注意的是：即使 $\lim_{x\to 0}\left(\lim_{y\to 0}f(x,y)\right)=\lim_{y\to 0}\left(\lim_{x\to 0}f(x,y)\right)$ 時，我們亦不保證 $\lim_{\substack{x\to 0\\y\to 0}}f(x,y)$ 存在。

8.1.4 多變數函數之連續性

定義　若函數 $f(x,y)$ 滿足下列條件，則稱 $f(x,y)$ 在點 (a,b) 處為連續：

(1) f 在 (a,b) 有意義

(2) f 在 (a,b) 中之極限存在

(3) f 在 (a,b) 之值等於 f 在 (a,b) 之極限，換言之，

$$\lim_{(x,y)\to(a,b)}f(x,y)=f(a,b)$$

定理 A　若 g 為二變數函數，f 為單變數函數，若 g 在 (a,b) 處連續且 f 在 $g(a,b)$ 亦為連續，則 $f(g(x,y))$ 在 (a,b) 處為連續。

例 10. $f(x,y)=\sin(x^2+y^2)$ 在平面上之每一點均為連續，試說明之。

解　$g(x,y)=x^2+y^2$ 為連續性函數

$f(t) = \sin t$ 在 R 中每一點均為連續

$f(x, y) = \sin(x^2 + y^2)$ 在平面上所有點均為連續

習題 8-1

1. 求下列各題之定義域：

(1) $f(x, y, z) = \sqrt{xyz}$ (2) $f(x, y, z) = \sqrt{x}\sqrt{y}\sqrt{z}$

(3) $f(x, y, z) = \sqrt{\dfrac{xz}{y}}$ (4) $f(x, y, z) = \sqrt[3]{xy} \cdot \sqrt{z}$

(5) $f(x, y, z) = \sqrt[3]{x}\sqrt[3]{y}\sqrt[3]{z}$ (6) $f(x, y, z) = \sqrt[3]{xz}\sqrt{y}$

2. 計算：

(1) $\displaystyle\lim_{(x,y)\to(0,1)} \dfrac{1 + y + xy}{x^2 + y^2}$ (2) $\displaystyle\lim_{(x,y)\to(0,0)} \dfrac{(3 + x)\sin[2(x^2 + y^2)]}{x^2 + y^2}$

★3. 試證：$\displaystyle\lim_{(x,y)\to(0,0)} \dfrac{x^3 + y^3}{x^2 + y^2} = 0$

4. 試證：$\displaystyle\lim_{(x,y)\to(0,0)} \dfrac{x^4 + y^4}{x^2 + y^2}$

5. 試證下列函數在 $(x, y) \to (0, 0)$ 時均不存在：

(1) $\dfrac{xy^2}{x^2 + y^4}$ (2) $\dfrac{x^2 + y}{\sqrt{x^2 + y^2}}$ (3) $\dfrac{x - y}{x + y}$

6. 下列函數在何處為不連續？

(1) $f(x, y) = \dfrac{y^2 + x}{y^2 - x}$ (2) $f(x, y) = \dfrac{1}{\sin x \sin y}$

7. (1) 若 $f\left(x - y, \dfrac{y}{x}\right) = x^2 - y^2$ 求 $f(x, y) = ?$

(2) 若 $f(x + y, xy) = x^2 + xy + y^2$ 求 $f(x, y)$

(3) 若 $f(x + y, x - y) = y(x + y)$ 求 $f(x, y)$

解

1. (1) $xyz \geqq 0$ (2) $x \geqq 0, y \geqq 0, z \geqq 0$ (3) $xyz \geqq 0$ 但 $y \neq 0$

(4) $x, y \in R, z \geqq 0$ (5) $x, y, z \in R$ (6) $x, z \in R, y \geq 0$

2.(1) 2　 (2) 6

4.取 $\delta = \sqrt{\varepsilon}$

6.(1)$y^2 = x$　 (2)$y = n\pi$ 或 $x = m\pi$，m，$n \in Z$

7.(1)$x^2 \left(\dfrac{1+y}{1-y} \right)$，$y \neq 1$（提示：令 $x-y=u$，$\dfrac{y}{x}=v\cdots$）　 (2)$x^2 - y$

　(3)$\dfrac{x}{2}(x-y)$

8.2　二變數面數之基本偏微分法

8.2.1　一階偏導數

函數 $f(x, y)$ 對 x 之偏微分記做 $\dfrac{\partial f}{\partial x}$，或 f_x，$f_x(x, y)$，$\dfrac{\partial f}{\partial x} \big|_y$，在此 y 視為常數。同樣地，$f(x, y)$ 對 y 之偏微分記做 $\dfrac{\partial f}{\partial y}$，或 f_y，$f_y(x, y)$，$\dfrac{\partial f}{\partial y} \big|_x$，在此 x 視為常數。

定義 $f_x(x, y) = \lim\limits_{\triangle x \to 0} \dfrac{f(x + \triangle x, y) - f(x, y)}{\triangle x}$

$f_y(x, y) = \lim\limits_{\triangle y \to 0} \dfrac{f(x, y + \triangle y) - f(x, y)}{\triangle y}$

若我們欲求特定點 (x_0, y_0) 上之導數，通常可分別用 $\dfrac{\partial f}{\partial x} \big|_{(x_0, y_0)} = f_x(x_0, y_0)$ 和 $\dfrac{\partial f}{\partial y} \big|_{(x_0, y_0)} = f_y(x_0, y_0)$ 表示。

多變量函數之偏微分（Partial Derivative）可看為某一變數在其他所有變數均為常數之假設下對該變數進行一般之微分。

例 1. 若 $f(x, y) = x^2 + xy + 3y^2$，求 $f_x(1, 2) =$ ？及 $f_y(1, -1) =$ ？

解 $f_x(x, y) = 2x + y$ ∴$f_x(1, 2) = 4$

$f_y(x, y) = x + 6y$ ∴$f_y(1, -1) = -5$

例 2. 若 $f(x, y) = x^{xy}$，求 f_x 及 f_y

解 取 $\ln f = xy \ln x$……(1)

f_x：兩邊同時對 x 微分得 $\dfrac{f'}{f} = y\ln x + xy\left(\dfrac{1}{x}\right) = y(1 + \ln x)$

∴$f_x = fy(1 + \ln x) = x^{xy} \cdot y(1 + \ln x)$

同法可得 $f_y = x^{xy+1}\ln x$

例 3. 若 $u = x^{y^z}$，求 $\dfrac{\partial u}{\partial x}$，$\dfrac{\partial u}{\partial y}$，$\dfrac{\partial u}{\partial z}$

解 $u = x^{y^z}$ 是 x 的 y^z 次方，勿誤作 x^y 的 z 次方，x^y 的 z 次方是 $(x^y)^z$
$= x^{yz}$

(1) $\dfrac{\partial u}{\partial x} = y^z x^{y^z - 1}$

(2) $\dfrac{\partial u}{\partial y}$：兩邊取自然對數，$\ln u = y^z \ln x$，再同時對 y 偏微分

∴$\dfrac{u'}{u} = zy^{z-1}\ln x$，從而 $\dfrac{\partial u}{\partial y} = zy^{z-1}x^{y^z}\ln x$

(3) $\dfrac{\partial u}{\partial z}$：∵$\ln u = y^z \ln x$，兩邊同時對 x 偏微分，∴$\dfrac{u'}{u} = y^z \ln y$

$\ln x = x^{y^z}(\ln x)y^z \ln y$，從而 $\dfrac{\partial u}{\partial z} = x^{y^z}(\ln x)y^z \ln y$

8.2.2 高階偏導數

再考慮函數 $f(x, y)$，則我們可有下列 4 種二階偏導數：

$$f_{xx} = (f_x)_x = \frac{\partial}{\partial x}\left(\frac{\partial f}{\partial x}\right) = \frac{\partial^2 f}{\partial x^2} \qquad\qquad f_{yyyx} = \frac{\partial^4 f}{\partial x \partial y^3}$$

$$f_{xy} = (f_x)_y = \frac{\partial}{\partial y}\left(\frac{\partial f}{\partial x}\right) = \frac{\partial^2 f}{\partial y \partial x} \qquad\qquad f_{xyxy} = \frac{\partial^4 f}{\partial y \partial x \partial y \partial x}$$

$$f_{yx} = (f_y)_x = \frac{\partial}{\partial x}\left(\frac{\partial f}{\partial y}\right) = \frac{\partial^2 f}{\partial x \partial y} \qquad\qquad f_{yyxx} = \frac{\partial^2 f}{\partial x^2 \partial y^2}$$

$$f_{yy} = (f_y)_y = \frac{\partial}{\partial y}\left(\frac{\partial f}{\partial y}\right) = \frac{\partial^2 f}{\partial y^2}$$

因此，高階偏導數有像 $\dfrac{\partial^2 f}{\partial x^2}$ 之「∂ 記號」以及有像 f_{xx} 之「下標記號」之二種表示方法。

例 4. 求 $f(x,y) = e^x \sin y$ 之 f_{xx}，f_{xy}，f_{yx}，f_{yy}。

解 $f_x = \dfrac{\partial f}{\partial x} = e^x \sin y$

$$\therefore f_{xx} = \frac{\partial^2 f}{\partial x^2} = \frac{\partial}{\partial x}(e^x \sin y) = e^x \sin y$$

$$f_{xy} = \frac{\partial^2 f}{\partial y \partial x} = \frac{\partial}{\partial y}\left(\frac{\partial f}{\partial x}\right) = \frac{\partial}{\partial y}(e^x \sin y) = e^x \cos y$$

同法

$$f_y = \frac{\partial f}{\partial y} = e^x \cos y$$

$$\therefore f_{yx} = \frac{\partial}{\partial x}\left(\frac{\partial f}{\partial y}\right) = \frac{\partial}{\partial x}(e^x \cos y) = e^x \cos y$$

$$f_{yy} = \frac{\partial}{\partial y}\left(\frac{\partial f}{\partial y}\right) = \frac{\partial}{\partial y}(e^x \cos y) = -e^x \sin y$$

若 $z = f(x,y)$ 之所有 2 階偏導數均為連續則以 $z \in C^2$ 表之。在此條件下 $f_{xy} = f_{yx}$，如例 4。我們再在下列定理敘述：

定理 A 若 $z = f(x,y) \in C^2$，則 S 中之每個點均有 $f_{xy} = f_{yx}$

　　例 5 是一個相當經典的例子，它說明了 $f_{xy} = f_{yx}$ 不恆成立。

例 5. $f(x, y) = \begin{cases} xy\left(\dfrac{x^2 - y^2}{x^2 + y^2}\right) & , (x, y) \neq (0, 0) \\ 0 & , (x, y) = (0, 0) \end{cases}$

　　求 $f_{xy}(0, 0)$ 及 $f_{yx}(0, 0)$。

解 $\displaystyle f_x(0, y) = \lim_{h \to 0} \frac{f(0 + h, y) - f(0, y)}{h}$

$\displaystyle = \lim_{h \to 0} \frac{f(h, y) - f(0, y)}{h}$

$\displaystyle = \lim_{h \to 0} \frac{1}{h}\left[hy\frac{h^2 - y^2}{h^2 + y^2} - \underbrace{0 \cdot y\frac{0^2 - y^2}{0^2 + y^2}}_{0} \right]$

$\displaystyle = \lim_{h \to 0} \frac{1}{h} \cdot hy \cdot \frac{h^2 - y^2}{h^2 + y^2} = -y$，對所有 y 均成立

$\displaystyle f_y(x, 0) = \lim_{h \to 0} \frac{f(x, 0 + h) - f(x, 0)}{h}$

$\displaystyle = \lim_{h \to 0} \frac{f(x, h) - f(x, 0)}{h}$

$\displaystyle = \lim_{h \to 0} \frac{1}{h}\left[xh\frac{x^2 - h^2}{x^2 + h^2} - x \cdot 0\frac{x^2 - 0^2}{x^2 + 0^2} \right]$

$\displaystyle = \lim_{h \to 0} \frac{1}{h} \cdot xh \cdot \frac{x^2 - h^2}{x^2 + h^2} = x$，對所 x 均成立

$\displaystyle f_{yx}(0, 0) = \lim_{h \to 0} \frac{f_y(0 + h, 0) - f_y(0, 0)}{h}$

$\displaystyle = \lim_{h \to 0} \frac{f_y(h, 0) - f_y(0, 0)}{h}$

$\displaystyle = \lim_{h \to 0} \frac{h - 0}{h} = 1$

$\displaystyle f_{xy}(0, 0) = \lim_{h \to 0} \frac{f_x(0, 0 + h) - f_x(0, 0)}{h}$

$\displaystyle = \lim_{h \to 0} \frac{f_x(0, h) - f_x(0, 0)}{h}$

$$=\lim_{h\to0}\frac{-h-0}{h}=-1$$

$$\therefore f_{yx}(0,0)\neq f_{xy}(0,0)$$

 習題 8-2

1.給定 $f(x,y)=xy$，求：

(1) $f(0,1)$　　　　　　　　(2) $\lim_{h\to0}\dfrac{f(x+h,y)-f(x,y)}{h}$

(3) $\lim_{h\to0}\dfrac{f(x,y+h)-f(x,y)}{h}$

2.計算下列各題：

(1)求 $z=f(x,y)=x^2\tan^{-1}\dfrac{y}{x}-y^2\tan^{-1}\dfrac{x}{y}$ 之 $\dfrac{\partial z}{\partial x}$

(2)求 $z=f(x,y)=x^y$ 之 $\dfrac{\partial z}{\partial x}$ 及 $\dfrac{\partial z}{\partial y}$

(3)求 $z=f(x,y)=\ln(1+x^2+y^2)$ 之 $\dfrac{\partial z}{\partial x}$ 及 $\dfrac{\partial z}{\partial y}$

3.$z=f(x,y)=\tan^{-1}\dfrac{x+y}{1-xy}$

求(1)$\dfrac{\partial^2z}{\partial x^2}$　(2)$\dfrac{\partial^2z}{\partial x\partial y}$　(3)$\dfrac{\partial^2z}{\partial y\partial x}$　(4)$\dfrac{\partial^2z}{\partial y^2}$

4.$z=f(x,y)=xy+xe^{\frac{y}{x}}$，驗證 $x\dfrac{\partial z}{\partial x}+y\dfrac{\partial z}{\partial y}=xy+z$

5.$z=f(x,y)=x^2\tan^{-1}\dfrac{y}{x}-y^2\tan^{-1}\dfrac{x}{y}$，求 $\dfrac{\partial^2z}{\partial x\partial y}$

6.驗證下列各題之 $f_{xx}+f_{yy}=0$：

(1)$f(x,y)=x^3y-xy^3$

(2)$f(x,y)=\ln\sqrt{x^2+y^2}$

7.$f(x,y)=\begin{cases}x\left(\dfrac{x-y}{x+y}\right)&,(x,y)\neq(0,0)\\0&,(x,y)=(0,0)\end{cases}$　求：(1)$f_x(0,0)$　(2)$f_y(0,0)$

8.$f(x,y)=\begin{cases}\dfrac{x^3+y^3}{x^2+y^2}&,(x,y)\neq(0,0)\\0&,(x,y)=(0,0)\end{cases}$　求(1)$f_x(0,0)$　(2)$f_y(0,0)$

9. 若 $f(x,y) = \int_x^y \ln(\cos\sqrt{t})dt$ ，$x, y > 0$ 求 f_x 及 f_y 。

10. $f(x,y) = \begin{cases} e^{-\frac{1}{x^2+y^2}} & , (x,y) \neq (0,0) \\ 0 & , (x,y) = (0,0) \end{cases}$ ，求 $f_x(0,0)$ 及 $f_y(0,0)$ 。

11. 若 $f(xy, x-y) = x^2 + y^2$ ，求 $f_x + f_y$ 。

12. $f(x,y) = \begin{cases} xy & , \ | \ y \ | \leq | \ x \ | \\ -xy & , \ | \ y \ | > | \ x \ | \end{cases}$

求：(1)$f_x(a,0)$ ，(2)$f_y(0,b)$ ，(3)$f_{xy}(0,0)$ ，(4)$f_{yx}(0,0)$ ，(5)$f_{xx}(0,0)$ ，
(6)$f_{yy}(0,0)$ 。

13. $f(x,y) = \begin{cases} x^2\tan^{-1}\dfrac{y}{x} - y^2\tan^{-1}\dfrac{x}{y} & , xy \neq 0 \\ f(x,0) = f(0,y) = 0 \end{cases}$

試求：(1)$f_{xy}(0,0)$ 　(2)$f_{yx}(0,0)$

解

1. (1) 0 　(2) y 　(3) x

2. (1) $2x\tan^{-1}\dfrac{y}{x} - y$ 　(2) yx^{y-1}, $x^y\ln x$ 　(3) $\dfrac{2x}{1+x^2+y^2}$, $\dfrac{2y}{1+x^2+y^2}$

3. (1) $\dfrac{-2x}{(1+x^2)^2}$ 　(2) 0 　(3) 0 　(4) $\dfrac{-2y}{(1+y^2)^2}$

5. $\dfrac{x^2-y^2}{x^2+y^2}$

7. (1) 1 　(2) 0

8. (1) 1 　(2) 1

9. $f_x = -(\ln\cos\sqrt{x})$ ，$f_y = \ln(\cos\sqrt{y})$

10. $f_x(0,0) = f_y(0,0) = 0$

11. $2 + 2y$ （提示：$f(x,y) = 2x + y^2$ ）

12. (1) 0 　(2) 0 　(3) -1 　(4) 1 　(5) 0 　(6) 0

13. (1) -1 　(2) 1

8.3 鏈鎖法則

8.3.1 鏈鎖法則與樹形圖

本節是沿續第 3 章之鏈鎖法則，研究如何對二變數函數之合成函數做偏微分。

定理 A　（鏈鎖法則）：令 $z = f(u, v)$, $u = g(x, y)$, $v = h(x, y)$則
$$\frac{\partial z}{\partial x} = \frac{\partial z}{\partial u} \cdot \frac{\partial u}{\partial x} + \frac{\partial z}{\partial v} \cdot \frac{\partial v}{\partial x} , \quad \frac{\partial z}{\partial y} = \frac{\partial z}{\partial u} \cdot \frac{\partial u}{\partial y} + \frac{\partial z}{\partial v} \cdot \frac{\partial v}{\partial y}$$

上述之鏈鎖法則在敘述上並不是很嚴謹，因為鏈鎖法則之 f 在含 (u, v) 的開區域中需可微分，且 g, h 之一階偏微分為連續等，但這些觀念證明都超過本書之水準故從略。本書之例子、習題均假定這些條件都已成立。

如果我們只取函數之自變數，因變數畫成樹形圖，對合成函數之偏微分公式推導大有幫助。以 $z = f(x, y)$, $x = g(r, s)$, $y = h(r, s)$ 為例說明之：

$\because z = f(x, y)$

　　　　　　　　　　　　　　　　　　　　　　①

又 $x = g(r, s)$, $y = h(r, s)$

∴

②

將②併入①，得

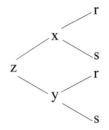

$\dfrac{\partial z}{\partial r}$ 相當於由 z 到 r 之所有途徑，在此有二條，即

(1) $z \longrightarrow x \longrightarrow r$

$\qquad \dfrac{\partial z}{\partial x} \qquad \dfrac{\partial x}{\partial r}$

(2) $z \longrightarrow y \longrightarrow r$

$\qquad \dfrac{\partial z}{\partial y} \qquad \dfrac{\partial y}{\partial r}$

$\therefore \dfrac{\partial z}{\partial r} = \dfrac{\partial z}{\partial x} \cdot \dfrac{\partial x}{\partial r} + \dfrac{\partial z}{\partial y} \cdot \dfrac{\partial y}{\partial r}$

我們將舉一些例子說明。

例 1. $z = f(x, y)$, $x = h(s, t)$, $y = k(t)$，試繪樹形圖以求 $\dfrac{\partial z}{\partial s}$ 及 $\dfrac{\partial z}{\partial t}$

解 先繪樹形圖：

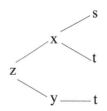

(1) $\dfrac{\partial z}{\partial s} = \dfrac{\partial z}{\partial x} \cdot \dfrac{\partial x}{\partial s}$

(2) $\dfrac{\partial z}{\partial t} = \dfrac{\partial z}{\partial x} \cdot \dfrac{\partial x}{\partial t} + \dfrac{\partial z}{\partial y} \cdot \dfrac{dy}{dt}$

(2) 式之 $\dfrac{\partial z}{\partial t} = \dfrac{\partial z}{\partial x} \cdot \dfrac{\partial x}{\partial t} + \dfrac{\partial z}{\partial y} \cdot \dfrac{dy}{dt}$ 中我們用 $\dfrac{dy}{dt}$，是因為

$y = y(t)$，（y 為單一變數 t 之函數）。同理，若 $z = f(x, y)$，

$x = g(t)$，$y = h(t)$，則 $z = f(g(t)，h(t))$，則 $\dfrac{dz}{dt} = \dfrac{\partial z}{\partial x}\dfrac{dx}{dt} + \dfrac{\partial z}{\partial y}$

$\dfrac{dy}{dt}$ 或 $f_x\,\dfrac{dx}{dt} + f_y\,\dfrac{dy}{dt}$

例 2. $z = t(x, y, w)$, $x = \phi(s, t, u)$, $y = q(t, v)$, $w = r(u, v)$，試

繪樹形圖以求 $\dfrac{\partial z}{\partial s}, \dfrac{\partial z}{\partial t}, \dfrac{\partial z}{\partial v}$。

解 (1) $\dfrac{\partial z}{\partial s} = \dfrac{\partial z}{\partial x} \cdot \dfrac{\partial x}{\partial s}$

(2) $\dfrac{\partial z}{\partial t} = \dfrac{\partial z}{\partial x} \cdot \dfrac{\partial x}{\partial t} + \dfrac{\partial z}{\partial y} \cdot \dfrac{\partial y}{\partial t}$

(3) $\dfrac{\partial z}{\partial v} = \dfrac{\partial z}{\partial y} \cdot \dfrac{\partial y}{\partial v} + \dfrac{\partial z}{\partial w} \cdot \dfrac{\partial w}{\partial v}$

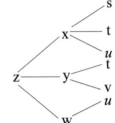

例 3. 若 $z = f(x, y) = xy$, $x = s^3t^2$, $y = se^t$，求 $\dfrac{\partial z}{\partial s}$ 及 $\dfrac{\partial z}{\partial t}$。

解

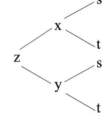

方法一 $\dfrac{\partial z}{\partial s} = \dfrac{\partial z}{\partial x} \cdot \dfrac{\partial x}{\partial s} + \dfrac{\partial z}{\partial y} \cdot \dfrac{\partial y}{\partial s}$

$= y \cdot 3s^2t^2 + x \cdot e^t$

$= (se^t)(3s^2t^2) + (s^3t^2)e^t$

$= 3s^3t^2e^t + s^3t^2e^t$

$= 4s^3t^2e^t$

$\dfrac{\partial z}{\partial t} = \dfrac{\partial z}{\partial x} \cdot \dfrac{\partial x}{\partial t} + \dfrac{\partial z}{\partial y} \cdot \dfrac{\partial y}{\partial t}$

$= y \cdot (2s^3t) + x \cdot (se^t)$

$= (se^t) \cdot (2s^3t) + s^3t^2 \cdot se^t$

$= 2s^4te^t + s^4t^2e^t$

方法二 假如我們把 $x = s^3t^2$, $y = se^t$ 代入 $z = f(x, y) = xy$ 中

可得

$z = f(x, y) = (s^3t^2)se^t = s^4t^2e^t$

$$\therefore \frac{\partial z}{\partial s} = 4s^3t^2e^t$$

$$\frac{\partial z}{\partial t} = s^4 \cdot 2te^t + s^4t^2e^t = 2s^4te^t + s^4t^2e^t$$

二種解法之結果是一樣的。

例 **4.**　$T = x^2 + y^2,\ x = \rho\theta,\ y = \rho^2$，求 $\dfrac{\partial T}{\partial \rho}$ 及 $\dfrac{\partial T}{\partial \theta}$。

解

方法一　$\dfrac{\partial T}{\partial \rho} = \dfrac{\partial T}{\partial x} \cdot \dfrac{\partial x}{\partial \rho} + \dfrac{\partial T}{\partial y} \cdot \dfrac{dy}{d\rho}$

$\qquad = (2x) \cdot (\theta) + (2y)\,2\rho$

$\qquad = (2\rho\theta) \cdot \theta + (2\rho^2) \cdot 2\rho$

$\qquad = 2\rho\theta^2 + 4\rho^3$

$\dfrac{\partial T}{\partial \theta} = \dfrac{\partial T}{\partial x} \cdot \dfrac{\partial x}{\partial \theta}$

$\qquad = (2x) \cdot \rho$

$\qquad = (2\rho\theta) \cdot \rho$

$\qquad = 2\rho^2\theta$

方法二　$T = x^2 + y^2 = (\rho\theta)^2 + (\rho^2)^2 = \rho^2\theta^2 + \rho^4$

$\therefore \dfrac{\partial T}{\partial \rho} = 2\rho\theta^2 + 4\rho^3,\ \dfrac{\partial T}{\partial \theta} = 2\rho^2\theta$

$\qquad \dfrac{\partial T}{\partial \theta} = 2\rho^2\theta$

例 4 中之 $\dfrac{\partial T}{\partial \rho} = \dfrac{\partial T}{\partial x} \cdot \dfrac{\partial x}{\partial \rho} + \dfrac{\partial T}{\partial y} \cdot \dfrac{dy}{dp}$ 之 $\dfrac{dy}{d\rho}$ 而不用 $\dfrac{\partial y}{\partial \rho}$，

是因為 y 是 ρ 之單變數函數。

例 **5.**　設 $u = x^2 + y^2 + z^2$，$x = e^t\cos t$，$y = e^t\sin t$，$z = e^t$，求 $\dfrac{du}{dt}$

解　方法一　$\dfrac{du}{dt} = \dfrac{\partial u}{\partial x}\dfrac{dx}{dt} + \dfrac{\partial u}{\partial y}\dfrac{dy}{dt} + \dfrac{\partial u}{\partial z}\dfrac{dz}{dt}$

$\qquad\qquad = 2x(e^t\cos t - e^t\sin t)$

$\qquad\qquad\quad + 2y(e^t\sin t + e^t\cos t) + 2ze^t$

$$= 2\left[e^t\cos t(e^t\cos t - e^t\sin t)+ \right.$$
$$\left. e^t\sin t(e^t\sin t + e^t\cos t)+ e^t \cdot e^t\right]$$
$$= 4e^{2t}$$

方法二　代 $x = e^t\cos t$，$y = e^t\sin t$，$z = e^t$ 入 $u = x^2 + y^2 + z^2$ 得

$$u = 2e^{2t}$$

$$\therefore \frac{du}{dt} = 4e^{2t}$$

8.3.2 媒介變數在二變數函數鏈法則上之應用

例 6. 若 $u = f(x - y, y - x)$，求證 $\dfrac{\partial u}{\partial x} + \dfrac{\partial u}{\partial y} = 0$。

解　在本例中我們引入二個媒介變數 s, t

其中 $\begin{cases} s = x - y, 則 \dfrac{\partial s}{\partial x} = 1, \dfrac{\partial s}{\partial y} = -1 \\[2mm] t = y - x, 則 \dfrac{\partial t}{\partial y} = 1, \dfrac{\partial t}{\partial x} = -1 \end{cases}$

$$\frac{\partial u}{\partial x} = \frac{\partial u}{\partial s} \cdot \frac{\partial s}{\partial x} + \frac{\partial u}{\partial t} \cdot \frac{\partial t}{\partial x}$$

$$= \frac{\partial u}{\partial s} \cdot 1 + \frac{\partial u}{\partial t}(-1)$$

$$= \frac{\partial u}{\partial s} - \frac{\partial u}{\partial t}$$

$$\frac{\partial u}{\partial y} = \frac{\partial u}{\partial s} \cdot \frac{\partial s}{\partial y} + \frac{\partial u}{\partial t} \cdot \frac{\partial t}{\partial y}$$

$$= \frac{\partial u}{\partial s}(-1) + \frac{\partial u}{\partial t} \cdot 1 = -\frac{\partial u}{\partial s} + \frac{\partial u}{\partial t}$$

$$\therefore \frac{\partial u}{\partial x} + \frac{\partial u}{\partial y} = \left(\frac{\partial u}{\partial s} - \frac{\partial u}{\partial t}\right) + \left(-\frac{\partial u}{\partial s} + \frac{\partial u}{\partial t}\right) = 0$$

例 7. $u = F\left(\dfrac{y - x}{xy}, \dfrac{z - x}{xz}\right)$，試證 $x^2\dfrac{\partial u}{\partial x} + y^2\dfrac{\partial u}{\partial y} + z^2\dfrac{\partial u}{\partial z} = 0$。

解 $u = F\left(\dfrac{y-x}{xy}, \dfrac{z-x}{xz}\right) = F\left(\dfrac{1}{x} - \dfrac{1}{y}, \dfrac{1}{x} - \dfrac{1}{z}\right)$

取 $s = \dfrac{1}{x} - \dfrac{1}{y}$，$t = \dfrac{1}{x} - \dfrac{1}{z}$

$\dfrac{\partial u}{\partial x} = \dfrac{\partial u}{\partial s}\dfrac{\partial s}{\partial x} + \dfrac{\partial u}{\partial t}\dfrac{\partial t}{\partial x}$

$\quad = \dfrac{\partial u}{\partial s}\left(-\dfrac{1}{x^2}\right) + \dfrac{\partial u}{\partial t}\left(-\dfrac{1}{x^2}\right)$

$\dfrac{\partial u}{\partial y} = \dfrac{\partial u}{\partial s}\dfrac{\partial s}{\partial y} = \dfrac{\partial u}{\partial s}\left(\dfrac{1}{y^2}\right)$

$\dfrac{\partial u}{\partial z} = \dfrac{\partial u}{\partial t}\dfrac{\partial t}{\partial z} = \dfrac{\partial u}{\partial t}\left(\dfrac{1}{z^2}\right)$

$\therefore x^2\dfrac{\partial u}{\partial x} + y^2\dfrac{\partial u}{\partial y} + z^2\dfrac{\partial u}{\partial z}$

$= x^2\left[\dfrac{\partial u}{\partial s}\left(-\dfrac{1}{x^2}\right) + \dfrac{\partial u}{\partial t}\left(-\dfrac{1}{x^2}\right)\right] + y^2\left[\dfrac{\partial u}{\partial s}\left(\dfrac{1}{y^2}\right)\right] + z^2\left[\dfrac{\partial u}{\partial t}\left(\dfrac{1}{z^2}\right)\right]$

$= -\dfrac{\partial u}{\partial s} - \dfrac{\partial u}{\partial t} + \dfrac{\partial u}{\partial s} + \dfrac{\partial u}{\partial t} = 0$

在例 6、7 我們用媒介變數進行運算，但我們也可用 F_i 表示對函數 F 之第 i 個變數做偏微分，我們拿例 6 說明之：

為了幫助理解，請參考以下比喻：想像有 2 個盒子分別編號 1, 2，每個盒子中都有球，球上分別寫 x, y。$\dfrac{\partial u}{\partial x}$ 就好像是把 f 中寫 x 之球取出，因此，我們就要到 1 號盒取 x 號球，還要到 2 號盒取 x 號球。再以例 6 說明之：

$u = f(\underset{①}{x-y}, \underset{②}{y-x})$

$\therefore \dfrac{\partial u}{\partial x} = f_1 \cdot 1 + f_2(-1) = f_1 - f_2$

$\dfrac{\partial u}{\partial y} = f_1(-1) + f_2(1) = -f_1 + f_2$

得 $\dfrac{\partial u}{\partial x} + \dfrac{\partial u}{\partial y} = 0$

例 8. $z = xy + xF\left(\dfrac{y}{x}\right)$，求證 $x\dfrac{\partial z}{\partial x} + y\dfrac{\partial z}{\partial y} = xy + z$。

解

$$\dfrac{\partial z}{\partial x} = y + F\left(\dfrac{y}{x}\right) + xF'\left(\dfrac{y}{x}\right)\left(-\dfrac{y}{x^2}\right)$$

$$= y + F\left(\dfrac{y}{x}\right) - \dfrac{y}{x}F'\left(\dfrac{y}{x}\right)$$

$$\dfrac{\partial z}{\partial y} = x + xF'\left(\dfrac{y}{x}\right)\left(\dfrac{1}{x}\right)$$

$$= x + F'\left(\dfrac{y}{x}\right)$$

$$\therefore x\dfrac{\partial z}{\partial x} + y\dfrac{\partial z}{\partial y} = x\left(y + F\left(\dfrac{y}{x}\right) - \dfrac{y}{x}F'\left(\dfrac{y}{x}\right)\right) + y\left(x + F'\left(\dfrac{y}{x}\right)\right)$$

$$= xy + \left(xy + xF\left(\dfrac{y}{x}\right)\right)$$

$$= xy + z$$

8.3.3　高階偏導數之鏈法則

例 9. 若 $z = f(x - ct) + g(x + ct)$，試證 $\dfrac{\partial^2 z}{\partial t^2} = c^2\dfrac{\partial^2 z}{\partial x^2}$。

解 取 $u = x - ct$，$v = x + ct$，則 $z = f(u) + g(v)$，

(1) $\dfrac{\partial^2 z}{\partial t^2} = \dfrac{\partial}{\partial t}\left(\dfrac{\partial z}{\partial t}\right) = \dfrac{\partial}{\partial t}\left(f'(u)\dfrac{\partial u}{\partial t} + g'(v)\dfrac{\partial v}{\partial t}\right)$

$\qquad = \dfrac{\partial}{\partial t}((-c)f'(u) + cg'(v))$

$\qquad = (-c)f''(u)\dfrac{\partial u}{\partial t} + cg''(v)\dfrac{\partial v}{\partial t}$

$\qquad = (-c)f''(u) \cdot (-c) + cg''(v) \cdot c$

$\qquad = c^2(f''(u) + g''(v))$

(2) $\dfrac{\partial^2 z}{\partial x^2} = \dfrac{\partial}{\partial x}\left(\dfrac{\partial z}{\partial x}\right) = \dfrac{\partial}{\partial x}\left(f'(u)\dfrac{\partial u}{\partial x} + g'(v)\dfrac{\partial v}{\partial x}\right)$

$\qquad = \dfrac{\partial}{\partial x}(f'(u) + g'(v)) = f''(u)\dfrac{\partial u}{\partial x} + g''(v)\dfrac{\partial v}{\partial x}$

$\qquad = f''(u) + g''(v)$

由(1)，(2)：$\dfrac{\partial^2 z}{\partial t^2} = c^2 \dfrac{\partial^2 z}{\partial x^2}$

8.3.4　n 階齊次函數

定義 若 $f(\lambda x,\,\lambda y) = \lambda^n f(x,\,y)$，$\lambda$ 為異於 0 之實數，則稱 $f(x,\,y)$ 為 k 階齊次函數。

例 10. (1) $f(x,\,y) = x^2 + y^2$：

$\because f(\lambda x,\,\lambda y) = \lambda^2 x^2 + \lambda^2 y^2 = \lambda^2 (x^2 + y^2) = \lambda^2 f(x,\,y)$

$\therefore$ 為 2 階齊次函數

(2) $f(x,\,y,\,z) = (x^2 + y^2 + z^2)^{\frac{3}{2}}$：

$\because f(\lambda x,\,\lambda y,\,\lambda z) = (\lambda^2 x^2 + \lambda^2 y^2 + \lambda^2 z^2)^{\frac{3}{2}}$

$\qquad\qquad\qquad = \lambda^3 \left[(x^2 + y^2 + z^2)^{\frac{3}{2}}\right]$

$\therefore$ 為 3 階齊次函數

(3) $f(x,\,y) = \sqrt{x + y^2}$：

$\because f(\lambda x,\,\lambda y) = \sqrt{\lambda x + (\lambda y)^2}$，不存在一個實數 k 使得

$\qquad f(\lambda x,\,\lambda y) = \lambda^k \sqrt{x + y^2}$

$\therefore f(x,\,y)$ 不為齊次函數

關於多變數之 n 階齊次函數有以下重要定理：

定理 B 若 $f(x,\,y)$ 為 n 階齊次函數，即 $f(\lambda x,\,\lambda y) = \lambda^k f(x,\,y)$，$\lambda \neq 0,\,\lambda \in R$，則 $xf_x + yf_y = nf(x,\,y)$。

證明

取 $u = \lambda x$，$v = \lambda y$，則 $\lambda^k f(x, y) = f(\lambda x, \lambda y) = f(u, v)$

兩邊同時對 λ 微分：

$$n\lambda^{n-1}f = \frac{\partial f}{\partial u} \cdot \frac{\partial u}{\partial \lambda} + \frac{\partial f}{\partial v} \cdot \frac{\partial v}{\partial \lambda} = x\frac{\partial f}{\partial u} + y\frac{\partial f}{\partial v}$$

因上式是對任何實數 λ 均成立，所以在上式中令 $\lambda = 1$ 可得

$$xf_x + yf_y = nf \qquad \blacksquare$$

定理 B 亦可推廣到 n 個變數情況：若 $f(x_1, x_2, \cdots\cdots x_n)$ 為 k 階齊次函數，即 $f(\lambda x_1, \lambda x_2, \cdots\cdots \lambda x_n) = \lambda^k f(x_1, x_2, \cdots\cdots x_n)$，則 $\sum\limits_{i=1}^{n} x_i \frac{\partial f}{\partial x_i}$ $= kf(x_1, x_2, \cdots\cdots x_n)$。

例 11. 若 $z = x^n f(\frac{y}{x})$ ，試證 $x\frac{\partial f}{\partial x} + y\frac{\partial f}{\partial y} = nz$。

解 $z = f(x, y) = x^n f(\frac{y}{x})$，則

$$f(\lambda x, \lambda y) = (\lambda x)^n f(\frac{\lambda y}{\lambda x}) = \lambda^n \left[x^n f(\frac{y}{x}) \right]$$

即 z 為 n 階齊次函數

$$\therefore x\frac{\partial f}{\partial x} + y\frac{\partial f}{\partial y} = nz$$

例 12. $F(x, y)$ 為 n 階齊次正值函數，若 $F \in C^2$，求證 $x^2\frac{\partial^2 F}{\partial x^2} +$
$2xy\frac{\partial^2 F}{\partial x \partial y} + y^2\frac{\partial^2 F}{\partial y^2} = n(n-1)F(x, y)$

解 $F(\lambda x, \lambda y) = \lambda^n F(x, y)$

對 λ 做偏微分：

$$xF_1(\lambda x, \lambda y) + yF_2(\lambda x, \lambda y) = n\lambda^{n-1}F(x, y)$$

再對 λ 做偏微分

$$x^2 F_{11}(\lambda x, \lambda y) + xyF_{12}(\lambda x, \lambda y) + yxF_{21}(\lambda x, \lambda y) + y^2 F_{22}(\lambda x, \lambda y)$$

$$= n(n-1)\lambda^{n-2}F(x,y)$$

在上式令 $\lambda = 1$：

$$x^2F_{11} + xyF_{12} + yxF_{21} + y^2F_{22} = n(n-1)F$$

$\because F \in C^2$ 則 $F_{12} = F_{21}$　$\therefore x^2F_{11} + 2xyF_{12} + y^2F_{22} = n(n-1)F$

即 $x^2\dfrac{\partial^2 F}{\partial x^2} + 2xy\dfrac{\partial^2 F}{\partial x \partial y} + y^2\dfrac{\partial^2 F}{\partial y^2} = n(n-1)F$

習題 8-3

1. 寫出下列各小題之偏微分公式：

(1) $z = f(x,y)$，$x = h(r,s)$，$y = g(s)$，求 $\dfrac{\partial z}{\partial s}$ 及 $\dfrac{\partial z}{\partial r}$

(2) $z = f(x,y,u)$，$x = h(r,s)$，$y = g(r,s)$，$u = k(r,t)$，求
$\dfrac{\partial z}{\partial s} = ?$　$\dfrac{\partial z}{\partial r} = ?$　$\dfrac{\partial z}{\partial t} = ?$

2. 若 $z = x + f(u)$，$u = xy$，求 $x\dfrac{\partial z}{\partial x} - y\dfrac{\partial z}{\partial y} = ?$

3. $u = f(s^2 - t^2, t^2 - s^2)$，求 $t\dfrac{\partial u}{\partial s} + s\dfrac{\partial u}{\partial t}$。

4. 計算：

(1) $T = y^2 f(xy)$，求 $\dfrac{\partial T}{\partial y}$

(2) $T = \dfrac{1}{x} f\left(\dfrac{y}{x}\right)$，求 $\dfrac{\partial T}{\partial x}$

(3) $T = xf\left(\dfrac{x-y}{x+y}\right)$，求 $xT_x + yT_y$

5. 若 $z = f(x-y, y-w, w-x)$，試證 $\dfrac{\partial z}{\partial x} + \dfrac{\partial z}{\partial y} + \dfrac{\partial z}{\partial w} = 0$。

6. $w = e^{xyz}$，$x = r+s$，$y = r-s$，$z = r^2s$，求 $\dfrac{\partial w}{\partial r}\Big|_{(r,s)=(1,1)}$。

7. $u = \dfrac{1}{\sqrt{x^2 + y^2 + z^2}}$，試求 $\dfrac{\partial^2 u}{\partial x^2} + \dfrac{\partial^2 u}{\partial y^2} + \dfrac{\partial^2 u}{\partial z^2}$。

8. $z = F(x + \phi(y))$，試證：$\dfrac{\partial z}{\partial x} \cdot \dfrac{\partial^2 z}{\partial x \partial y} = \dfrac{\partial z}{\partial y} \cdot \dfrac{\partial^2 z}{\partial x^2}$

9.$x = r\cos\theta$，$y = r\sin\theta$，$v = v(x, y)$，試證：

$$\left(\frac{\partial v}{\partial x}\right)^2 + \left(\frac{\partial v}{\partial y}\right)^2 = \left(\frac{\partial v}{\partial r}\right)^2 + \frac{1}{r^2}\left(\frac{\partial v}{\partial \theta}\right)^2$$

10.$z = x^3 f\left(xy, \dfrac{y}{x}\right)$，$z \in c^2$，求(1)$\dfrac{\partial z}{\partial y}$　(2)$\dfrac{\partial^2 z}{\partial y^2}$　(3)$\dfrac{\partial^2 z}{\partial x \partial y}$

11.$u = f(x, y)$，$x = e^s \cos t$，$y = e^s \sin t$，試證：

(1)$\left(\dfrac{\partial u}{\partial x}\right)^2 + \left(\dfrac{\partial u}{\partial y}\right)^2 = e^{-2s}\left[\left(\dfrac{\partial u}{\partial s}\right)^2 + \left(\dfrac{\partial u}{\partial t}\right)^2\right]$，

(2)$\dfrac{\partial^2 u}{\partial x^2} + \dfrac{\partial^2 u}{\partial y^2} = e^{-2s}\left[\dfrac{\partial^2 u}{\partial s^2} + \dfrac{\partial^2 u}{\partial t^2}\right]$

12.試求下列齊次函數之 k 值：

(1) $u = x^4 f(\dfrac{y}{x}, \dfrac{x}{z})$，$x(\dfrac{\partial f}{\partial x}) + y(\dfrac{\partial f}{\partial y}) + z(\dfrac{\partial f}{\partial z}) = kf$

(2) $u = xy\tan^{-1}\dfrac{y}{x}$，$x(\dfrac{\partial u}{\partial x}) + y(\dfrac{\partial u}{\partial y}) = ku$

解

1.(1) $\dfrac{\partial z}{\partial r} = \dfrac{\partial z}{\partial x}\dfrac{\partial x}{\partial r}$ ，$\dfrac{\partial z}{\partial s} = \dfrac{\partial z}{\partial x}\dfrac{\partial x}{\partial s} + \dfrac{\partial z}{\partial y}\dfrac{dy}{ds}$

(2) $\dfrac{\partial z}{\partial r} = \dfrac{\partial z}{\partial x}\dfrac{\partial x}{\partial r} + \dfrac{\partial z}{\partial y}\dfrac{\partial y}{\partial r} + \dfrac{\partial z}{\partial u}\dfrac{\partial u}{\partial r}$

$\dfrac{\partial z}{\partial s} = \dfrac{\partial z}{\partial x}\dfrac{\partial x}{\partial s} + \dfrac{\partial z}{\partial y}\dfrac{\partial y}{\partial s}$

$\dfrac{\partial z}{\partial t} = \dfrac{\partial z}{\partial u}\dfrac{\partial u}{\partial t}$

2. x

3. 0

4.(1)$2yf(xy) + xy^2 f'(xy)$　(2)$-\dfrac{f}{x^2}\left(\dfrac{y}{x}\right) - \dfrac{y}{x^3}f'\left(\dfrac{y}{x}\right)$　(3)T

6. 2

7. 0

10.(1)$x^4 f_1 + x^2 f_2$　(2)$x^5 f_{11} + 2x^3 f_{12} + x f_{22}$

(3) $4x^3 f_1 + x^4 y f_{11} + 2x f_2 - y f_{22}$

11.(1) 4　(2) 2

8.4 隱函數與全微分

8.4.1 隱函數

我們在第 2 章已介紹過在給定隱函數 $f(x,y)=0$ 下，如何求 $\dfrac{dy}{dx}$，本節介紹用偏導函數方法來解同樣的問題。

定理 A 若 $F(x,y)=0$，則 $\dfrac{dy}{dx}=-\dfrac{F_x}{F_y}$，$F_y\neq 0$。

證明

$F(x,y)=0$，則

$$\frac{\partial F}{\partial x}\cdot\frac{dx}{dx}+\frac{\partial F}{\partial y}\cdot\frac{dy}{dx}=\frac{\partial F}{\partial x}+\frac{\partial F}{\partial y}\cdot\frac{dy}{dx}=0$$

$$\therefore\frac{dy}{dx}=-\frac{\dfrac{\partial F}{\partial x}}{\dfrac{\partial F}{\partial y}}=-\frac{F_x}{F_y}\ ,\ F_y\neq 0\qquad\blacksquare$$

例 1. 求 $x^3+y^3=3xy$ 之 $\dfrac{dy}{dx}=$?

解

方法一 令 $F(x,y)=x^3+y^3-3xy=0$

$$\therefore\frac{dy}{dx}=-\frac{F_x}{F_y}=-\frac{3x^2-3y}{3y^2-3x}=\frac{y-x^2}{y^2-x}\quad(y^2-x\neq 0)$$

方法二 利用隱函數微分法：

$$f(x,y)=x^3+y^3-3xy=0$$

$$\therefore 3x^2 + 3y^2\left(\frac{dy}{dx}\right) - 3y - 3x\left(\frac{dy}{dx}\right) = 0$$

$$或\ x^2 + y^2\left(\frac{dy}{dx}\right) - y - x\left(\frac{dy}{dx}\right) = 0$$

$$\therefore \frac{dy}{dx} = \frac{y - x^2}{y^2 - x} \quad (y^2 - x \neq 0)$$

若 $F(x, y, z) = 0$，如果我們要求 $\frac{\partial z}{\partial x}$：在 $F(x, y, z) = 0$ 二邊對

x 微分並將 y 視作常數則有

$$\frac{\partial F}{\partial x} \cdot \underbrace{\frac{\partial x}{\partial x}}_{1} + \frac{\partial F}{\partial y} \cdot \underbrace{\frac{\partial y}{\partial x}}_{0} + \frac{\partial F}{\partial z} \cdot \frac{\partial z}{\partial x} = 0$$

$$\therefore \frac{\partial z}{\partial x} = -\frac{\partial F / \partial x}{\partial F / \partial z}$$

同法可得 $\dfrac{\partial z}{\partial y} = -\dfrac{\partial F / \partial y}{\partial F / \partial z}$　　　　　■

例 2. $x^2 + xy + y^2 + ux + u^2 = 3$，求 $\dfrac{\partial u}{\partial x}$，$\dfrac{\partial u}{\partial y}$，$\dfrac{\partial x}{\partial u}$，$\dfrac{\partial x}{\partial y} = ?$

解 令 $F(x, y, u) = x^2 + xy + y^2 + ux + u^2 - 3 = 0$

$$\therefore \frac{\partial u}{\partial x} = -\frac{F_x}{F_u} = -\frac{2x + y + u}{x + 2u} \quad (x + 2u \neq 0)$$

$$\frac{\partial u}{\partial y} = -\frac{F_y}{F_u} = -\frac{x + 2y}{x + 2u} \quad (x + 2u \neq 0)$$

$$\frac{\partial x}{\partial u} = -\frac{F_u}{F_x} = -\frac{x + 2u}{2x + y + u} \quad (2x + y + u \neq 0)$$

$$\frac{\partial x}{\partial y} = -\frac{F_y}{F_x} = -\frac{x + 2y}{2x + y + u} \quad (2x + y + u \neq 0)$$

我們再次用 f_i 表示 f 對第 i 個變數作偏導函數，這在求隱函數偏微分上很方便。

例 3. $u = f(x, u)$，求 $\dfrac{\partial u}{\partial x}$。

解 取 $F(x, u) = u - f(x, u) = 0$

$\therefore \dfrac{\partial u}{\partial x} = -\dfrac{\partial F/\partial x}{\partial F/\partial u} = -\dfrac{-f_1}{1 - f_2} = \dfrac{f_1}{1 - f_2}$，$f_2 \neq 1$

例 4. $u = f(x + u, yu)$，求 $\dfrac{\partial u}{\partial x}$，$\dfrac{\partial u}{\partial y}$，$\dfrac{\partial x}{\partial u}$。

解 取 $F(x, y, u) = u - f(x + u, yu)$，則

$\dfrac{\partial u}{\partial x} = -\dfrac{\partial F/\partial x}{\partial F/\partial u} = -\dfrac{-f_1}{1 - f_1 - f_2 \cdot y} = \dfrac{f_1}{1 - f_1 - yf_2}$

$f_1 + yf_2 \neq 1$

$\dfrac{\partial u}{\partial y} = -\dfrac{\partial F/\partial y}{\partial F/\partial u} = -\dfrac{-uf_2}{1 - f_1 - yf_2} = \dfrac{uf_2}{1 - f_1 - yf_2}$

$1 - f_1 - yf_2 \neq 0$

$\dfrac{\partial x}{\partial u} = -\dfrac{\partial F/\partial u}{\partial F/\partial x} = \dfrac{f_1 + yf_2 - 1}{-f_1}$，$f_1 \neq 0$

例 5. 若 $F(x + y - z, x^2 + y^2) = 0$，試證：$x\left(\dfrac{\partial z}{\partial y}\right) - y\left(\dfrac{\partial z}{\partial x}\right) = x - y$

解 $x\left(\dfrac{\partial z}{\partial y}\right) - y\left(\dfrac{\partial z}{\partial x}\right) = x\left(-\dfrac{\partial F/\partial y}{\partial F/\partial z}\right) - y\left(-\dfrac{\partial F/\partial x}{\partial F/\partial z}\right)$

$\qquad\qquad\qquad\quad = x\left(-\dfrac{F_1 + 2yF_2}{-F_1}\right) - y\left(-\dfrac{F_1 + 2xF_2}{-F_1}\right)$

$\qquad\qquad\qquad\quad = x - y$

8.4.2　全微分及其在二變數函數值估計之應用

　　若 $w = f(x, y)$ 在點 (x, y) 處為可微分，則定義 $dw = f_x\, dx + f_y\, dy$ 為 $f(x, y)$ 之全微分（Total Differential），因為多變數函數可微分之定義較抽象，因此全微分之嚴謹定義超過本書程度，本書之全微分問題均符合可微分之假設。

例 6. $z = x^2 + y^2$，求其全微分。

解 $dz = f_x\,dx + f_y\,dy$

$\quad = 2x\,dx + 2y\,dy$

例 7. 求 $z = f(x,y) = x^2 \ln y + y^2 e^x$ 之全微分。

解 $dz = f_x\,dx + f_y\,dy$

$\quad = (2x \ln y + y^2 e^x)dx + \left(\dfrac{x^2}{y} + 2ye^x\right)dy$

在三個變數 $z = f(x,y,w)$ 在點 (x,y,w) 可微分，則 $dz = f_x\,dx + f_y\,dy + f_z\,dz$，同法可推廣到一般情況。

8.4.3　全微分在二變數函數值估計之應用

由全微分定義：$dz = f_x\,dx + f_y\,dy$，若 $dx = \Delta x$，$dy = \Delta y$，則 $\Delta z = f_x\,\Delta x + f_y\,\Delta y$。

$\therefore f(x + \Delta x，y + \Delta y) - f(x,y) = f_x\,\Delta x + f_y\,\Delta y$

即 $f(x + \Delta x，y + \Delta y) = f(x,y) + f_x\,\Delta x + f_y\,\Delta y$

我們便可利用上述近似公式對二變數函數值之估計。

例 8. 若 $f(x,y) = x^2 + y^2$，求 $f(4.01, 3.98)$ 之估計值。

解 $f(x + \Delta x, y + \Delta y) = f(x,y) + f_x\,\Delta x + f_y\,\Delta y$

$\qquad\qquad\qquad\qquad = f(x,y) + 2x\Delta x + 2y\Delta y$

在本例 $x = 4$，$\Delta x = 0.01$，$y = 4$，$\Delta y = -0.02$，

$f(x,y) = x^2 + y^2$

$\therefore f(4.01, 3.98) = f(4,4) + 2 \cdot 4 \cdot 0.01 + 2 \cdot 4(-0.02)$

$\qquad\qquad\qquad = 4^2 + 4^2 + (-0.08) = 31.92$

例9. 試估計 $\sqrt{301^2 + 399^2}$ 之近似值＝？

解 $f(x + \Delta x, y + \Delta y) = f(x,y) + f_x(x,y)\Delta x + f_y(x,y)\Delta y$

$= \sqrt{x^2 + y^2} + \dfrac{x}{\sqrt{x^2 + y^2}}\Delta x + \dfrac{y}{\sqrt{x^2 + y^2}}\Delta y$，

其中 $x = 300$，$y = 400$ 及 $\Delta x = 1$，$\Delta y = -1$

$\therefore \sqrt{301^2 + 399^2} = \sqrt{300^2 + 400^2} + \dfrac{300}{\sqrt{300^2 + 400^2}}(1) +$

$\dfrac{400}{\sqrt{300^2 + 400^2}}(-1) = 500 - 0.2 = 499.8$

例10. 一正圓柱體之高為 10 吋，以每秒 3 吋之速度遞減，其底半徑為 5 吋，以每秒 1 吋之速度遞增，試求其體積之變化率。

解 $v = \pi r^2 h$，v, r, h 均為 t 之函數

$\dfrac{\partial v}{\partial t} = \dfrac{\partial v}{\partial r} \cdot \dfrac{dr}{dt} + \dfrac{\partial v}{\partial h} \cdot \dfrac{dh}{dt}$

$= 2\pi r h \cdot \dfrac{dr}{dt} + \pi r^2 \cdot \dfrac{dh}{dt}$ ＊

依題意 $h = 10$，$r = 5$，$\dfrac{dh}{dt} = -3$，$\dfrac{dr}{dt} = 1$，代入＊得：

$\dfrac{\partial v}{\partial t} = 2\pi(5)(10) + \pi 5^2(-3) = 25\pi$（吋³／秒）

 **習題 8-4**

1.計算下列各小題：

(1)$xy - y^2 - 2xyz = 0$，求 $\dfrac{dz}{dx} = ? \dfrac{dz}{dy} = ?$

(2) $\tan^{-1}\dfrac{y}{x} = \ln\sqrt{x^2 + y^2}$，求 $\dfrac{dy}{dx} = ?$

2.計算下列各小題之全微分

(1)$z = f(x,y) = \dfrac{x + y}{x - y}$，求 dz

(2)$z = f(x, y) = e^{\sin xy}$，求 dz

3.求曲線 $x^2 - xy + y^2 = 3$ 之切線為水平線所有點。

（提示：切線為水平線，則 $\dfrac{dy}{dx} = 0$）

4.求下列各小題的估計值：

(1)$\sqrt{5.9^2 + 8.1^2}$　(2)$1.9^3 + 3.2^3$

5.$u = f[g(x, u)，h(y, u)]$，求 $\dfrac{\partial u}{\partial x}$，$\dfrac{\partial u}{\partial y}$。

★6.$F(x, y) = 0$，試證：

$$\dfrac{d^2y}{dx^2} = -\dfrac{F_{xx}F_y^2 - 2F_{xy}F_xF_y + F_{yy}F_x^2}{F_y^3}，假設 F \in C^2$$

解

1.(1)$\dfrac{y - 2yz}{2xy}$；$\dfrac{x - 2y - 2xz}{2xy}$　(2)$\dfrac{x + y}{x - y}$

2.(1)$\dfrac{-2y\,dx + 2x\,dy}{(x - y)^2}$

(2)$e^{\sin xy}\cos xy\,(y\,dx + x\,dy)$

3.$(1, 2)$，$(-1, -2)$

4.(1) 10.02　(2) 39.2

5.(1)$\dfrac{-f_1 g_1}{f_1 g_2 + f_2 h_2 - 1}$，$f_1 g_2 + f_2 h_2 \neq 1$

(2)$\dfrac{-f_2 h_1}{f_1 g_2 + f_2 h_2 - 1}$，$f_1 g_2 + f_2 h_2 \neq 1$

8.5　二變數函數之極值問題

8.5.1　沒有限制條件下之極值問題

　　二變數函數相對極值的定義與第四章所定義之單變數函數極值類似。

 給定 $f(x, y)$，若存在一個開矩形區域 R, $(x_0, y_0) \in R$，使得 $f(x_0, y_0) \geqq f(x, y)$，$\forall (x, y) \in R$，則稱 f 在 (x_0, y_0) 有一相對極大值。$f(x_0, y_0) \leqq f(x, y)$，$\forall (x, y) \in R$，則稱 f 在 (x_0, y_0) 有一相對極小值。

　　如何求取二變數函數 $f(x, y)$ 之相對極值，即成本節之重心，我們將有關之演算法則摘要如下，至於其理論背景，可參考高等微積分。

　　一階條件：令 $\begin{cases} f_x = 0 \\ f_y = 0 \end{cases}$ 得到 $f(x, y)$ 之臨界點

　　二階條件：計算 $\triangle = \begin{vmatrix} f_{xx} & f_{xy} \\ f_{yx} & f_{yy} \end{vmatrix}_{(x_0, y_0)}$

(1)若 $\triangle > 0$ 且 $f_{xx}(x_0, y_0) > 0$ 則 $f(x, y)$ 在 (x_0, y_0) 有相對極小值。

(2)若 $\triangle > 0$ 且 $f_{xx}(x_0, y_0) < 0$ 則 $f(x, y)$ 在 (x_0, y_0) 有相對極大值。

(3)若 $\triangle < 0$ 則 $f(x, y)$ 在 (x_0, y_0) 處有一鞍點（Saddle Point）。

(4)若 $\triangle = 0$ 則 $f(x, y)$ 在 (x_0, y_0) 處無任何資訊（即非以上三種）。

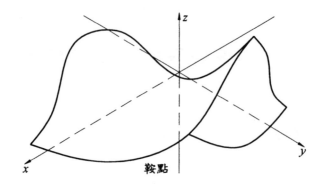

鞍點

例 **1.** 求 $f(x, y) = x^3 + y^3 - 3x - 3y^2 + 4$ 之極值與鞍點。

解 先求一階條件：

$$\begin{cases} f_x = 3x^2 - 3 = 3(x-1)(x+1) = 0 & \therefore x = 1, -1 \\ f_y = 3y^2 - 6y = 3y(y-2) = 0 & y = 0, 2 \end{cases}$$

由此可得 4 個臨界點：$(1, 0), (1, 2), (-1, 0), (-1, 2)$

次求二階條件：

$f_{xx} = 6x, f_{xy} = 0, f_{yx} = 0, f_{yy} = 6y - 6$

$$\therefore \triangle = \begin{vmatrix} f_{xx} & f_{xy} \\ f_{yx} & f_{yy} \end{vmatrix} = \begin{vmatrix} 6x & 0 \\ 0 & 6y-6 \end{vmatrix}$$

茲檢驗四個臨界點之 $\triangle$ 值：

①$(1, 0)$：$\triangle = \begin{vmatrix} 6 & 0 \\ 0 & -6 \end{vmatrix} < 0 \quad \therefore f(x, y)$ 在 $(1, 0)$ 處有一鞍點

②$(1, 2)$：$\triangle = \begin{vmatrix} 6 & 0 \\ 0 & 6 \end{vmatrix} > 0$，且 $f_{xx} = 6 > 0$

  $\therefore f(x, y)$ 有一相對極小值 $f(1, 2) = -2$

③$(-1, 0)$：$\triangle = \begin{vmatrix} -6 & 0 \\ 0 & -6 \end{vmatrix} > 0$，且 $f_{xx} = -6 < 0$

  $\therefore f(x, y)$ 有一相對極大值 $f(-1, 0) = 6$

④$(-1, 2)$：$\triangle = \begin{vmatrix} -6 & 0 \\ 0 & 6 \end{vmatrix} < 0$

$$\therefore f(x, y) \text{ 在 } (-1, 2) \text{ 處有一鞍點}$$

例 **2.** 求 $f(x, y) = x^3 - 3xy + y^3$ 之極值與鞍點。

解 先求一階條件：

$$\begin{cases} f_x = 3x^2 - 3y = 0 \\ f_y = -3x + 3y^2 = 0 \end{cases} \text{即} \begin{cases} f_x = x^2 - y = 0 \cdots\cdots(1) \\ f_y = y^2 - x = 0 \cdots\cdots(2) \end{cases}$$

由(2) $x = y^2$ 代入(1)得：

$$(y^2)^2 - y = y^4 - y = y(y - 1)(y^2 + y + 1) = 0$$

$$\therefore y = 0, y = 1$$

$$y = 0 \text{ 時 } x = 0 ; y = 1 \text{ 時 } x = 1$$

可得二個臨界點 $(0, 0)$ 及 $(1, 1)$

次求二階條件：

$$\begin{cases} f_{xx} = 6x, \ f_{xy} = -3 \\ f_{yy} = 6y, \ f_{yx} = -3 \end{cases}$$

$$\therefore \triangle = \begin{vmatrix} f_{xx} & f_{xy} \\ f_{yx} & f_{yy} \end{vmatrix} = \begin{vmatrix} 6x & -3 \\ -3 & 6y \end{vmatrix}$$

茲檢驗二個臨界點之 $\triangle$ 值：

① $(0, 0)$：

$$\triangle = \begin{vmatrix} 0 & -3 \\ -3 & 0 \end{vmatrix} < 0$$

$$\therefore f(x, y) \text{ 在 } (0, 0) \text{ 處有一鞍點}$$

② $(1, 1)$：

$$\triangle = \begin{vmatrix} 6 & -3 \\ -3 & 6 \end{vmatrix} > 0 \text{，且 } f_{xx}(1,1) = 6 > 0$$

$$\therefore f(x, y) \text{ 在 } (1, 1) \text{ 處有一相對極小值 } f(1, 1) = -1$$

例 **3.** 求 $f(x, y) = \dfrac{1}{x} + xy - \dfrac{8}{y}$ 之極值與鞍點。

解 先求一階條件：

$$\begin{cases} f_x = -\dfrac{1}{x^2} + y = 0 & \cdots\cdots\cdots\cdots\cdots\cdots (1) \\[3mm] f_y = x + \dfrac{8}{y^2} = 0 & \cdots\cdots\cdots\cdots\cdots\cdots (2) \end{cases}$$

$$\therefore \begin{cases} \dfrac{x^2 y - 1}{x^2} = 0 \\[3mm] \dfrac{xy^2 + 8}{y^2} = 0 \end{cases} \quad 即 \begin{cases} x^2 y = 1 & \cdots\cdots (3) \\[3mm] xy^2 = -8 & \cdots\cdots (4) \end{cases}$$

(3)．(4)得 $(xy)^3 = -8$，$xy = -2$ $\cdots\cdots$(5)

$\dfrac{(3)}{(5)}$ 得 $x = -\dfrac{1}{2}$，$\dfrac{(4)}{(5)}$ 得 $y = 4$，即$(-\dfrac{1}{2}, 4)$為臨界點

次求二階條件：

$$\begin{cases} f_{xx} = \dfrac{2}{x^3},\ f_{xy} = 1 \\[3mm] f_{yx} = 1,\ f_{yy} = \dfrac{-16}{y^3} \end{cases}$$

茲檢驗 $(-\dfrac{1}{2}, 4)$ 之 $\triangle$ 值：

$$\triangle = \begin{vmatrix} \dfrac{2}{x^3} & 1 \\[3mm] 1 & \dfrac{-16}{y^3} \end{vmatrix}_{(-\frac{1}{2}, 4)} = \begin{vmatrix} -16 & 1 \\[2mm] 1 & -\dfrac{1}{4} \end{vmatrix} > 0$$

又 $f_{xx}(-\dfrac{1}{2}, 4) < 0$

$\therefore f(x, y)$ 在 $(-\dfrac{1}{2}, 4)$ 有一相對極大值 $f(-\dfrac{1}{2}, 4) = -6$

例 4. 求原點到曲面 $z^2 = x^2 y + 9$ 之最小距離。

解 原點到曲面上任一點 $P(x, y, z)$ 之距離 d 為 $d = \sqrt{x^2 + y^2 + z^2}$，
現在我們要求 P 之坐標使得 d^2 為最小

取 $f(x, y) = x^2 + y^2 + z^2 = x^2 + y^2 + x^2 y + 9$ (1)

則

一階條件

$f_x = 2x + 2xy = 2x(1 + y) = 0$ (2)

$f_y = 2y + x^2 = 0$ (3)

由(2) $x = 0$ 或 $y = -1$，代入(3)

$\therefore x = 0$ 時，$y = 0$；$y = -1$ 時 $x = \pm\sqrt{2}$

得 3 個臨界點 $(0, 0)$，$(\sqrt{2}, -1)$，$(-\sqrt{2}, -1)$

又 $\Delta = \begin{vmatrix} f_{xx} & f_{xy} \\ f_{yx} & f_{yy} \end{vmatrix} = \begin{vmatrix} 2 & 2x \\ 2x & 2 \end{vmatrix}$

二階條件

(1)$(\sqrt{2}, -1)$：$\Delta = \begin{vmatrix} 2 & 2x \\ 2x & 2 \end{vmatrix}_{(\sqrt{2}, -1)} = -4 < 0$

(2)$(-\sqrt{2}, -1)$：$\Delta = \begin{vmatrix} 2 & 2x \\ 2x & 2 \end{vmatrix}_{(-\sqrt{2}, -1)} = -4 < 0$

(3)$(0, 0)$：$\Delta = \begin{vmatrix} 2 & 0 \\ 0 & 2 \end{vmatrix} > 0$，$f_{xx}(0, 0) > 0$

$\therefore f(x, y)$ 在 $(0, 0)$ 處有一相對極小值 $d^2 = 9$，即 $d = 3$

8.5.2 最小平方法

在統計迴歸分析裡探討以下這麼一個問題：如何在有 n 個點 $(x_1, y_1), (x_2, y_2) \cdots\cdots (x_n, y_n)$ 之散布圖上找到一條直線方程式 $y = a + bx$（a, b 值待估計），以使得 n 個點與 $y = a + bx$ 之距離平方和（注意：不是距離和為最小）為最小。

令 $D = \sum\limits_{i=1}^{n} (y_i - a - bx_i)^2$

令 $\dfrac{\partial}{\partial a} D = \sum\limits_{i=1}^{n} (y_i - a - bx_i)(-1) = 0$ (1)

及 $\dfrac{\partial}{\partial b}D = \sum\limits_{i=1}^{n}(y_i - a - bx_i)(-x_i) = 0$ (2)

由(1) $\sum\limits_{i=1}^{n}(y_i - a - bx_i)(-1) = 0$

$\sum\limits_{i=1}^{n}y_i - na - b\sum\limits_{i=1}^{n}x_i = 0$

$\therefore \sum\limits_{i=1}^{n}y_i = na + b\sum\limits_{i=1}^{n}x_i$ (3)

由(2) $\sum\limits_{i=1}^{n}(-x_i)(y_i - a - bx_i) = 0$

即 $\sum\limits_{i=1}^{n}x_iy_i - a\sum\limits_{i=1}^{n}x_i - b\sum\limits_{i=1}^{n}x_i^2 = 0$

$\therefore \sum\limits_{i=1}^{n}x_iy_i = a\sum\limits_{i=1}^{n}x_i + b\sum\limits_{i=1}^{n}x_i^2$ (4)

由(3)，(4)解之

$$a = \dfrac{\begin{vmatrix} \Sigma y & \Sigma x \\ \Sigma xy & \Sigma x^2 \end{vmatrix}}{\begin{vmatrix} n & \Sigma x \\ \Sigma x & \Sigma x^2 \end{vmatrix}} = \dfrac{\Sigma x^2 \Sigma y - \Sigma x \Sigma xy}{n\Sigma x^2 - (\Sigma x)^2}$$

$$b = \dfrac{\begin{vmatrix} n & \Sigma y \\ \Sigma x & \Sigma xy \end{vmatrix}}{\begin{vmatrix} n & \Sigma x \\ \Sigma x & \Sigma x^2 \end{vmatrix}} = \dfrac{n\Sigma xy - \Sigma x \Sigma y}{n\Sigma x^2 - (\Sigma x)^2}$$

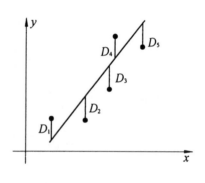

因此我們可得到定理 A：

定理 A 若過 (x_1, y_1)，$(x_2, y_2)\cdots\cdots(x_n, y_n)$ 之最小平方直線方程式為 $y = a + bx$，則

$$a = \dfrac{\Sigma x^2 \Sigma y - \Sigma x \Sigma xy}{n\Sigma x^2 - (\Sigma x)^2}$$

$$b = \dfrac{n\Sigma xy - \Sigma x \Sigma y}{n\Sigma x^2 - (\Sigma x)^2}$$

例 5. 給定下列三點 $(1, 0), (0, 1), (2, 2)$，求其對應之最小平方直線方程式。

解

$a = \dfrac{\Sigma x^2 \Sigma y - \Sigma x \Sigma xy}{n\Sigma x^2 - (\Sigma x)^2}$

$\quad = \dfrac{5 \times 3 - 3 \times 4}{3 \times 5 - (3)^2} = \dfrac{1}{2}$

$b = \dfrac{n\Sigma xy - \Sigma x \Sigma y}{n\Sigma x^2 - (\Sigma x)^2}$

$\quad = \dfrac{3 \times 4 - 3 \times 3}{3 \times 5 - (3)^2}$

$\quad = \dfrac{1}{2}$

$\therefore y = \dfrac{1}{2} + \dfrac{x}{2}$ 是為所求

	x	y	x^2	xy
	1	0	1	0
	0	1	0	0
	2	2	4	4
小計	3	3	5	4

8.5.3　帶有限制條件之極值問題——Lagrange 法

　　許多極值問題都帶有限制條件，例如消費者效用極大化問題即在探討消費者在預算一定之條件下，如何使其效用為極大，在這個問題中預算即為限制條件。Lagrange 法是在限制條件下求極值的一個方法（但不是唯一的方法）。它在最適化理論中占有核心的地位，此理論超過本書程度，因此只將其求算方法列之如下：

　　$f(x, y)$ 在 $g(x, y) = 0$ 條件下之極值求算，是先令 $L(x, y) = f(x, y) + \lambda g(x, y)$，$\lambda$ 一般稱為 Lagrange 乘算子（Lagrange Multiplier），$\lambda \neq 0$（$\lambda \neq 0$ 之條件極為重要），由 $L_x = 0, L_y = 0$ 及 $L_\lambda = 0$ 解之即可得出極大值或極小值。

例 6. 若 $x + 2y = 1$，求 $f(x, y) = x^2 + y^2$ 之極值。

解　由 Lagrange 法，令 $L(x, y) = x^2 + y^2 + \lambda(x + 2y - 1)$

$$\frac{\partial L}{\partial x} = 2x + \lambda = 0 \cdots\cdots\cdots (1)$$

$$\frac{\partial L}{\partial y} = 2y + 2\lambda = 0 \cdots\cdots\cdots (2)$$

$$\frac{\partial L}{\partial \lambda} = x + 2y - 1 = 0 \cdots\cdots (3)$$

由(1) $\lambda = -2x$

由(2) $\lambda = -y$

$\therefore -2x = -y$，即 $y = 2x$，代 $y = 2x$ 入(3)得

$x + 2y - 1 = x + 2(2x) - 1 = 0$，即 $x = \dfrac{1}{5}$

$\therefore y = 2x = \dfrac{2}{5}$

因此 $f(x, y) = x^2 + y^2$ 之極值為 $f(\dfrac{1}{5}, \dfrac{2}{5}) = \dfrac{5}{25} = \dfrac{1}{5}$

　　我們已求出在 $x + 2y = 1$ 之條件下，$f(x, y) = x^2 + y^2$ 之極值是 $\dfrac{1}{5}$，但我們並未指出這 $\dfrac{1}{5}$ 是極大值還是極小值。在較高等的微積分教材中會有如何判斷它是極大值還是極小值的方法，在本書中，我們假設用 Lagrange 乘數所得之結果便是我們所要之極值，亦即，我們不再進一步分析它是極大還是極小。

　　讀者要注意的是 Lagrange 乘數法只是許多求限制條件下函數之極值方法中的一種，它可能比別的方法容易些，但也可能比別的方法困難。

　　在上例中，我們至少還有其他兩種方法：

方法一　代 $x + 2y = 1$ 之條件入 $f(x, y) = x^2 + y^2$ 中，因

$\quad\quad x = 1 - 2y \therefore g(y) = (1 - 2y)^2 + y^2 = 1 - 4y + 5y^2$

$\quad\quad\quad g'(y) = 10y - 4 = 0, y = \dfrac{2}{5}$

$\quad\quad\quad g''(y) = 10 > 0, (g''(\dfrac{2}{5}) = 10 > 0)$

$\quad\quad$當 $y = \dfrac{2}{5}$ 時 $x = \dfrac{1}{5}$，此時

有相對極小值　$f(\dfrac{1}{5}, \dfrac{2}{5}) = (\dfrac{1}{5})^2 + (\dfrac{2}{5})^2 = \dfrac{1}{5}$

方法二　用 Cauchy 不等式，$(a^2 + b^2)(x^2 + y^2) \geqq (ax + by)^2$，

在本例，$a = 1, b = 2$

$\therefore (1^2 + 2^2)(x^2 + y^2) \geqq (1 \cdot x + 2 \cdot y)^2 = (1)^2$

即 $(x^2 + y^2) \geqq \dfrac{1}{5}$

例 7.　在 $x + y + z = 3$ 之條件下，求 $h(x, y, z) = xyz$ 之極值。

解　令 $L(x, y, z) = xyz + \lambda(x + y + z - 3)$

$$\begin{cases} \dfrac{\partial L}{\partial x} = yz + \lambda = 0 \cdots\cdots\cdots\cdots\cdots(1) \\[2mm] \dfrac{\partial L}{\partial y} = xz + \lambda = 0 \cdots\cdots\cdots\cdots\cdots(2) \\[2mm] \dfrac{\partial L}{\partial z} = xy + \lambda = 0 \cdots\cdots\cdots\cdots\cdots(3) \\[2mm] \dfrac{\partial L}{\partial \lambda} = x + y + z - 3 = 0 \cdots\cdots(4) \end{cases}$$

(1)乘 x +(2)乘 y +(3)乘 z 然後加總得：

$3xyz + \lambda(x + y + z) = 0$

$3xyz + \lambda \cdot 3 = 0$

$\therefore xyz = -\lambda$　$\cdots\cdots\cdots\cdots\cdots(5)$

代(5)入(1)得

$yz + \lambda = yz - xyz = yz(1 - x) = 0$

$\therefore y = 0$ 或 $z = 0$ 或 $x = 1$

若 $y = 0$ 或 $z = 0$ 均會使 $\lambda = 0$，因 $\lambda \neq 0$

（不合）$\therefore x = 1$，且 $yz \neq 0$

由(1) $-\lambda = yz$　$\cdots\cdots\cdots\cdots\cdots(6)$

由(2) $-\lambda = xz$　$\cdots\cdots\cdots\cdots\cdots(7)$

$\dfrac{(6)}{(7)} : \dfrac{y}{x} = 1$　$\therefore y = x = 1$

$\because x = y = 1$　$\therefore z = 1$　（由(4)）

故 $h(x, y, z)$ 之極值為 $h(1, 1, 1) = 1$

在上例中，除非指出 x, y, z 為正實數，否則不應使用算術平均數 $\geq$ 幾何平均數（即 $\dfrac{x + y + z}{3} \geq \sqrt[3]{xyz}$）之性質，關於這點，我們可舉一例，$x = 5, y = 4, z = -50$，則 $\dfrac{x + y + z}{3} =$ $\dfrac{5 + 4 + (-50)}{3} = -\dfrac{41}{3} \fallingdotseq -13.67$，但 $\sqrt[3]{xyz} = \sqrt[3]{5 \times 4 \times (-50)}$ $= -10$，在此情況下幾何平均數 $\leq$ 算數平均數便不成立。

Lagrange 法之解題架構是很機械化，取 $L = f(x, y) + \lambda(g(x, y))$ 解 $\dfrac{\partial L}{\partial x} = \dfrac{\partial L}{\partial y} = \dfrac{\partial L}{\partial \lambda} = 0$，有時過程甚為繁瑣，而可用線性代數之一個技巧：（註）

$\therefore \begin{cases} L_x = f_x + \lambda g_x = 0 \\ L_y = f_y + \lambda g_y = 0 \end{cases}$

$\therefore \begin{bmatrix} f_x & \lambda g_x \\ f_y & \lambda g_y \end{bmatrix} \begin{bmatrix} x \\ y \end{bmatrix} = \begin{bmatrix} 0 \\ 0 \end{bmatrix}$

若 $\begin{bmatrix} x \\ y \end{bmatrix}$ 有異於 $\begin{bmatrix} 0 \\ 0 \end{bmatrix}$ 之解，必須 $\begin{vmatrix} f_x & \lambda g_x \\ f_y & \lambda g_y \end{vmatrix} = 0$，又 $\lambda \neq 0$

即 $\begin{vmatrix} f_x & g_x \\ f_y & g_y \end{vmatrix} = 0$ 由行列式性質 $\begin{vmatrix} f_x & f_y \\ g_x & g_y \end{vmatrix} = 0$ 亦成立。

利用 $\begin{vmatrix} f_x & f_y \\ g_x & g_y \end{vmatrix} = 0$ 往往可簡化求解過程

以例 6 為例說明之：

$f(x, y) = x^2 + y^2$，$g(x, y) = x + 2y - 1$

註：請參閱黃學亮著《基礎線性代數》（五南出版）

$$\begin{vmatrix} f_x & f_y \\ g_x & g_y \end{vmatrix} = \begin{vmatrix} 2x & 2y \\ 1 & 2 \end{vmatrix} = 0$$

$\therefore 2x - y = 0$，$y = 2x$，又 $x + 2y = 1$，得 $x = \dfrac{1}{5}$，$y = \dfrac{2}{5}$

我們再看一個較為複雜的例子：

例 8. 給定 $3x^2 + xy + 3y^2 = 48$，求 $x^2 + y^2$ 之極值。

解 $L = x^2 + y^2 + \lambda(3x^2 + xy + 3y^2 - 48)$

則

$$\begin{cases} L_x = 2x + \lambda(6x + y) = 0 \\ L_y = 2y + \lambda(x + 6y) = 0 \\ L_\lambda = 3x^2 + xy + y^2 = 48 \end{cases}$$

若 (x, y) 有異於 0 之解，須

$$\begin{vmatrix} f_x & g_x \\ f_y & g_y \end{vmatrix} = \begin{vmatrix} 2x & 6x + y \\ 2y & x + 6y \end{vmatrix} = 0 \Rightarrow (x + y)(x - y) = 0$$

即 $y = -x$，$y = x$，代此結果入 $3x^2 + xy + 3y^2 = 48$：

$y = -x$ 時 $3x^2 + x(-x) + 3(-x)^2 = 48$

得 $x = \pm\sqrt{\dfrac{48}{5}}$，$y = \mp\sqrt{\dfrac{48}{5}}$

$\therefore y = -x$ 時有極值 $x^2 + y^2 = \dfrac{96}{5}$

$y = x$ 時 $3x^2 + x(x) + 3(x)^2 = 48$

得 $x = \pm\sqrt{\dfrac{48}{7}}$，$y = \pm\sqrt{\dfrac{48}{7}}$，得 $x^2 + y^2 = \dfrac{96}{7}$

由以上討論：極大值為 $\dfrac{96}{5}$，極小值 $\dfrac{96}{7}$

例 9. 若 $x^2 + y^2 = 1$，求 $x^2 - y^2$ 之極值。

解 $L = (x^2 - y^2) + \lambda(x^2 + y^2 - 1)$

則 $\begin{cases} L_x = 2x & +\lambda 2x & = 0 \\ L_y = -2y & +\lambda 2y & = 0 \end{cases}$

若(x, y)有異於$(0, 0)$之解，須

$$\begin{vmatrix} f_x & g_x \\ f_y & g_y \end{vmatrix} = \begin{vmatrix} 2x & 2x \\ -2y & 2y \end{vmatrix} = 8xy = 0 ，即 x = 0 或 y = 0，代$$

此結果入$x^2 + y^2 = 1$得：

(1)$x = 0$時$y = \pm 1$，$f(x, y) = x^2 - y^2 \big|_{x=0,\ y=\pm 1} = -1$

(2)$y = 0$時$x = \pm 1$，$f(x, y) = x^2 - y^2 \big|_{x=\pm 1,\ y=0} = 1$

∴極大值為 1，極小值為 -1

例 10 是有二個限制條件下 Lagrange 乘數法之計算例。

★例 10. 求$f(x, y, z) = x + 2y + 3z$，受制於$x^2 + y^2 = 2$及$y + z = 1$

解 令$L = x + 2y + 3z + \lambda(x^2 + y^2 - 2) + \mu(y + z - 1)$

則

$\begin{cases} L_x = 1 & + 2\lambda x & & = 0 & (1) \\ L_y = 2 & + 2\lambda y & +\mu & = 0 & (2) \\ L_z = 3 & & +\mu & = 0 & (3) \\ L_\lambda = x^2 + y^2 & & & = 2 & (4) \\ L_u = y + z & & & = 1 & (5) \end{cases}$

由(3)$\mu = -3$

由(1)$x = -\dfrac{1}{2\lambda}$

代$\mu = -3$入(2)得$2 + 2\lambda y + (-3) = 0$，$y = \dfrac{1}{2\lambda}$

代$x = -\dfrac{1}{2\lambda}$，$y = \dfrac{1}{2\lambda}$入(4)得

$$\frac{1}{4\lambda^2} + \frac{1}{4\lambda^2} = 2 \quad \therefore \lambda = \pm\frac{1}{2}$$

(i)$\lambda = \dfrac{1}{2}$時，$x = -\dfrac{1}{2\lambda} = -1$，$y = \dfrac{1}{2\lambda} = 1$

代 $y = 1$ 入(5)得 $z = 0$

$f(x, y, z) = f(-1, 1, 0) = 1(-1) + 2(1) + 3(0) = 1$ (6)

(ii)$\lambda = -\dfrac{1}{2}$ 時，$x = -\dfrac{1}{2\lambda} = 1$，$y = \dfrac{1}{2\lambda} = -1$

代 $y = -1$ 入(5)得 $z = 2$

$f(x, y, z) = f(1, -1, 2) = 1(1) + 2(-1) + 3(2) = 5$ (7)

由(6)，(7)知：

當 $x = -1$，$y = 1$，$z = 0$ 時，$f(x, y, z)$ 有極小值 1

當 $x = 1$，$y = -1$，$z = 2$ 時，$f(x, y, z)$ 有極大值 5

★例 **11.** 求 $f(x, y, z) = x - y + z^2$ 在條件 $y^2 + z^2 = 1$ 及 $x + y = 2$ 下之極值。

解 令 $L = x - y + z^2 + \lambda(y^2 + z^2 - 1) + \mu(x + y - 2)$
則

$$\begin{cases} L_x = 1 \qquad\qquad\; +\mu \qquad = 0 & (1) \\ L_y = -1 \;\; + 2\lambda y \; +\mu \qquad = 0 & (2) \\ L_z = 2z \quad\; + 2\lambda z \qquad\quad = 0 & (3) \\ L_\lambda = y^2 + z^2 \qquad\qquad\;\; = 1 & (4) \\ L_u = x + y \qquad\qquad\quad\;\; = 2 & (5) \end{cases}$$

由(1) $\mu = -1$

由 (3) $2z(1 + \lambda) = 0$ $\therefore z = 0$ 或 $\lambda = -1$。代 $z = 0$ 入 (4) 得

$y = \pm 1$，由(5) $y = 1$ 時 $x = 1$，$y = -1$ 時 $x = 3$：

$f(1, 1, 0) = 0$ ⋯⋯⋯極小值

$f(3, -1, 0) = 4$ ⋯⋯極大值

8.5.4 有界區域極值之求法

　　求$f(x, y)$在某個有界區域R之極值，其作法與單一變數函數$f(x)$在某個閉區域上求極值方法類似，先求內部區域之極值，然後求邊界上之極值，這些極值之最大者為極大值，最小者為極小值，其具體作法如下：

(1)內部區域：先求出臨界點（若所求之臨界點在區域則捨棄之）；從而求出各對應之函數值。

(2)邊界：考慮每一個邊之限制關係，將$f(x, y) \rightarrow h(x)$或$t(y)$，然後用單變數函數求極值方法求出臨界點（若在限制區域外捨之）而得到對應之函數值。

(3)端點：用解方程式方法求出兩兩直線交點而得到端點，然後求出各對應之函數值。

　　比較(1)，(2)，(3)之函數值，其最大者為絕對極大值，其最小者為絕對極小值。

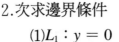 **例 12.** 求$f(x, y) = x^2 - 2xy + 2y$之絕對極值。

$$D = \{(x, y) \mid 0 \le x \le 2 , 0 \le y \le 1 \mid \}$$

解 1.先求臨界點

$$\begin{cases} f_x = 2x - 2y = 0 \\ f_y = -2x + 2 = 0 \end{cases}$$

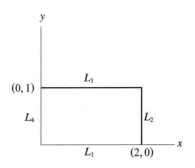

解之：$x = y = 1$

即$(1, 1)$為惟一之臨界點

$f(1, 1) = 1$

2.次求邊界條件

(1)L_1：$y = 0$

$f(x, 0) = x^2 , 0 \le x \le 2$

$\because f(x, 0) = x^2$ 在 $0 \le x \le 2$ 為 x 之增函數

$\therefore f(x, 0)$ 在 $(2, 0)$ 處有極大值 $f(2, 0) = 4$，$(0, 0)$ 處有極

小值 $f(0, 0) = 0$

(2)$L_2 : x = 2$

$f(2, y) = 4 - 4y + 2y = 4 - 2y$，$1 \ge y \ge 0$

$f(2, y) = 4 - 2y$ 在 $1 \ge y \ge 0$ 為 y 之減函數

$\therefore f(2, y)$ 在 $(2, 0)$ 處有極大值 $f(2, 0) = 4$，在 $(2, 1)$ 處有極

小值 $f(2, 1) = 2$

(3)$L_3 : y = 1$

$f(x, 1) = x^2 - 2x + 2$，$0 \le x \le 2$

但 $f(x, 1) = (x - 1)^2 + 1$，$0 \le x \le 2$

$\therefore f(x, 1)$ 在 $(0, 1)$ 及 $(2, 1)$ 處有極大值 $f(0, 1) = f(2, 1) = 2$

在 $(1, 1)$ 處有極小值 $f(1, 1) = 1$

(4)$L_4 : x = 0$

$f(0, y) = 2y$，$1 \ge y \ge 0$

$\therefore f(0, y)$ 在 $(0, 1)$ 處有為極大值 $f(0, 1) = 2$，$(0, 0)$ 處有極

小值 $f(0, 0) = 0$

綜合(1)～(4)知：

$f(x, y)$ 在區域 D 上之極大值為 4，極小值為 0

習題 8-5

1.求下列各小題之相對極值與鞍點：

(1)$f(x, y) = x^3 - 3x + y^3 - 3y + 4$

(2)$f(x, y) = x^2 + x - 3xy + y^3 - 2$

(3)$f(x, y) = 4xy - x^4 - y^4 + 3$

(4)$f(x, y) = 3x^3 + y^2 - 9x + 4y + 6$

(5) $f(x, y) = x^3 - 6xy + 3y^2 - 24x + 48$

2. 求(1)過 $(0,1)$，$(2,3)$，$(-1,2)$ 之最小平方直線。

(2)過 $(1,2), (2,1), (3,2)$ 及 $(4,3)$ 之最小平方直線方程式。

3. 求下列極值：

(1) $f(x, y) = x^2 + y^2$；若 $x - 3y = 6$

(2) $f(x, y) = xy$；若 $x + y = 3$

(3) $f(x, y) = x^2 + y$；若 $x^2 + y^2 = 9$

4. 求 $y^2 = 4x$ 到 $(1, 0)$ 之最近距離。

★ 5. 求 $x^2 + y^2 = 2$ 及 $y + z = 1$ 之條件下，$f(x, y, z) = x + 2y + 3z$ 之極值。

6. 求 ★(1) $\dfrac{x^2}{4} + y^2 \leq 1$ 之條件下，$f(x, y) = 4y^2 + 2x + 3$ 之極值。

(2) $f(x, y) = 4xy^2 - x^2y^2 - xy^3$ 在 $(0,0)$，$(0,6)$，$(6,0)$ 為頂點之三角形區域之極值。

(3) $x^2 - xy + y^2 = 4$ 之條件下，$x^2 + y^2$ 之極值。

(4) 在 $x^4 + y^2 = 1$ 之條件下，$f(x, y) = 2x^2 + 3y^2$ 之極值。

解

1.(1) $(1,1)$ 處有相對極小值 0，$(-1,-1)$ 處有相對極大值 8，$(1,-1)$，$(-1,1)$ 處有鞍點

(2) $(\dfrac{1}{4}, \dfrac{1}{2})$ 處有鞍點，$(1,1)$ 處有相對極小值 -2

(3) $(0,0)$ 處有鞍點，$(1,1)$ 處有相對極大值 5，$(-1,-1)$ 處有相對極大值 5

(4) $(-1,-2)$ 處有鞍點，$(1,-2)$ 處有相對極小值 -4

(5) $(-2,-2)$ 處有鞍點，$(4,4)$ 處有相對極小值 -32

2.(1) $y = \dfrac{13}{7} + \dfrac{3}{7}x$ (2) $y = 1 + \dfrac{2}{5}x$

3.(1) 極值 $\dfrac{18}{5}$ (2) 極值 $\dfrac{9}{4}$ (3) 極大值 $\dfrac{37}{4}$，極小值 -3

4. 1

5.極大值 5，極小值 1

6.(1)絕對極大值 2，極小值 1

　(2)絕對極大值 4，絕對極小值 -64

　(3)絕對極大值 8，絕對極小值$\dfrac{8}{3}$

　(4)絕對極大值$\dfrac{10}{3}$，絕對極小值 2

第 **9** 章

多重積分

9.1 二重積分

9.1.1 定義

令 $F(x, y)$ 定義於 xy 平面之一封閉區域 R 內，將 R 細分成 n 個區域 R_k，其面積為 $\triangle A_k, k = 1, 2, \cdots\cdots n$，取 R_k 內某一點 (ε_k, η_k)。

若 $\lim\limits_{n \to \infty}\sum\limits_{k=1}^{n} F(\varepsilon_k, \eta_k) \triangle A_k$ 存在，則此極限記作

$$\int_R \int F(x, y)\, dxdy \ 或 \ \int_R \int F(x, y)\, dR \cdots\cdots\cdots\cdots\cdots\cdots\cdots\cdots\cdots\cdots (1)$$

依下圖(a)，則(1)式變成 $\int_R \int F(x, y)\, dR = \int_a^b \int_{\phi_1(x)}^{\phi_2(x)} F(x, y)\, dydx$。

依下圖(b)，則(1)式變成 $\int_R \int F(x, y)\, dR = \int_c^d \int_{h_1(y)}^{h_2(y)} F(x, y)\, dxdy$。

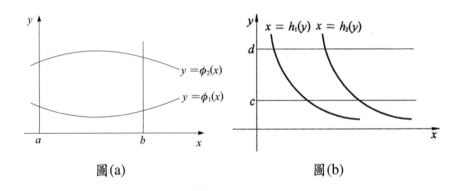

圖(a)   圖(b)

若 $f(x, y)$ 在閉區域 R 中為連續，那麼 $f(x, y)$ 在 R 中之二重積分必存在。

9.1.2 二重積分之性質

二重積分與前面幾章介紹之單變數函數積分都有相似之性質，
若 $f(x, y)$，$g(x, y)$ 在閉區域 R 上均為可積分，則：

性質 1：$\alpha f(x, y) + \beta g(x, y)$ 在 R 上亦為可積

性質 2：$\int_R \int [\alpha f(x, y) + \beta g(x, y)]\,dxdy =$

$\alpha \int_R \int f(x, y)\,dxdy + \beta \int_R \int g(x, y)$

$dxdy$

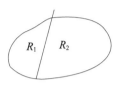

性質 3：$\int_R \int f(x, y)\,dxdy = \int_{R_1} \int f(x, y)\,dxdy$

$+ \int_{R_2} \int f(x, y)\,dxdy$（$R_1$，$R_2$ 為用曲線將 R 分割成之二
個區域）

性質 4：若在 R 中，$f(x, y) \le g(x, y)$，則

$$\int_R \int f(x, y)\,dxdy \le \int_R \int g(x, y)\,dxdy$$

性質 5：$\left| \int_R \int f(x, y)\,dxdy \right| \le \int_R \int |f(x, y)|\,dxdy$

性質 6：若在 R 中 $f(x, y) = 1$ 則 $\int_R \int f(x, y)\,dxdy = \int_R \int dxdy$
$= f(x, y)$ 在 R 中之面積。

值得說明的是，若 $f(x, y) \ge 0$，$\int_R \int f(x, y)\,dxdy$ 它代表了曲面
$z = f(x, y)$ 在閉區域 R 上之體積。以上的性質 1 到性質 6 是和第
五章定積分之性質一模一樣。

例 1. $R = [0, 1] \times [0, 1]$，利用性質 5，
試證：
$0 \le \int_R \int |\sin(x + y)|\,dxdy \le 1$

解 $R = [0, 1] \times [0, 1]$，即
$0 \le x \le 1$，$0 \le y \le 1$

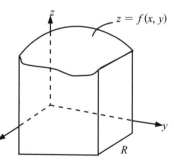

又 $0 \leq |\sin(x+y)| \leq 1$

$\therefore \int_R \int 0 \, dxdy \leq \int_R \int |\sin(x+y)| \, dxdy \leq \int_R \int 1 \, dxdy$

即 $0 \leq \int_R \int |\sin(x+y)| \, dxdy \leq 1$（$\because \int_R \int 1 \, dxdy =$ 區域 R 之面積）

例 2. 試用二重積分之性質估計 $\int_R \int \sqrt{x^4 + y^4} \, dxdy$ 之上限，

$R = [0, 1] \times [0, 1]$

解 $\because 0 \leq x \leq 1$，$0 \leq y \leq 1$

$\therefore$ 我們有 $\sqrt{x^4 + y^4} \leq \sqrt{1^4 + 1^4} = \sqrt{2}$

得 $\int_R \int \sqrt{x^4 + y^4} \, dxdy \leq \int_R \int \sqrt{2} \, dxdy = \sqrt{2} \int_R \int 1 \, dxdy$

$= \sqrt{2} \cdot 1 = \sqrt{2}$

例 3. 試用二重積分之性質，估計 $\int_R \int e^{x^2+y^2} dxdy$，$R$ 為半徑是 1，圓心為原點之單位圓。

解 $\because 0 \leq x^2 + y^2 \leq 1$

$\int_R \int e^0 \, dxdy \leq \int_R \int e^{x^2+y^2} \, dxdy \leq \int_R \int e \, dxdy$

即 $\int_R \int 1 \, dxdy \leq \int_R \int e^{x^2+y^2} \, dxdy \leq \int_R \int e \, dxdy = e \int_R \int dxdy$

$\therefore \pi \leq \int_R \int e^{x^2+y^2} \, dxdy \leq e\pi$

 **習題 9-1**

1. 試用二重積分之性質估計：

(1) $I_1 = \int_R \int e^{\sin x \sin y} \, dxdy$，$R = \{(x, y) \mid x^2 + y^2 \leq 9\}$

(2) $I_2 = \int_R \int \sqrt{x+y} \, dxdy$，$R = \{(x, y) \mid 0 \leq x \leq 1，1 \leq y \leq 3\}$

(3) $I_3 = \int_R \int \sin^2\left(\dfrac{x}{y}\right) dxdy$ 之上限，$R = \{(x, y) \mid 1 \leq x \leq 3 , 0 \leq y \leq 2\}$

(4) $I_4 = \int_R \int (x^2 + 5y^2 + 3) \, dxdy$，$R = \{(x, y) \mid 1 \leq x^2 + y^2 \leq 4\}$

2. 試用二重積分之性質比較下列積分之大小：

$I_1 = \int_R \int (x + y) \, dxdy$，$I_2 = \int_R \int (x + y)^2 \, dxdy$

其中 R 為 $x = 0$，$y = 0$ 及 $x + y = 1$ 所圍成之區域。

解

1. (1) $\dfrac{9\pi}{e} \leq I_1 \leq 9\pi e$　(2) $2 \leq I_2 \leq 4$　(3) $I_3 \leq 4$

(4)（提示：$5x^2 + 5y^2 \geq x^2 + 5y^2 \geq x^2 + y^2$）$69\pi \geq I_4 \geq 9\pi$

2. $I_1 \geq I_2$

9.2　重積分之運算

9.2.1　基本運算

本節我們先從最簡單之重積分 $\int_a^b \int_c^d f(x, y) \, dxdy$ 看起：

(1) $\int_a^b \int_c^d f(x, y) \, dxdy$ 在計算上與偏微分極為類似，我們先對 x 然後對 y 積分：對 x 積分時，我們把 y 視作常數，積完後再對 y 積分，$\int_c^d \int_a^b f(x, y) \, dydx$ 則先對 y 然後再對 x 積分，為了方便稱呼，我們稱 $\int_c^d f(x, y) \, dx$ 為外積分，另一個為內積分。

(2) $\int_a^b \int_c^d f(x, y) \, dxdy$ 有時也寫成 $\int_a^b dy \int_c^d f(x, y) \, dx$，此時千萬不要誤認為 $\int_a^b \int_c^d f(x, y) \, dxdy = \left(\int_a^b dy\right) \cdot \left(\int_c^d f(x, y) \, dx\right)$。

(3)若 $R = \{(x, y) \mid \phi_1(x) \leq y \leq \phi_2(x)，a \leq x \leq b\}$，則

$$\int_R \int f(x, y) \, dx \, dy = \int_a^b dx \int_{\phi_1(x)}^{\phi_2(x)} f(x, y) \, dy = \int_a^b \int_{\phi_1(x)}^{\phi_2(x)} f(x, y) \, dy \, dx$$

例 1. 求 $\int_0^1 \int_0^{x^2} (x - \sqrt{y}) \, dy \, dx$。

解　$\int_0^1 \int_0^{x^2} (x - \sqrt{y}) \, dy \, dx = \int_0^1 xy - \frac{2}{3} y^{\frac{3}{2}} \Big]_0^{x^2} dx = \int_0^1 (x^3 - \frac{2}{3} x^3) \, dx$

$= \frac{1}{3} \int_0^1 x^3 \, dx = \frac{x^4}{12} \Big]_0^1 = \frac{1}{12}$

例 2. 求 $\int_R \int \frac{y}{x^2 + 1} \, dy \, dx \quad R = \{(x, y) \mid 0 \leq x \leq 1，0 \leq y \leq \sqrt{x}\}$。

解　$\int_0^1 \int_0^{\sqrt{x}} \frac{y}{x^2 + 1} \, dy \, dx$

$= \int_0^1 \frac{1}{x^2 + 1} \frac{y^2}{2} \Big]_0^{\sqrt{x}} dx = \int_0^1 \frac{\frac{1}{2} x}{x^2 + 1} \, dx = \frac{1}{4} \ln(x^2 + 1) \Big]_0^1 = \frac{1}{4} \ln 2$

我們經常會碰到下列重積分問題：由若干個曲線圍成之區域 D，求 $\int_D \int f(x, y) \, dx \, dy$，此時我們要注意到：

(1)先繪出積分區域 D 之簡圖。

(2)寫成重積分式，特別注意到積分順序，原則上外積分為實數，而內積分界限可為外積分變數之函數或實數。

例 3. 求 $\int_D \int e^x \, dy \, dx$，$D$ 是由 $x = 2$，$y = x$，$y = 1$ 所圍成之區域。

解　我們先繪出 $y = x$，$y = 1$，$x = 2$ 之區域 D 的概圖，然後在區域內畫了一條粗線，我們

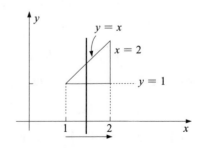

可想像這條粗線是條動線，由這
條動線，可以得以下資訊：(1)動
線由上而下先交 $y = x$ 然後交
$y = 1$，因此我們知道內積分之
積分界限為 $\int_1^x$　(2)動線在 x 軸移
動範圍為 1→2，因此外積分之積
分界線為 $\int_1^2$

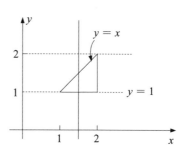

$$\therefore \int_D \int e^x \, dy dx = \int_1^2 \int_1^x e^x \, dy dx = \int_1^2 e^x y \Big]_1^x \, dx = \int_1^2 (x - 1) e^x \, dx$$

$$= (x - 1) e^x - e^x \Big]_1^2 = e^2 - e^2 - 0 + e = e$$

在例 3，若求 $\int_D \int e^x \, dx dy$（即積
分順序改變）結果又若何？

(1)動線由左而向先交 $x = y$ 然後
$x = 2$，因此內積分之積分界限
為 $\int_y^2$　(2)動線在 y 軸移動範圍為
1→2 $\therefore$ 外積分界線為 $\int_1^2$

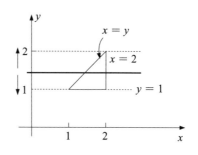

$$\therefore \int_D \int e^x \, dx dy = \int_1^2 \int_y^2 e^x \, dx dy = \int_1^2 e^x \Big]_y^2 \, dy$$

$$= \int_1^2 (e^2 - e^y) \, dy = e^2 y - e^y \Big]_1^2 = e$$

二者計算結果相同，這將在下節改變積分順序中再討論之。

例 4. 求 $\int_R \int xy \, dx dy = ?$ R 為 $x = 2$，$xy = 1$ 及 $y = x$ 間所圍成之
區域。

解 首先我們解積分區域 R

方法一　（先積 y 後積 x）

$$\int_R \int xy \, dA$$

$$= \int_1^2 \int_{\frac{1}{x}}^x xy \, dy dx$$

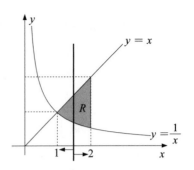

$$= \int_1^2 x \frac{y^2}{2} \Big]_{\frac{1}{x}}^{x} dx$$

$$= \int_1^2 \frac{x^3}{2} - \frac{1}{2x} dx$$

$$= \frac{x^4}{8} - \frac{1}{2} \ell nx \Big]_1^2$$

$$= (2 - \frac{1}{2} \ell n2) - (\frac{1}{8} - 0)$$

$$= \frac{15}{8} - \frac{1}{2} \ell n2$$

方法二 （先積 x 後積 y）

$$\int_R \int xy dA$$

$$= \int_{R_1} \int xy dx dy + \int_{R_2} \int xy dx dy$$

$$= \int_{\frac{1}{2}}^1 \int_{\frac{1}{y}}^2 xy dx dy + \int_1^2 \int_y^2 xy dx dy$$

$$= \int_{\frac{1}{2}}^1 y \frac{x^2}{2} \Big]_{\frac{1}{y}}^2 dy + \int_1^2 y \frac{x^2}{2} \Big]_y^2 dy$$

$$= \int_{\frac{1}{2}}^1 y (2 - \frac{1}{2y^2}) dy + \int_1^2 y (2 - \frac{y^2}{2}) dy$$

$$= \int_{\frac{1}{2}}^1 (2y - \frac{1}{2y}) dy + \int_1^2 (2y - \frac{y^3}{2}) dy$$

$$= y^2 - \frac{1}{2} \ln y \Big]_{\frac{1}{2}}^1 + y^2 - \frac{y^4}{8} \Big]_1^2$$

$$= [(1 - 0) - (\frac{1}{4} + \frac{1}{2} \ln 2)] + [(4 - 2) - (1 - \frac{1}{8})]$$

$$= \frac{15}{8} - \frac{1}{2} \ln 2$$

由例 4，不同積分順序之選取時重積分計算上可能有不同之難度。

例 5. 求 $y = x^2$ 與 $y = x$ 在　(1) $0 \leq x \leq \frac{1}{2}$　(2) $0 \leqq x \leqq 1$

(3) $0 \leqq x \leqq 2$ 間與 x 軸

所夾之面積。

解

(1) $A = \int_0^{\frac{1}{2}} \int_{x^2}^{x} 1 \, dy \, dx = \int_0^{\frac{1}{2}} x - x^2 \, dx$

$= \frac{x^2}{2} - \frac{x^3}{3} \Big]_0^{\frac{1}{2}} = \frac{1}{12}$

(2) $A = \int_0^1 \int_{x^2}^{x} 1 \, dy \, dx = \int_0^1 (x - x^2) \, dx$

$= \frac{x^2}{2} - \frac{x^3}{3} \Big]_0^1$

$= \frac{1}{6}$

(3) $A = \int_0^1 \int_{x^2}^{x} 1 \, dy \, dx + \int_1^2 \int_{x}^{x^2} 1 \, dy \, dx$

$= \frac{1}{6} + \int_1^2 (x^2 - x) \, dx$

$= \frac{1}{6} + \left(\frac{x^3}{3} - \frac{x^2}{2} \right) \Big]_1^2$

$= \frac{1}{6} + \left(\left(\frac{8}{3} - 2 \right) - \left(\frac{1}{3} - \frac{1}{2} \right) \right)$

$= 1$

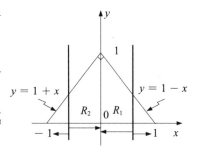

例 5 (2)　例 5 (3)

例 6. 求由 $(1, 0)$，$(0, 1)$ 與 $(-1, 0)$ 三點所圍成區域之面積。

解

方法一　若要用重積分法求出下列圖形
之面積，首先要定出經 $(0, 1)$，
$(-1, 0)$ 與 $(0, 1)$，$(1, 0)$ 兩條直
線的方程式：

①過 $(1, 0)$，$(0, 1)$ 之直線方程式
　為 $x + y = 1$ 或 $y = 1 - x$

②過 $(-1, 0)$，$(0, 1)$ 之直線方程式為
　$-x + y = 1$ 或 $y = 1 + x$

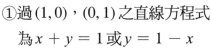

∴三角形之面積為

$$A = \int_{R_1}\int dxdy + \int_{R_2}\int dxdy$$

$$= \int_0^1\int_0^{1-x} dydx + \int_{-1}^0\int_0^{1+x} dydx$$

$$= \int_0^1(1-x)\,dx + \int_{-1}^0(1+x)\,dx$$

$$= (x - \frac{x^2}{2})\Big]_0^1 + (x + \frac{x^2}{2})\Big]_{-1}^0$$

$$= 1$$

方法二　$A = \int_0^1\int_{y-1}^{1-y} dxdy$

$$= \int_0^1 2(1-y)\,dy$$

$$= 1$$

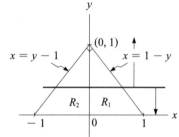

例7.　求右圖所示之面積。

解　$A = \int_{R_1}\int dxdy + \int_{R_2}\int dxdy$

$$= \int_0^1\int_{\sqrt{1-x^2}}^2 dydx + \int_0^2\int_1^2 dxdy$$

$$= \int_0^1(2 - \sqrt{1-x^2})dx + \int_0^2 dy$$

$$= 2x - \left(\frac{x}{2}\sqrt{1-x^2} + \frac{1}{2}\sin^{-1}x\right)\Big]_0^1 + 2$$

$$= 2 - \frac{1}{2}\sin^{-1}1 + 2$$

$$= 4 - \frac{\pi}{4}$$

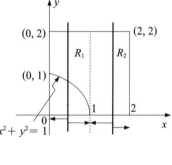

例7有個算術解法：它的面積為 $R_1 + R_2$，換言之，它相當於以 $(0,0), (0,2), (2,2), (2,0)$ 為頂點之正方形面積減去 $\frac{1}{4}$ 標準圓之面積。

9.2.2　三重積分淺介

二重積分之基本解法可擴充到三重積分上。

例 8.　求 $\int_{-3}^{7} \int_{0}^{2z} \int_{y}^{z-1} dxdydz = ?$

解　$\int_{-3}^{7} \int_{0}^{2z} \int_{y}^{z-1} dxdydz$

$= \int_{-3}^{7} \int_{0}^{2z} x \big]_{y}^{z-1} dydz$

$= \int_{-3}^{7} \int_{0}^{2z} (z-1-y) dydz$

$= \int_{-3}^{7} \left[(z-1)y - \frac{y^2}{2} \right]_{0}^{2z} dz$

$= \int_{-3}^{7} \left[(z-1)2z - 2z^2 \right] dz$

$= \int_{-3}^{7} -2zdz = -z^2 \big]_{-3}^{7} = -40$

例 9.　求 $\int_{0}^{1} \int_{-1}^{2} \int_{3}^{4} xyzdxdydz$。

解　$\int_{0}^{1} \int_{-1}^{2} \int_{3}^{4} xyzdxdydz = \int_{0}^{1} \int_{-1}^{2} \frac{x^2}{2} yz \big]_{3}^{4} dydz$

$= \int_{0}^{1} \int_{-1}^{2} \frac{7}{2} yzdydz = \frac{7}{2} \int_{0}^{1} \frac{y^2}{2} z \big]_{-1}^{2} dz$

$= \frac{7}{2} \int_{0}^{1} \frac{3}{2} zdz = \frac{21}{4} \int_{0}^{1} zdz = \frac{21}{4} \cdot \frac{z^2}{2} \big]_{0}^{1} = \frac{21}{8}$

例 10.　求 $\int_{0}^{1} \int_{0}^{x} \int_{0}^{y} dzdydx$。

解　$\int_{0}^{1} \int_{0}^{x} \int_{0}^{y} dzdydx = \int_{0}^{1} \int_{0}^{x} z \big]_{0}^{y} dydx$

$= \int_{0}^{1} \int_{0}^{x} y \, dydx = \int_{0}^{1} \frac{y^2}{2} \big]_{0}^{x} dx = \int_{0}^{1} \frac{x^2}{2} dx$

$= \frac{1}{2} \cdot \frac{x^3}{3} \big]_{0}^{1} = \frac{1}{6}$

習題 9-2

1.計算：

(1) $\int_0^1 \int_0^1 x^2 y^3 \, dx \, dy$ 　　　　(2) $\int_{-1}^1 \int_0^1 y e^x \, dy \, dx$

(3) $\int_0^1 \int_0^1 (x+y) \, dx \, dy$ 　　　(4) $\int_0^\pi \int_1^2 y \sin(xy) \, dx \, dy$

(5) $\int_0^1 \int_0^{\sqrt{1-x^2}} \dfrac{1}{\sqrt{1-y^2}} \, dy \, dx$ 　　(6) $\int_{-\pi}^\pi \int_{-x}^x \cos y \, dy \, dx$

(7) $\int_{-2}^2 \int_{-1}^1 |\, x^2 y^3 \,| \, dy \, dx$ 　　(8) $\int_0^{\frac{1}{2}} \int_0^{\sqrt{2}} xy(1-x^2 y)^{\frac{1}{2}} \, dx \, dy$

2.驗證 $\int_0^1 \int_0^1 \dfrac{x-y}{(x+y)^3} \, dx \, dy \neq \int_0^1 \int_0^1 \dfrac{x-y}{(x+y)^3} \, dy \, dx$。

3.試證：若 $f(x,y)=g(x) h(y)$ 則 $\int_a^b \int_c^d f(x,y) \, dx \, dy = \left(\int_a^b h(y) \, dy\right)\left(\int_c^d g(x) \, dx\right)$

4.計算：

(1) $\int_D \int xy \, dx \, dy$，$D：x=0$，$x=1$，$y=x$ 與 $y=x^2$ 所圍成區域

(2) $\int_D \int x \, dx \, dy$，$D：$由$(0,0)$，$(0,1)$及$(1,1)$為頂點之三角形區域

(3) $\int_D \int \dfrac{x^2}{y^2} \, dx \, dy$，$D：x=2$，$y=x$ 及 $xy=1$ 所圍成之區域

★(4) $\int_D \int f(x,y) \, dx \, dy$，其中

$f(x,y)=\begin{cases} x, & 0 \le x \le 1 \\ 2-x, & 1 < x \le 2 \end{cases}$，$D$之圖形如右

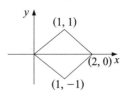

解

1.(1)$\dfrac{1}{12}$　(2)$\dfrac{1}{2}\left(e-\dfrac{1}{e}\right)$　(3) 1　(4) 0　(5) 1　(6) 0　(7)$\dfrac{8}{3}$　(8)$\dfrac{1}{10}$

2.(1)$\int_0^1 \int_0^1 \dfrac{x-y}{(x+y)^3} \, dx \, dy = -\dfrac{1}{2}$，(2)$\int_0^1 \int_0^1 \dfrac{x-y}{(x+y)^3} \, dy \, dx = \dfrac{1}{2}$

4.(1)$\dfrac{1}{24}$　(2)$\dfrac{1}{6}$　(3)$\dfrac{9}{4}$　(4)$\dfrac{8}{3}$

9.3 重積分之一些技巧

9.2 節之重積分問題均屬可直接解出（其間可能涉及第 5 章之積分技巧），但有許多重積分問題無法直接解出，必須藉助於某些特殊方法才能解決，本節將介紹其中兩個最基本之技巧：(1)改變積分順序及(2)變數變換法。

9.3.1 改變積分順序

根據上節之解法，$\int_A \int x\,dxdy$ A 以 $(0, 0)$，$(0, 1)$，$(1, 1)$ 為頂點之三角形區域有兩個同義之重積分表現法：(1) $\int_0^1 \int_x^1 x\,dydx$ 及(2) $\int_0^1 \int_0^y x\,dxdy$（讀者請自行繪圖之）。

在(1)我們是先對 y 積分，然後再對 x 積分，而在(2)我們是先對 x 積分然後對 y 積分，二者積分順序恰好相反，但兩者之積分範圍是一樣的：(1)之積分區域為 $y = 1$，$y = x$，$x = 1$，$x = 0$ 所包圍，(2)之積分區域為 $x = y$，$x = 0$，$y = 1$，$y = 0$ 所包圍。讀者可自行手繪之。

因此改變積分順序是除將原題之積分先後順序改變外，積分區域不變是最大特色。

 $\int_a^b \int_x^b f(x, y)\,dydx = \int_a^b \int_a^y f(x, y)\,dxdy$

令 $D = \{(x, y) \mid x \leq y \leq b，a \leq x \leq b\}$

$= \{(x, y) \mid a \le x \le y，a \le y \le b\}$

$f(x, y)$ 在 D 中為連續

$\therefore \int_a^b \int_x^b f(x, y)\, dy\, dx$

$= \int_a^b \int_a^y f(x, y)\, dx\, dy$ ∎

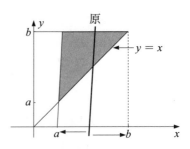

例 1. 求 $\int_0^2 \int_x^2 e^{y^2}\, dy\, dx$。

解 $\int_0^2 \int_x^2 e^{y^2}\, dy\, dx$

無法直接求出，因此可試用改
變積分順序來求解

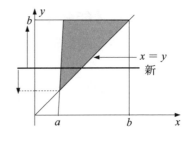

$\int_0^2 \int_x^2 e^{y^2}\, dy\, dx$

$= \int_0^2 \int_0^y e^{y^2}\, dx\, dy = \int_0^2 e^{y^2} \cdot x\Big]_0^y dy$

$= \int_0^2 e^{y^2}(y - 0)\, dy = \int_0^2 y e^{y^2}\, dy$

$= \dfrac{1}{2} e^{y^2}\Big]_0^2 = \dfrac{1}{2}(e^4 - 1)$

看看原題之積分圖示與改變積分順序後之積分圖示，對學者
在積分順序技巧之掌握上或許有些幫助。

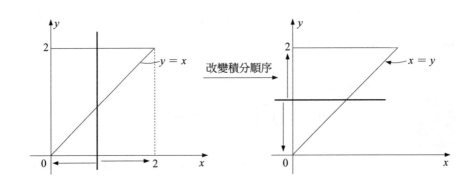

顯然，若改變積分順序之方法是原二重積分之細線是垂直 x 軸，那麼改變積分順序不過是原積分範圍內改為平行 x 軸，若原題之細線垂直 y 軸，改變積分順序就是平行 y 軸。

例2. 求 $\int_0^1 \int_x^1 \sin y^2 \, dy dx$ 。

解
$$\int_0^1 \int_x^1 \sin y^2 \, dy dx$$
$$= \int_0^1 \int_0^y \sin y^2 \, dx dy$$
$$= \int_0^1 x \sin y^2 \Big]_0^y \, dy$$
$$= \int_0^1 y \sin y^2 \, dy = \frac{-1}{2} \cos y^2 \Big]_0^1 = \frac{1}{2}(1 - \cos 1)$$

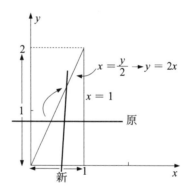

例3. 求 $\int_0^2 \int_{\frac{y}{2}}^1 y e^{x^3} \, dx dy = ?$

解
$$\int_0^2 \int_{\frac{y}{2}}^1 y e^{x^3} \, dx dy$$
$$= \int_0^1 \int_0^{2x} y e^{x^3} \, dy dx$$
$$= \int_0^1 \frac{y^2}{2} e^{x^3} \Big]_0^{2x} \, dx$$
$$= \int_0^1 2x^2 e^{x^3} \, dx$$
$$= \frac{2}{3} e^{x^3} \Big]_0^1 = \frac{2}{3}(e - 1)$$

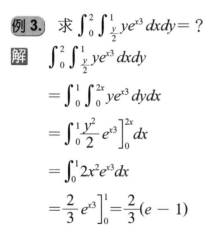

9.3.2 變數變換法㈠極座標之應用

在做 $\int_R \int f(x, y) \, dx dy$ ，而 $f(x, y)$ 是 $a^2 x^2 + b^2 y^2$ 之函數時，可考慮用極座標 $x = r\cos\theta$ ，$y = r\sin\theta$ 來進行變數變換，重積分之變數變換除用極座標轉換外，還有其他的轉換方式，我們將在 9.3.3 續作介紹。

取 $x = r\cos\theta$，$y = r\sin\theta$，則

$$|J| = \begin{vmatrix} \dfrac{\partial x}{\partial r} & \dfrac{\partial x}{\partial \theta} \\[2mm] \dfrac{\partial y}{\partial r} & \dfrac{\partial y}{\partial \theta} \end{vmatrix}_+ = \begin{vmatrix} \cos\theta & -r\sin\theta \\ \sin\theta & r\cos\theta \end{vmatrix}_+ = |r| = r$$

$|\ |_+$ 表示行列式之絕對值

$|J|$ 稱為 Jacobian，Jacobian 有很好的幾何意義，可證明的是，一個積分區域之微小區域之面積與座標變換後對應之新的微小區域之面積的比率，這個比率就是 Jacobian。

$$\iint f(x,y)\,dxdy = \int_{R'}\int |r|\,f(r\cos\theta, r\sin\theta)\,drd\theta$$

計算時應特別注意到積分區域之對稱性。

例 4. 求 $\displaystyle\int_D\int \sqrt{x^2+y^2}\,dxdy$。其中 $D = \{(x,y)\mid x^2+y^2\leq 1，x\geq 0，y\geq 0\}$

解 本題之積分區域為位在第一象限的 $\dfrac{1}{4}$ 圓形區域，取 $x = r\cos\theta$，$y = r\sin\theta$，$1 \geq r \geq 0$，$\dfrac{\pi}{2} \geq \theta \geq 0$

$$\int_D\int \sqrt{x^2+y^2}\,dxdy$$

$$= \int_0^{\frac{\pi}{2}}\int_0^1 r\sqrt{r^2\cos^2\theta + r^2\sin^2\theta}\,drd\theta$$

$$= \int_0^{\frac{\pi}{2}}\int_0^1 r \cdot r\,drd\theta = \int_0^{\frac{\pi}{2}}\frac{r^3}{3}\Big]_0^1 d\theta$$

$$= \int_0^{\frac{\pi}{2}}\frac{1}{3}d\theta = \frac{1}{3}\Big]_0^{\frac{\pi}{2}} = \frac{\pi}{6}$$

例 4 之積分區域變為 $R = \{(x,y)\mid x^2+y^2\leq 1\}$，積分區域為整個圓形區域，則

$$\int_R\int \sqrt{x^2+y^2}\,dxdy$$

$$= 4\int_0^{\frac{\pi}{2}}\int_0^1 r\sqrt{r^2\cos^2\theta + r^2\sin^2\theta}\,drd\theta$$

$$= 4\int_0^{\frac{\pi}{2}}\int_0^1 r^2 drd\theta = 4\cdot\left(\frac{\pi}{6}\right) = \frac{2\pi}{3}$$

在上面之題解過程中，我們利用積分區域的對稱性，即整個積分區域之重積分結果為第一象限積分結果的 4 倍，這種對稱性在重積分經常須被考慮到。

例 5. 求 $\int_D\int\dfrac{1}{\sqrt{x^2+y^2}}dxdy = ?$ $D=\{(x,y)\mid x^2+y^2\le 4\}$

解 取 $x=r\cos\theta$，$y=r\sin\theta$，$2\ge r\ge 0$，$2\pi\ge\theta\ge 0$，$|J|=r$

$$\int_D\int\frac{dxdy}{\sqrt{x^2+y^2}}= 4\int_0^2\int_0^{\frac{\pi}{2}}r\cdot\frac{d\theta dr}{\sqrt{r^2}}$$

$$= 4\int_0^2\int_0^{\frac{\pi}{2}}\frac{r}{r}d\theta dr = 4\int_0^2\int_0^{\frac{\pi}{2}}d\theta dr = 4\int_0^2\frac{\pi}{2}dr$$

$$= 4\cdot 2\cdot\frac{\pi}{2}= 4\pi$$

例 6. 求 $\int_D\int xydxdy = ?$ $D=\{(x,y)\mid 1\ge x^2+y^2\ge 0,1\ge x\ge 0,$
$1\ge y\ge 0\}$

解 取 $x=r\cos\theta$，$y=r\sin\theta$，$1\ge r\ge 0$，$\dfrac{\pi}{2}\ge\theta\ge 0$，$|J|=r$

$$\int_D\int xydxdy$$

$$= \int_0^{\frac{\pi}{2}}\int_0^1 r(r\cos\theta\cdot r\sin\theta)drd\theta = \int_0^{\frac{\pi}{2}}\int_0^1 r^3\cos\theta\sin\theta\, drd\theta$$

$$= \int_0^{\frac{\pi}{2}}\frac{r^4}{4}\Big]_0^1\cos\theta\sin\theta\, d\theta = \frac{1}{4}\int_0^{\frac{\pi}{2}}\sin\theta d\sin\theta$$

$$= \frac{1}{4}\cdot\frac{1}{2}\sin^2\theta\Big]_0^{\frac{\pi}{2}}= \frac{1}{8}$$

例 7. 求 $\int_R\int\dfrac{1}{\sqrt{x^2+y^2}}dxdy = ?$
$R=\{(x,y)\mid 4\ge x^2+y^2\ge 1\}$

解 $x=r\cos\theta$，$y=r\sin\theta$，$x^2+y^2=r^2$

$r\geqq1$，$2\pi\geqq\theta\geqq0$； $\mid J\mid=r$

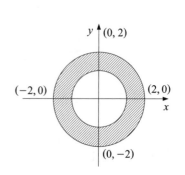

$$\int_R\int\frac{1}{\sqrt{x^2+y^2}}dxdy$$

$$=4\int_1^2\int_0^{\frac{\pi}{2}}r\cdot\frac{d\theta dr}{\sqrt{r^2}}=4\int_1^2\int_0^{\frac{\pi}{2}}d\theta dr$$

$$=4\int_1^2\frac{\pi}{2}dr=4\cdot\frac{\pi}{2}=2\pi$$

例 8. 求 $\int_0^2\int_0^{\sqrt{4-x^2}}\sin(x^2+y^2)dydx=$ ？

解 取 $x=r\cos\theta$，$y=r\sin\theta$，$\frac{\pi}{2}\geqq\theta\geqq0$，$2\geqq r\geqq0$， $\mid J\mid_+=r$

$\therefore$原式 $=\int_0^2\int_0^{\frac{\pi}{2}}r\sin r^2d\theta dr=\int_0^2\frac{\pi}{2}r\sin r^2dr=-\frac{1}{2}\cos r^2\Big]_0^2\cdot\frac{\pi}{2}$

$$=\frac{\pi}{2}\left(-\frac{1}{2}\cos4+\frac{1}{2}\cos0\right)=-\frac{\pi}{4}\cos4+\frac{\pi}{4}=\frac{\pi}{4}(1-\cos4)$$

★例 9. 求 $\int_1^2\int_0^{\sqrt{2x-x^2}}\frac{1}{\sqrt{x^2+y^2}}dydx$。

解 先求題給之積分區域：

$\sqrt{2x-x^2}=y$，二邊平方得

$y^2+x^2-2x=0$，$y^2+(x-1)^2=1$，又 $2\geqq x\geqq1$，積分區域如
斜線部分，現在我們要利用極
坐標來解。r，θ 之範圍是：

$\theta:\frac{\pi}{4}\geqq\theta\geqq0$

$r:D=\{(x,y)\mid\sqrt{2x-x^2}\geqq y$

$\geqq0$，$x\geqq1\}$

取 $x=r\cos\theta$，$y=r\sin\theta$，

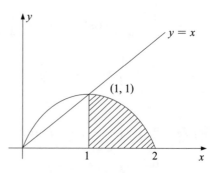

$$|J| = r$$

$$\sqrt{2x - x^2} \geq y \Rightarrow 2x \geq x^2 + y^2$$

即 $2r\cos\theta \geq r^2$，亦即 $r \leq 2\cos\theta$ 此為 r 積分上限

又 $x \geq 1$ $\therefore r\cos\theta \geq 1$，即 $r \geq \dfrac{1}{\cos\theta} = \sec\theta$，此為 r 積分之下限

$$\therefore \int_1^2 \int_0^{\sqrt{2x - x^2}} \frac{1}{\sqrt{x^2 + y^2}} dy dx = \int_0^{\frac{\pi}{4}} \int_{\sec\theta}^{2\cos\theta} \cdot \frac{r}{\sqrt{r^2}} dr d\theta$$

$$= \int_0^{\frac{\pi}{4}} (2\cos\theta - \sec\theta) d\theta = 2\sin\theta - \ln |\sec\theta + \tan\theta| \Big]_0^{\frac{\pi}{4}}$$

$$= \sqrt{2} - \ln(1 + \sqrt{2})$$

★例10. 求 $\displaystyle\int_D \int e^{x^2 + y^2} dy dx$，$D = \{(x, y) \mid 0 \leq y \leq x，x^2 + y^2 \leq 1\}$。

解 取 $x = r\cos\theta$，$y = r\sin\theta$，由

右圖顯然 $\dfrac{\pi}{4} \geq \theta \geq 0$，$1 \geq r$

≥ 0，$|J| = r$

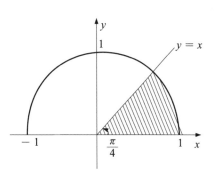

$$\therefore 原式 = \int_0^1 \int_0^{\frac{\pi}{4}} r \cdot e^{r^2} d\theta dr$$

$$= \frac{\pi}{4} \int_0^1 r e^{r^2} dr = \frac{\pi}{4} \cdot \frac{1}{2} e^{r^2} \Big]_0^1$$

$$= \frac{(e - 1)}{8} \pi$$

★9.3.3 變數變換法㈡變數變換之進一步通則

重積分之變數變換除極坐標轉換外，還有其他轉換方式，它們的計算原理大致與極坐標轉換相同，都要乘上 Jacobian。變數變換並無通則，但通常可由原來題給之積分區域處獲得解題之線索。

設 xy 平面上之點 (x, y) 透過一組轉換 $x = h_1(u, v)$，$y = h_2(u, v)$，映至 uv 平面上之點 (u, v)，則

$$\int_D \int f(x, y)dxdy$$

$$= \int_{D'} \int g(u, v).\mid J \mid dudv.$$

其中 $\mid J \mid = \begin{vmatrix} \dfrac{\partial x}{\partial u} & \dfrac{\partial x}{\partial v} \\ \dfrac{\partial y}{\partial u} & \dfrac{\partial y}{\partial v} \end{vmatrix}_+$ $\mid J \mid$ 為 x, y 對 u, v 之 Jacobian

的絕對值，且

$$g(u, v) = f(h_1(u, v), h_2(u, v))$$

例 11. 求 $\int_D \int xdxdy$，D 為 $2x + 3y = 1$，$2x + 3y = -2$，$x - y = 1$，$x - y = 4$ 所圍之區域。

解 因區域 D 是由

$2x + 3y = 1$、$2x + 3y = -2$、$x - y = 1$，$x - y = 4$

所圍成

取 $\begin{cases} u = 2x + 3y \\ v = x - y \end{cases}$

得　$1 \geq u \geq -2$，$4 \geq v \geq 1$

又 $\begin{cases} u = 2x + 3y \\ v = x - y \end{cases}$ 解之：

$x = \dfrac{u + 3v}{5}$，$y = \dfrac{u - 2v}{5}$

$\therefore \mid J \mid = \begin{vmatrix} \dfrac{\partial x}{\partial u} & \dfrac{\partial x}{\partial v} \\ \dfrac{\partial y}{\partial u} & \dfrac{\partial y}{\partial v} \end{vmatrix}_+$

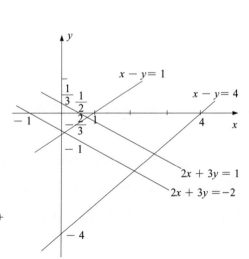

$$= \begin{vmatrix} \dfrac{1}{5} & \dfrac{3}{5} \\[2mm] \dfrac{1}{5} & -\dfrac{2}{5} \end{vmatrix}_{+}$$

$$= \frac{5}{25} = \frac{1}{5}$$

⇓轉換後

得 $g(u, v)$

$= f(h_1(u, v), h_2(u, v)) \mid J \mid_{+}$

$= f\left(\dfrac{u + 3v}{5}, \dfrac{u - 2v}{5}\right) \cdot \dfrac{1}{5}$

$= \dfrac{u + 3v}{5} \cdot \dfrac{1}{5} = \dfrac{u + 3v}{25}$

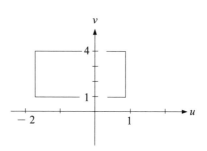

$1 \ge u \ge -2$，$4 \ge v \ge 1$

$$\therefore \int_D \int x\,dx\,dy = \int_1^4 \int_{-2}^1 \frac{u + 3v}{25}\,du\,dv$$

$$= \frac{1}{25} \int_1^4 \int_{-2}^1 (u + 3v)\,du\,dv = \frac{1}{25} \int_1^4 \left(\frac{u^2}{2} + 3uv\right)\Big]_{-2}^1 dv$$

$$= \frac{1}{25} \int_1^4 \left(-\frac{3}{2} + 9v\right) dv = \frac{63}{25}$$

在變數變換時，我們會找一些變換，如 $u = h(x, y)$，$v = g(x, y)$，為求 Jacobian，我們要解出 $x = \phi(u, v)$，$y = \psi(u, v)$，有時頗為費事，在高等微積分可證明：

$$J = \begin{vmatrix} \dfrac{\partial u}{\partial x} & \dfrac{\partial v}{\partial x} \\[2mm] \dfrac{\partial u}{\partial y} & \dfrac{\partial v}{\partial y} \end{vmatrix}_{+}^{-1} \text{，左式常可簡化計算量。}$$

例 12. 求 $\displaystyle\int_D \int e^{x+y}\,dx\,dy$，$D$：$\{(x, y) \mid \mid x \mid + \mid y \mid \le 1\}$。

解 D：$\mid x \mid + \mid y \mid \le 1$，這是一個由

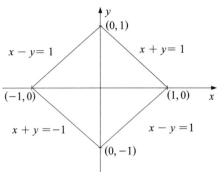

$x+y=1$，$x+y=-1$

$x-y=1$，$x-y=-1$

二組平行線所圍成之區域
因此我們可設 $u=x+y$，
$v=x-y$，得 $1\geq u\geq -1$，
$1\geq v\geq -1$

又 $\begin{cases} u=x+y \\ v=x-y \end{cases}$

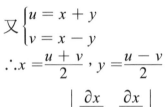

$\therefore x=\dfrac{u+v}{2}$，$y=\dfrac{u-v}{2}$

$$|J|=\begin{vmatrix} \dfrac{\partial x}{\partial u} & \dfrac{\partial x}{\partial v} \\[2mm] \dfrac{\partial y}{\partial u} & \dfrac{\partial y}{\partial v} \end{vmatrix}_{+}$$

⇓轉換後

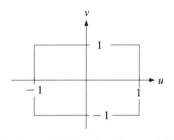

$$=\begin{vmatrix} \dfrac{1}{2} & \dfrac{1}{2} \\[2mm] \dfrac{1}{2} & -\dfrac{1}{2} \end{vmatrix}_{+}=\dfrac{1}{2}$$ 原來積分區域之面積為 2，變數變換後新積分區域之面積為 4，原面積與新面積之比恰為 Jacobian。

得 $g(u,v)=f(h_1(u,v)$，$h_2(u,v))\,|\,J\,|$

$$=f\left(\dfrac{u+v}{2}, \dfrac{u-v}{2}\right)\cdot\dfrac{1}{2}=\dfrac{1}{2}e^u，1\geq u\geq -1，1\geq v\geq -1$$

$$\therefore \int_D\int e^{x+y}\,dxdy=\int_{-1}^1\int_{-1}^1\dfrac{1}{2}e^u\,dvdu=\int_{-1}^1 e^u du=e-\dfrac{1}{e}$$

9.3.4 $\displaystyle\int_{-\infty}^{\infty}e^{-x^2}dx$

$f(x)=e^{-x^2}$, $\infty>x>-\infty$ 特稱為機率
函數，因為它與機率學中之常態分配
（Normal Distribution）有關，機率函數
有許多重要性質，有志者可參閱五南拙

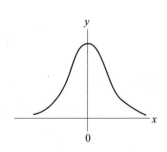

著之機率與統計。

定理 B $\displaystyle\int_{-\infty}^{\infty} e^{-x^2}dx = \sqrt{\pi}$

證明 定理 B 有一些不同證法，我們採用一種最易了解之方式求推求：

$I = \displaystyle\int_{-\infty}^{\infty} e^{-x^2}dx$，則

$I^2 = \displaystyle\int_{-\infty}^{\infty}\int_{-\infty}^{\infty} e^{-x^2} \cdot e^{-y^2}dxdy$

$\quad = \displaystyle\int_{-\infty}^{\infty}\int_{-\infty}^{\infty} e^{-(x^2+y^2)}dxdy$

取 $x = r\cos\theta, y = r\sin\theta, \infty > r > 0$

$2\pi > \theta > 0$，則 $|J| = r$，上式變為

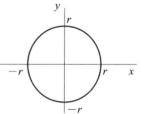

$I^2 = 4\displaystyle\int_{0}^{\infty}\int_{0}^{\frac{\pi}{2}} re^{-r^2}d\theta dr$

$\quad = 4\displaystyle\int_{0}^{\infty} \frac{\pi}{2} re^{-r^2}dr = 2\pi \cdot \frac{-1}{2}e^{-r^2}]_{0}^{\infty} = \pi$

$\therefore I = \sqrt{\pi}$

即 $\displaystyle\int_{-\infty}^{\infty} e^{-x^2}dx = \sqrt{\pi}$ ∎

推論 B1 $\Gamma\left(\dfrac{1}{2}\right) = \displaystyle\int_{0}^{\infty} x^{\frac{-1}{2}} e^{-x}dx = \sqrt{\pi}$

證明 $\displaystyle\int_{0}^{\infty} x^{-\frac{1}{2}} e^{-x}dx \xrightarrow{x = y^2} \int_{0}^{\infty} y^{-1}e^{-y^2} \cdot 2ydy$

$\quad = 2\displaystyle\int_{0}^{\infty} e^{-y^2}dy$

由定理 B

$\displaystyle\int_{-\infty}^{\infty} e^{-x^2}dx = 2\int_{0}^{\infty} e^{-x^2}dx = 2\sqrt{\pi} \quad \therefore \int_{0}^{\infty} e^{-x^2}dx = \sqrt{\pi}$

$$\therefore \int_0^\infty x^{-\frac{1}{2}} e^{-x} dx = x$$

即 $\Gamma\left(\dfrac{1}{2}\right) = \int_0^\infty x^{-\frac{1}{2}} e^{-x} dx = \pi$　　■

例 13.　利用 $\int_{-\infty}^\infty e^{-x^2} dx = \sqrt{\pi}$，求 $\int_0^\infty \sqrt{x} e^{-x} dx$。

解　$\int_{-\infty}^\infty e^{-x^2} dx = 2\int_0^\infty e^{-x^2} dx$，即 $\int_0^\infty e^{-x^2} dx = \dfrac{\sqrt{\pi}}{2}$

取 $y = \sqrt{x}$, $x = y^2$, $dx = 2y\,dy$

$$\therefore \int_0^\infty \sqrt{x} e^{-x} dx = \int_0^\infty y e^{-y^2} \cdot 2y\,dy = \int_0^\infty y\,d(-e^{-y^2})$$

$$= -y e^{-y^2}\Big]_0^\infty + \int_0^\infty e^{-y^2} dy = 0 + \frac{\sqrt{\pi}}{2} = \frac{\sqrt{\pi}}{2}$$

★9.3.5　重積分與體積

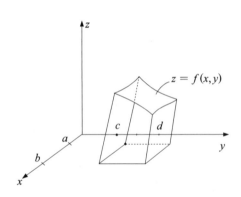

若 $D = \{(x, y) \mid a \le x \le b$，$c \le y \le d\}$，且在區域 D，$z = f(x, y) \ge 0$，則 $\int_D \int f(x, y)\,dx\,dy$ 相當於 $z = f(x, y)$ 與 D 所夾區域之體積，即

$$V = \int_c^d \int_a^b f(x, y)\,dx\,dy$$

例 14.　求 $x + y + z = 2$，$x = y$，$x = 0$ 及 $z = 0$ 所圍錐體區域之體積。

解　要 繪 $x + y + z = 2$，$x = y$，$x = 0$，$y = 0$ 之三維空間圖形並非一般同學所習慣，好在我們也可用二維之平面曲線求解：

$x + y + z = 2$ 與 $z = 0$（xy 平

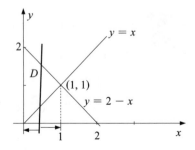

面）交於線 $x + y = 2$，而錐體體積就是在 xy 平面位於區域
D 以上之部分上。對 $z = 2 - x - y$ 積分：

$$\therefore V = \int_0^1 \int_x^{2-x} (2 - x - y) \, dy \, dx$$

$$= \int_0^1 (2x^2 - 4x + 2) \, dx = \frac{2}{3}$$

例 15. 求拋物面 $z = x^2 + y^2$ 在區
域 D 間所夾之體積，D 為
xy 平 面 上 由 $y = x$ 及
$y = x^2$ 所夾之區域。

解 $z = f(x, y) = x^2 + y^2$

$$V = \int_0^1 \int_{x^2}^x (x^2 + y^2) \, dy \, dx$$

$$= \int_0^1 x^2 y + \frac{y^3}{3} \Big]_{x^2}^x \, dx = \int_0^1 \left(\frac{4}{3} x^3 - x^4 - \frac{1}{3} x^6 \right) dx = \frac{3}{35}$$

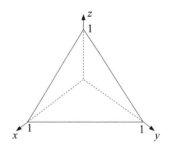

例 16. 求 $x = 0$，$y = 0$，$z = 0$ 與 $x + y + z = 1$ 四個平面所圍區
域體積。

解 平面 $x + y + z = 1$ 與 xy 平面之交
線為 $x + y = 1$
D 為 $x = 0$，$y = 0$ 與 $x + y = 1$ 所圍
成之區域
$z = f(x, y) = 1 - x - y$

$$\therefore V = \int_0^1 \int_0^{1-x} (1 - x - y) \, dy \, dx$$

$$= \int_0^1 \frac{1}{2} (1 - x)^2 \, dx$$

$$= \frac{1}{2} \int_0^1 (x - 1)^2 \, dx$$

$$= \frac{1}{6} (x - 1)^3 \Big]_0^1 = \frac{1}{6}$$

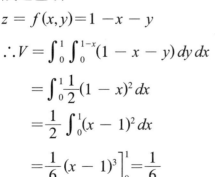

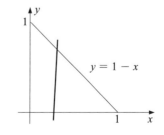

例 **17.** 求拋物面 $z = 1 - x^2 - y^2$ 與 $z = 0$ 之平面所圍成空間區域之體積。

解 $z = 1 - x^2 - y^2$ 在 xy 平面（即 $z = 0$）之交集為

$D = \{(x, y) \mid x^2 + y^2 \leqq 1\}$

$\therefore V = \int_D \int (1 - x^2 - y^2)dxdy$

取 $x = r\cos\theta$，$y = r\sin\theta$，$1 \geq r \geq 0$，$\mid J \mid = r$，得

$V = 4\int_0^{\frac{\pi}{2}} \int_0^1 r(1 - r^2)drd\theta = 4\int_0^{\frac{\pi}{2}} \left(\frac{r}{2} - \frac{r^4}{4} \right) \Big]_0^1 d\theta = \frac{\pi}{2}$

★例 **18.** 求 $x^2 + y^2 = 16$ 與 $x^2 + z^2 = 16$ 兩個直交圓柱面相交區域之體積。

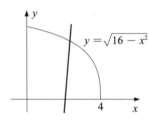

解 因為對稱性，所求之體積為第一象限所夾體積之 8 倍

$z = f(x, y) = \sqrt{16 - x^2}$

D 為 $x^2 + y^2 = 16$ 所圍之圓形區域

$\therefore V = 8\int_0^4 \int_0^{\sqrt{16 - x^2}} \sqrt{16 - x^2}\, dy\, dx$

$= 8\int_0^4 (16 - x^2)dx$

$= \frac{1024}{3}$

習題 9.3

1. 計算：

(1) $\int_0^1 \int_x^1 e^{y^2}dydx$　(2) $\int_0^1 \int_y^1 \frac{1}{1 + x^4}dxdy$　(3) $\int_0^1 \int_{\sqrt{x}}^1 \sqrt{1 + y^3}dydx$

(4) $\int_0^1 \int_{3y}^3 e^{x^2} dxdy$　　(5) $\int_0^1 \int_{2y}^2 \cos x^2 dxdy$　　(6) $\int_0^2 \int_{\frac{y}{2}}^1 ye^{x^3} dxdy$

(7) $\int_0^8 \int_{\sqrt[3]{x}}^2 \dfrac{dydx}{y^4+1}$　　(8) $\int_0^1 \int_{x^2}^1 y^{\frac{3}{2}} e^{y^3} dydx$

2.計算：

(1) $\int_0^1 \int_0^{\sqrt{1-y^2}} \sin(x^2+y^2) dxdy$　　　　(2) $\int_0^1 \int_0^{\sqrt{1-y^2}} e^{(x^2+y^2)} dxdy$

(3) $\int_0^\infty \int_0^\infty e^{-(x^2+y^2)} dxdy$　　　　(4) $\int_0^1 \int_0^{\sqrt{1-x^2}} (x^2+y^2) dydx$

(5) $\int_D \int \dfrac{1}{x^2+y^2} dxdy$，$D=\{(x,y) \mid 1 \le x^2+y^2 \le 4 , x \ge 0 , y \ge 0$

(6) $\int_D \int \tan^{-1}\dfrac{y}{x} dxdy, D=\{(x,y) \mid x^2+y^2 \le a^2, x \ge 0, y \ge 0\}$

3.計算：

(1)求 $z = 4 - x^2 - y^2$ 與 $z = 0$ 所圍成區域之體積

(2) $x^2 + y^2 = 1$ 被 $z = x^2 + y^2 + 5$ 和 $z = 0$ 所截割之體積

(3)求由 $x = 0, y = 0, x + y + z = 4$ 所圍成之四面體之體積

(4)曲面 $z = x + y + 1$ 在 $D = \{(x,y) \mid 0 \le x \le 1 , 1 \le y \le 3\}$ 上之體積

(5) $36z = 36 - 9x^2 - 4y^2$ 與 xy 坐標平面所圍固體之體積

4.設 S 為 xy 平面在第一象限由曲線 $xy = 1$，$xy = 2$，$y = x$ 與 $y = 4x$ 所圍成之區域，試證：

$$\int_S \int f(xy) dxdy = \ln2 \int_1^2 f(u) du$$

★5.計算

$$\int_0^{2a} \int_0^{\sqrt{2ax-x^2}} x^2 dydx$$

6.

(1) $\int_A \int \cos\left(\dfrac{x-y}{x+y}\right) dxdy$；$A$ 由 $x = 0, y = 0, x+y = 1$ 所圍成之區域

(2) $\int_A \int ye^{xy} dxdy$；A 由 $xy = 1, xy = 3, x = 1, x = 3$ 所圍成之區域

7.若已知 $\int_{-\infty}^{\infty} e^{-x^2}dx = A$，求：

(1) $\int_{0}^{\infty} e^{-\frac{x^2}{2}}dx$ (2) $\int_{-\infty}^{\infty} xe^{-\frac{x^2}{2}}dx$

8.求 $\int_R \int (x+y)^2 (x-y)\,dxdy$，$R = \{(x, y)|\,x+y= 0，x+y= 1，x- y= 2$ 與 $x-y= -1$ 所圍成之區域$\}$

解

1.(1)$\dfrac{e-1}{2}$ (2)$\dfrac{\pi}{8}$ (3)$\dfrac{2}{9}\left(2^{\frac{3}{2}}-1\right)$ (4)$\dfrac{1}{6}(e^9-1)$ (5)$\dfrac{1}{4}\sin 4$

(6)$\dfrac{2}{3}(e-1)$ (7)$\dfrac{1}{4}\ln 17$ (8)$\dfrac{1}{3}(e-1)$

2.(1)$\dfrac{\pi}{4}(1-\cos 1)$ (2)$\dfrac{\pi}{4}(e-1)$ (3)$\dfrac{\pi}{4}$ (4)$\dfrac{\pi}{8}$ (5)$\dfrac{\pi}{2}\ln 2$

(6)$\dfrac{a^2\pi^2}{16}$

3.(1)8π (2)$\dfrac{11}{2}\pi$ (3)$\dfrac{32}{3}$ (4) 7   (5) 3π

5.$\dfrac{5\pi}{8}a^4$

6.(1)$\dfrac{1}{2}\sin 1$ (2)$\dfrac{4}{3}e^3$

7.(1)$\dfrac{\sqrt{2}}{2}A$ (2) 0

8.$\dfrac{1}{4}$

國家圖書館出版品預行編目資料

微積分／黃中彥著. --三版.--臺北市：

五南，2020.05

面；　公分

ISBN 978-957-763-226-5（平裝）

1.微積分

314.1　　　　　　　　　　　107022940

5Q08

微積分

編 著 者 － 黃中彥(305.2)

發 行 人 － 楊榮川

總 經 理 － 楊士清

總 編 輯 － 楊秀麗

主　　　編 － 王正華

責任編輯 － 金明芬

封面設計 － 陳品方、王麗娟

出 版 者 － 五南圖書出版股份有限公司

地　　　址：106 台北市大安區和平東路二段 339 號 4 樓

電　　　話：(02)2705-5066　傳　　　真：(02)2706-6100

網　　　址：http://www.wunan.com.tw

電子郵件：wunan@wunan.com.tw

劃撥帳號：01068953

戶　　　名：五南圖書出版股份有限公司

法律顧問　林勝安律師事務所　林勝安律師

出版日期　2008 年 4 月初版一刷
　　　　　2011 年 6 月二版一刷
　　　　　2020 年 5 月三版一刷

定　　　價　新臺幣 500 元

五 南
WU-NAN

全新官方臉書

五南讀書趣

WUNAN
Books
since1966

Facebook 按讚

👍 1秒變文青

★ 專業實用有趣
★ 搶先書籍開箱
★ 獨家優惠好康

不定期舉辦抽獎
贈書活動喔！！

 五南讀書趣 Wunan Books

經典永恆·名著常在

五十週年的獻禮 —— 經典名著文庫

五南，五十年了，半個世紀，人生旅程的一大半，走過來了。

思索著，邁向百年的未來歷程，能為知識界、文化學術界作些什麼？

在速食文化的生態下，有什麼值得讓人雋永品味的？

歷代經典·當今名著，經過時間的洗禮，千錘百鍊，流傳至今，光芒耀人；

不僅使我們能領悟前人的智慧，同時也增深加廣我們思考的深度與視野。

我們決心投入巨資，有計畫的系統梳選，成立「經典名著文庫」，

希望收入古今中外思想性的、充滿睿智與獨見的經典、名著。

這是一項理想性的、永續性的巨大出版工程。

不在意讀者的眾寡，只考慮它的學術價值，力求完整展現先哲思想的軌跡；

為知識界開啟一片智慧之窗，營造一座百花綻放的世界文明公園，

任君遨遊、取菁吸蜜、嘉惠學子！